新起点电脑教程

计算机组装与维修基础教程
(第 5 版)

王先国　何忠礼　主　编

关春喜　王玉娟　副主编

清华大学出版社

北　京

内 容 简 介

本书是为了适应当前高等教育应用型高校工作实践的场景化教学而编排的，是最新的"微型计算机组装与维修"课程的配套实践教材。全书共 12 章，内容包括：认识和掌握计算机基础、计算机组装、BIOS 设置操作、磁盘分区与格式化、安装和备份计算机操作系统、主板和 CPU 的选购与检测、存储器的选购与检测、显示设备及其他设备的选购与检测、宽带联网与计算机网络安全、系统优化、保养与维修等部分。

本书以实践为目标，以任务驱动为手段，详细介绍了计算机组装方法、安装方法、系统备份方法和维修方法。对知识和技能阐述，具有突出"做"，定位"准"，体现"新"，过程"全"的特点。本书体系结构设计新颖；文字表达浅显易懂；讲解详细生动，图文并茂。对于重要知识点，采用提问和回答的格式，利于读者融会贯通。

本书可作为普通高等院校本科生、高职高专教材，也可作为计算机初学者、计算机进阶用户以及对电脑组装与维护感兴趣的广大读者的自学参考工具书。

图书在版编目(CIP)数据

计算机组装与维修基础教程/王先国，何忠礼主编. —5 版. —北京：清华大学出版社，2019(2024.8 重印)

(新起点电脑教程)

ISBN 978-7-302-51546-3

Ⅰ. ①计…　Ⅱ. ①王…　②何…　Ⅲ. ①电子计算机—组装—教材　②计算机维护—教材　Ⅳ. ①TP30

中国版本图书馆 CIP 数据核字(2018)第 249837 号

责任编辑：汤涌涛
封面设计：李　坤
责任校对：吴春华
责任印制：宋　林

出版发行：清华大学出版社
　　　　　网　　址：https://www.tup.com.cn, https://www.wqxuetang.com
　　　　　地　　址：北京清华大学学研大厦 A 座　　　邮　　编：100084
　　　　　社 总 机：010-83470000　　　　　　　　邮　　购：010-62786544
　　　　　投稿与读者服务：010-62776969, c-service@tup.tsinghua.edu.cn
　　　　　质量反馈：010-62772015, zhiliang@tup.tsinghua.edu.cn
　　　　　课件下载：https://www.tup.com.cn, 010-62791865
印 装 者：涿州市般润文化传播有限公司
经　　销：全国新华书店
开　　本：185mm×260mm　　印　张：26　　　字　数：632 千字
版　　次：2003 年 4 月第 1 版　2019 年 1 月第 5 版　印　次：2024 年 8 月第 8 次印刷
定　　价：59.00 元

产品编号：077828-01

前　言

随着计算机硬件和软件的发展日新月异，计算机的选购、组装、使用与维修，已经成为普通 IT 人员必会的一项技能。计算机组装和维修技术已成为计算机专业领域的必修基础课程。

计算机组装和维修的内容涉及面广，组装方面需要丰富的软硬件知识，不仅包含对硬件设备的安装，还包括对软件、网络环境的安装及计算机软件故障的维护和硬件故障处理等。实际上，计算机出现软硬件故障与平时的维护情况和网络应用密切相关。因此，本书内容紧跟时代步伐，采用大量的篇幅介绍操作系统管理和维护方面的实践操作，并为计算机使用者提供更好的帮助。

本书全面剖析计算机的各种硬件，并详细地介绍了计算机的组装、维护及故障维修的基本方法和步骤。本书有三个显著特点。

(1) 知识新。即所介绍的计算机知识及操作系统都是当前主流的技术及产品。

(2) 可操作性强。详细介绍了计算机组装、维修步骤，读者可以边看边操作，学习效果显著。

(3) 每章后面提供了习题，在部分的章节中安排了上机实践，读者可以结合本书配套资源进行练习、操作。通过训练增强读者的动手操作能力，使读者在实践过程中学习到新的知识、摸索到学习计算机的技巧。

本书共分为 12 章，各个章节的内容安排如下。

第 1 章：介绍计算机基础知识，包括计算机组成及其分类等。

第 2 章：通过大量的装机图片，介绍组装计算机的全过程及组装计算机时应注意的问题。

第 3 章：介绍 BIOS 设置的基本操作和 CPU 超频的方法。

第 4 章：介绍硬盘分区、格式化的不同方法和技巧。

第 5 章：介绍安装、重装和备份操作系统的方法与技巧。

第 6 章：介绍安装驱动程序、系统补丁和软件的方法。

第 7 章：介绍主板和 CPU 的相关知识及选购与检测。

第 8 章：介绍存储器的分类、选购与测试。

第 9 章：介绍显卡、显示器的基本知识、选购与测试方法等。

第 10 章：介绍其他外接设备(包括机箱、电源、鼠标、键盘、声卡、音箱、Modem、网卡等)的相关知识和选购等。

第 11 章：介绍宽带联网与共享及网络安全等方面的知识。

第 12 章：主要介绍系统优化、软件维护与维修等方面的知识。包括计算机系统的优化、维护与维修的基本方法、原则和技巧。

通过本书的学习，读者可学到当前计算机硬件发展的最新技术、组装计算机的方法、维修计算机的技术以及各种清除计算机病毒的手段等。

本书由中山大学新华学院信息科学学院王先国、何忠礼、王玉娟及广东东软学院关春喜编写。其中第1～7章由王先国编写，第8～10章由关春喜编写，第11章由何忠礼编写，第12章由王玉娟编写，最后由王先国统稿。在完善本书的过程中，得到了清华大学出版社多位编辑和我校老师的大力帮助和支持，在此表示诚挚的谢意。

由于编者水平有限，书中错误与不足之处在所难免，敬请广大读者批评指正。

编　者

教师资源服务

第 5 版修订说明

由于计算机硬件和软件发展的日新月异，计算机硬件和软件更新周期缩短，因此，在《计算机组装与维修基础教程(第 4 版)》出版几年后，再次对《计算机组装与维修基础教程(第 4 版)》进行修订，以此让学生学到最新的技术。与第 4 版相比，《计算机组装与维修基础教程(第 5 版)》有以下改进。

(1) 增加部分：第 2 章增加了安装固态硬盘的内容；第 5 章增加了安装 Windows 7 以及从 Windows XP 升级到 Windows 7 的内容。

(2) 删除部分：第 5 章删除了已过时的安装 Windows 98/2000 和安装 Windows Vista，以及从 Windows XP 升级到 Windows Vista 的内容。

(3) 更新部分：第 8 章更新了硬盘各方面讲解内容；第 10 章更新了键盘、鼠标、手写输入设备、打印扫描等设备相关方面内容、有关用户网络接入设备内容；第 11 章更新共享上网应用内容。

(4) 重新调整了编排体系，使全书结构性更强，课程内容间承接关系更合理。

(5) 写作风格做了改动：第 4 版主要以"工作过程导向"的编写模式、虚拟课堂的讲解形式，受到了读者的普遍欢迎。本版秉承了第 4 版中"工作过程导向"的编排模式，但是，在技能训练部分，采用了"实践驱动导向"的编排模式。

本书特色

本书主要有以下 3 个特色。

(1) 强调动手能力，训练基本技能。对于计算机的认识、组装、选购、使用、维修等多方面精心设置了可操作的任务，将一个大的任务分解为多个小的任务。可以先由教师示范操作，学生同步实践。实现从教师示范、引导到学生独立操作的目标。

(2) 精心组织教学内容，合理设置教学单元，科学安排教学环节。全书通过 11 个项目的教学推进，实现学生的计算机知识从无到有、从空到满、从维护到维修的转变。体现了"教""学""做""评"一体化的模式。

(3) 知识新颖。硬件方面，以最新的参数配置为实例；操作系统采用 Windows XP 和 Windows 7/8；采用最新的维修手段和维修技术。

目　　录

新起点
电脑教程

第 1 章

计算机的基础知识

本章要点

　　本章作为本书的开始，介绍一些计算机最基本的知识，对后面的学习是有帮助的。计算机及其应用是一门操作性很强的学科，因此，学习计算机首先要有耐性，然后需要自己去动手、实践，逐步掌握。计算机虽是高科技产品，但它的使用并不复杂，设计者把计算机设计得非常人性化，用户使用它时就像控制电视机一样简单。例如，在使用计算机的过程中，你可以用一些指令来操作计算机，它就会按照指令要求给你满意的结果。

教学目标

　　通过学习本章内容，学生应该掌握计算机的各个组成部件的特点和工作原理，初步认识到计算机是由硬件和软件两部分组成的，知道计算机可以分为哪些类型，目前最常见的计算机类型等，还需要掌握一些计算机组装和维修方面的基本常识。

1.1　计算机系统的组成

计算机系统由硬件和软件两部分组成，它们共同决定计算机的工作能力。计算机的硬件不能独立工作，它必须运行相关的软件才能工作。计算机软件是指挥计算机自动运行的程序系统、相关的数据及文档。软件用来管理和使用计算机，起着充分发挥硬件功能的作用。计算机是通过软件驱动硬件来工作的。

如果说计算机硬件的性能决定了计算机软件的运行速度、显示效果等，那么计算机软件则决定了计算机可进行的工作。因此，可以这样说，硬件是计算机系统的躯体，软件是计算机的头脑和灵魂，只有将这两者有效地结合起来，计算机系统才能成为有生命、有活力的系统。计算机的硬件和软件既相互依存，又互为补充。

计算机系统的构成可用图 1.1 来表示。

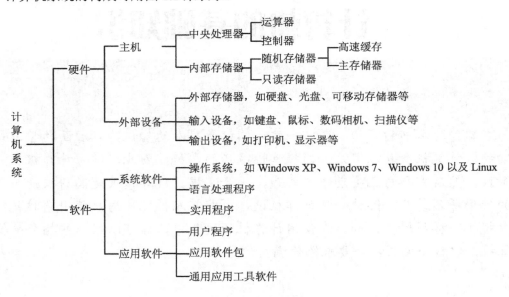

图 1.1　计算机系统的组成

1.1.1　计算机硬件系统

从硬件系统的结构来看，计算机硬件系统基本上都是采用冯·诺依曼结构，即由运算器(calculator，也叫算术逻辑部件 ALU)、控制器(controller)、存储器(memory)、输入设备(input device)和输出设备(output device)五大部件组成，其中运算器和控制器构成了计算机的核心部件——中央处理器(central processing unit，CPU)。略去接口电路和其他细节，可以将计算机各功能部件的关系假设成如图 1.2 所示的关系。图中的双向箭头代表"数据信息"的流向，包括原始数据、中间数据、处理结果、程序指令等；单向箭头代表"控制信息"的流向。所有的指令或数据全部由控制器发出，按程序的要求向各部分发送控制信息，使各部分协调工作。

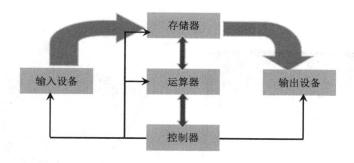

图 1.2　计算机各功能部件的关系

1. 运算器和控制器

1) 运算器

运算器是对数据进行算术运算和逻辑运算的部件。它在 CPU 的控制下对提供的数据进行指定的运算或操作，产生结果，并暂存于其中。这里的"运算"，不仅指加、减、乘、除等基本算术运算，还包括大于、等于、小于和测试真假等基本逻辑运算。计算机工作时，存储器和运算器都听从控制器的指挥，它们是上下级的关系。

2) 控制器

控制器是统一指挥并控制计算机各部件协调工作的中心部件。这种指挥和控制的依据是用户向计算机发出的执行某种操作的命令。也就是说，计算机的工作由指令所控制；而指令是用户发送到计算机中去的。控制器是整个计算机的指挥中心，通过提取程序中的控制信息，经过分析后，按要求发出操作控制信号，使各部件协调一致地工作。它每次从存储器读取一条指令，经分析译码，产生一串操作命令，发向各个部件，控制各部件动作，实现该指令的功能；然后再读取下一条指令，继续分析、执行，直至程序结束，从而使整个机器连续、有序地工作。

运算器和控制器结合在一起构成中央处理器——CPU，它是计算机中最重要的部件，决定了计算机的基本性能。在微型计算机中，CPU 也称微处理器，它决定了计算机系统的整体性能。可以说它是计算机的"心脏"，所有的指令和程序都在这里执行，它在很小的硅片上集成了数以百万计的晶体管，计算机的性能和执行指令的速度很大程度上取决于它。CPU 从 20 世纪 70 年代发展至今，按照其处理信息的字长，可以分为 4 位、8 位、16 位、32 位和 64 位几种。早期的 CPU 通常可以简单称呼其型号，如 486、Pentium、Pentium Ⅲ、Pentium Ⅳ(注：Pentium 对应的中文是奔腾)等。目前较新的 CPU 主要有 Intel 的 Pentium D、Core 2 Duo 系列(注：Core 对应的中文是酷睿)和 AMD 的 Athlon 64 FX、Athlon 64 X2、Athlon 64 系列等(注：Athlon 对应的中文是速龙)。图 1.3 所示为两款目前比较流行的 CPU 的外观。

2. 存储器

存储器是计算机的记忆装置，它的主要功能是存放程序和数据(而程序是计算机操作的依据，数据是计算机操作的对象)。存储器可以分为内存储器(主存储器)与外存储器(辅助存储器)两种。主存储器主要是指常说的内存，辅助存储器又称作外部存储器(有时简称外存)。人们平常使用的程序一般是安装在硬盘等外存上的，但仅此是不能使用其功能的，必须把它们调入内存中运行，才能真正使用其功能。例如，平时用计算机输入一段文字首先就是存

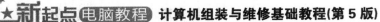

放在内存中。

(a) Intel Core 2 处理器　　　　　　　　(b) AMD Athlon 64 处理器

图 1.3　两款流行 CPU 的外观

1) 内部存储器

内部存储器又分为只读存储器(ROM)和随机存取存储器(RAM)两种。

(1) 只读存储器(ROM)。对于只读存储器，只能从中读取信息而无法写入或改变信息，其中的信息是计算机厂商预先写入的，即使在突然断电的情况下也不会丢失。ROM 器件的优点是结构简单、位密度比可读/写存储器高，而且具有非易失性，所以可靠性高。因此，ROM 器件只能用在不需要经常对信息进行修改和写入的地方。根据其中信息的设置方法，ROM 可以分为掩模式 ROM、可编程只读存储器(programmable read only memory，PROM)、可擦除可编程只读存储器(erasable programmable read only memory，EPROM)、可用电擦除的可编程只读存储器(electrically erasable programmable read only memory，EEPROM)、快速读/写的只读存储器(flash read only memory，Flash ROM) 5 种。其中，后两种 ROM 不但可以用来编程，而且可以通过特定的设备进行多次擦除。特别是 Flash ROM，它很适合用来存放程序代码，近年来已逐渐取代了 EEPROM，被广泛用于主板的 BIOS ROM。

(2) 随机存取存储器(RAM)。随机存取存储器的内容既可以读取又可以改变。在计算机工作时所需要的系统程序、应用程序和其他数据都会临时存放在这里，但如果断电，其中的信息也会丢失。随机存取存储器(RAM)一般分为 DRAM(动态随机存取存储器)和 SRAM(静态随机存取存储器)两大类型。一般所说的内存都是指动态存取随机存储器。

① DRAM(动态随机存取存储器)中的所谓"动态"，指的是当我们将数据写入 DRAM 后，经过一段时间，数据会丢失，因此，需要一个内存刷新(memory refresh)的操作，这需要额外设计一个电路。可以这样理解：一个 DRAM 的存储单元存储的是 0 还是 1 取决于电容是否有电荷，有电荷代表 1；无电荷代表 0。但时间一长，代表 1 的电容会放电，代表 0 的电容会吸收电荷，这就是数据丢失的原因。DRAM 虽然读取速度较慢，但其造价低廉，集成度高，宜作为系统所需的大容量"主存"，所以 DRAM 主要用于制造计算机中的内存条。而内存条又分为 SDRAM、RDRAM、DDR RAM、DDR2 RAM、DDR3 RAM 几种。

② SRAM(静态随机存取存储器)在供电时存储数据，它在由电容和晶体管组成的单元中存储数据。与动态 RAM (DRAM)不同，SRAM 无须周期性刷新，因此，SRAM 可以提供更快速、更稳定的数据存取。SRAM 访问数据的周期为 10～30ns(1ns 为十亿分之一秒)。由

于其造价高昂，主要用作计算机中的高速缓存，例如硬盘或光驱的缓存、CPU 的一级缓存 (L1)和二级缓存(L2)等。

内存是计算机中的主要部件，它是相对于外存而言的。用户平常使用的程序，如 Windows XP 系统、打字软件、游戏软件等，一般都是安装在硬盘等外存上的，但仅此是不能使用其功能的，必须把它们调入内存中运行，才能真正使用其功能。用户平时输入一段文字或玩一个游戏，其实都是在内存中进行的。通常应把要永久保存的、大量的数据存储在外存上，而把一些临时的或少量的数据和程序放在内存上。如图 1.4 所示，这是一款 DDR 内存条的外观。

图 1.4　DDR 内存条的外观

内存的数据传输量很大，因此，在有较高要求时，需要内存有检验错误和修正错误的功能。

2) 外部存储器

外部存储器包括硬盘、光盘、软盘(已经淘汰)、可移动存储器等，其中可移动存储器又包括 U 盘(包括 MP3)、移动硬盘和 MO(Magneto-Optical，磁光盘)等。下面介绍其中常见的几种。

(1) 硬盘。磁盘是当前各种机型的主要外存设备，它以铝合金或塑料为基体，两面涂有一层磁性胶体材料。通过电子方法可以控制磁盘表面的磁化，以达到记录信息(0 和 1)的目的。磁盘的读、写是通过磁盘驱动器来完成的。磁盘驱动器是一个电子机械设备，其主要部件包括：一个安装磁盘片的转轴，一个旋转磁盘的驱动电机，一个或多个读、写头，一个定位读、写头在磁盘中位置的电机，以及控制读、写操作并与主机进行数据传输的控制电路。硬盘驱动器(包括硬盘片本身)完全密封在一个保护箱体内。硬盘以其容量大、存取速度快而成为各种机型的主要外存设备。目前，一块硬盘的容量已从过去的几十兆字节(MB)、几百兆字节，发展到目前的几百吉字节(GB，1GB=1024MB)甚至几太字节(TB，1TB=1024GB)。

硬盘的正面和背面外观如图 1.5 所示。

图 1.5　硬盘的正面和背面外观

(2) 光驱、DVD 光驱和刻录机。光驱即光盘驱动器，DVD 光驱也叫 DVD 光盘驱动器。光盘一般可分为 CD-ROM、DVD-ROM 两类，一般的光驱(含 DVD 光驱)只能读取光盘上的数据，而刻录机是能够刻录光盘的一种驱动器。为了永久性存储或携带文件，可以使用刻录机。光驱(包括 DVD 光驱和刻录机，而且目前都是以 DVD 光驱和 DVD 刻录机为主)和光盘是配套使用的，只有光驱没有光盘或只有光盘没有光驱都是没有意义的。普通刻录机的盘片有 CD-R 和 CD-RW 两种格式，它们的区别是：CD-R 只能对光盘写入一次，CD-RW 可以多次写入，而 DVD 刻录机的盘片则有 DVD-ROM、DVD-RAM、DVD-R、DVD-RW、DVD+RW 等格式。由于光驱可以读取无限的相应光盘，而且现在很多软件、数据资料、电视剧、音乐等都存储在光盘里，便于保存，因此光盘驱动器已成为计算机的标准配置。但由于 CD-ROM 的容量最大只能达到 650MB，而 DVD-ROM 可以达到几千兆字节，所以，目前计算机基本都以 DVD-ROM 和 DVD 刻录机为主。DVD 驱动器、DVD 刻录机与普通光驱的安装和使用基本相同，而其接口与硬盘的 IDE 接口兼容，只是传输标准不一样。

DVD 驱动器的外观如图 1.6 所示。

(3) 移动硬盘。移动硬盘顾名思义是以硬盘为存储介质，强调便携性的存储设备。目前市场上绝大多数的移动硬盘都是以标准硬盘为基础的，只有很少部分是以微型硬盘(1.8 英寸的笔记本硬盘)为基础。当你把移动硬盘的外壳拆下来后，就会发现，其实移动硬盘就是小型硬盘外面套上一个壳子，然后通过转接卡，把 IDE 接口转换成为 USB 接口，达到方便连接和携带的目的。如图 1.7 所示，这是一款拆下外壳的移动硬盘的外观。移动硬盘一般采用 USB、IEEE1394 等传输速度较快的接口，可以较高的速度与系统进行数据传输。它的传输速度为 12Mbps，平均寻道时间为 12ms，因为使用 USB 接口，所以支持热插拔功能。有的移动存储设备还内置数据加密、128 位的密码，可以确保数据不外泄。

图 1.6　DVD 驱动器的外观

图 1.7　移动硬盘的外观

(4) U 盘(也称优盘)。在没有局域网相连的计算机(如单位与家庭、单位与单位、个人与个人，甚至在同一单位内部)之间进行较大数据或文件传输，可以借助于高容量的存储设备(如 ZIP 盘、MO 盘、刻录机等)，但它们都需要额外的物理驱动器，然而这些驱动器目前并没有也不可能成为计算机的标准配置。最初由朗科公司发明的新型存储设备——U 盘就很好地解决了这个问题，因为它不需要额外的物理驱动器，并且容量很大，可达几十甚至上百吉字节(GB)，大大突破了软驱的局限性。从读写速度上讲，U 盘采用 USB 接口标准，读写速度较软盘大大提高。由于使用了 USB 接口，因此可以进行热插拔，也就是在不关闭电源的情况下拆下计算机外设。U 盘体积小，且连接非常简单，只需要将 U 盘与计算机的 USB 接口连接即可，它不需要外接电源。因为具有上述优点，所以 U 盘非常受欢迎。

U 盘的外观如图 1.8 所示。

图 1.8　U 盘的外观

3. 输入设备

输入设备的主要作用是把程序和数据等信息转换成计算机所适用的编码，并按顺序送往内存。常见的输入设备有键盘、鼠标、扫描仪、摄像头、数码相机、数码摄像机等。不过随着计算机技术的发展，大多数设备已经不是仅仅具有单一功能的设备了，它们往往是多种功能合成在一起。例如，多功能一体机最为典型，它把传真、打印、复印、扫描和其他功能中的两种或两种以上功能结合在了一起。

(1) 键盘是计算机中最重要的输入设备之一，一台计算机如果没有键盘，一般是无法正常使用的。键盘的安装是通过一个接头与主板上的键盘接口相连。键盘负责向主机输入信息。用户的指令必须通过它才能告知主机。如图 1.9 所示，这是一款普通键盘的外观。

(2) 鼠标也是一种常用的输入设备，它是随着采用图形接口的操作系统的出现而出现的。鼠标是计算机外部设备中最便宜的一个部件，因此常常被用户忽视。别看它小，却为计算机使用者提供了很大的方便。随着 Windows 系列操作系统的普及以及计算机操作的图形化，鼠标的重要性更显著了。目前常用的鼠标为三键光电鼠标等。如图 1.10 所示，这是一款鼠标的外观。

图 1.9　键盘的外观

图 1.10　鼠标的外观

(3) 扫描仪虽然不属于计算机的必需设备，但它是一种常用的办公设备。它可以通过并口或 USB 接口与计算机的主板相连。扫描仪和打印机的配合，为个人办公提供了极大的便利，它代表了计算机功能的伟大进步。如图 1.11 所示，这是一款扫描仪的外观。

(4) 一般来说，键盘和鼠标是最有效的输入方式，然而，对于不擅长使用输入法的用户，他们对拼音和五笔输入都没有兴趣，因此手写输入便出现了。手写笔的核心技术在于手写文字的识别率。目前，手写系统的主要品牌有汉王笔、紫光笔、文通笔、蒙恬笔等。此外，还有键盘和手写笔结合起来的产品。如图 1.12 所示，这是一款手写设备的外观。

(5) 摄像头作为一种视频输入、监控设备由来已久，广泛应用于视频会议、远程医疗及实时监控。摄像头可以分为模拟摄像头和数字摄像头。模拟摄像头要配合视频捕捉卡一起使用。如图 1.13 所示，这是一款摄像头的外观。

(6) 数码相机是以数字形式存取图像的相机，利用数码相机可以轻易地将外面的图片或景色放进计算机中进行永久保存。数码相机和光学相机原理的最大区别是：数码相机输出的图像是数字的，光学相机输出的图像是模拟的；数码相机用电荷耦合器件成像，存储在半导体器件上，光学相机用卤化银胶片感光成像。如图 1.14 所示，这是一款数码相机的外观。

图 1.11　扫描仪的外观

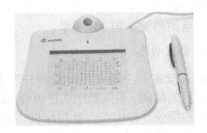

图 1.12　手写板的外观

图 1.13　摄像头的外观

图 1.14　数码相机的外观

　　(7) 数码摄像机也称为 DV。DV 是 Digital Video 的缩写，译成中文就是"数字视频"的意思，它是由松下、索尼、佳能、夏普、东芝等多家著名厂商联合制定的一种数码视频格式。然而，在绝大多数场合下，DV 是指数码摄像机。数码摄像机上的接口一般有两种，一种是 IEEE1394 接口，另一种是 USB 接口，可以很方便地与计算机相连接。摄像机的外观如图 1.15 所示。

图 1.15　Mini DV 和 DVD 数码摄像机

　　4. 输出设备

　　输出设备是计算机系统向外界输送信息的设备，即是将计算机中的二进制信息转换为用户所需的数据形式的设备。准确地说，就是将计算机中的二进制信息转换为相应的电信号，以十进制或其他形式记录在媒介物上。它将计算机中的信息以十进制、字符、图形或表格等形式显示或打印出来，也可以记录在磁盘或光盘上。常见的输出设备有打印机、显示器、绘图仪、音箱等。不过，有的设备既可以作为输入设备，又可以作为输出设备。例如，网卡和调制解调器可以理解成输入/输出(I/O)设备，也可以理解成外设，因为它不是计算机必备的硬件，属于扩充计算机功能的一种设备。

　　(1) 显示器是计算机最主要的输出设备，它通过电缆与主机的显卡相连，以便将计算机中的图像展示给用户。以前，用户都是使用 CRT 显示器，而现在大多数用户选择液晶显示器，因为液晶显示器具有更多的优点。

如图 1.16 所示,这是 CRT 显示器和液晶显示器的外观。

(2) 用户在使用计算机的过程中,通过显示器了解计算机的输入和输出内容,而将显示内容送到显示器所用的主要硬件就是显卡。显卡和显示器构成了个人计算机的显示系统,它们是个人计算机操作中实现人机交互的重要设备。显卡是显示器和主机通信的控制电路和接口。显卡一般是一块独立的电路板,但在一体化计算机或集成主板中,显卡是直接集成到主板上的。显卡负责将 CPU 送来的影像数据处理成显示器可以理解的格式,再送到屏幕上形成图像。显卡是用户从计算机获取信息的最重要渠道,因此显卡也是计算机中不可或缺的一部分。如图 1.17 所示,这是一款流行显卡的外观。

(a) CRT 显示器　　　　　　　　　　　　(b) 液晶显示器

图 1.16　CRT 显示器和液晶显示器的外观

(3) 声卡是多媒体计算机的重要组件之一,各种游戏、视频播放、CD 音乐效果都是通过声卡来实现的。声卡把来自话筒、磁盘、光盘的原始声音和信号加以转换,输出到耳机、扬声器、扩音机、录音机等设备,或通过音乐设备数字接口使乐器发出声音。不过,目前绝大部分的主板都集成了声卡,因此就不需要再单独购买一块外置声卡了。而集成声卡是在主板上集成一个声卡的芯片,然后在主板上提供相应的声卡输出口。如图 1.18 所示,这是一块普通声卡的外观。

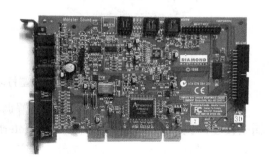

图 1.17　显卡的外观　　　　　　　　　**图 1.18　声卡的外观**

(4) 音箱是将音频信号还原成声音信号的一种装置。根据不同声道,音箱的结构也有所不同,一般立体声音箱分为主音箱和副音箱,主音箱的背后有电源线、音箱开关和连接主机箱上的声卡插孔。根据声道数的不同,其副音箱的个数也不同。当然,副音箱越多,其后面的连接插孔也越多。按有无功放来分，音箱分为有源音箱和无源音箱。通常说的有源音箱是指带有功率放大器的音箱。无源音箱即是通常采用的内部不带功放电路的普通音箱。一般的耳机属于无源音箱。如图 1.19 所示，这是有源音箱和耳机的外观。

(a) 音箱　　　　　　　　　　　　　　(b) 耳机

图 1.19　有源音箱和耳机的外观

声卡和音箱是计算机的可选设备，没有它们，计算机也可以运行。

(5) 打印机也是一种常用的办公输出设备。打印机可分为 3 种类型，即针式打印机、喷墨打印机和激光打印机。随着当今社会信息技术的飞速发展，针式打印机、喷墨打印机、激光打印机三足鼎立的主流产品的应用领域已向纵深发展，从打印机的档次、适用对象、具体用途等方面已经形成了通用、商用、专用、家用、便携、网络等应用于不同领域的产品。而多功能一体机更是渐渐成为市场的主流。

如图 1.20 所示，这是一款普通喷墨打印机和一款多功能一体机的外观。

(a) 喷墨打印机　　　　　　　　　　　(b) 多功能一体机

图 1.20　普通喷墨打印机和多功能一体机的外观

(6) 网卡。前面说过，网卡和调制解调器都不是单纯的输出设备，理论上它属于输入/输出设备。网卡是网络接口卡(network interface card，NIC)的简称，它的作用是向网络发送数据、控制数据、接收并转换数据。它安装在计算机的扩展槽中(一般是 PCI 插槽)，充当计算机和网络之间的物理接口，与声卡一样，目前绝大部分主板也集成了网卡。网卡的外观如图 1.21 所示。

(7) 调制解调器(Modem)的主要功能是数字信号和模拟信号的互相转换，是计算机通过电话线上网的一种设备。它分为外置式和内置式两种，从功能和性能上说，外置式 Modem

与内置式 Modem 没有什么区别。内置式 Modem 与网卡一样，安装在主板的 PCI 插槽上；外置式 Modem 不需要占用主板插槽，也不占用机箱内部空间，但需要外接电源。图 1.22 所示为一款外置式 Modem 的外观。

图 1.21　网卡的外观

图 1.22　外置式 Modem

　　不过，调制解调器传输速度相当慢，因此随着宽带上网的普及，调制解调器这种设备已经慢慢淡出市场，取而代之的是 ADSL Modem。ADSL Modem 的接口方式主要有以太网、USB 和 PCI 三种。目前，大多数用户选择以太网接口的 ADSL Modem，因为它更适用于企业和办公室的局域网，可以带多台机器进行上网。此外，ADSL Modem 使用的信道与普通 Modem 不同，它虽然同样利用电话介质，但不占用电话线，只需要一个分离器即可实现上网的同时打电话而互不影响。ADSL Modem 及其分离器的外观如图 1.23 所示。

(a) ADSL Modem

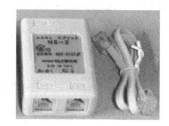

(b) 分离器

图 1.23　ADSL Modem 与分离器的外观

1.1.2　计算机的接口与系统总线

　　前面介绍了计算机系统和单元结构的硬件，但要各硬件都能工作，首先要把各种硬件连接起来，具有这个功能的硬件就是计算机主板。主板上提供了各种设备的接口，它担负着操控和调度 CPU、内存、显卡、硬盘等周边子系统并使它们协同工作的重要任务。而要在各设备之间进行传输通信，就需要一种总线形式。总线是 CPU 与其他部件之间传送数据、地址和控制信息的公共通道。

　　把各硬件连接起来之后，当然还需要最基本的动力才能使计算机运行，它就是电源。此外，为了美观和保护这些硬件，也需要一个箱子把它们装起来，它就是计算机的机箱。

　　(1) 机箱是安装和保护主机内各种配件的铁壳。机箱是否大方得体，对整个计算机的外观起着重要的作用。

　　(2) 电源是计算机的动力源泉，计算机中几乎所有的配件都靠电源来供电。因此，电源

新起点 电脑教程 计算机组装与维修基础教程(第5版)

质量的好坏对计算机整体稳定性有很大的影响，电源问题严重的话，还可能会损坏机器中的配件。

如图1.24所示，这是一款机箱和一款电源的外观。

(a) 机箱

(b) 电源

图1.24 机箱和电源的外观

(3) 主板又称为主机板。计算机中的各种配件，不是直接安装在主板上，就是通过接口或连线连接到主板上。主板的上面布满了各种电子元件、插槽、接口等，这样，各种设备(如CPU、内存、扩展卡、硬盘等)才能安装或连接到主板上。根据CPU接口的类型不同，主板分为不同的类型，不同接口的主板互不兼容，例如AMD的CPU与Intel的CPU所使用的主板不能互用。如图1.25所示，这是一款普通主板的外观。

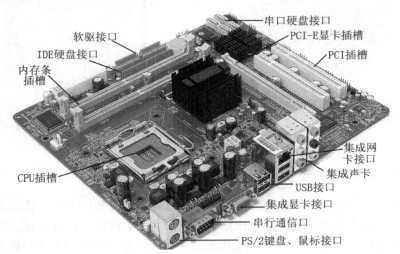

图1.25 主板的外观

(4) 输入/输出接口电路也称为I/O电路(input/output)，即通常所说的适配器、适配卡或接口卡。它是微型计算机与外部设备交换信息的桥梁。

● 接口电路结构：一般由寄存器组、专用存储器和控制电路几部分组成。当前的控制指令、通信数据及外部设备的状态信息等分别存放在专用存储器或寄存器组中。

● 接口电路的连接：所有外部设备都通过各自的接口电路连接到微型计算机的系统

总线上去。

- 通信方式：分为并行通信和串行通信。并行通信是将数据各位同时传送；串行通信是将数据各位依次传送。

(5) 系统总线是连接计算机内部各部件之间的信息传输线，是各部件共享的传输介质。总线是由许多传输线或通路组成的，每条线可以传输一位二进制代码，一串二进制代码可以在一段时间内逐一传输完成。若干条传输线可以同时传输若干位二进制代码，如 16 条传输线组成的总线，可以同时传输 16 位二进制代码。多个部件和总线相连，在某一时刻，只允许有一个部件向总线发送信号，而多个部件可以同时从总线上接收相同的信息。

根据传送内容的不同，总线分为以下 3 组，每组都由多根线组成。

- 数据总线(data bus，DB)：用于 CPU 与主存储器、CPU 与 I/O 接口之间传送数据。数据总线的宽度(根数)等于计算机的字长。
- 地址总线(address bus，AB)：用于 CPU 访问主存储器或外部设备时传送相关的地址，地址总线的宽度决定 CPU 的寻址能力。
- 控制总线(control bus，CB)：用于传送 CPU 对主存储器和外部设备的控制信号。这种结构使得各部件之间的关系都成为单一面向总线的关系。即任何一个部件只要按照标准挂接到总线上，就可以进入系统，并可在 CPU 统一控制下进行工作。

1.1.3　计算机软件系统

计算机软件系统是计算机系统的重要组成部分，是为运行、维护、管理、应用计算机所编制的所有程序和支持文档的总和。计算机软件系统由系统软件及应用软件两大类组成。其中，应用软件必须在系统软件的支持下才能运行。没有系统软件，计算机无法运行；有系统软件而没有应用软件，计算机则无法解决实际问题。

1. 指令、程序设计和程序设计语言

要了解软件首先要了解什么是程序，要了解程序又首先要了解什么是指令、什么是程序设计和什么是程序设计语言。

1) 指令与指令系统

指令是指示计算机执行某种操作的命令。一台计算机能实现的操作都是由计算机的几十条到上百条基本指令决定的，基本指令的集合构成了这台计算机的指令系统。从程序设计的角度来说，基本指令和它们的使用规则(语法)构成了这台计算机的机器语言。在没有给指令指定具体的操作数之前，每一条指令相当于机器语言的一个句型。指定具体的操作数地址码之后，一条指令就是机器语言的一个语句。当然，指令必须是二进制形式的代码。不同类型的计算机，其指令的编码规则是不同的，但都由操作码和操作数地址码两部分构成。操作码规定计算机进行何种操作，如取数、加、减、逻辑运算等。操作数地址码指出参与操作的数据在存储器的哪个地址中，操作的结果就存放到哪个地址中。简单的地址码只有一个，复杂的地址码有 2~3 个。无论不同类型计算机的指令系统和指令条数如何不同，一般都有下面几种类型的指令。

(1) 运算指令。包括算术运算指令和逻辑运算指令。例如，进行加、减、乘、除等四则运算的指令，是每台计算机都具有的基本指令。任何复杂的数值运算最终都可以转化为四

则运算来实现。其他运算指令有数的左移、右移、比较等指令。逻辑运算指令有逻辑加、逻辑乘、按位加、求反等。

(2) 传送指令。包括取数指令(将数据从内存储器取到寄存器)、存储指令(将运算结果从寄存器送到内存储器)，将内存储器数据从一个地址移位到另一个地址。

(3) 控制指令。主要用来控制计算机各部分的动作。包括条件转移指令、无条件转移指令、停止执行(程序的)指令和机器内某些指示器的置位、复位指令等。

(4) 输入/输出指令。主要用来控制各种输入、输出设备的动作。这类指令较多，也较复杂，在此不一一列举。

(5) 特殊指令。除了以上通用指令外，不同计算机根据设计要求不同，设计了一些特殊指令，如：二-十进制转换、执行指令等。

2) 程序设计

对机器语言而言，程序是指令的有序集合。也就是说，程序是由有序排列的指令组成的。这里所说的指令，是已经指定具体的操作数地址码的指令，相当于语句。

对汇编语言和高级语言而言，程序是语句的有序集合。用汇编语言或高级语言编写的程序称为源程序。源程序不能直接被机器执行。源程序必须经过翻译，转换为目标程序才能被机器执行。用机器语言编写的程序称为目标程序，可以由计算机直接执行。可以说，程序是机器语言的指令或汇编语言、高级语言语句的有序集合。分析要求解的问题，得出解决问题的算法，并且用计算机的指令或语句编写成可执行的程序，就称为程序设计。

3) 程序设计语言

程序设计语言是人工语言，它是编写程序、表达算法的一种约定，是进行程序设计的工具，是人与计算机进行对话(交换信息)的一种手段。相对于自然语言来说，程序设计语言比较简单，但是很严格，没有二义性。程序设计语言一般可以分为：机器语言、汇编语言、高级语言。

(1) 机器语言。机器语言是最初级且依赖于硬件的计算机语言，是用二进制代码表示的，能让计算机直接识别和执行的一种机器指令的集合。它是计算机的设计者通过计算机的硬件结构赋予计算机的操作功能。机器语言具有灵活、直接执行、速度快等特点。用机器语言编写程序，编程人员要首先熟记所用计算机的全部指令代码和代码的含义。编写程序时，程序员需要处理每条指令和每条数据的存储分配和输入/输出，还需要记住编程过程中每步所使用的工作单元处在何种状态。这是一项十分烦琐的工作，编写程序花费的时间往往是实际运行时间的几十倍，甚至几百倍。而且，编出的程序全是由 0 和 1 组成的指令代码，直观性差，还容易出错。现在，大多数程序员已经不再学习机器语言了。

(2) 汇编语言。为了克服机器语言难读、难编、难记和易出错的缺点，人们就用与代码指令含义相近的英文缩写词、字母和数字等符号来取代指令代码(如用 ADD 表示运算符号"+"的机器代码)，于是就产生了汇编语言。所以说，汇编语言是一种用助记符表示的、面向机器的计算机语言。汇编语言也称符号语言。由于汇编语言采用了助记符来编写程序，比用机器语言的二进制代码编程要方便些，在一定程度上简化了编程过程。汇编语言的特点是用符号代替了机器指令代码，而且助记符与指令代码一一对应，基本保留了机器语言的灵活性。汇编语言像机器指令一样，是硬件操作的控制信息，因而仍然是面向机器的语言，使用时比较烦琐、费时，通用性也差。汇编语言虽然是低级语言，但是，汇编语言用来编制系统软件和过程控制软件时，其目标程序占用内存空间少，运行速度快，有着高级语言无法替代的作用。

(3) 高级语言。高级语言是人工设计的语言，因为是对具体的算法进行描述，所以又称为算法语言。它是面向问题的程序设计语言，且独立于计算机的硬件，其表达方式接近于被描述的问题，易被人们理解和掌握。用高级语言编写程序，可简化程序编制和测试，其通用性和可移植性好。目前，计算机高级语言虽然很多(据统计已经有几百种)，但被广泛应用的却为数不多，它们有各自的特点和使用范围。例如，BASIC 语言，是一类普及性的会话语言；FORTRAN 语言，多用于科学及工程计算机；COBOL 语言，多用于商业事务处理和金融业；Pascal 语言，能很好地体现结构化程序设计思想；C 语言，常用于软件的开发；Prolog 语言，多用于人工智能；当前流行的是面向对象的程序设计语言 C++和用于网络环境的程序设计语言 Java 等。在计算机上，高级语言程序不能被直接执行，必须将它们翻译成具体的机器语言程序才能执行。

2. 计算机的软件系统构成

计算机的软件系统按功能通常分为系统软件和应用软件。

1) 系统软件

系统软件是运行、管理、维护计算机必备的、最基本的软件，一般由计算机生产厂商提供。系统软件一般包括以下几种。

(1) 操作系统。操作系统是管理计算机软、硬件资源的一个平台。简单地说，操作系统就是一些程序，这些程序能够被硬件读懂，使计算机变成具有"思维"能力、能和用户沟通的机器。没有任何软件支持的计算机称为"裸机"。现在的计算机系统是经过若干层软件支撑的计算机，操作系统位于各种软件的最底层，是应用程序和硬件沟通的桥梁。操作系统的主要功能如下。

① 处理器管理：使一个或多个用户的程序能合理、有效地使用 CPU，提高 CPU 资源的利用率。

② 存储管理：合理组织与分配存储空间，使存储器资源得到充分的利用。

③ 文件管理：合理组织、管理辅助存储器(外存储器)中的信息，以便于存储与检索，达到保证安全、方便使用的目的。

④ 设备管理：合理组织与使用除了 CPU 以外的所有输入/输出设备，使用户不必了解设备接口的技术细节，就可以方便地对设备进行操作。

操作系统在整个计算机系统中具有承上启下的作用。目前计算机配置的常见的操作系统为 Windows、Linux、OS/2 等。

(2) 语言处理程序。计算机只能识别机器语言，而不能识别汇编语言与高级语言。因此，用汇编语言与高级语言编写的程序，必须"翻译"为机器语言，才能为计算机所接受和处理。这个"翻译"工作是由专门程序来完成的。语言处理程序就是对不同语言进行"翻译"的程序。语言处理程序可分为以下 3 种。

① 汇编程序：将汇编语言编写的源程序翻译为目标程序的翻译程序。

② 解释程序：将高级语言编写的源程序按动态执行的顺序逐句翻译处理的程序。翻译一句，执行一句，直到程序执行完毕。这种语言处理方式称为"解释方式"，相当于口译。

③ 编译程序：将高级语言编写的源程序整个翻译为目标程序的程序。编译程序检查各程序模块无语法错误后，经过编译、连接、装配，生成用机器语言表示的目标程序，再将整个模块交给机器执行。这种语言处理方式称为"编译方式"，相当于笔译。

(3) 实用程序。实用程序也称为支撑软件，是机器维护、软件开发所必需的软件工具。它主要包括以下几种程序。

① 编辑程序：它是软件开发、维护的基本工具。用户可以利用编辑程序生成程序文件和文本文件，并对计算机中已有的同类文件进行增加、删除、修改等处理。

② 连接装配程序：在进行软件开发时，常常将程序按其功能分成若干个相对独立的模块，对每个模块分别开发。开发完成后需要将这些模块连接起来，形成一个完整的程序。完成此种任务的程序就叫作连接装配程序。

③ 调试程序：帮助开发者对所开发的程序进行调试并排除程序中错误的程序。

④ 诊断程序：用以检测机器故障并确定故障位置的程序。

⑤ 程序库：一些经常使用并经过测试的规范化程序或子程序的集合。

2) 应用软件

为解决计算机各类问题而编写的程序称为应用软件，如各种科学计算的软件和软件包、各种管理软件、各种辅助软件和过程控制软件等。

由于计算机的应用日益普及，应用软件的种类和数量在不断增加，功能日益齐全，使用更加方便，通用性越来越强，人们只要简单掌握一些基本操作方法就可以利用这些软件进行日常工作的处理。

与系统软件不同，应用软件是针对各类应用的专门问题而开发的，其用途各不相同。用户要解决的问题不同，需要使用的应用软件也不同。应用软件大体可分为以下几种。

(1) 用户程序。即面向特定用户，为解决特定的具体问题而开发的软件。

(2) 应用软件包。即为了实现某种功能或专门计算而精心设计的、结构严密的独立程序的集合。它们是为具有同类应用的许多用户提供的软件。软件包种类繁多，每个应用计算机的行业都有适合于本行业的软件包。例如：计算机辅助设计软件包、科学计算软件包、辅助教学软件包、财务管理软件包等。

(3) 通用的应用工具软件。用于开发应用软件所共同使用的基本软件。其中特别重要的是数据库管理系统。此外还有文字处理、电子表格等软件。

1.2 计算机的分类

按照不同的需要，计算机可以分为不同的种类，比如可依据处理方式、结构、功能、速度、容量、规模等来将计算机进行分类。

(1) 按生产方式来分，可以分为品牌机和组装机(或兼容机)。著名的品牌机厂商主要有：IBM、Dell、HP、康柏、联想、方正、长城、同方等。品牌机与组装机最大的差别是：品牌机的很多配件是厂商自己生产(或者 OEM)或装配出来的，它们具有良好的售后服务，并且注册有相应的商标。因此，在同等配置下，品牌机比组装机的价格要贵很多。组装机则是由用户或经销商将 CPU、主板、硬盘、显卡等配件组装起来的计算机，具有配置自由、升级性好、价格低廉等优点。

(2) 按处理方式分，可以把计算机分为模拟计算机、数字计算机以及数字模拟混合计算机。模拟计算机，主要用于处理模拟信息，如工业控制中的温度、压力等。模拟计算机的运算部件是一些电子电路，其运算速度极快，但精度不高，使用也不够方便。数字计算机采用二进制运算，其特点是解题精度高，便于存储信息，是通用性很强的计算工具，既能胜任科学计算和数字处理，也能进行过程控制和 CAD/CAM 等工作。混合计算机是取数字、模拟计算机之长，既能高速运算，又便于存储信息。但这类计算机造价昂贵。目前使用的多数属于数字计算机。

(3) 以 CPU 为标志，按档次来分，有第 1 代计算机(电子管制作的计算机，20 世纪 50 年代初)、第 2 代计算机(晶体管制作的计算机，1956—1963 年)、第 3 代计算机(集成电路芯片和多道程序的计算机，1965—1980 年)、第 4 代计算机(大规模集成电路制作的计算机，1971 年至今)、第 5 代计算机(即人工智能计算机，目前正在探索和研制阶段)和第 6 代计算机(是未来发展的计算机，被称为人工大脑，它能识别文字、图形、语言以及声呐和雷达收到的信号，能进行医学诊断，能控制智能机器人、实现汽车自动驾驶和飞行器自动驾驶，能发现、识别军事目标，进行智能决策和指挥等)。

(4) 按计算机的功能分类，一般可以分为专用计算机与通用计算机。专用计算机的功能单一、可靠性高、结构简单、适应性差，但在特定用途下最有效、最经济、最快速，是其他计算机无法替代的。例如军事系统、银行系统属专用计算机。通用计算机功能齐全，适应性强，目前人们所使用的大都是通用计算机。

(5) 按照计算机规模，并参考其运算速度、输入/输出能力、存储能力等因素划分，通常将计算机分为巨型机、大型机、小型机、微型机等几类。其中，巨型机运算速度快，存储量大，主要用于尖端科学研究领域。小型机与大型机相比成本较低，维护也较容易，可用于科学计算和数据处理，也可用于生产过程自动控制和数据采集及分析处理等。微型机采用微处理器、半导体存储器和输入/输出接口等芯片组成，使得它较之小型机体积更小、价格更低、灵活性更好。因此，它是计算机中应用最广、发展最快、装机量最多的一种。目前许多微型机的性能已超过以前的大、中型机。常见的微型机有联想 PC(及其兼容机)系列和 Apple 公司的 Macintosh 系列，两个系列的计算机互不兼容。

(6) 按照其工作模式分类，可将其分为服务器和工作站。服务器的构成与计算机基本相似，也有处理器、硬盘、内存、系统总线等，它们是针对具体的网络应用特别制定的，因而具有更好的处理能力、可扩展性、可管理性等，具有更高的稳定性、可靠性、安全性。服务器就像是邮局的交换机，而计算机、笔记本、PDA 等固定或移动的网络终端，就如分散在各处的家庭、公共场所等的电话机。工作站(workstation)是一种高档的微型计算机，通常配有高分辨率的大屏幕显示器及容量很大的内存储器和外存储器，具有较强的信息处理功能。

(7) 按照结构形式来分，计算机又可以分为台式机、笔记本电脑、移动 PC、一体化计算机、瘦客户机和准系统几种，此外，家用游戏机也属于计算机的类型。

下面简单介绍一下这几种计算机的区别。

1.2.1　台式机

一般个人使用的计算机主要分为台式个人计算机和便携式个人计算机(也就是笔记本电

脑)。个人计算机(Personal Computer，PC)就是我们常用的主流计算机。台式机按照主机箱的放置形式，可分为卧式和立式两种(其中卧式的机箱目前几乎已经被淘汰)。台式计算机可以放置在桌面上，它的主机、键盘和显示器都是独立的(见图 1.26)，通过电缆和插头连接供电。

图 1.26 台式个人计算机

台式机是用户可以自己动手组装的机型，也称为 DIY 装机。所谓 DIY，是英文 Do It Yourself 的缩写，译为"自己动手做"。因此 DIY 装机就是自己动手组装计算机。不过，要做到真正的 DIY，不仅仅是自己选配件组装计算机这么简单，它包含着更高层次的改造配件和制造配件的精神，这样才能体会到 DIY 的真正乐趣。动手改造配件和制造配件是比较难的，首先要有好的想法和点子，其次要掌握更多的知识，并且有很强的动手能力。

1.2.2 笔记本电脑

笔记本电脑又称笔记型计算机、手提计算机或膝上型计算机，其英文名称为 NoteBook。它是一种小型、可携带的个人计算机，是个人计算机的微缩与延伸，也是现代社会对计算机的一种需求，其重量通常是 1~4kg。当前的发展趋势是体积越来越小，重量越来越轻，而功能却越发强大。笔记本电脑使用的是液晶显示器(LCD)。除了键盘以外，笔记本电脑还装有触控板(touchpad)或触控点(pointing stick)作为定位设备(定位设备就相当于台式计算机的鼠标)。如图 1.27 所示，这是一台普通笔记本电脑的外观。

按品牌来分，笔记本电脑可以分为国外品牌和国内品牌。

国外品牌主要有 Sony(索尼)、Samsung(三星)、Toshiba(东芝)、Sharp(夏普)、Dell(戴尔)、HP(惠普)、Fujitsu(富士通)、Apple(苹果)等。

图 1.27 笔记本电脑的外观

国内品牌主要有神舟(Hasee)、联想(Lenovo)、宏碁(Acer)、方正(Founder)、华硕(ASUS)、海尔(Haier)、明基(BenQ)、长城(GreatWall)、七喜(HEDY)等。

关于笔记本电脑的相关内容将在第 11 章中详细介绍。

1.2.3 一体化计算机

早期的人们出差在外，身上都背台笔记本电脑，为的是方便工作。如今，潮流已经改变，没有人愿意出差的时候背着一台计算机了，因为又重又不方便。现在商家专为酒店应用推出了一体化计算机，它只有 LCD 液晶显示器般大小，省去了一个主机箱，大大节省了空间。而且节能省电、低辐射，还配有专为商务酒店设计的软件。一体化计算机的外观如图 1.28 所示。

　　一体化计算机是将主机、显示器、音箱合为一体的液晶计算机一体机。有的还把计算机和电视的功能结合在一起，可以节省空间，使得多种功能兼容使用，非常方便。它与笔记本电脑的区别是，笔记本电脑强调的是移动性，一般性能上不强，而且零件贵、维修费用高；而一体机一般是用台式机零件，维修费用低，零件升级空间也大。两者除了硬件设计上的不同，使用上都差不多。当然，一体化计算机也有一些缺点，如整合度比较高、维修难度较大、可扩展性稍差等。

图 1.28　一体化计算机的外观

　　目前，一体化计算机主要是专为酒店客房应用而设计的，只有普通 PC 八分之一大小。不仅保留了传统计算机的所有功能，而且配合专为商务酒店设计的硬件配置、软件程序和娱乐休闲节目，完全可以满足住店客人图文处理、网上冲浪、即时聊天、上传下载、影音欣赏等方面的应用需求。实际上普通的电脑安装一个电视卡也具有播放电视的功能。

1.2.4　移动 PC

　　移动 PC 又称台式笔记本，它具有笔记本电脑的外形和大小，又完全具备台式机的规格和整体性能优势的便携式台式计算机。它只需要连接一条电源线就能长时间连续工作，而其轻薄的外形又冲破了传统台式计算机的空间限制，极大程度地节省了办公空间，同时又能像笔记本电脑那样实现工作的空间转移。

　　简单地说，移动 PC 就是采用了台式机的计算机配件，取消了笔记本必备的 CMCIA 槽和电池(有的品牌也配备电池)，产品外观和笔记本电脑非常相似的一类 PC。这类产品既具有笔记本电脑的可移动等特点，又具有台式机性能突出、价格便宜的特点，还具有简便的可维修性以及很好的散热性和兼容性。因此，可以看作是二者的组合产物。

　　移动 PC 最早被称为"便携台式机"，便携台式机的推出，为流行的台式机和昂贵的笔记本电脑找到了最佳的平衡方案。移动 PC 的外观如图 1.29 所示。可见，它的外观与普通的笔记本电脑没有多大区别。

图 1.29　移动 PC 的外观

1.2.5　瘦客户机

　　瘦客户机是面向行业单位(如制造行业、物流行业、教育行业、钢铁行业、医疗卫生、能源行业及娱乐休闲行业)提供高安全性、高可管理性、简单易用、低成本的计算机。

　　瘦客户机是使用专业嵌入式处理器、小型本地闪存、精简版操作系统的基于个人计算机工业标准设计的小型行业专用商用计算机。它的配置包含专业的低功耗、高运算功能的嵌入式处理器。不可移除的用于存储操作系统的本地闪存，以及本地系统内存、网络适配器、显卡和其他外设的标配输入/输出选件。瘦客户机没有可移除的部件，可以提供比普通PC更加安全可靠的使用环境，以及更低的功耗。其一般采用 Linux 精简型操作系统(如 Linux Embedded)或 Microsoft Windows Embedded 家族(如 Microsoft Windows CE.NET、Microsoft Windows XP Embedded 操作系统等)。瘦客户机的外观如图 1.30 所示。

图 1.30　瘦客户机的外观

1.2.6　准系统

准系统也叫 Barebone 或 Mini PC。它是一种还不完整的桌面计算机系统，通常只包含主板、机箱、显示器、电源、鼠标和键盘等价格波动较小的配件(其价格一般为 1000～3000元)。购买准系统后，根据实际应用需要，配上影响计算机性能的主要硬件(如 CPU、内存、硬盘、显卡)即可使用。

准系统外观如图 1.31 所示。

用户要购买台式计算机一般只有两种选择，要么选择品牌计算机，要么选择组装的计算机。前者整体的稳定性好，在外观的设计上也比较统一协调，不过缺点是配置不灵活，而且很难进行升级。而组装机的硬件配置虽然比较灵活，不过却由于各个部件是临时组装的，在部件的磨合上显得不够稳定。要在外观、体积、配置这三个因素之间找到平衡，选择准系统就是一个解决办法。

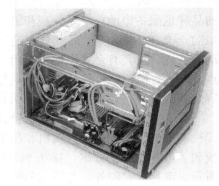

图 1.31　准系统的外观

准系统很大程度上提供了计算机爱好者自己选择配件的弹性(一般情况下，用户可以根据自己的资金情况以及使用要求而搭配 CPU、硬盘、内存等设备)，同时准系统在外观的设计上都比较精美，而且人性化设计方面也一样不逊色于品牌计算机。由于准系统的生产厂家的产品线都比较全面，往往从机箱到各个板卡都是自主研发及设计的，所以用户同样可以享受到品牌计算机那样的待遇。正是这种具有品牌机的外观和兼容机灵活的特点，所以准系统也受到了一些消费者的欢迎。

目前，准系统在性能上并不比台式机逊色，只是在扩展性上显得比较不足，不过任何事物都有其两面性，毕竟选购准系统的用户看中的是它那小巧的身材，而不是良好的扩展能力。在购买准系统时，需要注意其外观是否协调、体型是否小巧、性能是否平衡、散热是否良好、扩展性是否强等问题。

1.2.7　家用游戏机和游戏周边设备

近年来，游戏已经成为 IT 界中不可或缺的一种元素。游戏本质是软件，但它同时需要硬件(我们统称为游戏硬件)支持，游戏硬件分为网络和竞赛形式游戏的 PC、传统营业性的街机、近年流行的便携式掌上游戏机与电视、音响等家用电器融为一体的家用游戏机。

20 世纪 80 年代，影响最深的是街机和家用式游戏机，而计算机是 20 世纪 90 年代末才慢慢普及的。随着个人计算机和互联网络的发展普及，风靡 80—90 年代的街机正慢慢走下坡路；而掌上游戏机和 MP3、MP4、手机一样成了便携时尚的玩物，当然其游戏也毫不逊色；与计算机硬件一样，家用式游戏机的硬件和主机规格也越来越先进，游戏也越来越精彩。全球著名的家用游戏机开发商主要有微软、索尼和任天堂，它们推出的游戏主机有 XBOX 360、PlayStation3、Wii 等。

同样，家用游戏机也有中央处理器(主要是采用 IBM Power PC 系列和 CELL 处理器等)、图像处理器和内存等。如图 1.32 所示，这是一款微软的 XBOX 360 游戏机主机。

游戏周边设备包括游戏操纵杆、方向盘和游戏手柄。在家用游戏机上，一般带有这种手柄，而在个人计算机上，也可以安装手柄、游戏操纵杆和方向盘。一般像足球游戏、格斗游戏、赛车游戏及 RPG 游戏等不需要用鼠标的游戏都可以使用这些周边设备，并且有的游戏是用键盘控制不了的，比如模拟飞行类。因为键盘不能返回模拟信号，而手柄的摇杆可以做到。其实只要游戏支持键盘，理论上就能用手柄代替，但是手柄上的键比键盘少得多，所以，不能完全用手柄来代替键盘。

游戏手柄、游戏操纵杆、方向盘的安装是非常简单的，接上设备后，安装驱动就可以了。如果是 USB 接口，那么在 Windows XP 系统中不需要安装驱动程序，在游戏控制器里就可以看到。图 1.33 所示为一款游戏方向盘。

图 1.32　微软的 XBOX 360 游戏机主机

图 1.33　　游戏方向盘

1.3 计算机的信息表示

计算机处理的对象是数据，在计算机中它以什么样的形式表示和存在，又如何来确定它们的大小和单位，这是学习计算机首先要遇到的问题。

我们可以从计算机数的表示、字符的表示以及计算机存储容量的基本单位这 3 个方面来了解计算机数据的表示。

1. 计算机中数的表示

在计算机内部，任何信息都是以二进制代码来表示的。也就是说，计算机处理数据时，被处理的数据在计算机内部都是以二进制代码表示的(即"0"和"1"两个基本符号组成的基二码，称为二进制码)。

一个数在计算机中的表示形式，称为机器数，机器数所对应的原来的数值称为真值。机器数有不同的表示法，常用的有 3 种：原码、补码和反码。

(1) 原码。用机器数的最高位作为符号位，其余位表示数的绝对值。用"0"表示正，用"1"表示负。

(2) 补码。正数的补码与原码相同，负数的补码是该数的原码符号位不变，其他位按位求反，再在最低位加"1"。

(3) 反码。正数的反码和原码相同，负数的反码是对该数的原码除符号位外的各位求反。

计算机中的逻辑集成电路是由成千上万个电子开关元件组成的，这些开关元件的状态只有两种："闭合"和"断开"。计算机就是利用这些开关元件"闭合"和"断开"的不同组合来表示各种不同的信息，一般是用"1"表示"闭合"状态，用"0"表示"断开"状态。所以计算机中的信息是用基二码表示的二进制数，其编码、计数和算术运算规则简单，容易用开关电路实现。当数据处理后输出时，计算机自动将其转换成我们熟悉的形式。计算机处理文字信息时，所有的文字和符号以规定的二进制代码进行操作。当文字信息处理完毕后，计算机再自动将其转换成相应的文字和符号输出。在处理图形/图像时，计算机将模拟图像转换成数字图像(图像数字化)，以数字点阵方式存储。

2. 计算机的字符表示

计算机不能直接处理汉字，甚至连英文也不能直接处理。计算机在处理数据时，被处理的数据都是以二进制代码表示的。当数据处理完毕进行输出时，计算机自动将其转换成我们熟悉的字符。各种数字、字母和符号等必须用二进制数表示才能被计算机接受。因此，必须使用二进制代码对字符进行编码，即所谓字符编码。一个编码就是一串二进制位"0"和"1"的组合。计算机系统处理、存储文字和符号信息均使用统一的内码，所以也称为机器内码。由于计算机系统只能处理二进制数据，所以在计算机中，信息只能用二进制数据表示，计算机将对信息的处理转化为对数据的处理。人们将表示文字信息或符号信息的数码称为编码。

1) ASCII 码

很多国家对构成信息的数字、字符、符号规定了自己的标准编码，美国制定了信息交换标准代码(American Standard Code for Information Interchange，ASCII)，国际标准化组织制定了 ISO 646《信息处理交换用的七位编码字符集》，我国制定了与 ISO 646 相应的国家标准《信息处理交换用的七位编码字符集》，这几种代码表基本相同。

在国际上使用的字母、符号和数字的信息编码系统被广泛使用的是美国的 ASCII 码。它是用七位(第八位为"0")二进制代码编制的字符编码，共有 128 个字符，其中有 10 个十进制数码，52 个英文大、小写字母，34 个专用符号及一些控制符。确定某个字符的 ASCII 码方法是先找到某个字符，再确定其所处位置的行和列，将高位码值和低位码值合在一起就是该字符的 ASCII 码，如字母 A 的 ASCII 码值是 1000001(高位补"0")，数字 8 的 ASCII 码值是 0111000，为便于书写和记忆，常用十六进制数来表示。

2) 汉字编码

上述的标准编码只适用于西文字符信息处理系统，不适合汉字信息处理系统。我国在 1980 年制定了适合我国国情的信息交换用汉字编码，简称国标码。国标码是国家标准信息交换用汉字编码的简称，是机器内部用的汉字编码。

汉字也是一种字符，计算机在处理汉字时，汉字字符也是以二进制代码的形式表示的。由于汉字的特殊性，在汉字的输入、存储、处理和输出过程中所使用的汉字代码是不一样的，即要对汉字进行编码。一般有用于汉字输入的输入码，用于计算机内部汉字存储和处理的内部码，还有用于汉字显示的显示字形点阵码(也用于打印)。

(1) 汉字输入码。在计算机系统中使用汉字，首先要解决的是如何输入汉字的问题。汉字输入码又称为外部码，简称为外码，是和某种汉字编码输入方案相应的汉字代码。目前汉字编码有数百种方案，大致可归纳为拼音码、字形码、数字码和混合码 4 种。拼音码是一种以汉语拼音为基础的输入方法；数字码是用数字作为汉字输入的编码，如区位码、电报码等；字形码是根据汉字结构特征或笔画形状进行的编码，如五笔字型码；混合码是以字音和字形相结合的汉字编码，如音型码等。一般可以根据个人的喜好选择汉字输入法。

(2) 汉字内部码：简称内码，即把一个汉字表示为两个字节的二进制码，这种编码称为机内码。它是汉字信息处理系统中对汉字的存储和处理采用的统一编码，即无论用何种外码输入汉字，计算机都会自动将它转换为能够被识别的代码进行存储(即外码有多个，内码只有一个)。汉字机内码用两个字节表示，第一个字节表示区编号，第二个字节表示位编号。

(3) 字形点阵码：也称汉字字模点阵码。用于在输出时产生汉字的字形，通常采用点阵形式。点阵形式是将汉字笔画以点的形式描绘出来，每一个点用一个二进制数表示，笔画经过的地方为"1"，没有笔画经过的地方为"0"，点的多少决定汉字的字形。在显示打印输出时，根据字形和字体的不同，汉字字形点阵码也不一样，常用点阵规格有 16×16、32×32、40×40、48×48。一个汉字的点阵字形称为该字的字模。国标一级和二级汉字按一定的规则排列成的汉字字模库称为汉字库。

当人们通过输入码、借助键盘或其他设备将汉字输入计算机内后，汉字系统会通过输入管理模块进行查找或计算，将输入码转换成机内码存入计算机存储器中，当需要显示或打印输出时，借助机内码在汉字字模库中找出汉字的字形点阵码打印出来。

3. 计算机存储容量的基本单位

计算机中各种信息都是以数据的形式存储在计算机存储器中的。表示这些数据的大小和存储器容量的基本单位如下。

(1) 位/比特(bit)。即指一个二进制位。它是计算机中信息存储的最小单位，用 b 表示。二进制数序列中的一个"0"或一个"1"就是一个比特。

(2) 字节(byte)。字节是计算机中最常用、最基本的存储单位，用 B 表示。作为一个单元来处理的一串二进制数位，可以是 4 位或 8 位。通常使用的是 8 位，即 1 个字节=8 个二进制位，前面提到了字符 A 由 8 个二进制位 01000001 构成，即是 1 个字节，而汉字是由 2 个字节构成。

(3) 字(word)。字在计算机中存储、传送或操作时，作为一个单元的一组字符或一组二进制位。

(4) 字长。一个字中所包含的二进制位数称为字长。对 CPU 来说，是指其能够直接处理的二进制数据的位数。

计算机的存储容量是以字节作为基本单位的，除了字节外，还有千字节(KB)、兆字节(MB)、吉字节(GB)、太字节(TB)，它们之间的关系如下：

1B=8b(或 1byte=8bit)

1KB=1024B

1MB=1024KB

1GB=1024MB

1TB=1024GB

目前，市场流行的微型计算机的内存通常使用兆字节和吉字节来描述容量，如 512MB、1GB、2GB 等；硬盘通常使用吉字节来描述容量，如 120GB、250GB 等。

1.4 配件的选购常识

多数计算机用户都只是掌握软件的使用，对于计算机硬件的了解并不多。因此在装机时，一般不懂得如何购买计算机配件。购买计算机切忌着急，因为着急的心理会使人头脑发热，不去仔细思考，买了以后可能就会后悔。下面简单介绍一下购买硬件时的注意事项。

1.4.1 硬件选购的定位与预算

装机要有自己的打算，按实际需要购买配件，不要盲目攀比。因为每一种硬件刚上市的时候都是很贵的，几个月后降得很多了，而且计算机的配件发展太迅速了。根据摩尔定律说的：集成电路的集成度每 18 个月翻一番或者说每 3 年翻两番，因此再高的配置，再新的技术，两年以后就已经很落伍了，所以没有必要追求最好的。

1. 计算机的用途定位

计算机的用途定位如下。

(1) 定位于日常办公。如果用户购买计算机的目的仅仅是办公、上网、看看光碟或听听 CD 等，那么选购一台配置一般的计算机即可，因为过高配置的计算机的许多功能用户都用不上。在这种情况下应该遵循够用就好的原则。

(2) 定位于家用游戏。用于玩游戏的计算机，独立显卡和声卡的选购是必需的(其他的部件可酌情配置)，这样才能保证在玩 3D 等大型游戏时画面清晰流畅、声音悦耳逼真，才能做到身临其境，真正地体会到游戏所带来的乐趣。现在的大多数主板集成了显卡和声卡。但独立显卡和声卡的性能一般比主板上集成的显卡和声卡要强，因此，要保证最佳的显示和声音效果就需要安装独立的显卡和声卡。

(3) 定位于专业图形处理。用于专业制图时，由于 3ds max、AutoCAD 等制图软件对显示的要求比较高，所以独立显卡是必需的(其他的部件可酌情进行配置)，这样才能保证顺畅地打开和使用该类软件。

(4) 用于多媒体制作。用于视频制作时，应该选购一台 CPU 频率较高、内存量大、硬盘海量、带有 IEEE 1394 数字接口的计算机，并且刻录机也应该是必备的。

2. 购买计算机的预算

计算机定位完毕后还需要对其列出预算，也就是打算花费多少钱来购买。如果盲目花 8000 元购买一台计算机用来普通办公用，那是不明智的。在确定好对计算机的定位和预算后再选购计算机的各个部件，以使自己的每一分钱都花得更有效。

很多用户可能受广告的影响，一味地追求高性能的 CPU、名牌主板、名牌显卡等，这种做法是不明智的。计算机是由各个配件组合起来的，只有配件的组合达到平衡才能发挥最佳性能。如果盲目地追求，那么就会牺牲其他部件的性能，造成其他部件的性能低下。例如，用户选择了一款四核 CPU 处理器，但却只搭配 512MB 内存，这显然不能充分地发挥该 CPU 的性能，因为内存太小会限制四核 CPU 处理器性能的发挥。因此，用户在组装计算机的时候，一定要根据自己的预算来选择，不要盲目地追求某个部件的高性能。

目前的计算机一般配有液晶显示器。液晶显示器辐射小，对眼睛伤害小。但 CRT 显示器在显示一些 3D 效果的时候更加逼真一些，若是超级游戏玩家的话，还是选择 CRT 显示器更好些。用户可以根据实际需要来选择。此外，购买时最好在某产品的代理公司购买，如果是地区或省市的总代理就更好了。无论是选购品牌机还是兼容机首先需要定位，即确定自己选购计算机是用来做什么的。计算机的使用不同，其配置也有所不同。

1.4.2　硬件选购的误区

对于购机者，最常见的误区如下。

(1) 品牌崇拜。品牌崇拜是一种愚昧的行为，因为计算机品牌分为一线、二线、三线等，每个品牌为了适合不同市场需求，都会有高、中、低系列，低端的做工用料甚至不及二线或三线品牌，而价格却不低。

(2) CPU 高频即高能。很多人认为频率高的 CPU，性能就强，其实这不算错误的观点，只是不准确。比较准确的说法是，相同核心、相同缓存、相同外频的情况下，主频高的那款 CPU 的性能较强。而对于同类产品(如赛扬 D 系列 2.4GHz 和 2.66GHz)只是倍频高一点，外频都是一样的，而外频对处理器性能影响比倍频大，因此选择低频的性价比高，并且外频相同的处理器，倍频越低超频性能越好。

(3) 双核是单核性能的 2 倍。这个说法不准确。双核 CPU 的性能提升是建立在运行任务能分配给两个核心的前提下，否则结果就是一个核心处理，一个核心闲置，而事实上计算机很少情况下会同时运行多个大量使用 CPU 资源的程序。

(4) AMD 处理器发热量大。这个观点只适用于早期的 AMD 处理器,事实是 Intel 的 Pentium D 发热量更大。

(5) DDR2 内存是 DDR 内存的性能的 2 倍。实际上 DDR2 中的“2”只是代数的区别,主要的性能还是看频率和时序。一般来说,DDR2 667 的性能会比 DDR400 好些,但并不会好很多。这个与时序有点关系,DDR2 的时序比较慢。但是 DDR2 的频率能做得很高,这点弥补了时序上的不足。

(6) 组建双通道内存性能提升 1 倍。实际上组建双通道的性能提升只有 5%~10%,因为并不是所有的程序都要那么大带宽,有时需要较大的容量和更快的内存速度。

(7) 显存大的显卡性能就强。实际上显卡的性能定位应该综合考虑显示芯片的频率、显卡的核心、显存频率、显存容量、核心的制造工艺等多方面,仅仅是显存大并不能说明显卡的性能就好。

(8) 集成显卡性能低。这是一个常见的误区,因为多数的 DIYer 都是游戏迷,集成显卡显然不能满足游戏发烧的要求,而对于普通的应用,比如一般的办公应用、上网、听歌、看视频、编程,以及 2D 作图都完全能胜任,并且集成显卡性价比更高。

(9) SATA2 接口比 SATA 的硬盘速度快得多。虽然从接口的速度上来说 SATA2、SATA、IDE 三者的速度相差很多,但是硬盘的真正瓶颈在于内部速度,硬盘性能的提升与存储密度以及转速有很大关系。

(10) 计算机今后要升级。计算机的发展太快了,如今的计算机两年后就会过时,所以不要考虑将来的升级,只要稍微有点扩展性就行。例如现在装机,Intel 的 CPU 接口类型是 LGA775,再过两年都不知道 CPU 是什么接口或已经不支持现在的主板了。

1.4.3 硬件选购方案

选购配件(特别是机箱)时,一要注意内部结构合理化,便于安装;二要注意美观,颜色与其他配件相配。而电源由于关系到整个计算机的稳定运行,一般来说,其输出功率不应小于 300W。

为了便于参考,下面给出一些较有名的 IT 报价网站,如表 1.1 所示。

表 1.1 常见 IT 报价网站

网站名称	网 址
中关村在线	http://www.zol.com.cn
中关村报价站	http://www.zgcweb.com
太平洋计算机网	http://www.pconline.com.cn
小熊在线	http://www.beareyes.com.cn
计算机之家	http://www.pchome.net
IT168	http://www.it168.com
天极网	http://www.yesky.com
网上三好街	http://www.sanhaostreet.com

　　在攒机之前，首先要明确自己需要什么样的计算机，买这台计算机要干什么？不同的需求，决定了不同的配置，为了给用户在购机方面有一个参考，下面给出两款有针对性的购机方案，如表 1.2 所示。因为配置会随着时间和硬件更新而改变，所以配置和价格仅供参考。

表 1.2　购机方案参考

配件	大众普及型——AMD 系列 5000 元配置		高性能游戏型——Intel 系列 6500 元配置	
	型　号	价格/元	型　号	价格/元
CPU	Athlon 64 X2 4000+	565	Intel Core 2 Duo E4500	850
散热系统	盒装 CPU 带风扇	0	盒装 CPU 自带风扇	0
主板	捷波 悍马 HA01-GT2	599	映泰 P35D2-A7	699
内存	黑金刚 DDR2 667 1GB*2	315	海盗船 TWIN2X2048-6400 1GB*2	498
硬盘	希捷 ST3250310AS	499	希捷 ST3250310AS	499
显卡	影驰 GeForce7300GT 高清版	399	双敏 速配 PCX8628GTS 限量版	899
声卡	主板集成	0	主板集成	0
网卡	主板集成	0	主板集成	0
光驱	先锋 DVR-215CHG(刻录机)	298	先锋 DVR-215CHE(刻录机)	298
软驱	无	0	无	0
显示器	明基 G700A(17 英寸)	1490	优派 VA2016w(20 英寸)	1799
鼠标	罗技 G1 游戏套装	199	罗技 G1 光电鼠标	78
键盘			罗技 酷影手键盘	95
音箱	麦博 梵高 FC360	290	漫步者 C2	430
机箱	技嘉 GC-301BN	250	银河 5DF01	180
电源	航嘉 磐石 300	170	航嘉冷静王至尊版	230
整机	合计	5074	合计	6555

1.5　习　　题

1. 填空题

　　(1) 计算机系统的内部硬件最少由 5 个单元结构组成，即_____、_____、_____、_____和控制单元。

　　(2) 按处理方式分，可以把计算机分为_____计算机、_____计算机以及_____计算机。

　　(3) 微型计算机硬件系统的最小配置应包括主机、键盘、鼠标和_____。

　　(4) 根据传送内容的不同，总线分为_____、_____和_____。

　　(5) 按规模进行分类，通常可将计算机分为巨型机、大型机、小型机、微型机等几类，其中应用最广、发展最快、装机量最多的是_____。

2. 选择题

(1) 目前，计算机硬件系统基本上都是采用_____结构。

    A. 戈登·摩尔　　　B. 艾仑·图灵　　　C. 乔治·布尔　　　D. 冯·诺依曼

(2) 负责计算机内部之间的各种算术运算和逻辑运算功能，主要是由_____来实现的。

    A. CPU　　　　　　B. 主板　　　　　　C. 内存　　　　　　D. 显卡

(3) 一个完整的计算机系统应包括_____。

    A. 系统硬件和系统软件　　　　　　　B. 硬件系统和软件系统

    C. 主机和外部设备　　　　　　　　　D. 主机、键盘、显示器和辅助存储器

(4) 在微型计算机中，ROM 是指_____。

    A. 顺序读写存储器　　　　　　　　　B. 随机读写存储器

    C. 只读存储器　　　　　　　　　　　D. 高速缓冲存储器

(5) 下面的设备中属于输出设备的是_____。

    A. 键盘　　　　　　B. 鼠标　　　　　　C. 扫描仪　　　　　D. 打印机

(6) 下面的设备中属于输入设备的是_____。

    A. 声音合成器　　　B. 显示器　　　　　C. 光笔　　　　　　D. 激光打印机

(7) 操作系统的功能是_____。

    A. 处理机管理、存储器管理、设备管理、文件管理

    B. 运算器管理、控制器管理、打印机管理、磁盘管理

    C. 硬盘管理、软盘管理、存储器管理、文件管理

    D. 程序管理、文件管理、编译管理、设备管理

(8) 计算机能够直接识别和处理的语言是_____。

    A. 汇编语言　　　　B. 自然语言　　　　C. 机器语言　　　　D. 高级语言

(9) 下列描述正确的是_____。

    A. 1KB = 1024 × 1024bytes　　　　　B. 1MB = 1024 × 1024bytes

    C. 1KB = 1024MB　　　　　　　　　D. 1MB = 1024bytes

(10) 下列英文中，可以作为计算机中数据单位的是_____。

    A. bit　　　　　　　B. byte　　　　　　C. bout　　　　　　D. band

3. 判断题

(1) 计算机系统由硬件系统和软件系统两大部分组成。 (　　)

(2) 微型计算机中普遍使用的字符编码是 ASCII 码。 (　　)

(3) 字节是计算机中最常用、最基本的存储单位，用 B 表示。一般英文字符是 1 个字节，而汉字是由 2 个字节构成。 (　　)

(4) 网卡和调制解调器既可以理解成输入/输出(I/O)设备，也可以理解成外设，因为它不是计算机必备的硬件，属于扩充计算机功能的一种设备。 (　　)

4. 简答题

(1) 目前，个人计算机主要使用的操作系统有哪些？

(2) 什么是程序设计？

(3)　硬件选购的误区有哪些？

(4)　试列出比较著名的几款品牌机的名称。

5. 操作题

(1)　试比较笔记本电脑、移动 PC、瘦客户机、一体化计算机有什么不同。

(2)　认识一下计算机的外部设备。

(3)　有条件的话，打开一个计算机的机箱，认识一下机箱内的硬件。

(4)　使用太平洋自助装机系统(http://mydiy.pconline.com.cn)练习选购硬件。

第 2 章

计算机硬件的组装

教学提示

很多刚入门的用户都想自己动手来组装一台电脑，进而体验一下 DIY 的乐趣。因此，装机时虽然可以让柜台拿货，但装机一定要自己动手。其实组装计算机并不复杂，现在的计算机配件都有详细的安装说明，只要仔细点，一般不会有事，即使是菜鸟也没关系，你可以让拿货柜台的工作人员指导你装机。

教学目标

本章通过大量的装机图片，向用户介绍组装计算机的全过程。通过学习本章，相信你能很快掌握装机的操作程序，并能够独立安装计算机的硬件部分。

2.1　组装前的准备工作

一台计算机分为主机和外设两大部分，装机时，难度较大、也是重点的是安装主机部分。主机是计算机中最重要的部件，它是由 CPU、主板、内存条、显卡、硬盘、光驱、声卡和网卡等构成的。在安装时，需要把这些硬件与主板连接在一起，并安装到机箱的内部。对于各种外设的安装则相对简单，在安装好主机之后，再逐个连接起来就可以了。

多数计算机用户都只是掌握软件的使用，对于计算机硬件的了解并不多。因此，在组装计算机前，先要多了解一下硬件的知识。其实计算机虽是一种复杂的电子设备，但普通用户不必要掌握其复杂的结构和原理，只需要了解其基本工作原理即可以安装和驾驭它。

下面简单介绍一下计算机组装时的注意事项。

2.1.1　进行装机前的硬件检查

要组装一台高性能的计算机，首先要懂得合理搭配硬件，比如，该用多大的内存，用什么芯片的主板，用什么型号的显卡等。要做到合理地配置，不仅需要对各种配件有充分的了解，经验也很重要。在组装计算机时，除了具备相关硬件知识外，还需要掌握操作系统和一些常用工具软件的作用和操作。进行装机前最好进行以下的硬件检查。

1. 配件检查

配件检查主要包括以下几个方面。

(1) 数量检查。检查主板、CPU、内存、显卡、硬盘、光驱、机箱、电源、键盘、鼠标、显示器、各种数据线、电源线、CPU 风扇和其他(如音箱)的品种及数量。

(2) 质量检查。检查各部件是否有明显的损坏。

(3) 附件检查。检查机箱所附送的配件，如螺丝、机箱后挡板等是否足够。

2. 阅读主板说明书

了解主板安装的情况；阅读 CPU 安装说明。

3. 工具准备

装机需要准备的工具如下。

(1) 基本工具。包括尖嘴钳、一字螺丝刀、十字螺丝刀(带磁性)、镊子。几种常用工具如图 2.1 所示。

(2) 机箱附件。包括机箱中附带的各种螺丝、垫片等。

(3) 容器。用于放置在安装和拆卸的过程中随时取用的螺丝钉及一些小零件。

(4) 工作台。为了方便安装，应该有一个高度适中的工作台，无论是专用的电脑桌还是普通的桌子，只要能够满足使用需求就可以了。

(5) 准备电源插座。多孔型插座一个，以方便测试机器时使用。

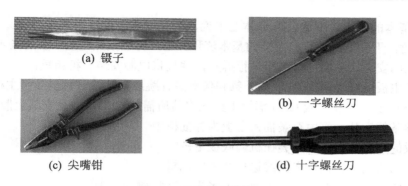

(a) 镊子

(b) 一字螺丝刀

(c) 尖嘴钳

(d) 十字螺丝刀

图 2.1　几种常用维修工具

2.1.2　组装和维修注意事项

以主板为中心，把所有东西排好。在主板装进机箱前，先装上处理器与内存；否则会伤到主板。此外，在装 AGP 与 PCI 卡时，要确定其安装是否牢固。把所有零件从盒子里拿出来，按照安装顺序排好，看看说明书有没有特殊的安装要求。此外，装机的首要任务是注意静电；其次是配件要轻拿、轻放，固定配件时要稳固好；最后是防止液体进入计算机内部。

(1) 为防止人体所带静电对电子器件造成损伤，在组装硬件前，要先消除身上的静电。比如，用手摸一摸自来水管等接地设备或洗手；如果有条件，可佩戴防静电腕带或手套。在装机过程中，由于不断的摩擦也会产生静电，所以在隔一段时间后需要再次释放身上的静电。

那么什么是静电？静电是指不同物体表面由于摩擦、感应、接触、分离等原因导致的静态电荷积累。

(2) 对各个部件要轻拿、轻放，不要碰撞，尤其是硬盘。安装主板要稳固，同时要防止主板变形，防止对主板的电子线路造成永久性损伤。在安装过程中一定要注意正确的安装方法，对于不懂、不会的地方要仔细查阅说明书，不要强行安装，稍微用力不当，就可能使引脚折断或变形。对于安装位置不准确的设备不要强行使用螺丝钉固定，因为这样容易使板卡变形，日后易发生断裂或接触不良的情况。

(3) 防止液体进入计算机内部。在安装计算机元器件时，要严禁液体进入计算机内部的板卡上。因为这些液体可能会造成短路而使元器件损坏，所以，应注意不要将你喝的饮料摆放在机器附近。对爱出汗的朋友来说，也要避免头上的汗水滴落，还要注意不要让手心的汗沾湿板卡。

(4) 为了避免不必要的麻烦，应先进行测试。测试时建议只装必要的硬件，包括主板、处理器、散热片与风扇、硬盘、一个光驱以及显卡。其他硬件如 DVD、声卡、网卡等，在确定没问题后再装。此外，第一次安装好后，把机箱关上，但不要拧紧螺丝；否则，如果有没装好的地方，还要打开好几次。

2.1.3　计算机组装的基本流程

在硬件安装过程中，没有固定的先后操作，理论上是哪个操作方便就先进行哪个操作，

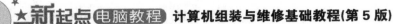

但也有一些基本的原则。例如，从整体上来说，要先安装主机，再连接外设。为了让用户做到胸有成竹，下面给出计算机组装的基本流程，用户可以按照这些步骤有条不紊地组装。

(1) 机箱的安装，主要是对机箱进行拆封，并且将电源安装在机箱里。

(2) 进行主板跳线，根据 CPU 的外频和倍频进行跳线，跳线时可以参考主板说明书。

(3) CPU 的安装，在主板 CPU 插槽中插入安装所需的 CPU，并且安装上散热风扇。

(4) 内存条的安装，将内存条插入主板内存插槽中。

(5) 主板的安装，将主板安装在机箱底板上。

(6) 显卡的安装，根据显卡总线选择合适的插槽。

(7) 声卡的安装，现在市场上主流声卡多为 PCI 插槽的声卡。

(8) 驱动器的安装，主要针对硬盘、光驱等进行的安装。

(9) 机箱与主板间的连线，即各种指示灯、电源开关线、USB 连接线及硬盘、光驱电源线和数据线的连接。

(10) 盖上机箱盖(为了此后出问题时方便检查，最好不要拧紧螺丝)。

(11) 输入设备的安装，连接键盘、鼠标与主机一体化。

(12) 输出设备的安装，即显示器的安装。

(13) 再重新检查各个接线，准备进行测试。

(14) 给机器加电，若显示器能够正常显示，表明初装已经正确。

(15) 进入 BIOS 进行系统初始设置。

(16) 分区硬盘和格式化硬盘。

(17) 安装操作系统，如 Windows XP/Vista/7/10 或者 Linux 系统。

(18) 安装驱动程序，如显卡、声卡、网卡等。

(19) 进行 72 小时的烤机，也可以使用测试软件进行测试。如果硬件有问题，或硬件是假冒伪劣，会在测试和烤机过程中被发现。

2.2 安装 CPU 和内存条

目前，CPU 分为两大类：一类是 Intel 系列的 CPU，其插槽类型主要是 Socket 755；另一类是 AMD 系列的 CPU，其插槽类型主要是 Socket 940(AM2 系列)。安装时，要先确认 CPU 接口类型与主板上的接口相对应。同样，内存条也需要与主板上接口相对应才能安装。目前，常用的内存是 DDR(184 线)和 DDR 2(240 线)，在安装前要确认是否可以安装。

2.2.1 安装 CPU

虽然不同的 CPU 对应的主板不相同，但是安装的方法大同小异，都是先把主板中 CPU 插座的摇杆拉起，把 CPU 放下去，然后再把摇杆压下去。

下面以 Intel 的 Socket 755 类型 CPU 的安装为例进行介绍。

(1) 拿出准备安装的主板和 CPU，然后在主板上找到 CPU 的插座，如图 2.2 所示。

(2) 用手轻轻地把 CPU 插座侧面的手柄拉起，拉起时要稍向外用力，拉起到最高位置，如图 2.3 所示。

图 2.2　找到 CPU 的插座

(3) 用手轻轻地把 CPU 正面的压盖拉起，拉起到最高位置，如图 2.4 所示。

图 2.3　拉起 CPU 插座侧面的手柄

图 2.4　拉起 CPU 正面的压盖

(4) 拿出需要安装的 CPU，在安装处理器前，需要仔细观察，在 CPU 处理器的一角上有一个三角标志，另外还有两个缺口的标识，如图 2.5 所示。另外，仔细观察主板上的 CPU 插座，同样会发现三角标志和两个缺口的标识。

(5) 在安装时，将处理器上两个缺口与主板上两个缺口对齐，并安装上去，如图 2.6 所示。这不仅适用于英特尔的处理器，而且适用于目前所有的处理器，特别是对于采用针脚设计的处理器而言，如果方向不对，则无法将 CPU 安装到位。

图 2.5　观察 CPU 上的缺口标识

图 2.6　把 CPU 缺口对着 CPU 插槽缺口安装上去

(6) 用手轻轻地把 CPU 压盖压下，直到恢复原位，如图 2.7 所示。

(7) 再轻轻地把 CPU 插座侧面的手柄压下，直到恢复原位，如图 2.8 所示。记住，是先把压盖压下再将手柄压下。

图 2.7　把 CPU 压盖压下　　　　　　　　图 2.8　把 CPU 手柄压下

(8) 接着在 CPU 的表面涂上散热硅胶，以便处理器与散热器有良好的接触，如图 2.9 所示。涂抹时需要均匀，并且不能涂到 CPU 表面以外，以免发生短路或散热不良。

图 2.9　在 CPU 的表面涂上散热硅胶

(9) 打开散热器的包装，可以看到，这种 CPU 配置的散热器与一般的散热器不一样，它多出一个垫板，如图 2.10 所示。垫板安放在主板的底部，散热器安装在 CPU 的上面。

(10) 先把主板底面翻转过来，再把垫板对准主板上的 4 个孔，如图 2.11 所示。

 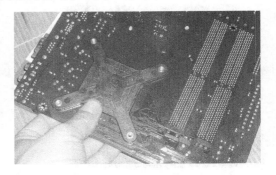

图 2.10　CPU 风扇和垫板　　　　　　　图 2.11　把垫板对准主板上的 4 个孔

（11）先把主板翻回到正面，再把散热器对准主板上的 4 个固定孔轻轻压下去，压下的同时要对准垫板的 4 个孔，如图 2.12 所示。

（12）拧紧 4 个螺丝，即可把散热器牢牢地固定在主板和 CPU 的上面，如图 2.13 所示。

图 2.12　把散热器对准主板固定孔

图 2.13　拧紧螺丝固定散热器

（13）参看说明书，找到散热器风扇的电源接头和主板上的电源插槽，如图 2.14 所示。

（14）把接头插到插槽上，如图 2.15 所示。至此，Intel 系列的 CPU 就安装好了。

图 2.14　找到散热器风扇的电源接头

图 2.15　连接散热器风扇的电源

2.2.2　安装内存条

在安装内存条之前，首先要确认主板是否支持选用的内存，如果强行安装可能会损坏内存或主板。下面以 DDR II 内存为例，介绍其安装方法。

（1）拿出准备要安装的内存条，并在主板上找到内存插槽，掰开内存插槽两边的固定卡子，如图 2.16 所示。

（2）将内存条的凹口对准内存插槽凸起的部分（见图 2.17 左图)，均匀用力将内存压入内存插槽内，

图 2.16　主板上的内存插槽

如图 2.17 右图所示。压下前要注意，内存插脚的两边是不对称的，要看清楚了再按下去。当往下压内存条时，插槽两边的固定卡子会自动卡住内存条，如果能听到固定卡子复位所发出"咔"的声响，表明内存条已经完全安装到位。

图 2.17　将内存条压入内存插槽内

(3) 使用同样的方法进行安装。目前大部分的主板支持双通道内存技术。在安装双通道内存时，如果主板上有 4 个内存插槽，那么相同牌子、相同容量、相同型号的内存条就需要安装在对应的(参看主板说明书，一般是互相交错安装)插槽中，如图 2.18 所示。

图 2.18　安装双通道内存

2.3　安装前的试机

安装好 CPU 与内存条之后，为了避免后面的不必要操作，最好先进行试机，也就是看能不能点亮计算机。否则，如果等安装完成后，才发现某一个硬件不兼容或硬件本身的问题不能使用，那么后面的安装操作就白费了。

(1) 在安装好 CPU 与内存的情况下，把显卡临时插在 PCI-E 插槽上，并与显示器相连接。

(2) 把电源的供电电源线插到主板的相应插槽中(包括特殊供电电源)，并让电源与交流电连接。

(3) 为了对 BIOS 进行设置，可以连接上键盘。

(4) 接上显示器电源。

(5) 在主板上找到 PWR BTN 的两针接头，用螺丝刀进行短接，如图 2.19 所示。

(6) 接通电源后，计算机开始启动，显示器上显示开机画面，并且进行自检，如图 2.20
所示。这初步说明主要的硬件没有问题。

图 2.19　用螺丝刀将 PWR BTN 短接　　　图 2.20　显示器上显示开机画面

2.4　把电源安装到机箱中

组装计算机时，就是把各种硬件安装到机箱中。下面先把电源安装到机箱中。

(1) 打开机箱的外包装，会看见很多附件，如螺丝、挡片等。首先用螺丝刀拧下机箱盖
上的螺丝，如图 2.21 所示。

(2) 取下机箱的一面盖子，如图 2.22 所示。

图 2.21　拧下机箱盖上的螺丝　　　　　图 2.22　取下机箱的一面盖子

(3) 准备好要安装的电源，如图 2.23 所示。

(4) 把电源放进机箱尾部的上端指定的位置，如图 2.24 所示。

图 2.23　准备好要安装的电源　　　　　图 2.24　把电源放进机箱中指定的位置

(5) 放置到指定的位置后，从外面用螺丝固定电源，拧紧电源 4 个角上的螺丝，即可固定电源，如图 2.25 所示。

图 2.25　拧紧电源 4 个角上的螺丝

2.5　安 装 主 板

主板是一台计算机运行的基础，各个硬件通过与主板连接，才能正常使用。以前的主板一般都会要求用户进行 CPU 主频、外频、电压等跳线，所以在安装主板之前，一般要先进行主板跳线。但目前绝大多数主板都能够自动识别 CPU 的类型，并自动配置电压、倍频、外频等，少数主板需要进行外频跳线设置，主板的外频要根据 CPU 进行设置。例如，可以把 CPU 的外频设置为 133MHz、166MHz 或 200MHz 这几种，具体方法可参看主板使用说明书。其实 CPU 的外频还可以在 BIOS 中进行设置。超频就是这个原理，当把 CPU 的外频相应地提高了，就可以让 CPU 在更高的频率下工作。

2.5.1　把主板安装到机箱内

下面介绍把主板安装到机箱内的步骤。

(1) 找出机箱配置的螺丝和其他配件，如图 2.26 所示。

图 2.26　机箱的螺丝和其他配件

(2) 从中取出一粒铜制定位螺丝，如图 2.27 所示。

(3) 然后把螺丝固定到机箱的底板中，如图 2.28 所示。

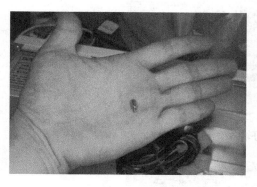

图 2.27　铜制定位螺丝

图 2.28　把螺丝固定到机箱的底板中

(4) 找到同样的铜制螺丝，然后按照机箱及主板的结构，把其他螺丝固定到机箱底板上相应的位置，如图 2.29 所示。

图 2.29　把其他螺丝固定到机箱底板上相应的位置

(5) 在机箱侧面，找到挡板上的输入/输出缺口，如图 2.30 所示。

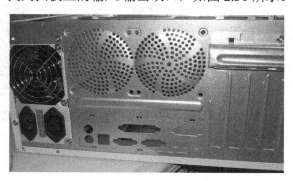

图 2.30　找到挡板上的输入/输出缺口

(6) 然后用螺丝刀，整理好输入/输出的挡板，把输入/输出孔都打开，如图 2.31 所示。

(7) 接着把主板安装到机箱的底板上，如图 2.32 所示。安装时，要注意主板上的定位孔应与前面在机箱底部装的定位螺孔对齐。

(8) 转到机箱的后面，把主板的 I/O 接口对准机箱后面相应的位置，如图 2.33 所示。

图 2.31 清理好输入/输出孔

图 2.32 把主板安装到机箱中

(9) 用螺丝对着主板的固定孔插进去(最好在每颗螺丝中都垫上一块绝缘垫片),并拧紧螺丝以固定主板,如图 2.34 所示。

(10) 再依次用螺丝固定主板上的其他定位孔。

图 2.33 让 I/O 口对齐

图 2.34 拧紧螺丝以固定主板

2.5.2 连接电源线

目前的主板一般需要连接两条电源线,一条是主板供电电源线,它由原来的 20 针增加到 24 针,另一条是给 CPU 供电的电源线(4 针)。

(1) 从机箱电源输出线中找到 Pentium Ⅳ 特殊供电电源接头,再在主板上找到电源接口,然后把电源接头插入该接口中,如图 2.35 所示。

(2) 从机箱电源输出线中找到主要电源线接头,再在主板上找到相应的电源接口,然后把电源插头插在主板上的电源插座上,让两个塑料卡子互相卡紧,如图 2.36 所示。

图 2.35　安装 Pentium Ⅳ 特殊供电电源

图 2.36　将电源插头插在插座上

2.5.3　连接机箱信号线和 USB 扩展线

1. 把机箱信号线连接到主板上

在组装计算机的过程中，把机箱信号线连接到主板(与机箱面板上的开机、重启和硬盘指示灯等接头相连)是比较有难度的工作。下面介绍具体操作步骤。

(1) 在机箱内找到 5 组信号线的连接线头，它们分别是电源开关、电源指示灯、硬盘指示灯、重启开关和 PC 喇叭。不过有的机箱没有 PC 喇叭接头线，因为它已经直接连接到主板中了。

(2) 在主板上，一般会标有相应的安装方法，也可以参看主板的说明书，找到信号线连接的详细说明，连接方法会根据不同的主板而有所不同，假设有一块主板的连接示意图，如图 2.37 所示。

(3) 找出 Reset SW 连接线(不同的机箱可能名称不一样，它是两芯接头，并且线头上有文字标注，如图 2.38 所示)，把它连接到主板的 Reset 插针(即图 2.37 中的 5-7 插针，此处插针也称插孔或插口)上，该接头无正负之分。Reset SW 的一端连接到机箱面板的 Reset 开关，按下该开关时产生短路，松开时又恢复开路，瞬间的短路就可以使计算机重新启动。

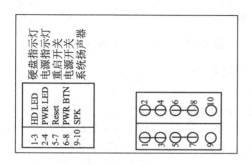

图 2.37　某主板信号线连接示意图

图 2.38　找出 Reset SW 连接线

(4) PWR SW 是连接到机箱上的总电源的开关。找到标注有 PWR SW 字样的连接线后，把它插到主板上标为 PWR BTN 插针(即图 2.37 中的 6-8 插针)中。该接头是一个两芯接头，

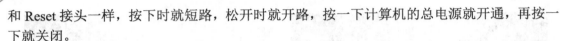

和 Reset 接头一样，按下时就短路，松开时就开路，按一下计算机的总电源就开通，再按一下就关闭。

(5) 找出标注有 POWER LED 字样的连接线，把它插到主板上标为 PWR LED 的插针(即图 2.37 中的 2-4 插针)中，该插针的 1 线通常为绿色，连接时绿线对应第 1 针。POWER LED 是电源指示灯的接线，启动计算机后电源指示灯会一直亮着。

(6) 接着找到标注有 SPEAKER 的连接线，然后把它插到主板上标有 SPK 的插针(即图 2.37 中的 9-10 插针)中。SPEAKER 是系统扬声器的接线，该接头 1 线通常为红色，在连接时注意红线对应"1"的位置，即该接头具有方向性，必须按照正负连接。

(7) 找到标注有 H.D.D LED 字样的连接线，把它插到主板的 HD LED 插针(即图 2.37 中的 1-3 插针)上。该接头为两芯接头，一线为红色，另一线为白色，一般红色(深颜色)表示为正，白色表示为负。在连接时红线要对应第 1 针。H.D.D LED 是硬盘指示灯的接线，计算机读、写硬盘时，硬盘指示灯会亮(对 SCSI 硬盘不起作用)。

连接信号线的工作比较烦琐，需要有一定的耐心，而且要细心操作，插针的位置如果在主板上标记不清，最好参看主板的说明书。连接信号线后的效果如图 2.39 所示。

2. 连接 USB 扩展线和前置音频面板接头

目前的主板都支持扩展 USB(目前的主板一般提供 4～6 个 USB 接口，除了在输入/输出接口中提供的两个外，一般使用扩展连接的方法连接到机箱的前面)和音频输出接到机箱的前端面板，这样方便连接 USB 设备和音频设备。相应地，大部分机箱也具有这样的一组扩展线。下面介绍如何连接 USB 扩展线。

(1) 在机箱上找到 USB 扩展接线，线上一般标注有+5V(或 VCC)、-D(或 Port-)、+ D(或 Port+)和 Ground 等字样(不同的机箱标注方式不一样)，如图 2.40 所示。

图 2.39 安装完成各种信号连接线

图 2.40 找到 USB 扩展接线

(2) 在主板上找到一排 USB 扩展线的插针，并且参照主板说明书，找到其相应插针，如图 2.41 所示(不同的主板标注的方式不一样)。扩展的 USB 接口一般有两个，所以其扩展线也有两组。

(3) 将两组 USB 扩展线插入主板相应的插针中，VCC、Port-(-D)、Port+(+D)和 Ground 分别对应插 VCC、P-、P+和 GND，如图 2.42 所示。不明确的地方可以参看主板的说明书。

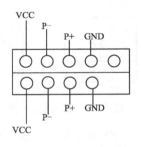

图 2.41 扩展 USB 插针示意图

此外，有的机箱还需要安装前置音频，不过该功能可以装，也可以不装，它只是方便插耳机用。如果需要安装，那么经过了前面安装信号线和 USB 扩展线，也很容易做到。先在机箱引出线中，找到前置音频引出线，同样参看主板说明书，在主板上找到前置音频的插针(见图 2.43)，然后把接头连接到相应的插针上即可。

图 2.42　将 USB 扩展线插入主板相应的插针中

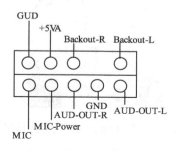

图 2.43　前置音频插针示意图

2.6　安装扩展卡

一般说来，显卡、声卡、网卡等统称为卡类硬件或扩展卡，这些卡类硬件是联系计算机内部系统与外部其他设备的中转站，如显卡、声卡和网卡分别与外部的显示器、音箱和局域网的网线连接。不过目前大部分主板都集成了声卡这一设备，因此无须安装外置的 PCI 声卡。使用时注意在 BIOS 中启用板载声卡(该功能默认是启用的)即可。显卡、声卡和网卡的安装方法都是一样的，只要在安装前确认该卡是否与主板上的接口类型兼容即可。下面以安装显卡为例进行介绍。目前主流显卡是 PCI Express 接口的显卡，但还有部分 AGP 接口的显卡。它们的安装方法都一样。

(1) 用螺丝刀拧下机箱后面扩展卡的保护盖螺丝，如图 2.44 所示。

(2) 取下该保护盖(根据机箱的不同，有的机箱没有保护盖)，如图 2.45 所示。

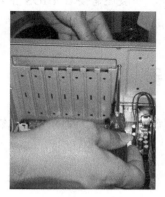

图 2.44　用螺丝刀拧下保护盖的螺丝

图 2.45　取下扩展卡保护盖

(3) 在主板上找到唯一的 AGP 插槽，并将主板上与机箱后面对应的 AGP 插槽的挡板取下，如图 2.46 所示。

(4) 将显卡对准主板的 AGP 插槽插下，直至整个显卡接口全部插入插槽中，在插入的过程中，要用力适中并插到底部，保证显卡和插槽接触良好，如图 2.47 所示。

图 2.46　取下机箱后面对应的挡板

图 2.47　将显卡插入 AGP 插槽中

(5) 找出机箱配备的螺丝，把螺丝放在显卡与机箱的固定孔上，然后用螺丝刀固定显卡，如图 2.48 所示。

(6) 把扩展卡的保护盖安装回去，并拧紧螺丝，固定保护盖，如图 2.49 所示。

图 2.48　固定显卡

图 2.49　固定扩展卡的保护盖

提 示

　　如果主板集成了声卡，但又想安装外置的 PCI 声卡，一般还需要在 BIOS 中屏蔽板载声卡，具体设置方法可以参考 BIOS 设置的内容。

2.7　安装驱动器

这里的驱动器是指计算机的存储设备，一般是指硬盘、光驱(或 DVD 光驱、刻录机)。下面介绍它们的安装方法。

2.7.1　安装 IDE 硬盘

目前的硬盘除了 IDE 接口以外，还有串口硬盘，因为串口硬盘具有很多优点，所以有可能会逐渐取代 IDE 接口硬盘。

下面先介绍 IDE 硬盘的安装方法。

(1) 在安装 IDE 接口硬盘之前，先要进行跳线。一般的跳线设置有单机(spare)、主盘

(master)和从盘(slave)3 种模式。在硬盘的背面，找到跳线说明。不过，不同品牌和型号的硬盘，其跳线指示信息也不同，一般在硬盘的表面或侧面标示有跳线指示信息。

(2) 参照硬盘跳线说明，把硬盘跳线设置为主盘位置，如图 2.50 所示。不过，如果使用单硬盘时一般不用跳线。只有在使用一条数据线连接双硬盘时，才需要把一个硬盘设为 Master，把另一个硬盘设为 Slave。

图 2.50 硬盘跳线

(3) 完成跳线设置后，把硬盘、光驱的数据线准备好，如图 2.51 所示。注意数据线的第 1 针上通常有红色标记和印有字母或花边。

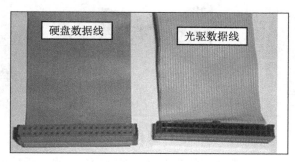

图 2.51 硬盘、光驱的数据线

(4) 在机箱内找到硬盘驱动器舱，再将硬盘安装到驱动器舱内，如图 2.52 所示。

图 2.52 将硬盘安装到驱动器舱内

(5) 让硬盘侧面的螺丝孔与驱动器舱上的螺丝孔对齐，然后用螺丝将硬盘固定在驱动器舱中，如图 2.53 所示。

图 2.53　用螺丝固定硬盘

(6) 拧紧其他螺丝,这样就可以牢牢地固定住硬盘了,硬盘安装好的效果如图 2.54 所示。

图 2.54　安装好的硬盘

(7) 找出硬盘的数据线(硬盘数据线为 80 针,它比 40 针的光驱数据线的针数要密得多),辨认数据线的方向,把数据线的一端对准主板上的 IDE 接口,如图 2.55 所示。

图 2.55　准备把数据线插入主板上的 IDE 接口

一般主板都有两个 IDE 接口(分别标示为 IDE0 和 IDE1，在安装时一般要把 IDE0 与硬盘连接)，而每条 IDE 数据线可以连接两个 IDE 设备，因此，一台计算机可以连接 4 个 IDE 设备。

注　意

在安装时必须使硬盘数据线接头的第 1 针与 IDE0 接口的第 1 针方向对应。通常在主板或 IDE 接口上会标有一个三角形标记来指示接口的第 1 针的位置(或具有"防插反"设计)。

(8) 把数据线的一端插入主板上的 IDE 接口中，如图 2.56 所示。

(9) 把数据线的另一端对准硬盘的 IDE 接口，如图 2.57 所示。

图 2.56　把数据线的一端插入主板上的 IDE 接口中

图 2.57　准备把数据线的另一端插入硬盘的 IDE 接口中

(10) 把数据线插入硬盘的 IDE 接口中，如图 2.58 所示。如果方向不对，是无法插入 IDE 接口中的，因为数据线具有"防插反"设计。

注　意

硬盘或主板的 IDE 接口上有一个缺口，与数据线接头上的凸起互相配合，这就是"防插反"设计，而且硬盘接口的第 1 针是靠近电源接口的一边，只要你记住这个原则，就不会插错了。

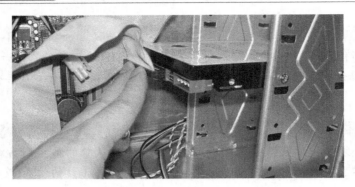

图 2.58　连接硬盘数据线

(11) 从电源引出线中选择一根电源线，并辨认其方向，如图 2.59 所示。

图 2.59　选择一根电源引出线

(12) 将电源引出线插入硬盘的电源接口中，如图 2.60 所示。

图 2.60　将电源引出线插入硬盘的电源接口中

注 意

　　电源引出线与硬盘的电源接口同样也有方向性，只能从一个方向插入，如果插反了是无法插进去的。

2.7.2　安装串口硬盘

串口(serial ATA)硬盘与 IDE 接口不同，它的数据传输是通过一根四线电缆与设备相连接来代替传统的硬盘数据排线，电缆的第 1 针供电，第 2 针接地，第 3 针作为数据发送端，第 4 针充当数据接收端，由于串行 ATA 使用点对点传输协议，所以不存在主/从盘的问题。串口硬盘的安装方法与 IDE 硬盘类似，只是它们的数据线不一样，在连接时略有不同，具体方法如下。

(1) 将数据线的一端连接到串口硬盘的接口，如图 2.61 所示。

(2) 将数据线的另一端连接到主板串口接口，如图 2.62 所示。

图 2.61　将数据线的一端连接到串口硬盘

图 2.62　将数据线的另一端连接到主板

(3) 在电源引出线中，将电源线与电源接头和硬盘上的电源接口连接，如图 2.63(a)所示。但是，以前的电源不提供直接连接到串口硬盘的接口，需要使用一种转接头，即用转接头一端连接到电源的一般接口，然后将转接头的另一端连接到串口硬盘的电源接口，如图 2.63(b)所示。

(a) 连接串口硬盘电源线

(b) 使用转接头连接硬盘电源线

图 2.63　连接串口硬盘电源线

2.7.3　安装固态硬盘

随着固态硬盘(Solid State Drive，SSD)的快速发展和普及，其性能大幅提升，为了方便用户使用，演变出了多个接口规范，其中体积更轻巧的 mini(迷你)固态硬盘更实用。目前主流的固态硬盘与传统机械串口硬盘一样采用 SATA 接口，不过 SATA 接口硬盘普遍较大，安装方法与普通硬盘安装无区别。而迷你固态硬盘采用 mSATA 接口，广泛应用于笔记本电脑以及台式计算机主板中，更加简洁易用，安装方面与传统硬盘安装有点不一样。下面介绍如何安装固态硬盘。

(1) 最常见的 SATA 接口固态硬盘安装方法。新安装固态硬盘的时候，目前很多新机箱都会设计固态硬盘舱位，尤其是一些尺寸较小的 SATA 固态硬盘安装在传统机械硬盘的舱位上很多都不太合适。因此，建议尽量选择一些 2012 年以后生产的主板，以便更好地安装固态硬盘。但若是与传统硬盘大小相同的 3.5 英寸固态硬盘，那么可以直接安装在传统固态硬盘舱位即可，只要将固态硬盘安装在主机硬盘舱位，然后使用螺丝固定，之后连接好硬盘数据线与电源线即可。

(2) 迷你板载的 mSATA 接口固态硬盘的安装方法。首先找到主板中的对应接口(主要是 2012 年以后新出的主板才有，购买的时候一定要留意与咨询清楚)，然后将 mini 固态硬盘成 45°角插入 mSATA 接口，如图 2.64 所示，接着将 mini 固态硬盘轻轻往下压，使硬盘金手指与接口触角紧密接触，如图 2.65 所示。

图 2.64　将 mini 固态硬盘成 45°角插入 mSATA 接口　　图 2.65　将 mini 固态硬盘轻轻往下压连接到主板

最后使用螺丝，将 mini 固态硬盘固定在主板上即可，如图 2.66 所示。

图 2.66　将 mini 固态硬盘固定在主板上

2.7.4　安装刻录机和 DVD 驱动器

CD-ROM、DVD-ROM 和刻录机的外观与安装方法都基本一样。下面以安装刻录机和 DVD 光驱为例进行介绍。

(1) 从机箱的面板上，取下一个 5 英寸槽口的塑料挡板，如图 2.67 所示。

(2) 把刻录机从拆开的槽口放进去，直到没入整个刻录机，如图 2.68 所示。

图 2.67　取下一个 5 英寸槽口的塑料挡板

图 2.68　把光驱从前面放进去

(3) 在机箱的两侧用两个螺丝初步固定，如图 2.69 所示。

图 2.69　固定光驱

(4) 准备好要安装的 DVD 驱动器，再拆开一块机箱的塑料挡板，如图 2.70 所示。

(5) 把 DVD 驱动器安装到机箱的槽口中，直到没入整个驱动器，如图 2.71 所示。

图 2.70　再拆开一块机箱的塑料挡板

图 2.71　把 DVD 驱动器推进去

(6) 转到机箱的侧面，然后上紧螺丝，如图 2.72 所示。

(7) 拿出光驱的数据线，把数据线连接到主板上的另一个 IDE 接口上，如图 2.73 所示。这里需要两条数据线，让刻录机和 DVD 驱动器共用一条数据线，使用一个 IDE 接口，让硬盘单独使用一条数据线，占用一个 IDE 接口。

图 2.72　上紧机箱侧面的螺丝

(8) 把数据线的尾端插入刻录机的 IDE 接口中，如图 2.74 所示。

图 2.73　把光驱数据线连接到主板上　　　　图 2.74　把数据线的一端插入刻录机的 IDE 接口中

(9) 把数据线的中端连接到 DVD 驱动器的 IDE 接口中，如图 2.75 所示。

图 2.75　把数据线的中端连接到 DVD 驱动器的 IDE 接口中

(10) 从电源的引出线中选择一根电源接头，并把它插入刻录机的电源线接口中，如图 2.76 所示。

(11) 从电源的引出线中选择一根电源接头，并把它插入 DVD 驱动器的电源线接口中，如图 2.77 所示。为了方便操作，可以在全部驱动器安装完成后，再连接数据线和电源线，这样可以防止数据线阻碍其他的安装操作。

图 2.76　连接刻录机的电源线

图 2.77　连接 DVD 驱动器的电源线

（12）机箱内部的硬件安装完成后，接着合上机箱盖并拧紧螺丝。不过，为了方便最后开机测试时检查问题，合上机箱盖后，最好不要拧紧螺丝。

此外，声卡还配备一条音频线，可以将音频线的一端接到光驱上，另一端接到声卡上，在播放 CD 光盘时会用到，但现在一般不会用 CD 光驱直接播放 CD 音乐了。

2.8　连　接　外　设

连接外设包括连接键盘、鼠标、显示器、音箱、打印机、扫描仪、摄像头等。

2.8.1　连接键盘、鼠标

下面先介绍连接键盘和鼠标的操作。

（1）准备好键盘和鼠标，这里以 PS/2 接口的键盘(或鼠标) 为例，如图 2.78 所示。

（2）将键盘的 PS/2 接头插到主机的 PS/2 插孔中，如图 2.79 所示。

图 2.78　要安装的键盘和鼠标

图 2.79　连接键盘

说　明

键盘和鼠标的 PS/2 插孔是有区别的，键盘接口的 PS/2 插孔是靠向主机箱边缘的那一个插孔，而鼠标的 PS/2 插孔紧靠在键盘插孔旁边。此外，键盘的 PS/2 插孔一般是浅蓝色(与键盘的接头颜色一致) ，而鼠标的 PS/2 插孔一般为浅绿色(与鼠标的接头颜色一致)。

(3) 将鼠标的 PS/2 接头插到主机的 PS/2 插孔中，如图 2.80 所示。

图 2.80　连接鼠标

如果使用的是 USB 接口的键盘或鼠标，则需要把这两种设备连接到主机上的 USB 接口中，如图 2.81 所示。

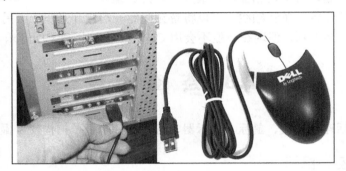

图 2.81　安装 USB 接口的键盘或鼠标

2.8.2　连接显示器

显示器背面有两根引出线：一根是显示器的电源线(三针插头)；另一根是显示器的数据线。安装显示器时，首先需要将数据线连接到显卡的信号线接口上。

(1) 准备好要安装的显示器、数据线和电源线，如图 2.82 所示。

图 2.82　要安装的显示器、数据线和电源线

(2) 把电源线插入显示器的电源接口中，如图 2.83 所示。

(3) 把显示器的信号线接到显卡的输出接口中，如图 2.84 所示。

图 2.83　把电源线插入显示器的电源接口中

图 2.84　把数据线接到显卡的输出接口中

注 意

数据线具有方向性，因此，连接的时候要和插孔的方向保持一致。

(4) 用电源线把显示器与交流电源连接，这样显示器就连接完毕了。有的 CRT 显示器将电源连接到主机电源上，如图 2.85(a)所示；有的显示器需要将电源连接到交流电源插座上(因为有的主机电源只有一个插口)，如图 2.85(b)所示。

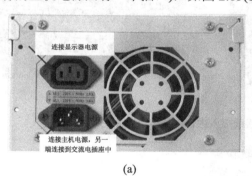

(a)

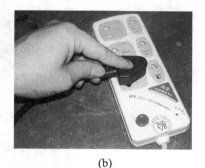

(b)

图 2.85　连接显示器电源线

不过，液晶显示器与一般的 CRT 显示器不同，它附带有一个变压器，把交流电变换为 12V 的稳压电源。

2.8.3　连接音箱

下面介绍连接音箱的操作。

(1) 准备好要安装的音箱，因为连接音箱的操作都是在音箱的背面进行的，下面先看一下音箱背面，左边的是主音箱，右边的是副音箱，如图 2.86 所示。

图 2.86　要安装的音箱

(2) 先连接主、副音箱。在副音箱上，掰开卡子，将音频线插进接口中，然后再合上卡子，即可固定音频线，如图 2.87 所示。

(3) 在主音箱上，掰开卡子，将音频线插进接口中，再合上卡子，如图 2.88 所示。

(4) 找出音箱的音频线,将音频线一端(有红、白两个插头的一端)连接到音箱的输入口中(红线插红插孔,白线插白插孔),如图 2.89 所示。

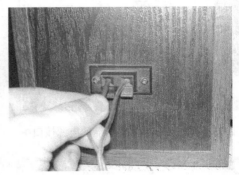

图 2.87 把连接线插入副音箱的卡子中

图 2.88 把连接线插入主音箱的卡子中

图 2.89 将音频线一端接在音箱的输入口中

(5) 将音频线另一端连接在声卡的 Speaker Out 接口中,如图 2.90 所示。

(6) 把音箱的电源线插到交流电的插座上,如图 2.91 所示。

提 示

摄像头(或数码相机)的连接方法很简单,因为它不需要连接电源线,只需要把摄像头的数据线与计算机的 USB 接口连接即可,如图 2.92 所示。

图 2.90　将音频线连接在声卡输出接口中

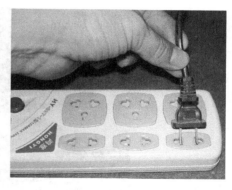

图 2.91　把音箱的电源线插到交流电的插座上

图 2.92　把摄像头连接到计算机

2.9　连接电源并开机测试

所有的设备都已经安装好了，下面给主机接上电源。

(1) 把电源线一端连接到交流电的插座上，如图 2.93 所示。

(2) 把另一端连接到机箱的电源插口中，如图 2.94 所示。

图 2.93　连接到交流电

图 2.94　连接到机箱的电源

(3) 再重新检查所有连接的地方，看有没有漏接的地方，以减少出错的概率。

(4) 按下计算机的电源(Power)开关，可以看到电源指示灯亮起，硬盘指示灯闪动，显示器出现开机画面，并且进行自检，如图 2.95 所示。到此，硬件组装就成功了。

图 2.95　启动计算机

当打开主机电源开关时，如果没有一点反应，更没有任何警告声音，则可以按以下顺序进行检查。

(1) 检查交流电能否正常使用、电压是否正常。

(2) 确认已经给主机电源供电。

(3) 检查主板供电插头是否安装好。

(4) 检查主板上的 Power SW 接线是否接对。

(5) 检查 CPU 是否安装正确，CPU 风扇是否转动。

(6) 检查内存安装是否正确。

(7) 确认显卡安装正确。

(8) 确认显示器信号线连接正确，显示器是否供电。

(9) 用替换法检查显卡是否有问题(在另一台正常的计算机中使用该显卡)。

(10) 用替换法检查显示器是否有问题。

2.10　习　　题

1. 填空题

(1)　与主板相连接的机箱内部信号线一般有＿＿＿＿、＿＿＿＿、＿＿＿＿、＿＿＿＿、＿＿＿＿。

(2)　串口(serial ATA)硬盘与 IDE 接口不同，它的数据传输是通过一根四线电缆与设备相连接来代替传统的硬盘数据排线的，电缆的第 1 针＿＿＿＿，第 2 针＿＿＿＿，第 3 针作为数据发送端，第 4 针充当数据接收端。

2. 选择题

插驱动器的数据线和电源线的原则是＿＿＿＿。

A. 要使数据线有颜色的一边(通常是红色)跟电源线的红色线靠在一起

B. 要使数据线有颜色的一边(通常是红色)跟电源线的浅色线靠在一起

C. 要使数据线白颜色的一边跟电源线的红色线靠在一起

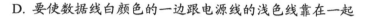

D. 要使数据线白颜色的一边跟电源线的浅色线靠在一起

3. 判断题

(1) 连接机箱内的信号线时，一般红色(深颜色)线表示为正，白色(浅颜色)线表示为负。

（　　）

(2) 安装摄像头时，只需要把它的数据线与计算机上的 USB 接口连接即可。　（　　）

(3) 由于串行 ATA 使用点对点传输协议，所以不存在主/从盘的问题。　　（　　）

4. 简答题

(1) 试说出点亮计算机需要的最基本的配件有哪些。

(2) 在组装计算机前为什么要释放静电？如何释放静电？

(3) 连接电源线和数据线时，应注意什么问题？

5. 操作题

(1) 把显示器的数据线和电源线拆下来，然后重新安装上去。

(2) 在计算机中安装一些外设，如打印机、扫描仪、摄像头等。

(3) 拆下你的计算机的键盘和鼠标，查看它们的接口类型是什么，然后重新连接。

(4) 拆下各个驱动器的数据线和电源线，然后重新安装上去。

(5) 在老师的指导下，拆下显卡，然后重新安装上去。

(6) 在老师的指导下，把内存条拆下来，然后重新安装上去。

(7) 在老师的指导下，把 CPU 拆下来，并辨别 CPU 的厂商是哪一家，然后重新安装。

新起点
电脑教程

第 3 章

BIOS 设置的基本操作

教学提示

计算机是由不同的硬件设备组成的，而这些硬件设备又在品牌、类型、性能上有很大差异。例如，硬盘存在容量大小和接口类型等方面的不同。而不同的硬件配置所对应的参数也不同，因此，在使用计算机之前，一定要确定它的硬件配置和参数，并将它们记录下来，存入计算机，以便计算机启动时能够读取这些设置，从而保证系统的正常运行。但由于 ROM(只读存储器)具有只能读取、不能修改且掉电后仍能保证数据不会丢失的特点，因此这些设置程序一般放在 ROM 中，我们常常称其为 BIOS 设置。

教学目标

通过学习本章，读者可以对 BIOS 有一个充分的认识，并能熟练掌握 BIOS 的设置操作。在组装计算机时，可以轻松地完成这些工作。例如，进入 BIOS 设置，设置日期、时间及硬盘参数或根据屏幕显示的 BIOS 信息，了解系统基本配置情况。

3.1 BIOS 概述

BIOS(basic input/output system，基本输入/输出系统)是计算机中最基础、最重要的程序。该程序放在一个需要供电的 CMOS RAM 芯片中。准确地说，BIOS 是硬件与软件程序之间的一个"转换器"(或者说是一个接口，但它本身也是一个程序)，负责解决硬件的即时需求，并按软件对硬件的操作要求做出反应。BIOS 是被固化到计算机中的一组程序，为计算机提供最底层的硬件控制。实际上光驱、硬盘、显卡等硬件都有自己的 BIOS，但一般说的 BIOS 是指主板中的 BIOS 程序。

在 BIOS 中，用户可以设置进入 BIOS 密码和进入系统的密码，而如果忘记了进入系统的密码，就无法进入计算机系统了。不过，BIOS 的密码是存储在 CMOS 中的，而 CMOS 必须有电才能保存其中的数据。所以，通过对 CMOS 的放电操作，就可以清除 BIOS 的密码了。CMOS 放电后，由于 CMOS 已是一片空白，它将不再要求输入密码，此时需要进入 BIOS 设置程序，选择主菜单中的 LOAD BIOS DEFAULTS(装入 BIOS 默认值)或 LOAD SETUP DEFAULTS(装入设置程序默认值)选项即可。

3.1.1 CMOS 与 BIOS 的区别

由于 CMOS 与 BIOS 都与计算机系统设置密切相关，所以才有 CMOS 设置和 BIOS 设置的说法。也正因为如此，初学者常将二者混淆。下面先了解一下 BIOS 和 CMOS 两个概念。

CMOS 全称是 Complementary Metal Oxide Semiconductor，意即"互补金属氧化物半导体"，它是计算机主板上的一块可读/写的 RAM 芯片，用来保存当前系统的硬件配置情况和用户对某些参数的设定。CMOS 芯片由主板上的充电电池供电，即使系统断电，参数也不会丢失。CMOS 芯片只有保存数据的功能，而对 CMOS 中各项参数的修改要通过 BIOS 程序来实现。准确地说，BIOS 是用来完成系统参数设置与修改的工具(即软件)，CMOS 是设定系统参数的存放场所(即硬件)。而我们平常所说的 CMOS 设置和 BIOS 设置是其简化说法，因此在一定程度上造成了两个概念的混淆。

主板上的 CMOS 芯片和给 CMOS 芯片供电的电池很容易就可以辨别出来，如图 3.1 所示。而双 BIOS 的主板则有两块这样的芯片。

图 3.1　CMOS 芯片及其供电电池

586 以前的主板 CMOS 芯片采用 EPROM 芯片，只能一次性写入，不能再修改。在 586 以后的计算机中，多采用 Flash ROM(快闪可擦可编程只读存储器)，可以通过主板跳线开关或专用软件对 Flash ROM 实现重写，实现对 BIOS 的升级。升级 BIOS 主要有两大目的：

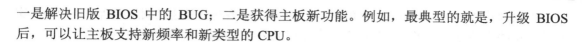

一是解决旧版 BIOS 中的 BUG；二是获得主板新功能。例如，最典型的就是，升级 BIOS 后，可以让主板支持新频率和新类型的 CPU。

3.1.2　BIOS 的功能

BIOS 中包括以下几个程序。

(1) 自诊断程序：通过读取 CMOS RAM 中的内容来识别硬件配置，并对其进行自检和初始化。

(2) CMOS 设置程序：引导过程中，用特殊热键启动，设置后存入 CMOS RAM 中。

(3) 系统自举装载程序：在自检成功后将磁盘相对 0 道 0 扇区上的引导程序装入内存，让其运行以装入 DOS 系统。

(4) 主要 I/O 设备的驱动程序和中断服务。

从作用上看，BIOS 的功能分为 3 个部分。

1. 自检及初始化程序

这部分负责启动计算机，具体分为以下 3 个部分。

(1) 第一部分是用于计算机刚接通电源时对硬件部分的检测，也叫作加电自检(power on self test，POST)，功能是检查计算机是否良好。通常完整的 POST 自检将包括对 CPU、640KB 基本内存、1MB 以上的扩展内存、ROM、主板、CMOS 存储器、串并口、显示卡、软硬盘子系统及键盘进行测试，一旦在自检中发现问题，系统将给出提示信息或鸣笛警告。自检中如发现有错误，将按两种情况进行处理：对于严重故障(致命性故障)则停机，此时由于各种初始化操作还没完成，不能给出任何提示或信号；对于非严重故障则给出提示或声音报警信号，等待用户处理。

(2) 第二部分是初始化，包括创建中断向量、设置寄存器、对一些外部设备进行初始化和检测等。其中很重要的一部分是 BIOS 设置，主要是对硬件设置的一些参数，当计算机启动时会读取这些参数，并和实际硬件设置进行比较，如果不符合，会影响系统的启动。

(3) 最后一部分是引导程序，功能是引导 DOS 或其他操作系统。BIOS 先从软盘或硬盘的开始扇区读取引导记录，如果没有找到，则会在显示器上显示没有引导设备；如果找到引导记录会把计算机的控制权转给引导记录，由引导记录把操作系统装入计算机。在计算机启动成功后，BIOS 的这部分任务就完成了。

2. 程序服务请求

硬件中断处理和程序服务请求是两个独立的内容，但在使用上密切相关。程序服务处理程序主要是为应用程序和操作系统服务的，这些服务主要与输入/输出设备有关，例如读磁盘、文件输出到打印机等。为了完成这些操作，BIOS 必须直接与计算机的 I/O 设备打交道，它通过端口发出命令，向各种外部设备传送数据以及从它们那儿接收数据，使程序能够脱离具体的硬件操作；而硬件中断处理则分别处理 PC 硬件的需求，因此这两部分分别为软件和硬件服务，组合到一起，使计算机系统正常运行。

3. 硬件中断处理

BIOS 中断服务程序实质上是计算机系统中软件与硬件之间的一个可编程接口，主要用于程序软件功能与计算机硬件之间的对接。BIOS 的服务功能是通过调用中断服务程序来实现的，这些服务分为很多组，每组有一个专门的中断。例如视频服务，中断号为 10H；屏幕打印，中断号为 05H；磁盘及串行口服务，中断号为 14H 等。每一组又根据具体功能细分为不同的服务号。应用程序需要使用哪些外设、进行什么操作只需要在程序中用相应的指令说明即可，无须直接控制。开机时，BIOS 会告诉 CPU 各硬件设备的中断号，当用户发出使用某个设备的指令后，CPU 就根据中断号使用相应的硬件来完成工作，再根据中断号跳回原来的工作。

3.1.3　什么情况下要进行 BIOS 设置

在下列情况下，需要进行 BIOS 设置。

(1) 新组装的计算机。虽然 PNP 功能可以识别大部分的计算机外设，但是软驱、硬盘参数、系统日期和时间等基本参数是需要手动设置的。

(2) 新添加设备。由于系统不一定能识别新添加的设备，可以通过 CMOS 设置来告诉它。

(3) CMOS 数据丢失。如果发生主板 CMOS 电池失效等，就需要重新设置 BIOS 参数。

(4) 系统优化。通过 BIOS 设置，可以优化系统，例如加快内存读取时间、选择最佳的硬盘传输模式、启用节能保护功能、设置开机启动顺序等。

3.1.4　BIOS 的分类和版本

目前市场上的 BIOS 主要有 AMI BIOS 和 Award BIOS 以及 Phoenix BIOS，其中，Award 和 Phoenix 已经合并，二者的技术也互有融合。所以目前只有 Award BIOS 和 AMI BIOS 两种类型。但由于 BIOS 直接和系统硬件资源打交道，因此总是针对某一类型的硬件系统，而各种硬件系统又各有不同，所以存在各种不同种类的 BIOS。随着硬件技术的发展，同一种 BIOS 也先后出现了不同的版本，新版本的 BIOS 比起老版本来说，功能更强。

(1) Award BIOS 是由 Award Software 公司开发的，目前多数主板都采用这种 BIOS。早期使用的 Award BIOS 版本为 4.5，其主界面如图 3.2 所示。

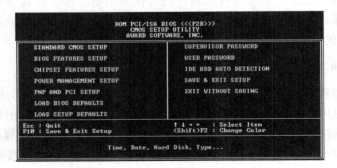

图 3.2　Award BIOS 4.5 的主界面

目前的 Award BIOS 的版本为 6.0，如图 3.3 所示。Award BIOS 6.0 在早期版本的基础上增加了一些功能，虽然 BIOS 的版本不同，且其功能和设置方法也不完全相同，但其主要设置项却是基本相同的。

(2) AMI BIOS 是 AMI 公司出品的，早期的 286、386 大多采用 AMI BIOS，但到 20 世纪 90 年代后，AMI BIOS 被采用得比较少。目前，常被采用在华硕和华擎等品牌主板上的 Phoenix BIOS 与 AMI BIOS 界面是一样的，如图 3.4 所示。

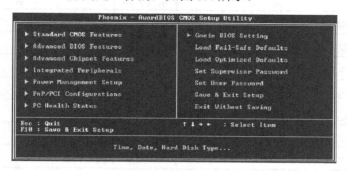

图 3.3　Award BIOS 6.0 的主界面

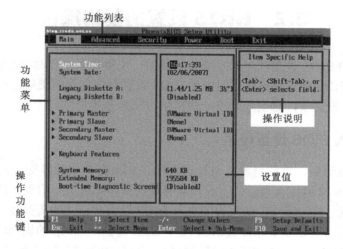

图 3.4　Phoenix BIOS 的程序界面

3.1.5　BIOS 报警声的含义

计算机开机自检时，如果发生故障就会发出报警声，不同报警声代表不同的错误信息，根据这些 BIOS 报警声就能简单地维修计算机。表 3.1 列出了 Award BIOS 和 AMI BIOS 的报警声及其含义。

表 3.1　Award BIOS 和 AMI BIOS 的报警声及其含义

Award BIOS 的报警声及其含义		AMI BIOS 的报警声及其含义	
报 警 声	含 义	报 警 声	含 义
1 短	系统正常启动	1 短	内存刷新失败
2 短	常规错误，进入 CMOS 重新设置	2 短	内存 ECC 校验错误
1 长 1 短	内存或主板出错	3 短	640KB 常规内存检查失败

续表

| Award BIOS 的报警声及其含义 | | AMI BIOS 的报警声及其含义 | |
报 警 声	含 义	报 警 声	含 义
1长2短	键盘控制器错误	4短	系统时钟出错
1长3短	显卡或显示器错误	5短	CPU错误
1长9短	主板BIOS损坏	6短	键盘控制器错误
不断的长声响	内存有问题	7短	系统实模式错误,无法切换到保护模式
不断的短声响	电源、显示器或显卡没有连接好	8短	显示内存错误
重复短声响	电源故障	9短	BIOS检测错误
无声音、无显示	电源故障	1长3短	内存错误

3.2 BIOS 设置的基础操作

因为大多数的 BIOS 设置程序都是英文的界面,使得许多用户对 BIOS 设置望而却步。下面就详细介绍 BIOS 的设置操作。但由于 BIOS 设置程序的不断更新,很难在设置说明中囊括所有的 BIOS 设置项,这里只介绍一些常用方法和基本原则。

3.2.1 怎样进入 BIOS 设置程序

计算机接通电源后,进行自检,自检过程中,如果是严重故障则会停止启动计算机。自检完成后,BIOS 检测从 A 驱、C 驱或光驱等寻找操作系统进行启动,然后将控制权交给操作系统。在系统自检过程中,如果需要进入 BIOS 设置程序,就需要按一个指定的键。一般在启动计算机后,屏幕左下角都会出现 Press DEL to enter setup 的提示(见图 3.5)。Award BIOS 一般按 Del(或 F1)键进入 BIOS 设置程序,而 AMI BIOS 则按 F2 键或 Esc 键进入 BIOS 设置程序。不同主板的 BIOS 界面也不完全相同。

若此信息在您响应前就消失,则需要按下机箱面板上的 Reset 开关,或是同时按住 Ctrl+Alt+Del 组合键重新开机。

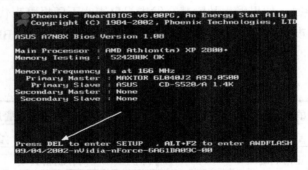

图 3.5 提示进入 BIOS 的按键

3.2.2　BIOS 程序的中英文对照及常用功能键

为了方便用户,表 3.2 列出了 BIOS 设置程序界面选项的中英文对照(以 Award BIOS 6.0 为例)。在后面的 BIOS 设置中,如果不特别说明,也以 Award BIOS 6.0 为例进行介绍。

表 3.2　BIOS 设置程序界面选项的中英文对照

英　文	中　文
Standard CMOS Features	标准 CMOS 设定(包括日期、时间、硬盘软驱类型等)
Advanced BIOS Features	高级 BIOS 设置(包括所有特殊功能的选项设置)
Advanced Chipset Features	高级芯片组设置(与主板芯片特性有关的特性功能)
Integrated Peripherals	外部集成设备调节设置(如串口、并口等)
Power Management Setup	电源管理设置(如电源与节能设置等)
PnP/PCI Configurations	即插即用与 PCI 设置(包括 ISA、PCI 总线等设备)
PC Health Status	系统硬件监控信息(如 CPU 温度、风扇转速等)
Genie BIOS Setting	频率和电压控制
Load Fail-Safe Defaults	载入 BIOS 默认安全设置
Load Optimized Defaults	载入 BIOS 默认优化设置
Set Supervisor Password	管理员口令设置
Set User Password	普通用户口令设置
Save & Exit Setup	保存退出
Exit Without Saving	不保存退出

表 3.3 列出了 BIOS 设置的常用功能键。

表 3.3　BIOS 设置的常用功能键

按　键	功能说明
F1 或 Alt+H	显示 BIOS 帮助窗口
Esc 或 Alt+X	转到上一层菜单,如在主菜单中,则直接跳到 Exit 选项
左右方向键	向左或向右移动光标,实现菜单之间的切换
上下方向键	向上或向下移动光标,用来选择需要修改的设置项
-或 Page Down	在某个设置项中将参数选项设置后移,即选中后面的参数选项
+或 Page UP	在某个设置项中将参数选项设置前移,即选中前面的参数选项
Enter	进入被选中的高亮度显示设置项的次级菜单
F5	将当前设置项的参数设置恢复为第一次的设置值
F6	将当前设置项的参数设置为系统的安全默认值
F7	将当前设置项的参数设置为系统的最佳默认值
F10	弹出保存 BIOS 设置菜单

注 意

因为 BIOS 设置程序是基于英文的,所以在设置时最好参照主板有关 BIOS 的中文说明书来操作。当系统出现兼容性问题或其他严重错误时,可以使用 Load BIOS Defaults 功能项,使系统工作在保守状态,便于检查出系统错误。当 BIOS 设置很混乱或被破坏时,可使用 Load Setup Defaults 功能项,使系统以默认最佳模式工作。

3.3 Award BIOS 的设置

目前,个人计算机的大部分主板都是使用 Award BIOS 6.0 版本。那么下面就以该版本为主进行介绍。但不同品牌或不同芯片组的主板 BIOS 界面不完全相同,所以本书中的设定值仅供参考,设定项目会因 BIOS 的版本不同而有所差异。

3.3.1 标准 CMOS 设定

进入 BIOS 设置主界面后,选择 Standard CMOS Features(标准 CMOS 设定)选项后,按 Enter 键,即可进入 Standard CMOS Features 的界面。在该界面中,可设置系统的一些基本硬件配置、系统时间、软盘驱动器的类型等系统参数,如图 3.6 所示。但其中的一些基本参数是系统自动配置的。

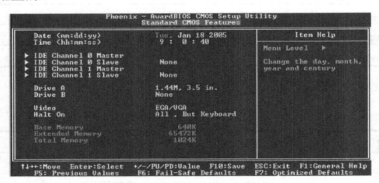

图 3.6 Standard CMOS Features 界面

(1) 在标准 CMOS 设置的界面中,第一项就是设置日期与时间(系统时间也可以在 Windows 操作系统中直接设置)。Date(mm:dd:yy)是日期的表示形式,即表示月、日、年。 Time(hh:mm:ss)是时间的表示形式,即时、分、秒,且都用两位数形式表示。设置日期与时间的方法是用左、右、上、下方向键移动光标到要设置的参数,然后按 Page Down 或 Page Up 键即可。

(2) 当前显示了 4 个 IDE 的设备,分别是 IDE Channel 0 Master(第一组 IDE 接口的主硬盘)、IDE Channel 0 Slave(第一组 IDE 接口的从硬盘)、IDE Channel 1 Master(第二组 IDE 接口的主硬盘)、IDE Channel 1 Slave(第二组 IDE 接口的从硬盘)。如果计算机没有识别出硬盘,那么就需要选择 IDE Channel 0 Master 进行 IDE 硬盘的设置。按上下方向键,将光标移到 IDE Channel 0 Master 选项上,并按 Enter 键,会出现一个窗口,如图 3.7 所示。在这里可以对硬盘的主要参数进行配置。

　　将 IDE Channel 0 Master 及 Access Mode 的参数项都设置为 Auto，以使计算机开机后自动对硬盘进行检测。设置完毕后，按 Esc 键返回上一级菜单。接着再对 IDE Channel 1 Master、IDE Channel 1 Slave 进行相同的设置。当然，CD-ROM 也是 IDE 设备，需要占用一个 IDE 接口，所以通常将 IDE Channel 1 Slave 留给 CD-ROM 使用。

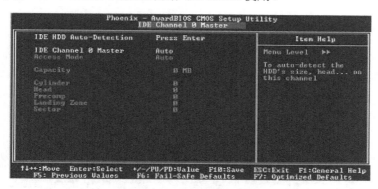

图 3.7　IDE Channel 0 Master

　　(3) 软盘驱动器的设置。在一般的 BIOS 设置程序中都能够设置两个软驱的类型，要按照软盘驱动器安装使用的实际情况进行，否则，进行 POST 自检时会出现问题。如没有软驱，则 Drive A 和 Drive B 都应设置为 None；如果有，则一般设为 1.44MB、3.5 英寸。

　　(4) 在 BIOS 设置程序中，可以根据使用的显示适配卡设置正确的参数，让系统能够识别并正常发挥其性能。在系统开机自检时会从显卡 BIOS 中读出其类型参数，然后自动配置其参数值。目前的显示器都为 VGA 规格，因此一般使用其默认设置。

　　(5) Halt On 是用来设置系统自检测试的，当检测到有错误存在时，设定 BIOS 是否要停止程序运行，也就是出错选项设置。其默认设置为 All Errors，可选择选项如表 3.4 所示。

表 3.4　出错选项设置

设　定	说　明
No Errors	无论检测到任何错误，系统照常开机启动
All Errors	无论检测到任何错误，系统停止运行并出现提示
All，But Keyboard	出现键盘错误以外的任何错误，系统停止
All，But Diskette	出现磁盘错误以外的任何错误，系统停止
All，But Disk/Key	出现磁盘或键盘错误以外的任何错误，系统停止

　　(6) 以下 3 项显示了 BIOS 开机自我检测到的系统存储器信息。

　　① Base Memory：即 BIOS 开机自检过程确定的系统装载的基本存储器容量。

　　② Extended Memory：在 POST 过程中 BIOS 检测到的扩展存储器容量。

　　③ Total Memory：以上所有存储器容量的总和。

3.3.2　高级 BIOS 功能

　　高级 CMOS 设置用来设置启动顺序、改变引导系统的优先权、打开 BIOS 的防毒功能

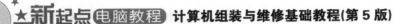

等，在主界面中选择 Advanced BIOS Features 选项，按 Enter 键，即可进入该界面，如图 3.8 所示。

对各个设置项说明如下。

(1) Hard Disk Boot Priority。此选项用以选择开机的顺序(安装了多个硬盘)，将光标移至此字段，按 Enter 键。使用上下方向键来选择装置，然后按+或-号移动。

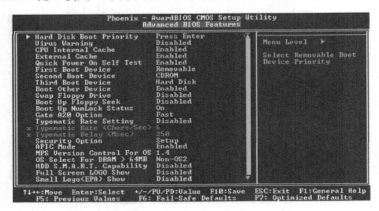

图 3.8　高级 BIOS 功能设置界面

(2) Virus Warning。这是一种防毒技术。当开机型病毒想要改写硬盘中的引导扇区或文件分配表时，BIOS 会发出警告，以达到防毒的目的。此外，当 BIOS 发现病毒入侵时，系统会暂停并显示警告信息，这时用户可以让系统继续运行，或使用一张干净的启动盘重新启动计算机并进行扫描杀毒。一般在安装一个新的操作系统时，为了避免新操作系统写入时发生错误，需要将该项设置为 Disabled。

(3) CPU Internal Cache 与 External Cache。若设为 Enabled，表示启用快取功能，加速内存存取速度，以提升系统运行效率。一般设置为 Enabled。

(4) Quick Power On Self Test。快速开机自检。一般设置为 Enabled，这样 BIOS 在执行开机自我测试 (POST) 时，会省略部分测试项目，以加快开机速度。

(5) First Boot Device、Second Boot Device、Third Boot Device 与 Boot Other Device。这几个选项可以联系在一起，选择一个选项后，按 Enter 键，打开一个界面进行选择。选择开机磁盘的先后顺序，BIOS 会根据其中的设定依序搜寻开机磁盘。若要从其他设备开机，则将 Boot Other Device 选项设为 Enabled。

设置计算机启动设备顺序这个功能非常重要，一般新组装的计算机都要使用该功能。它可以让没有安装任何操作系统的计算机启动。下面介绍其设置操作。

① 用↑、↓箭头键选择 First Boot Device 项后面的 Press Enter。

② 按 Enter 键，打开一个界面，用↑、↓箭头键选择启动设备(一般是 CD-ROM)。

③ 按 Esc 键返回，保存并退出即可。

(6) Swap Floppy Drive(交换软驱)。设置成 Enabled 时，可在 DOS 下让 A 盘当 B 盘用，B 盘当 A 盘用。

(7) Boot Up Floppy Seek(开机自检时搜索软驱)。当设置成 Enabled 时，BIOS 在启动时会对软驱进行寻找操作。如设置为 Disabled，可加快计算机启动。

(8) Boot Up NumLock Status。设置当系统启动后，键盘右边小键盘默认使用的是数字键还是方向键。选择 On 表示使用数字键，且 NumLock 指示灯亮；选择 Off 表示使用方向键功能，NumLock 指示灯不亮。

(9) Gate A20 Option(Gate A20 选择)。A20 信号线用来定址 1MB 以上的内存，设定方式有 Normal(使用键盘方式控制)和 Fast(使用芯片组方式控制)。

(10) Typematic Rate Setting(击键速度设置)。设置使用击打键盘的速率功能。Enabled 表示使用该功能。

(11) Typematic Rate(Chars/Sec)(击键速度设定)。持续按住某一键时，每秒重复的信号次数。

(12) Typematic Delay(Msec)(击键重复延迟)。此项目用于选择第一次按键和开始加速之间的延迟时间。

(13) Security Option。设置系统的密码出现检查方式，有 Setup 和 System 两种方式。选择 Setup 表示只在进入 CMOS Setup 时才要求输入密码；选择 System 表示无论在进入 CMOS Setup 时还是在开机进入任何设置前，都要求输入密码。若欲使用此安全防护功能，需要同时在 BIOS 主界面上选择 Set Supervisor/User Password 来设定密码。

> **注 意**
>
> 如果要取消密码，只需要在重设密码时不输入任何密码，直接按 Enter 键清除密码。

(14) APIC Mode(APIC 模式)。此选项用来启用或禁用 APIC(高级程序中断控制器)。根据 PC 2001 设计指南，此系统可以在 APIC 模式下运行。启用 APIC 模式将会扩展可选用的中断请求 IRQ 系统资源。设定值有：Enabled 和 Disabled，建议保留原默认值。

(15) MPS Version Control For OS(MPS 操作系统版本控制)。设定值有 1.4 和 1.1。此选项允许选择在操作系统上应用哪个版本的 MPS(多处理器规格)。应选择操作系统支持的 MPS 版本，设置前首先要查明使用哪个版本。

(16) OS Select For DRAM > 64MB。可供选择的有 Non-OS2(不使用 IBM 的 OS/2 操作系统)和 OS/2(使用 IBM 的 OS/2 操作系统且 DRAM 容量大于 64MB)。

(17) HDD S.M.A.R.T Capability。本主板可支持 SMART(self-monitoring, analysis and reporting technology)硬盘。SMART 是 ATA/IDE 和 SCSI 非常可靠的预报技术，若系统使用的是 SMART 硬盘，将此项目设为 Enabled，即可开启硬盘的预示警告功能。它会在硬盘即将损坏前预先通知使用者，让使用者提早进行数据备份，从而避免数据流失。ATA/33 或之后的硬盘才开始支持 SMART。

(18) Full Screen Logo Show。若要让系统在开机期间显示特定的 logo，可以在此设定。选择 Enabled，系统在开机期间，以全屏幕显示 logo 标志；选择 Disabled，系统在开机期间，不会出现 logo 标志。

(19) Small Logo (EPA) Show。选择 Enabled，那么系统在开机期间，会出现 EPA logo 标志；选择 Disabled，则系统在开机期间，不会出现 EPA logo 标志。

3.3.3　高级芯片组功能

在 BIOS Setup 主界面中选择 Advanced Chipset Features 选项，进入如图 3.9 所示的界面。

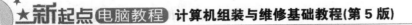

这个界面主要用来设定系统芯片组的相关功能。例如：总线速度与内存资源的管理。每一项目的默认值皆以系统最佳运行状态为考量。因此，除非必要，否则，请勿任意更改这些默认值。若系统有不兼容或数据流失的情形时，再进行调整。

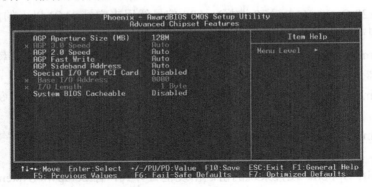

图 3.9　芯片组功能设置界面

(1) AGP Aperture Size (MB)：用于选择可供分配给 AGP 进行显示的系统 RAM 大小。Aperture 是 PCI 内存地址范围的一部分，是专门分配给显示内存的地址空间。达到此范围的主循环无须经过转换即可直接传送给 AGP。

(2) AGP 3.0 Speed：用于对支持 AGP 8x、带宽高达 2.13GB/s 的 AGP 3.0 模式卡进行设置。您可以选择本选项下的其他模式。

(3) AGP 2.0 Speed：用于对支持 AGP 4x、带宽高达 1066MB/s 的 AGP 2.0 模式卡进行设置。您可以选择本选项下的其他模式。

(4) AGP Fast Write：用于开启或关闭 AGP 快速写入功能。通过此功能，CPU 无须经过系统内存即可将数据传输至图形控制器，因此提高了传输速度。

(5) AGP Sideband Address：可设置 Auto 和 Disabled，Auto 按照所安装 AGP 卡的模式自动运行边带寻址功能。Disabled 关闭 AGP 3.0 模式。

(6) Special I/O for PCI Card：设置为 Enabled 时，可对 Base I/O Address 和 I/O Length 进行设定。

(7) System BIOS Cacheable：设为 Enabled 时，可启动 BIOS ROM 位于 F0000H ～ FFFFFH 地址的快取功能，以增强系统效能。Cache RAM 越大，系统效率越高。

3.3.4　周边设备

在 Integrated Peripherals 界面中，可以设置计算机的周边设备，如声卡、硬盘、键盘等。在 BIOS Setup 主界面中选择 Integrated Peripherals 选项，即可进入如图 3.10 所示的界面的选项设置，在此，可设置集成主板上外部设备的属性。

该界面可以设置的选项比较多，下面主要介绍几个较有代表性的选项。

(1) IDE Function Setup：用来设置硬盘有关的参数。因设置项目比较多，并且一般来讲，这些参数是不需要设置的，使用默认值即可，所以这里不做介绍。

(2) RAID Config：因为该主板可支持 Parallel ATA 与 Serial ATA 硬盘，所以可以设置 RAID 的参数。可设定开启 Parallel ATA 与 Serial ATA 信道的 RAID 功能。

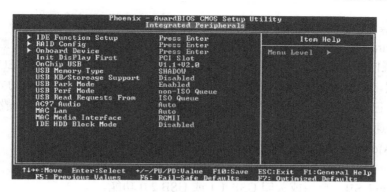

图 3.10　外部集成设备调节设置界面

(3) 将光标移至 Onboard Device 项目上，按 Enter 键，会出现如图 3.11 所示的界面。

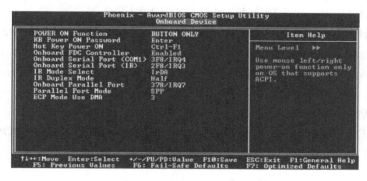

图 3.11　Onboard Device 界面

① POWER ON Function：可选择使用键盘或 PS/2 鼠标开机。有以下的可设项目。

BUTTON ONLY：使用电源按钮启动系统。

Hot Key：选择此选项后，即可在 Hot Key Power ON 项中设定功能键开机。

Mouse Left：选择此选项后，双击鼠标左键即可启动系统。

Mouse Right 选择此选项后，双击鼠标右键即可启动系统。

Any Key：按任意键即可启动系统。

Keyboard 98：以相容于 Windows 98 的键盘上的 Wake-up 键来启动系统。

② KB Power ON Password：选择此选项后，按 Enter 键，输入 5 个字母以内的密码，按 Enter 键，再次输入相同的密码以确认，按 Enter 键。表示在此设定了开机密码，电源开关将无法进行开机功能，使用者必须输入正确的密码才能开机。遗忘开机密码时，关闭系统电源并取下主板上的电池，数秒钟后，再将电池装回并重新启动系统即可。

③ Hot Key Power ON：选择想使用的功能键来启动系统。

④ Onboard FDC Controller：启用或关闭内建的软盘控制器。

⑤ Onboard Serial Port (COM 1)：设置内建的 COM 行端口 I/O 地址。

⑥ Onboard Serial Port (IR)：选择 IrDA 装置的 I/O 地址。

⑦ IR Mode Select：选择你的 IrDA 装置所支持的 IrDA 标准。欲达到较佳的数据传输效果，应将 IrDA 装置与系统的位置调整在 30° 角的范围内，并保持在 1m 以内的距离。

⑧ IR Duplex Mode：Half 表示数据全部传送完毕后再接收新的数据。Full 表示数据同

新起点电脑教程 计算机组装与维修基础教程(第5版)

时接收与传送。

⑨ Onboard Parallel Port：设定主板并行端口(LPT)的 I/O 地址及 IRQ 中断值。

⑩ Parallel Port Mode：可选择的并行端口模式有 SPP、EPP、ECP 及 ECP+EPP。这些都是标准模式，使用者应依据系统所安装的装置类型与速度，选择最适当的并行端口模式。用户应参考自己计算机的外围装置使用说明书来选择适当的设定。SPP，一般速度，单向传输；ECP，快速双向传输；EPP，高速双向传输。

⑪ ECP Mode Use DMA：选择并行端口的 DMA 通道。

(4) Init DisPlay First：系统开机时，用于选择先运行 AGP 还是 PCI。

(5) OnChip USB：启用或关闭 USB 1.1 或 USB 2.0 功能。

(6) USB Memory Type：可选项为 Shadow 与 Base Memory。

(7) USB KB/Storage Support：使用 USB 键盘时，须设为 Enabled。

(8) USB Park Mode：可选项为 Enabled 与 Disabled。

(9) USB Perf Mode：可选项为 Optimal、High、Compatible 与 Moderate。

(10) USB Read Requests From：可选项为 non-ISO Queue 与 ISO Queue。

(11) AC97 Audio：Auto 使用内建音效功能，Disabled 使用 PCI 声卡。

(12) MAC Lan：选择开启或关闭主板集成的网络控制器。

(13) MAC Media Interface：可选项为 MII、RGMII 与 Pin Strap。

(14) IDE HDD Block Mode：Enabled 使用 IDE HDD 块模式，系统 BIOS 将侦测传输块的最大值，块的大小取决于硬盘类型。Disabled 使用 IDE HDD 标准模式。

3.3.5　AWARD BIOS 的其他设置

每一个 CPU 或多或少都具有超频的能力，但超频工作的计算机都是以更大的负荷来工作的，因此超频有一定的挑战性。超频后，为了让计算机保持良好的状态，可以在 BIOS 中查看其运作状态，例如，查看主板、CPU 温度、CPU 电压、CPU 风扇转速等。

1. Power Management Setup

通过 Power Management Setup 界面(见图 3.12)中的项目，可以设定系统的省电功能。

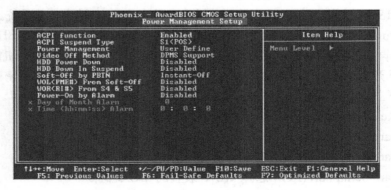

图 3.12　Power Management Setup 界面

(1) ACPI function：支持 ACPI 的操作系统(如 Windows XP)才可使用此功能。

76

(2) ACPI Suspend Type：选择休眠(suspend)模式的类型。

(3) Power Management：使用者可依据个人需求选择省电类型(或程度)，自行设定系统关闭硬盘电源(HDD Power Down)前的闲置时间。例如，选择 Min. Saving，即是最小的省电类型。若持续 15min 没有使用系统，会关闭硬盘电源。

(4) Video Off Method：选择屏幕画面关闭的方式。

(5) HDD Power Down：只有在 Power Management 项目中设为 User Define 时，才可在此进行设定。系统若在所设定的时间内没有使用，硬盘电源会自动关闭。

(6) Soft-Off by PBTN：选择系统电源的关闭方式。如选择 Delay 4 Sec，则使用者若持续按住电源开关超过 4s，系统电源才会关闭。若按住电源开关的时间少于 4s，系统会进入暂停模式。此选项可避免使用者在不小心碰触到电源开关的情况下，无意中将系统关闭。而选择 Instant-Off，则只需要按一下电源开关，系统电源立即关闭。

(7) WOL (PME#) From Soft-Off：设为 Enabled 时，可由内建网络端口或使用 PCI PME(power management event)信号的网络卡启动计算机。

(8) WOR (RI#) From S4&S5：设为 Enabled 时，可经由外部调制解调器或使用 PCI 信号的 Modem 卡启动计算机。

(9) Power-On by Alarm：选择 Disabled 时，使用者可选择特定的日期与时间，定时将软关机(Soft-Off)状态的系统唤醒。如果来电振铃或网络唤醒时间早于定时开机时间，系统会先经由来电振铃或网络开机。将此项目设为 Enabled 后，使用者即可在 Day of Month Alarm 与 Time (hh:mm:ss)Alarm 项目中设定计算机自动开机的时间。

2. 查看系统运行状况

在主界面中选择 PC Health Status 菜单，然后按 Enter 键，进入如图 3.13 所示的界面。在该界面中可以查看系统硬件的运作状况。下面介绍其中主要的几个选项。

(1) Shutdown Temperature：一旦系统温度超过在此所设定的上限值，系统会自动关闭，以避免过热。

(2) VCC3 Voltage 至 CPU FAN Speed：显示已侦测装置或组件的输出电压、温度与风扇转速。

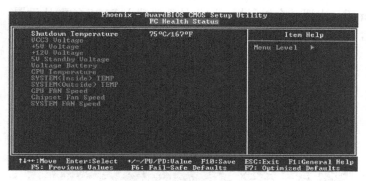

图 3.13　系统的运行状况

3. CPU 超频设置

一般的主板都需要用户设置 CPU 的外频，当设置超过标准外频工作时，就是超频了。

在 BIOS 界面中，选择 Genie BIOS Setting(不同芯片组的 BIOS 的超频方法也不相同)选项，然后按 Enter 键进入超频的界面，如图 3.14 所示。

(1) Current CPU Frequency is：显示所侦测的 CPU 时钟。

(2) CPU OverClock in MHz：此选项所提供的选项用于选择处理器系统外部总线时钟，允许按照 1MHz 的增量对处理器时钟进行调节。例如，把该项的值设置为 213，那么 CPU 主频就是 213×11=2343MHz(没超频之前是 200×11=2200MHz)。

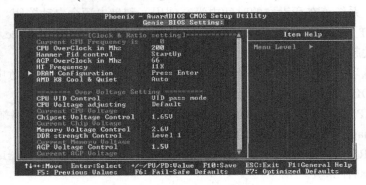

图 3.14　系统超频设置界面

(3) Hammer Fid control：选择 CPU FSB 工作频率。

(4) AGP OverClock in Mhz：用于选择 AGP 时钟。

(5) HT Frequency：选择 CPU 倍率。

(6) DRAM Configuration：选择该选项，然后按 Enter 键，进入相应的界面，可以进行内存超频的设置。具体操作可参看使用说明书，在此不做介绍。再次提醒读者超频具有危险性，应小心进行。

4. 载入 BIOS 的优化设置

BIOS 默认优化设置是厂商出厂时推荐的优化设置。如果用户对 BIOS 不是很了解，或者是超频失败，都可以加载 BIOS 默认优化值，免去了手动设置的麻烦。其操作方法如下。

(1) 在主界面中，选择 Load Optimized Defaults 选项。

(2) 按 Enter 键，出现一个提示框，询问是否要载入 BIOS 的默认设置，如图 3.15 所示。

(3) 输入 Y，再按 Enter 键即可。

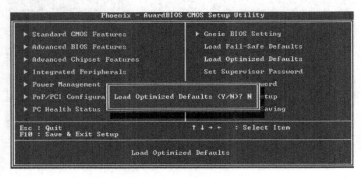

图 3.15　加载 BIOS 默认优化值

3.4　AMI BIOS 的设置

前面介绍了 Award BIOS 的设置，其实 Award BIOS 和 AMI BIOS 中有很多东西是相同的，虽然有些名字叫法不同，但实际作用是一样的。其中有一点需要注意的是：Award BIOS 更改某项参数值的按键是 Page Down 或 Page UP，而 AMI BIOS 更改某项参数值的按键是-或+。因为两种 BIOS 的很多设置是相同的，那么下面简单介绍一下 AMI BIOS 的基本设置。此外，AMI BIOS 也有不同版本，这里以华硕的 AMI BIOS 为例进行说明。

(1) 开机后立刻按住 F2 键(或 F1 键)直到进入 BIOS。要注意的是，如果按得太晚，计算机将会启动系统，这时只有重新启动计算机了。

(2) 进入 AMI BIOS 后，首先会看到如图 3.16 所示的界面。此时可以用方向键移动光标来选择 BIOS 设置界面上的选项。

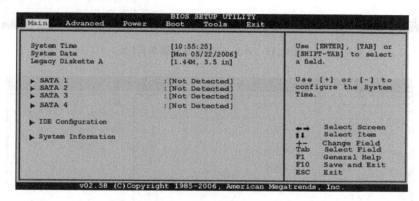

图 3.16　Main(主菜单)界面

1. Main(主菜单)

利用此菜单可对基本的系统配置进行设定。

(1) 第一分组线是设置系统时间、系统日期和软驱。

(2) 第二分组线是主、从 SATA 装置设置。

(3) IDE Configuration 用来设置 IDE 设备。

(4) System Information 是显示系统基本硬件信息。

2. Advanced(高级菜单)

切换到高级菜单，其界面如图 3.17 所示。

这里主要介绍 CPU 超频的设置。选择 CPU Configuration 选项，按 Enter 键，即可进入 CPU 超频设置界面，如图 3.18 所示。

大家可以看到，这几项对于 CPU 超频爱好者应该了如指掌，因为目前的 CPU 一般是锁定了倍频的，所以只能超外频。CPU 的外频设置(CPU external frequency)是超频的关键之一(早期的 PC133 的时代，系统总线与系统外频的速度是一样的)，由公式 CPU 的主频=外频×倍频可知，提高外频即可提高 CPU 主频。外频一般可以设定的范围为 100～400MHz，在设

定时要以 1MHz 为步进，一点点加高，以防一次性加到过高而导致系统无法正常使用，甚至 CPU 损坏。另外，提高 CPU 的电压可以提高超频的成功率，但建议一般用户最好不要修改，以防导致设备因为电压不正确而损坏；若要修改，也要以步进的方式一点点加，并且最高值最好不要超过±0.3V。

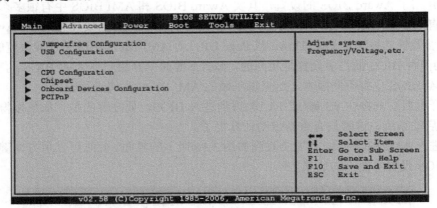

图 3.17　Advanced(高级菜单)界面

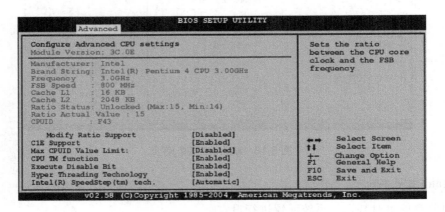

图 3.18　CPU 超频设置界面

3. Power(电源管理)

切换到 Power 菜单，其界面如图 3.19 所示。电源管理菜单用来设置计算机节电的方式。例如，可以设置显示器和硬盘在一定期间内不工作便将其关闭，以减少电源的浪费。因为主板品牌不同，所以可能有些用户没有前面的 4 项，但一般的主板都有 APM Configuration(高级电源设置)和 Hardware Monitor(系统监控)2 个选项。

4. Boot(启动菜单)

Boot 界面(见图 3.20)是设置开机时系统启动存储器的顺序。比如，用户在安装操作系统时要从光驱启动，就必须把 1st Device Priority 设置成为你的光驱。但装好系统后，一般设置该项是硬盘，所以当系统开机时第一个启动的是硬盘，其他的启动项目设置为 Disabled，理论上这样系统启动就会相对快一些，因为系统不用去搜索其他多余的硬件装置。

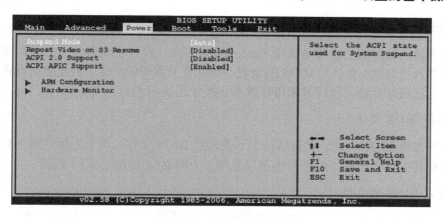

图 3.19　Power(电源管理)界面

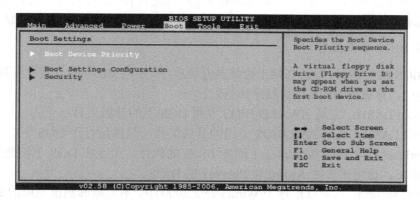

图 3.20　Boot(启动菜单)界面

5. EXIT(退出设置)

该界面主要是用来退出 BIOS 程序的。如果不想进入该界面，有一个更快捷的方法就是不管在哪个设置里面都可以随时按 F10 键保存退出。

3.5　BIOS 的升级和常见错误分析

升级 BIOS 的作用是增加主板对于新硬件的支持和识别能力，以及更好地解决硬件之间的兼容性、完善 BIOS 的调节功能等。除了可以升级主板 BIOS 之外，常见的显卡 BIOS 也可以进行升级。但是升级 BIOS 有一定的危险性，如果没有必要，尽量不要升级 BIOS。

而如果 BIOS 出现错误，一般都会给出一些错误的提示信息，根据这些信息，就可以判断出错误的原因，方便用户解决问题。

3.5.1　BIOS 的升级

下面介绍升级 BIOS 的基本步骤。

1. 确定主板的 BIOS 是否可以升级

一般来说，目前的主板都是采用 Flash ROM 芯片，可以实现升级。另外，有的主板为了防止病毒入侵 BIOS 有防写 BIOS 的设置，因此在升级 BIOS 前，要先跳线设置为可写状态，否则无法进行升级。跳线方法可以参看主板使用说明书。

2. 获得 BIOS 文件

在升级主板 BIOS 之前，要先从网上下载新的 BIOS 文件，每个主板厂商都会有其公司主页，可到其主页上下载。此外，也可以从第三方网站(如驱动之家)下载。

3. 确定 BIOS 的类型

升级主板 BIOS 需要一个专用擦写 BIOS 的工具软件。目前，常见的 BIOS 类型有 Award、AMI 两种。在升级 BIOS 之前，应该确认主板使用的是何种 BIOS 芯片，然后再确定 BIOS 的种类和版本。一般可在主板说明书上(或计算机开机时)查看 BIOS 的类型和版本。

4. 获得 BIOS 升级程序

确定 BIOS 的类型后，即可在网上查找其升级程序。不同 BIOS 的升级程序是不相同的，绝对不能混用。常见的 BIOS 升级程序如下。

(1) AWDFLASH：它是 AWARD BIOS 专用 DOS 下的升级工具。

(2) AMIFLASH：它是 AMI BIOS 专用的升级工具，只能运行于 DOS 下。

(3) WinFlash：可用在 Windows 下刷新 BIOS 的软件，无须在 DOS 下用危险的命令行方式刷新 BIOS。适用于多数 Award 和 Phoenix 的 BIOS。

(4) BIOS Wizard：它可以运行于 Window 9x/2000 中，不但能够测出主板的 BIOS 版本、主板厂商、芯片等，还可以提供在线 BIOS 升级的工具。

(5) Gigabyte@BIOS Writer(技嘉主板 BIOS 更新工具)：在 Windows 下就能更新主板的 BIOS 的工具。该软件是绿色软件，无须安装，解压后直接运行。

上述软件有的是共享软件，有的是免费软件，都可以在网上找到。

> **注 意**
>
> 刷新主板 BIOS 失败而导致电脑无法启动时，最好联系主板厂商，购买一块新的 BIOS 芯片，或由一些专门维修主板的柜台进行修复。

3.5.2 BIOS 的常见错误分析

下面给出一些 BIOS 的最常见错误原因及解决方案，用户在遇到类似问题时可作为参考。

(1) 错误信息：CMOS battery failed(CMOS 电池失效)。

原因：说明 CMOS 电池的电力已经不足，应更换新的电池。

(2) 错误信息：Press ESC to skip memory test(内存检查，可按 Esc 键跳过)。

原因：如果在 BIOS 内并没有设定快速加电自检的话，那么开机就会执行内存的测试，如果不想等待，可按 Esc 键跳过或到 BIOS 内开启 Quick Power On Self Test。

(3) 错误信息：CMOS check sum error－Defaults loaded(CMOS 执行全部检查时发现错

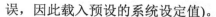

误，因此载入预设的系统设定值)。

原因：通常发生这种状况都是因为电池电力不足造成的，所以不妨先换个电池试试看。如果问题依然存在的话，那就说明 CMOS RAM 可能有问题，最好送回原厂处理。

(4) 错误信息：HARD DISK initializing 【Please wait a moment...】(硬盘正在初始化，请等待片刻)。

原因：这种问题在较新的硬盘上根本看不到。但在较旧的硬盘上，其启动较慢，因此就会出现这个问题。

(5) 错误信息：Display switch is set incorrectly(显示开关配置错误)。

原因：较旧型的主板上有跳线可设定显示器为单色或彩色，而这个错误提示表示主板上的设定和 BIOS 里的设定不一致，重新设定即可。

(6) 错误信息：HARD DISK INSTALL FAILURE (硬盘安装失败)。

原因：硬盘的电源线、数据线可能未接好或者硬盘跳线不当出错误(例如，一根数据线上的两个硬盘都设为 Master 或 Slave)。

(7) 错误信息：Secondary slave hard fail (检测从盘失败)。

原因：可能是 CMOS 设置不当(例如，没有从盘，但在 CMOS 里设有从盘)，也可能是硬盘的电源线、数据线未接好或者硬盘跳线设置不当。

(8) 错误信息：Hard disk(s) diagnosis fail (执行硬盘诊断时发生错误)。

原因：这通常是硬盘本身的故障。可以把硬盘接到另一台计算机上检查，否则只有送修。

(9) 错误信息：Keyboard error or no keyboard present(键盘错误或者未接键盘)。

原因：键盘连接线是否插好？连接线是否损坏？

(10) 错误信息：Memory test fail (内存检测失败) 。

原因：通常是内存不兼容或故障所导致的。

(11) 错误信息：Override enable－Defaults loaded(当前 CMOS 设定无法启动系统，载入 BIOS 预设值以启动系统)。

原因：可能是 BIOS 内的设定并不适合计算机，进入 BIOS 设定，重新调整即可。

3.6　上 机 指 导

下面进行本章的实训操作。

3.6.1　在 BIOS 中设置开机密码

下面用具体的操作练习设置 Supervisor Password 密码的方法。

(1) 在 BIOS 的主界面中，选择 Supervisor Password 或 User Password 选项，按 Enter 键，出现要求输入密码的提示，如图 3.21 所示。

(2) 输入需要的密码，其密码长度最长为 8 个数字或符号。

(3) 输完密码后，按 Enter 键，会提示再输入一次同样的密码，输入同样的密码后，再按 Enter 键，返回到上一级界面中。如果两次输入的密码不一样，则密码设置不成功。

(4) 选择 Advanced BIOS Features 选项，然后按 Enter 键，进入该界面。

图 3.21 要求输入密码

(5) 选择 Security Option 选项，按 Enter 键，进入 Security Option 界面。

(6) 选择 System(如果不进行选择，则默认是 Setup)选项，如图 3.22 所示。

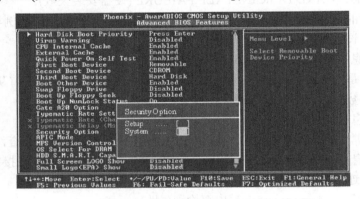

图 3.22 设置密码的出现位置

(7) 按 Enter 键确认并返回上一级界面。设置结束后，选择 Save&Exit Setup 选项后，按 Enter 键，就会出现一个提示框，如图 3.23 所示。

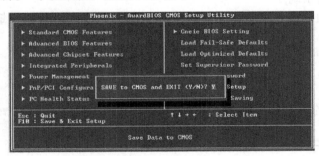

图 3.23 保存 BIOS 设置

(8) 输入 Y，并按 Enter 键，新设置参数将保存在 CMOS 中，并退出 BIOS 设置。

(9) 当计算机重新启动时，就可以看到一个要输入密码的提示框，如图 3.24 所示。此时，只有在输入正确的密码后，才能进入计算机系统。

提 示

　　如果忘掉口令，启动不了系统，可以参看主板的使用说明书，使用跳线清除 CMOS 内容，然后重新设置 CMOS 参数。

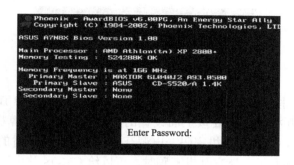

图 3.24　输入密码的提示框

3.6.2　设置使用键盘开机

　　根据主板所采用的芯片组不同，其设置键盘开机的菜单也有区别。下面以一款采用 I845 主板的 BIOS 为例，介绍设置使用键盘开机的方法。

　　(1) 在 BIOS 主界面中，选择 Integrated Peripherals 选项，按 Enter 键进入该界面，如图 3.25 所示。

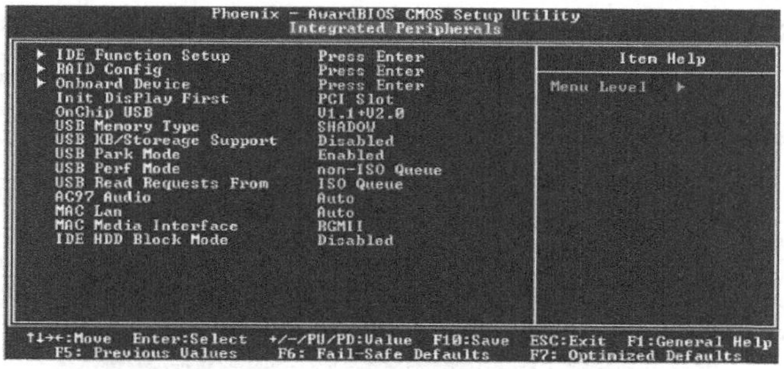

图 3.25　Integrated Peripherals 界面

　　(2) 在界面中，将光标移到 Onboard Device 选项，按 Enter 键，出现 Onboard Device 界面，如图 3.26 所示。

图 3.26　Onboard Device 界面

(3) 选择 POWER ON Function 选项,然后按 Enter 键,打开该界面,设置其值为 Password。

(4) 按 Esc 键返回,再选择 KB Power ON Password 选项,按 Enter 键,即可输入 5 个字母以内的密码,如图 3.27 所示。然后按 Enter 键,再次输入相同的密码以确认,再按 Enter 键。

Enter new Keyboard wake up password
*****

图 3.27　输入密码

(5) 输入完成后,按 Enter 键返回上一级界面,然后保存并退出 BIOS。

(6) 此后,每次开机前,只要按上面设置的密码即可启动计算机(相当于按主机箱的 POWER 开关)。在此,设定了开机密码,电源开关将无法发挥平时的开机功能,使用者必须输入正确的密码才能开机。遗忘开机密码时,可以给 CMOS 放电以清除密码。

3.6.3　实训:使用 BIOS 进行超频

对 DIY 来说,超频是较好的学习硬件的过程,在追求高频率与稳定的过程中,能够学到很多关于散热、内存参数、BIOS 设置、性能测试等知识,而且还可以对 CPU、主板、内存等硬件了解得更多。因为超频能实实在在地让系统性能得到提升,以低价钱买到高性能的 CPU,谁不想呢?因此,超频是 DIY 们乐此不疲的事情。

那么,下面就让我们实训一下超频的操作。

(1) 进入 BIOS 主界面后,第一项任务自然是寻找超频选项。不过,不同主板的参数是不完全一样的,还是要多少有一点了解才能找到这个项目的。没错,Power User Overclock Setting 就是超频设置选项,选中它,如图 3.28 所示。

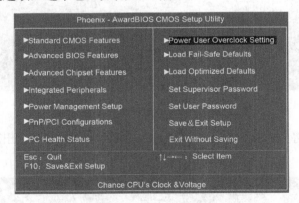

图 3.28　选中 Power User Overclock Setting 超频项

(2) 按 Enter 键即可进入该界面,进入该界面后,发现最上面两项为不可更改选项,显示了当前的 FSB 频率(等同于处理器外频)以及内存频率。而 CPU Vcore 项的值建议最好保持默认值,因此不需要更改它。K8<->MB HT Speed 为 HT 总线倍频,K8<->MB HT Width 为 HT 总线带宽。PCIE Clock 为 PCI-E 插槽频率调整(最好锁定为默认的 100MHz),CPU Radio 用来调节 CPU 倍频(一般不可调)。CPU Frequency 即为处理器外频修改选项(超频关键所在),当前处理器默认外频为 200,因此,这里显示为 200MHz,如图 3.29 所示。

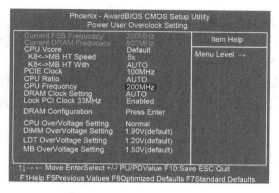

图 3.29　选中 CPU Frequency 项

(3) 选中 CPU Frequency 项，按 Enter 键，打开 CPU Frequency 对话框，此时，可以直接输入 CPU 外频，如图 3.30 所示。由于处理器默认外频为 200，因此只要输入比 200 大的整数，就可以实现超频。从提示中也可以看出此处填写值为 200～500。为保险起见，这里将外频设置为 233MHz。随后，可以以 10MHz 为单位向上超，逐步寻找处理器最高频率。

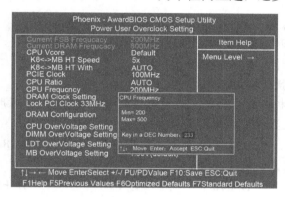

图 3.30　设置 CPU 外频

(4) DRAM Clock Setting 则为内存频率设置(可在 DDR2-400～DDR2-800 之间调节)，如图 3.31 所示。而 Lock PCI Clock 33MHz 为传统 PCI 插槽频率调节(最好锁定为默认 33MHz)。

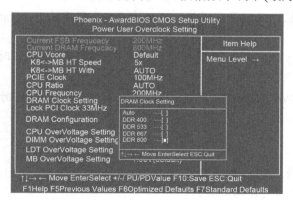

图 3.31　设置内存频率

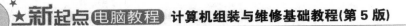
此外，为了增加超频的成功率，还可以进行 CPU 电压微调、芯片组电压调节、内存电压调节、显卡电压调节等。但这些对用户要求较高，因此，最好在有一定经验的人指导下进行。其实，就算不对其他参数进行调节，也能超到一定的频率了，调节其他参数只是为了让频率超得更高罢了。最后强调一下，虽然一般情况下 PCIE 显卡频率和传统 PCI 插槽频率是锁定的，但也不排除其他设置情况，因此，建议用户将两者锁定在默认的频率上。

3.7 习 题

1. 填空题

(1) 目前，主板 BIOS 类型主要有_____、_____这两种。

(2) 计算机刚接通电源时对硬件部分的检测，叫作_____，简称_____。

(3) 进入 Award BIOS 的按键一般是_____键；而进入 AMI BIOS，则按_____键。

2. 选择题(可多选)

(1) 使用下面的方法_____可以清除 CMOS 密码。
   A. 用跳线帽将主板上的 CLEAR CMOS 插针进行短接
   B. 重新组装计算机的硬件
   C. 重新安装操作系统
   D. 断掉计算机电源，取下主板的内部供电电池，保持一段时间后再装好

(2) 在 BIOS 中设置的密码长度最长为_____个数字或符号。
   A. 6 　　　　　　　B. 4 　　　　　　　C. 10 　　　　　　　D. 8

(3) 保存 BIOS 设置的快捷键是_____。
   A. F6 　　　　　　　B. F10 　　　　　　　C. F7 　　　　　　　D. F8

3. 判断题

(1) BIOS(basic input/output system)是指基本输入/输出系统。　　　　　　(　)

(2) 在 BIOS 中设置密码时，输入的密码不区分大小写。　　　　　　(　)

(3) 要设置计算机电源的管理功能，可以在 BIOS 程序的 Integrated Peripherals 界面中进行。　　　　　　(　)

(4) 设置 Boot Up Floppy Seek(开机自检时搜索软驱)为 Enabled 时，可以加速系统启动。
　　　　　　(　)

(5) 设置 Quick Power On Self Test(快速开机自检)为 Enabled 时，可以加速计算机的启动。　　　　　　(　)

4. 简答题

(1) 简述 BIOS 与 CMOS 的区别。

(2) BIOS 的管理功能包括哪些？

(3) 升级主板 BIOS 分哪几个步骤？

(4) 在什么情况下要进行 BIOS 设置？

5. 操作题

(1) 为你的计算机设置一个开机密码。

(2) 进入 BIOS 中，查看当前机器的内存容量相关参数。

(3) 分别找一台 AMI BIOS 和一台 AWARD BIOS 的机器，进入两台机器的 BIOS 进行比较。

(4) 在 BIOS 中设置使用键盘密码开机。

(5) 设置从光驱优先启动，然后使用 Windows XP 安装光盘启动计算机。

(6) 进入 BIOS 程序查看系统的运行状况(主要看 CPU 温度和风扇转速)。

(7) 试在 BIOS 中禁用主板集成的 AC'97 Audio，然后进入 Windows 查看是否有效。

(8) 在老师的指导下，使用 BIOS 对 CPU 进行少量的超频。超频后查看一下系统的温度等状况。

第 **4** 章

硬盘分区和格式化

硬盘从厂家生产出来时，是没有进行分区和激活的，若要在磁盘上安装操作系统，必须有一个被激活的活动分区，才能进行读/写操作。而硬盘分区完成后，不进行格式化还是不能使用，因此，硬盘的分区、激活和格式化往往是一个连贯的操作。硬盘格式化分为高级格式化和低级格式化，低级格式化就是将空白的磁盘划分出柱面和磁道，再将磁道划分为若干个扇区，每个扇区又划分出标识部分(ID)、间隔区(GAP)和数据区(DATA)等。低级格式化是高级格式化之前的一项工作，它只能在 DOS 环境下完成。低级格式化是针对整个硬盘而言的，它不支持单独的一个分区。每块硬盘在出厂时，已由技术人员进行过低级格式化，因此用户无须进行低级格式化的操作。

本章详细地介绍硬盘分区、格式化的各种操作和技巧。通过学习本章，读者可以了解硬盘分区的相关知识，并能够初步掌握硬盘分区的几种方法。

4.1 硬盘为什么要分区和格式化

硬盘是现代计算机上最常用的存储器。计算机具有高速分析、处理数据的能力，而这些数据都是以文件的形式存储在硬盘中。计算机并不像人那么聪明，在读取相应的文件时，必须给出它相应的规则，从而形成了分区的概念。

教学提示中已经说到，要在硬盘中安装操作系统，就必须先对硬盘进行分区和格式化。

而且，随着硬盘制造技术的不断发展，硬盘容量越来越大，目前市场上的硬盘都是几百吉字节(GB)，甚至几太字节(TB)。这么大容量的硬盘，如果只作为一个分区使用，对计算机性能的发挥是很不利的，这样会给计算机的文件管理造成困难。如果将一块大容量的硬盘根据需要分为多个分区，在整理系统和管理文件的时候就方便得多。况且安装操作系统最好分一个独立的引导区，否则如果系统坏了，硬盘中的数据就很难保存。因此，对硬盘进行分区是很有必要的。

一般从硬件(物理)角度来说，它是通过磁介质存储数据的设备。包括我们常见的软盘、硬盘及不常用的磁盘等。另外，U盘及用内存虚拟的磁盘等虽然不是严格意义上的"磁盘"，但它们也可以使用同磁盘一样的文件系统。本章讨论的磁盘对象包括普通的 IDE 接口和高端的 SCSI 接口的硬盘，前者是大部分普通桌面用户所用的；后者多用于一些高端用户和服务器配置。不管什么接口，都属于本章的磁盘讨论范围。

4.1.1　柱面、磁道和扇区

硬盘的结构和软盘差不多，是由磁道(tracks)、扇区(sectors)、柱面(cylinders)和磁头(heads)组成的。从实质上说，分区就是对硬盘的一种格式化。当我们创建分区时，就已经设置好了硬盘的各项物理参数，指定了硬盘主引导记录(Master Boot Record，MBR)和引导记录备份的存放位置。而对于文件系统以及其他操作系统管理硬盘所需要的信息则是通过高级格式化来实现的。硬盘分区后，将被划分为面、磁道和扇区。

硬盘的容量计算公式是：硬盘容量=柱面数×扇区数×每扇区字节数×磁头数。

一块硬盘一般是由多个存储碟片组合而成的，而单碟容量(storage per disk)就是一个存储碟所能存储的最大数据量。一般来说，每个存储碟片都有两个面(side)，这两个面都是用来存储数据的。按照面的多少，依次称为0面、1面、2面、4面等。由于每个面都专有一个读写磁头，也常用0头(head)、1头的称法。按照硬盘容量和规格的不同，硬盘面数(或磁头数)也不一定相同，多的可达数十面。各面上磁道号相同的磁道合起来，称为一个柱面(cylinder)，如图4.1(a)所示。

那么什么是磁道呢？众所周知，读写硬盘时，磁头依靠磁盘的高速旋转引起的空气动力效应悬浮在盘面上，与盘面的距离不到 1μm(约为头发直径的百分之一)。由于磁盘是旋转的，则连续写入的数据是排列在一个圆周上的。我们称这样的圆周为一个磁道(track)，如图4.1(b)所示。如果读写磁头沿着圆形薄膜的半径方向移动一段距离，以后写入的数据则排列在另外一个磁道上。

一个磁道上可以容纳若干千字节(KB)的数据，而主机读写时往往并不需要一次读写那么多，于是，磁道又被划分成若干段，每段称为一个扇区(sector)。一个扇区一般存放 512B 的数据。扇区也需要编号，同一磁道中的扇区，分别称为 1 扇区、2 扇区等。不过硬盘划分扇区与软盘划分扇区有一定的区别。在软盘的磁道中，扇区号依次序编排，即 2 号扇区分别与 1 号与 3 号扇区相邻。而在硬盘的一个磁道中，扇区号是按照某个间隔编排的，如图 4.1(c)所示。这样编排可使硬盘驱动器读写扇区的速度与硬盘的旋转速度相匹配，从而提高存储数据的速度。当然，这种交叉编排也不是绝对的，它会根据硬盘情况而发生变化。

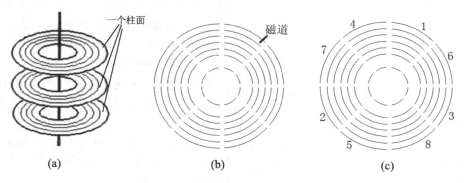

图 4.1　柱面、磁道和扇区的编排

此外，磁盘还有簇的概念，它是文件存储的最小单位，也就是说文件占用磁盘空间时，基本单位不是字节而是簇。簇的大小与磁盘的规格有关。一般情况下，软盘每簇是 1 个扇区，硬盘每簇的扇区数与硬盘的总容量大小有关，可能是 4、8、16、32、64、…。在磁盘存储的文件中，同一个文件的数据并不一定完整地存放在磁盘的一个连续的区域内，而往往会分成若干段，像一条链子一样存放。这种存储方式称为文件的链式存储。所以，要根据具体情况来合理分区，以免浪费硬盘空间。

4.1.2　硬盘的数据结构

为了更深入地了解硬盘的存储原理，还必须对硬盘的数据结构有个简单的了解。硬盘上的数据按照其不同的特点和作用大致可分为 6 部分：MBR(主引导扇区)、EBR(扩展引导扇区)、DBR(操作系统引导扇区)、FAT(文件分配表)、DIR(目录区)和 DATA(数据区)。其中只有主引导扇区是唯一的，其他部分可随分区数的增加而增加。

1. 主引导扇区(master boot record，MBR)

硬盘的第一个物理扇区即 0 磁道、0 柱面、1 扇区，是硬盘中最主要的主引导扇区。计算机通电开机，主板上的 BIOS 检测完硬件后，首先是读硬盘的主引导扇区。若主引导扇区被破坏，系统(BIOS)的任务受阻，计算机当然无法启动硬盘中的操作系统。

硬盘主引导扇区总共 512B，它依次由 4 个部分组成，如表 4.1 所示。

第 1 扇区有 64 个字节就是硬盘的主分区表，例如某分区项 1 为：80 01 01 00 0B FE BF FC 3F 00 00 00 7E 86 BB 00，最前面的 80 是分区的激活标志，表示系统可引导；01 01 00 表示分区开始的磁头号为 01，开始的扇区号为 01，开始的柱面号为 00；0B(0c)表示分区的系统类型是 FAT32，其他比较常用的有 04(FAT16)、07(NTFS)；FE BF FC 表示分区结束的磁头号为 254，结束的扇区号为 63，结束的柱面号为 764。

表 4.1 硬盘主引导扇区的分区表组成

主引导扇区组成			字节数	说 明	
主引导程序			主引导程序和出错信息共占446	由分区软件建立，是一段程序代码，起到引导系统的关键作用	
出错信息				引导出错时显示错误信息，不同分区软件写入的主引导记录代码不完全相同，但功能一样	
主引导扇区	主分区表 (disk partition table, DPT)	分区项1	1	硬盘的4个主分区的分区信息存放在这里，只有64个字节，分为4个分区项，也就是说一个硬盘最多只有4个主分区	引导标志。80表示活动分区，00表示非活动分区
			3		本分区起始磁头号(由第2字节确定)、扇区号(由第3字节的低6位确定)、柱面号(由第3字节的高2位和第4字节的8位确定)
			1		文件系统标识。00为没有指定，01表示FAT表项长12位，04表示FAT表项长16位，05表示DOS扩展分区
			3		本分区结束磁头号(由第6字节确定)、扇区号(由第7字节低6位确定)、柱面号(由第7字节的高2位和第8字节的8位确定)
			4		本分区之前的扇区数之和
			4		本分区总扇区数
		分区项2	16		同分区项1
		分区项3	16		同分区项1
		分区项4	16		同分区项1
结束字 55AA			2	主引导记录结束标志，仅为2字节，是主引导记录是否合法的标志，没有它不行	

注：主分区表中，共4个分区表项，即一个硬盘最多只有4个主分区，这是由计算机硬盘的这种通用分区结构所决定的。不管计算机使用的是哪种操作系统(如 MSDOS、Windows 95/98/ME、Windows NT/2000/XP/7/10、Linux、UNIX、Novell 等)，都不能改变这种分区结构，但苹果机分区结构不在此范围内。

　　一般的硬盘分区工具是无法看到主分区表中的这些信息的，唯独使用 Disk Genius 可以看到这些信息，如图 4.2 所示。如果想对这方面了解的话，可以用该软件来分区硬盘。

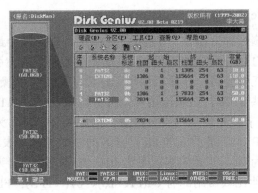

图 4.2 Disk Genius 硬盘分区工具

2. 扩展引导扇区(extended boot record，EBR)

自从微软公司发布 MS-DOS 3.2 以后，个人计算机硬盘的分区结构就增加了扩展分区的功能。该功能可以将 4 个主分区的其中一个主分区定义为"扩展分区"，在该扩展分区中，又可以建立多个逻辑分区，因此，硬盘扩展分区中就必须有扩展分区表。但扩展分区表不再像主分区表一样都存放在一个扇区中，而是扩展分区中有多少个逻辑分区，就有多少个扩展分区表，扩展引导记录包括一个扩展分区表和该扇区的标签。扩展引导记录将记录只包含扩展分区中每个逻辑驱动器的第一个柱面的第一面的信息。一个逻辑驱动器中的引导扇区一般位于相对扇区 32 或 63。

但是，如果磁盘上没有扩展分区，那么就不会有扩展引导记录和逻辑驱动器。第一个逻辑驱动器的扩展分区表中的第一项指向它自身的引导扇区。第二项指向下一个逻辑驱动器的 EBR。如果不存在进一步的逻辑驱动器，第二项就不会使用，而且被记录成一系列零。如果有附加的逻辑驱动器，那么第二个逻辑驱动器的扩展分区表的第一项会指向它本身的引导扇区。第二个逻辑驱动器的扩展分区表的第二项指向下一个逻辑驱动器的 EBR。扩展分区表的第三项和第四项永远都不会被使用。

3. 操作系统引导扇区(DOS boot record，DBR)

操作系统引导扇区(DBR)通常位于硬盘的 0 磁面 1 柱面 1 扇区(这是对 DOS 来说的，对于那些以多重引导方式启动的系统则位于相应的主分区/扩展分区的第一个扇区)，是操作系统可直接访问的第一个扇区，它也包括一个引导程序和一个被称为 BPB(BIOS parameter block，BIOS 参数块)的本分区参数记录表。其实每个逻辑分区都有一个 DBR，其参数视分区的大小、操作系统的类别而有所不同。引导程序的主要任务是判断本分区根目录前两个文件是否为操作系统的引导文件(如 Windows 9x 的 IO.SYS 和 MSDOS.SYS)。如是，就把第一个文件读入内存，并把控制权交予该文件。BPB 参数块记录着本分区的起始扇区、结束扇区、文件存储格式、硬盘介质描述符、根目录大小、FAT(文件分配表)个数、分配单元(也称为簇)的大小等重要参数。DBR 由高级格式化程序产生(如 Format)。

4. 文件分配表(file allocation table，FAT)

Windows 的文件寻址系统，为了数据安全起见，FAT 一般做两个，第二 FAT 为第一 FAT 的备份，FAT 区紧接在 DBR 之后，其大小由本分区的大小及文件分配单元的大小决定。关于 FAT 的格式历来有很多选择，Microsoft 的 Windows 采用的就是熟悉的 FAT16 或 FAT32 格式，而 Windows NT、OS/2、UNIX/Linux、Novell 也都有自己的文件管理方式。

硬盘上的文件常常要进行创建、删除、增长、缩短等操作。这样操作做得越多，盘上的文件就可能被分得越零碎(每段至少是 1 簇)。但是，由于硬盘上保存着段与段之间的连接信息(即 FAT)，操作系统在读取文件时，总是能够准确地找到各段的位置并正确读出。不过，这种以簇为单位的存储法也是有其缺陷的。这主要表现在对空间的利用上。每个文件的最后一簇都有可能有未被完全利用的空间(称为尾簇空间)。一般来说，当文件个数比较多时，平均每个文件要浪费半个簇的空间。

5. 目录区

DIR 是 Directory 即根目录区的简写，DIR 紧接在第二 FAT 表之后，只有 FAT 还不能定位文件在磁盘中的位置，FAT 还必须和 DIR 配合才能准确定位文件的位置。DIR 记录着每个文件(目录)的起始单元(这是最重要的)、文件的属性等。定位文件位置时，操作系统根据 DIR 中的起始单元，结合 FAT 表就可以知道文件在磁盘的具体位置及大小了。在 DIR 区之后，才是真正意义上的数据存储区，即 DATA 区。

6. 数据区

数据区(即 DATA)虽然占据了硬盘的绝大部分空间，但没有了前面的各部分，它对我们来说，也只是一些枯燥的二进制代码，没有任何意义。在这里，有一点要说明的是，通常所说的格式化程序(指高级格式化，例如 DOS 下的 Format 程序)，并没有把 DATA 区的数据清除，只是重写了 FAT 表而已。至于分区硬盘，也只是修改了 MBR、EBR 和 DBR，绝大部分的 DATA 区的数据并没有被改变，这就是许多硬盘数据能够得以修复的原因。但即使如此，如果 MBR、EBR、DBR、FAT、DIR 其中之一被破坏的话，数据还是会损坏的，就算修复回来，也只有 70%左右的成功率。不过，如果经常整理磁盘，那么数据区的数据可能是连续的，这样即使 MBR、FAT、DIR 都坏了，也可以使用磁盘编辑软件，找到一个文件的起始保存位置，那么这个文件就有可能被恢复，前提是你没有覆盖这个文件。所以，如果是修复硬盘损坏的数据，在修复之前，千万不要再在硬盘上写入任何文件。

4.1.3 主分区、扩展分区和逻辑驱动器

下面先了解硬盘分区的几个概念。

1. 主分区和扩展分区

1) 主分区

主分区就是指包含有操作系统启动文件的分区，它用来存放操作系统的引导记录(在该主分区的第 1 个扇区)和操作系统文件。

一块硬盘可以有 1~4 个分区记录，因此，主分区最多可能有 4 个。如果需要一个扩展分区，那么主分区最多只能有 3 个。一个硬盘最少需要建立一个主分区，并激活为活动分区，才能从硬盘启动计算机，否则，就算安装了操作系统，也无法从硬盘启动计算机。当然，如果硬盘作为从盘挂在计算机上，那么不建立主分区也是可以的。

2) 扩展分区

因为主引导记录中的分区表最多只能包含 4 个分区记录，为了有效地解决这个问题，分区程序除了创建主分区外，还创建一个扩展分区。扩展分区也就是除主分区外的分区，它不能直接使用，因为它不是一个驱动器。创建扩展分区后，必须再将其划分为若干个逻辑分区(也称逻辑驱动器，即平常所说的 D 盘、E 盘等)才能使用，而主分区则可以直接作为驱动器。主分区和扩展分区的信息被保存在硬盘的 MBR(master boot record，硬盘主引导记录，它是硬盘分区程序写入硬盘 0 扇区的一段数据)内，而逻辑驱动器的信息都保存在扩展分区内。也就是说，无论硬盘有多少个逻辑驱动器，其主启动记录中只包含主分区和扩展分区的信息，扩展分区一般用来存放数据和应用程序。

总结起来，划分分区的情况共有以下 6 种，如图 4.3 所示。

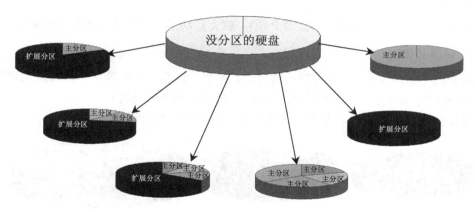

图 4.3　硬盘划分分区的 6 种情况

可见，左边起第 4 种、第 5 种和第 6 种的分区方案并没有多大意义，而最常用的是第 1 种划分法。此外，还有第 2 种划分两个主分区的方法，划分两个或 3 个主分区主要是可以安装多操作系统。例如，某台计算机已经安装有 Windows XP 操作系统，用一个主分区，另有多个逻辑驱动器 D，现在准备在该机上安装 UNIX 操作系统。由于 UNIX 操作系统的文件系统与 DOS/Windows 不兼容，因此不能在现存的 DOS 分区上再安装 UNIX，而必须在硬盘上另建 UNIX 主分区。这样就需要在一个硬盘上建立两个主分区，以实现操作系统的选择引导。当然，要安装两个独立的 Windows 操作系统，也可以划分两个主分区，分别在两个主分区中安装两个不同的操作系统。若要在两个操作系统之间切换，只需要激活相应的主分区即可。

2. 活动分区和隐藏分区

前面提到了划分两个或两个以上主分区的划分方法，但实际上，如果在一个硬盘上划分了两个或 3 个主分区，那么只有一个主分区为活动分区，其他的主分区会自动隐藏起来，这个概念可用图 4.4 来说明。如果想在 Windows 中使用非活动主分区，需要手动取消分区的隐藏。

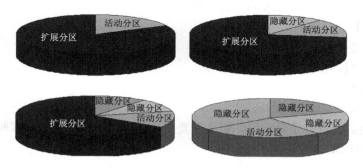

图 4.4　活动分区和隐藏分区

隐藏分区在操作系统中是看不到的，只有在分区软件(或一些特殊软件)中才可以看到，这种分区方案主要是在安装多操作系统时使用。例如，在划分了两个主分区的硬盘上安装两个操作系统，当设置第 1 个主分区为活动分区时，启动计算机时，就会启动第 1 个分区的操作系统，当设置第 2 个分区为活动分区时(设置活动分区使用分区软件来实现，不同的

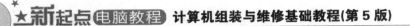

软件设置方法不同，其内容会在 4.2 节介绍)，就会启动第 2 个分区中的操作系统。

3. 逻辑驱动器

逻辑驱动器也就是在操作系统中所看到的 D 盘、E 盘、F 盘等，一块硬盘上可以建立 24 个驱动器盘符(从英文 C~Z 顺序命名，A 和 B 则为软驱的盘符)。

划分主分区、扩展分区、逻辑分区的操作可以用图 4.5 来解释。

图 4.5 硬盘分区操作顺序

当划分了两个或两个以上的主分区时，因为只有一个主分区为活动的，其他的主分区为隐藏分区，所以逻辑驱动器的盘符不会随着主分区的个数增加而改变，这个概念可以用图 4.6 来解释。

图 4.6 逻辑驱动器的盘符不会随主分区增加而改变

4.1.4 硬盘分区操作的顺序

在分区时，既可以对新硬盘进行分区，也可以对旧硬盘(已经分区了的)进行分区，但对于旧硬盘需要先删除分区，然后再建立分区。虽然不同的分区软件操作有所不同，但其分区顺序都是类似的。新硬盘分区的一般步骤如下。

(1) 建立主 DOS 分区。

(2) 建立扩展分区。

(3) 将扩展分区划分为逻辑驱动器。

(4) 激活分区。

(5) 格式化每个逻辑驱动器。

如果是旧硬盘要进行重新分区，那么需要删除原来的分区，删除时按照以下顺序即可。

(1) 删除逻辑 DOS 驱动器。

(2) 删除扩展分区。

(3) 删除主 DOS 分区。

可见删除硬盘分区与创建硬盘分区是一个逆过程。当删除旧硬盘的分区后，该硬盘就相当于一个新硬盘，就可以按照新硬盘进行重新分区了。

不过，上述的分区理论是针对 Fdisk 分区或 Windows XP/2003 磁盘管理程序来说的。实际上，使用 PartitionMagic 等分区程序时，一般不需要创建扩展分区，在创建逻辑驱动器时，

选择是扩展分区就可以了。因此，具体情况要视用户使用的软件来定。

4.1.5　分区的格式

前面介绍了文件分配表(FAT)的知识，知道了它实际上就是一种供 Windows(或其他)操作系统对文件进行组织与管理的文件系统。用户可以在格式化各个驱动器时，指定该分区的分区格式。

在个人计算机 30 多年的发展过程中，磁盘的分区格式已经更新换代了好多次。从 DOS 到 Windows XP 和 Windows Vista 以及 Windows 7/10 的发展历程中，磁盘的分区格式也历经了 FAT12、FAT16、FAT32、NTFS 这 4 个时代。而 Linux 系统则采用了 Ext、Swap 分区格式。

各种磁盘分区格式的特点如下。

(1) FAT12。FAT12 是一种相当"古老"的磁盘分区格式，与 DOS 同时问世。它的得名是由于采用了 12 位文件分配表。早期的软盘驱动器就是采用 FAT12 格式。

(2) FAT16。FAT16 采用了 16 位文件分配表，最大支持容量为 2GB 的硬盘，是支持最广泛的一种磁盘分区格式，几乎所有的操作系统都支持这种格式，包括 DOS 系统、Windows 系列，连 Linux 操作系统都支持这种分区格式。但其大容量磁盘利用效率低。因为磁盘文件的分配以簇为单位，一个簇只分配给一个文件使用，不管这个文件占用整个簇容量的多少。这样，即使一个很小的文件也要占用一个簇，剩余的簇空间便全部闲置，造成磁盘空间的浪费。由于文件分配表容量的限制，FAT16 创建的分区越大，磁盘上每个簇的容量也越大，造成的浪费也越大。

(3) FAT32。为了解决 FAT16 空间浪费的问题，微软推出了一种全新的磁盘分区格式 FAT32，它是目前使用最为广泛的硬盘分区格式。顾名思义，这种硬盘分区格式采用 32 位的文件分配表，这样就使得磁盘的空间管理能力大大增强，突破了 FAT16 硬盘分区格式的 2GB 分区容量限制。目前，支持这一磁盘分区格式的操作系统除了 Windows 系列外，Linux Redhat 部分版本也对 FAT32 格式提供有限支持。

(4) NTFS。NTFS 意即新技术文件系统，它是微软 Windows NT 内核的系列操作系统支持的，一个特别为网络和磁盘配额、文件加密等管理安全特性设计的磁盘格式。随着以 NT 为内核的 Windows 2000/XP 的普及，很多用户开始用到了 NTFS 格式。NTFS 以簇为单位来存储数据文件，但 NTFS 中簇的大小并不依赖于磁盘或分区的大小。簇尺寸的缩小不但降低了磁盘空间的浪费，还减少了产生磁盘碎片的可能。NTFS 支持文件加密管理功能，可为用户提供更高的安全保证。目前 Windows NT/2000/XP/2003 及较新的 Windows Vista/7/10 系统都支持识别 NTFS 格式，而 Windows 9x/ME 以及 DOS 等操作系统不支持识别 NTFS 格式的驱动器。

(5) Ext 和 Swap。Linux 是近年来兴起的操作系统，其版本繁多，支持的分区格式也不尽相同，但是它们的 Native 主分区和 Swap 交换分区都采用相同的格式，即 Ext 和 Swap。Ext 和 Swap 同 NTFS 分区格式相似，这两种分区格式的安全性与稳定性都极佳，使用 Linux 操作系统死机的概率将大大降低。但是目前支持这类分区格式的操作系统只有 Linux，与 NTFS 分区格式类似，Ext 分区格式也有多种版本。Linux 是一个开放的操作系统，最初使用 Ext2 格式，后来使用 Ext3 格式，它同时支持非常多的分区格式，包括 UNIX 使用的 XFS

格式，也包括 FAT32 和 NTFS 格式。

簇是文件系统中基本的存储单位，一个簇的大小与采用的分区格式(FAT32 或 NTFS)和分区大小有关。对于 FAT32 文件系统，当分区容量介于 256MB～8.01GB 时，簇大小为 4KB；介于 8.02～16.02GB 时为 8KB；介于 16.03～32.04GB 时为 16KB；大于 32.04GB 时为 32KB。根据分区大小，默认的簇大小应该分别为 4KB、8KB、16KB。

目前最主要的两种文件系统与操作系统支持情况如下。

FAT32：Windows 95/98/Me/2000/XP/2003/7/10。其中，FAT32 还有限制，即当分区小于 512MB 时，FAT32 不会发生作用，而且在 FAT32 中，单个文件不能大于 4GB。

NTFS：Windows NT/2000/XP/2003/7/10，单个文件可以大于 4GB。

例如，如果你有一个 DVD 光盘文件，它就不能存放于 FAT32 的分区中。

4.1.6 硬盘分区的几种方法

要对硬盘进行分区，就需要一款硬盘分区软件。就目前来说，微软的 Windows 系统是拥有用户数量最多的操作系统，而微软在硬盘分区方面，也有相应的软件。我们可以把硬盘分区软件分为 3 类：一类是微软公司的分区方法；第二类是其他分区软件；第三类是 Ghost 克隆法。

1. 微软提供的硬盘分区方法

微软提供对硬盘分区的方法主要有以下 3 种。

(1) 使用 Fdisk 进行分区。Fdisk 也是一个广为流行的分区程序，它集成在 Windows 98 的启动盘中，不过随着 Windows 98 系统和软驱的没落，使用 Fdisk 程序的人越来越少了。更大的原因是随着其他分区软件的流行，Fdisk 的缺点更是越来越明显。由于它每次确定分区容量后都要对硬盘进行扫描，所以分区速度非常慢；不具备格式化硬盘的功能(格式化分区需要使用 Format 命令)，也不能识别大容量硬盘，虽然可用分配百分比的方法来分区，但对于满屏的 DOS 字符界面，在一定程度上让初学者感到恐惧。目前，还有少量人使用 Fdisk，其主要原因就是目前很多系统工具光盘中已经集成有 Fdisk 分区程序，并且有汉化版，对英文不太好的用户有一定的帮助。

(2) 利用 Windows XP 安装向导分区和格式化硬盘。如果用户手头没有任何硬盘分区工具，那么可以利用 Windows 2000/XP/Vista 安装向导分区和格式化硬盘，这种方法是最简单实用的。但这种方法只能划分主分区，要划分其他逻辑驱动器不太方便。

(3) 利用 Windows 2000/XP/Vista 系统的硬盘管理功能分区和格式化硬盘。这种方法需要你或者你的朋友有一台已经安装了 Windows XP 或 Windows 2003 操作系统的计算机。方法是，把要分区的硬盘以从盘的方式，连接到已经安装好 Windows XP 系统的计算机中后，启动计算机，右击桌面上【我的电脑】图标，在弹出的快捷菜单中选择【管理】命令，打开【计算机管理】窗口。单击【存储】项目下面的【磁盘管理】选项，就可以看到新安装的硬盘，并显示该硬盘【未指派】，右击没有分区的磁盘灰度条，在弹出的快捷菜单中，选择【新建磁盘分区】命令，打开【欢迎使用新建磁盘分区向导】对话框，根据向导进行操作即可。

为了加快装机操作，最好是第二种方法与第三种方法配合使用。也就是使用 Windows

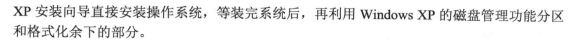

XP 安装向导直接安装操作系统，等装完系统后，再利用 Windows XP 的磁盘管理功能分区和格式化余下的部分。

2. 常用硬盘分区工具

硬盘分区的工具有很多种，除了微软公司开发的 Fdisk 外，还有 PowerQuest 公司开发的 PartitionMagic、DM(Disk Manager，硬盘管理器)万用版、Sfdisk、MaxBlast(著名硬盘生产商 Maxtor 公司开发的磁盘工具软件)、Disk Genius 和 WASAY F32 Magic 中文版等。这些工具在提供分区功能的同时，大部分也提供格式化功能。其中，最常用的应该是 PartitionMagic、DM 万用版、Disk Genius，笔者在这里推荐用户使用 PartitionMagic，因为它不但分区速度快、具有格式化功能，而且界面非常直观，目前有汉化版，初学者也很容易上手。上面这些分区软件一般是既具有分区功能，也具有格式化功能。

3. 使用 Ghost 克隆法分区硬盘

由于 Ghost 具有克隆整块硬盘的功能，在还原备份时，Ghost 会对目标盘按照被克隆硬盘的分区比例重新分配并复制文件，如果是新硬盘还将事先自动完成格式化。根据这个原理，可以用一块已分区格式化好的硬盘作为"模板"(该硬盘不装任何文件)，利用 Ghost 备份并还原到新硬盘上，这样就能快速对大硬盘分区格式化了。

具体做法：找一块任意容量大小的硬盘，对它用 Fdisk、Format 按照你想要对大硬盘分区的比例分区格式化好，注意不要在上面安装任何文件；然后用带有 Ghost 程序的启动盘启动计算机，运行 Ghost，利用 Local-Disk-To Image 命令将刚刚分区格式化好的硬盘镜像成一个软件，把这个文件保存在启动盘上(这个文件很小)，并起个名字，如 disk.gho；接着，在启动盘上制作一个 DOS 批处理文件(用 edit 命令可编辑)，内容为

```
ghost.exe-clone,mode=load,src=a:disk.gho,dst=1,
```

把它保存成 bat 文件，并起个名字，如 disk.bat。这样以后哪个硬盘要分区格式化，用这张启动盘启动计算机，然后执行 disk.bat，不用一分钟就可以完成分区和格式化(无论多大的硬盘都一样)。如果你想改变分区比例，只要修改 disk.bat 文件就可以了，如分了 4 个区并想把比例变为 1：3：3：3，可修改 disk.bat 内容为

```
ghost.exe-clone,mode=load,src=a:disk.gho,dst=1,size1=10P,size2=30P,size3
=30P,size4=30P
```

也可在 DOS 状态下输入 ghost.exe –h 来查看命令帮助。当然，用户也可以直接进入 Ghost 的主界面来对镜像文件进行恢复操作，不过这样就要多做些步骤。此外，目前看到很多集成光盘中有"瞬间把硬盘分成 4 个区"这个工具(见图 4.7)，道理是一样的。

上面总共介绍了 3 种硬盘分区的方法，有的用户可能不知道该选择哪种方法，这里建议使用分区魔术师 PartitionMagic 进行硬盘分区。此外，用 Windows XP 的安装向导实现分区也

图 4.7 快速把磁盘分成 4 个区

不错。至于使用 Ghost 克隆法来实现分区，还是需要掌握一定的基础知识才行，况且笔者认为该方法不够安全，不推荐使用。

4.2 硬盘分区前的准备

在进行硬盘分区前，一般要提前制定一个分区方案，否则，在分区时可能会乱了阵脚。然后要制作启动盘，当然已经有了启动盘就不需要制作了。

4.2.1 制定合理的分区方案

在进行硬盘分区时，要有一个分区方案，这样可以使每个分区"物尽其用"，同时又能保持硬盘的最佳性能。如今，在装机时，硬盘基本上都配置在 160GB 或以上，如果将这样的硬盘只分一个驱动器，肯定是浪费，或在一定程度上影响硬盘的性能。不同的用户有不同的实际需要，分区方案也各有不同。要想合理地分配硬盘空间，需要从 3 个方面来考虑：①按要安装的操作系统的类型及数目来分区；②按照各分区数据类型的分类进行存放；③为了便于维护和整理而划分。

下面以家用型 160GB 的硬盘为例，提供硬盘分区方案，仅供参考。其分区方案和划分的理由是家用型计算机是针对办公、娱乐、游戏而言的，可以装 Windows XP 和 Windows Vista。Windows XP 具有很强的稳定性，可满足通常的娱乐、办公和学习。

C 盘(主分区，活动)，建议分区的大小为 6~15GB，FAT32 格式。C 盘主要安装的是 Windows XP 和比较常用的应用程序。考虑到当计算机进行操作的时候，系统需要把一些临时文件暂时存放在 C 盘进行处理，所以 C 盘一定要保持一定的空闲空间，同时也可以避免开机初始化和磁盘整理的时间过长。

D 盘(主分区，隐藏)，建议分区的大小是 15GB，NTFS 格式。D 盘用来安装 Windows Vista 及一些常用的办公和应用软件。NTFS 分区格式有很强的稳定性和安全性，并且 Windows Vista 也需要使用该文件系统。考虑到 Windows Vista 的庞大，需要 15GB 的容量。

E 盘，建议分区的大小是 50GB，NTFS 格式。它主要用来安装比较大的应用软件(比如：Photoshop、Office 2010)、常用工具等，同时建议在这个分区建立目录集中管理。

F 盘，建议分区的大小是 50GB，NTFS 格式。它主要用来安装游戏和视频音乐等软件。如果需要的话，可以再对游戏的类型进行划分。而多媒体文件如 MP3、VCD 上的.dat 文件，容量较大，需要连续的大块空间，而且这些文件一般不需要编辑处理，只是用专用的软件回放欣赏，所以一般不需要频繁对这些分区进行碎片整理。

G 盘，把剩余空间划分下去，FAT32 格式。

H 盘，主要是用来做文件备份(如 Windows 的注册表备份、Ghost 备份)和计算机各硬件(如显卡、声卡、Modem、打印机等)的驱动程序，以及各类软件的安装程序。这样可以加快软件的安装速度或与局域网里的其他用户共享。同时，可以免去以后重新安装或是升级操作系统时寻找驱动程序光盘的麻烦。这个分区也不需要经常进行碎片整理，只要在放置完数据后整理一次就够了。

当然，也可以把数据更细地分类、分区存放。总之，每个操作系统原则上应该独占一

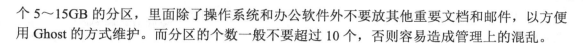

个 5～15GB 的分区，里面除了操作系统和办公软件外不要放其他重要文档和邮件，以方便用 Ghost 的方式维护。而分区的个数一般不要超过 10 个，否则容易造成管理上的混乱。

4.2.2　制作启动盘

顾名思义，启动盘就是启动计算机所需要的磁盘。在正常运行情况下，硬盘上操作系统所在盘符就是启动盘，而一般所说的启动盘泛指软盘、光盘、U 盘，只要能启动计算机的盘都可叫作启动盘。新组装的计算机，硬盘还没有分区和格式化，所以无法从硬盘启动，此时就需一个启动盘。除此之外，如果这台计算机在一个局域网中，那么也可以使用网卡来启动计算机，但前提是，该计算机的主板和网卡支持网卡启动。

启动盘的制作途径很多，主要内容是启动计算机所需的基本系统文件和命令文件。

(1) 光盘启动盘。一般操作系统的安装盘都具备光盘驱动功能，可直接使用。此外，可以直接从软件市场购买或是从网上查找这类光盘的映像文件(这种光盘映像一般是网友自己制作，作为学习研究之用)，然后刻录成光盘。前提是需要有一台已经安装好操作系统的计算机，并且安装有刻录机和相应的刻录软件(如 Nero Burning ROM)。当然，如果你有兴趣，也可以自己制作光盘启动盘。

(2) U 盘启动盘。用 USBoot 等工具可制作 U 盘启动盘。实际上一些启动型 U 盘本身就具备启动功能。此外，还有其他制作 U 盘启动盘的工具。还有一种软盘启动盘，它可以使用 Windows 98 提供的制作软盘启动盘工具来制作，不过，目前很少使用，所以，在此不做介绍。下面分别简单介绍上述两种启动盘的制作方法。

1. 制作启动光盘

购买计算机配件时，计算机配件经销商一般会随机赠送一些以后要用到的启动盘。此外，Windows 98/2000/XP/Vista 安装光盘也都具有启动功能，用户也可以自己到市场上购买类似的启动盘。所以一般不需要自己制作启动光盘。如果有条件的话，可以自己制作启动盘，这样不但可以有更多的选择，还可以学到更多的知识。因此，下面介绍一下自己刻录启动盘的方法，但限于篇幅，这里仅介绍刻录的方法，不介绍制作启动盘的方法。

目前，有很多集成了 DOS 常用命令、硬盘分区工具和常用装机工具的光盘文件(ISO 文件)，网上常见的普通光盘文件有"龙卷风系统维护光盘"和"赢政系统维护光盘"以及"深山红叶系统维护光盘""五十二度系统维护光盘"等，而 DVD 版的也有"万能系统维护盘DVD 版"。在网上找到这些光盘的文件，并下载到本地计算机中，即可把这个系统维护光盘刻录到一张 DVD 盘上(方法参看上机指导)。

2. 制作 U 盘启动盘

与其他设备一样，使用 U 盘也可以启动计算机，不过这里的 U 盘是指 USB 接口的闪存盘(俗称 U 盘)，不是 USB 硬盘。而要使用 U 盘启动盘，首先要使 U 盘支持从 USB 启动，并且主板要具有从 USB 启动的功能。制作 U 盘启动盘的具体操作步骤如下。

(1) 在一台能上网的计算机上，上网找到 USBoot 工具，并把它下载到本地硬盘中。

(2) 解压缩程序，再把 U 盘插上(注意事先备份 U 盘中有用的数据)。

(3) 双击解压出来的 Usboot.exe 程序，运行该程序，然后选中要制作的 U 盘，并单击蓝色的字选择工作模式，一般建议选择【ZIP 模式】选项，如图 4.8 所示。

各种模式说明如下。

① ZIP 模式是指把 U 盘模拟成 ZIP 驱动器模式，启动后 U 盘的盘符是 A:。

② HDD 模式是指把 U 盘模拟成硬盘模式。如果选择了该模式，那么这个启动 U 盘启动后的盘符是 C:，这样就容易产生很多问题，如安装系统时安装程序会把启动文件写到 U 盘而不是硬盘的启动分区，会导致系统安装失败。

③ FDD 模式是指把 U 盘模拟成软驱模式，启动后 U 盘的盘符是 A:，该模式在启动时，在一些支持 USB-FDD 启动的机器上会找不到 U 盘，所以一般不使用。

图 4.8　选择工作模式

因此，只有在 ZIP 模式不能正常工作时，才使用 HDD 模式和 FDD 模式。

(4) 单击【开始】按钮，开始制作。此时会出现一个【警告】对话框，提示用户确保 U 盘中数据已备份或已没用，再进行下一步操作，如图 4.9 所示。

(5) 单击【是】按钮，开始清除 FAT 表，完成后显示【请拔下 U 盘】，如图 4.10 所示。

图 4.9　【警告】对话框

图 4.10　请拔下 U 盘

(6) 此时，如果使用的是 Windows 9x 系统，可直接拔下 U 盘。而使用 Windows 2000/XP/2003 系统的话，则需要双击任务栏上的【安全删除硬件】图标，在打开的【安全删除硬件】对话框中，单击【停止】按钮，打开【停用硬件设备】对话框后，单击【确定】按钮，如图 4.11 所示。

(7) 停用硬件设备后，拔出 U 盘，稍等一会再次插上 U 盘，就开始复制启动文件，稍等片刻就会出现【引导型 U 盘制作成功!】的提示，如图 4.12 所示。最后单击右上角的关闭按钮，退出 USBoot 程序。

图 4.11　【停用硬件设备】对话框

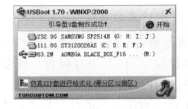

图 4.12　引导型 U 盘制作成功

(8) 至此，就已经制作好一个具有启动 DOS 系统的 U 盘了。如果需要使用相应的 DOS

程序(如硬盘分区程序)，只要把这些程序复制到该 U 盘中，用该 U 盘启动计算机后，在 DOS 提示符下，就可以运行这些程序了。实际上就相当于一个软盘启动盘。

注　意

在使用启动盘时，除了要在 BIOS 中的 Boot 中设置相应的启动顺序外，还要注意 U 盘启动盘有 ZIP、HDD 等几个类型，只有设置正确才能正常从启动盘启动。

4.3　启动计算机裸机

目前，启动计算机裸机最常用的是光驱(DVD 或刻录机)或 U 盘启动中的一种。而前面已经介绍了这几种设备的启动盘制作方法，因此，用户只需要在 BIOS 中指定优先启动的设备就可以了。下面以设置光驱启动计算机为例，介绍其具体操作。

(1) 把制作好的"万能系统维护盘 DVD 版"放进光驱，按下计算机电源开关，启动计算机，当屏幕提示 Press DEL to Enter SETUP 时(不同的主板型号提示可能不一样)，按 Delete 键，进入 BIOS 主界面。

(2) 利用→、←、↑、↓键选择 Advanced BIOS Features 选项，按 Enter 键，进入 Advanced BIOS Features 界面，然后选择 First Boot Device 选项(其右边的选项是可选的，并可以改动)，按 Enter 键，在打开的界面中选择 CD-ROM 选项，如图 4.13 所示。

(3) 按 Enter 键确认并返回上一个界面，按 F10 键，打开一个对话框，并询问"SAVE to CMOS and EXIT (Y/N)?"。

(4) 因为默认选择是 Y，所以按 Enter 键，即可保存并退出 BIOS，当重新启动计算机时，就从光驱启动计算机。如图 4.14 所示，这是万能系统维护盘 DVD 版光盘的启动界面。

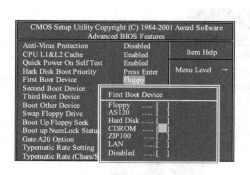

图 4.13　选择 CD-ROM 选项　　　　图 4.14　万能系统维护盘 DVD 版的启动界面

不同的设备启动计算机时，其界面不一样，如使用 Windows XP 的安装光盘启动计算机，有的会提示按任意键从光驱启动(见图 4.15)，有的则会直接进入安装界面。

而当使用 U 盘启动计算机时，因为普通的 U 盘启动盘内，只有 IO.SYS、MSDOS.SYS、COMMAND.COM 3 个文件，仅能够启动系统，还没有做到加载光驱驱动，所以可以根据 U

盘的使用说明,把U盘驱动光盘内的驱动文件复制到U盘根目录下。

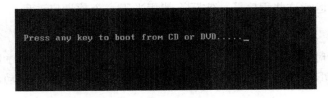

图 4.15 从光驱启动计算机的提示

4.4 使用 PartitionMagic 分区和格式化硬盘

因为硬盘分区的工具较多,而最常用的是 DM 万用版、PartitionMagic、Fdisk、Disk Genius 等。不同的分区工具其界面和操作不一样,它们都各有特点,用户可以根据需要选择使用。这里推荐使用 PartitionMagic,因为它几乎具有其他分区工具的所有功能。例如,它不但可以建立新分区,还可以对硬盘合并已有分区、改变分区大小、转换分区格式等,并且它还可以在保留硬盘数据的前提下对硬盘进行重新分区。

下面就介绍使用 PartitionMagic 分区硬盘的具体操作。

4.4.1 启动 PartitionMagic

PartitionMagic 版本主要有两种:一种是需要在 DOS 下运行的程序;另一种是在 Windows 下使用的程序。这里以前面制作的"万能系统维护盘 DVD 版"中的 PartitionMagic 8.0 中文版(DOS 繁体中文版)为例,介绍进行硬盘分区的具体操作。

(1) 在第一个启动界面中(参看图 4.14),选择第 3 项【硬盘维护工具箱】选项,按 Enter 键(或直接按 3 键),打开硬盘维护工具箱的界面,如图 4.16 所示。

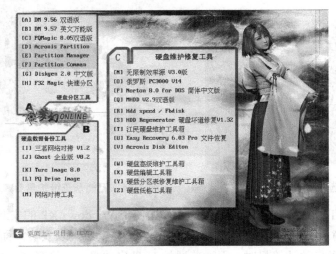

图 4.16 硬盘维护工具箱界面

(2) 选择【PQMagic 8.05 双语版】选项，按 Enter 键，进入 Partition Magic MENU 界面，在这里可以选择中文版或英文版，如图 4.17 所示。

图 4.17　Partition Magic MENU 界面

(3) 在提示符下，输入 1，按 Enter 键，稍等一会，即可启动 PartitionMagic 8.0 程序主界面，如图 4.18 所示。

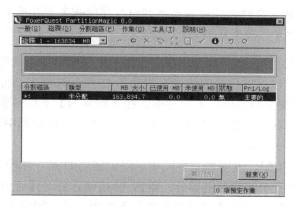

图 4.18　启动 PartitionMagic 8.0 程序主界面

4.4.2　创建分区

启动 PowerQuest PartitionMagic 8.0 后，可以看到当前已经连接到计算机的硬盘，下面以把 160GB 的硬盘分为 3 个盘符为例(160GB 的硬盘其实应该分为 4～5 个盘符，但为了让相同的操作不重复介绍，所以这样介绍)介绍新硬盘分区操作。按顺序是先划分 C 区，然后划分 D 区和 E 区。

(1) 选择【作业】|【建立】命令(界面是繁体中文，为了方便，这里按简体中文的含义进行介绍)或单击工具栏中的 C: 按钮，打开【建立分割磁区】对话框。

(2) 在【建立为】下拉列表框中，选择【主要分割磁区】选项；【分割磁区类型】下拉列表框中默认的是【未格式化】(该项可以在格式化时进行选择)，这里先不要管它；在【大小】微调框中输入 12000，如图 4.19 所示。

(3) 单击【确定】按钮，返回到主界面中，可以看到第一个分区(主分区)已经划分好，如图 4.20 所示。

图 4.19　在【建立分割磁区】对话框中
指定需要的参数

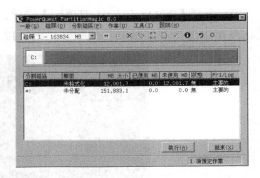

图 4.20　第一个分区(主分区)已经划分好

> **提示**
>
> 　　根据分区的顺序，创建主分区后，接着创建扩展分区，然后再创建逻辑驱动器。但是使用 PartitionMagic 分区时，在创建主分区后，可以直接创建逻辑驱动器，当所有的逻辑驱动器都创建完成后，就会自动把逻辑驱动器的所有空间指定为扩展分区的空间了，这一点与使用 Fdisk 程序进行分区是有区别的。

　　(4) 主分区创建好之后，如果需要创建多个主分区，可以使用同样的方法来进行。这里不创建多个主分区，所以可以直接创建逻辑驱动器 D 盘，选择未划分驱动器的灰色部分，单击 **C:** 按钮，打开【建立分割磁区】对话框。在【建立为】下拉列表框中选择【逻辑分割磁区】选项，【分割磁区类型】保持默认设置，在【大小】微调框中输入 65000，【标签】可以不设置，如图 4.21 所示。

　　(5) 单击【确定】按钮，返回到主界面中，即创建了 D 盘，如图 4.22 所示。

　　(6) 再选择未划分驱动器的灰色部分，单击 **C:** 按钮，打开【建立分割磁区】对话框。在【建立为】下拉列表框中选择【逻辑分割磁区】选项，【分割磁区类型】保持默认设置，在【大小】微调框中使用默认值，这样，就把余下的空间全部分配到 E 盘中，如图 4.23 所示。

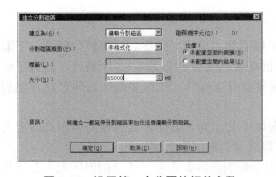

图 4.21　设置第二个分区的相关参数

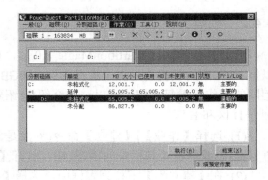

图 4.22　创建了 D 盘

　　(7) 单击【确定】按钮，返回到主界面中，即创建了 E 盘。至此，硬盘的所有空间已经分配完毕，可以看到扩展分区(这里"延伸"即是扩展的意思，因为程序是繁体版本，所以无法做到一致，但意思是一样的)也已经出来了，并且扩展分区中，建立了两个逻辑驱动器，效果如图 4.24 所示。

图 4.23　设置第三个分区的相关参数

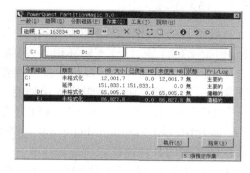
图 4.24　把 160GB 的硬盘分为 3 个分区的效果

划分了分区之后，接着要激活主分区并对各分区进行格式化操作。

4.4.3　激活分区

划分空间后，要记得激活主分区，这样才能正常使用这个硬盘，具体方法如下。

(1) 选中第一个分区(即主分区)，选择【作业】|【进阶】|【设定为作用】命令，如图 4.25 所示。

(2) 打开【设定作用分割磁区】对话框，单击【确定】按钮，如图 4.26 所示。

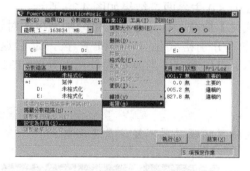
图 4.25　选择【作业】|【进阶】|【设定为作用】命令

图 4.26　【设定作用分割磁区】对话框

(3) 返回到 PartitionMagic 8.0 主界面，此时在【状态】一栏中，显示为【作用】，表示该主分区为活动分区，如图 4.27 所示。

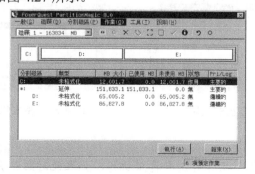
图 4.27　已经激活主分区

4.4.4 格式化驱动器

一般所说的格式化是指高级格式化,高级格式化就是清除硬盘上的数据、生成引导区信息、初始化FAT表、标注逻辑坏道等。高级格式化既可以在DOS下进行,也可以在Windows下进行,但因为新组装的计算机中没有操作系统,所以一般是在DOS下实现。目前,一般的硬盘分区工具都自带有高级格式化功能。除此之外,最常用的格式化命令是Format,它是一个DOS程序,集成在Windows 98的启动盘中。

下面介绍使用PartitionMagic 8.0对各分区进行格式化的具体操作。

(1) 选中需要进行格式化的驱动器,这里选择C盘,选择【作业】|【格式化】命令,打开【格式化分割磁区】对话框。

(2) 在【分割磁区类型】下拉列表框中,选择一种分区格式,如FAT32和NTFS(最常用的也就是这两种),然后输入标签名称(也可以不输入),再在【请输入'OK'以确认分割磁区格式】右侧的文本框中,输入OK(否则无法激活【确定】按钮),如图4.28所示。

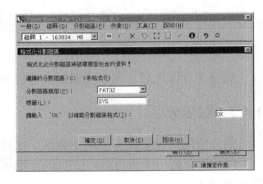

图4.28 【格式化分割磁区】对话框

(3) 单击【确定】按钮,返回PartitionMagic 8.0主界面,结果如图4.29所示。

(4) 选中D盘,然后选择【作业】|【格式化】命令,打开【格式化分割磁区】对话框。选择相应的参数执行前面介绍的格式化操作,分别格式化D盘和E盘,最后返回到PartitionMagic 8.0主界面,结果如图4.30所示。可以看到,当前C盘使用的是FAT32分区格式,而D盘和E盘则使用NTFS分区格式。

提 示

在PartitionMagic 8.0程序中,NTFS分区格式的驱动器不显示盘符名称。

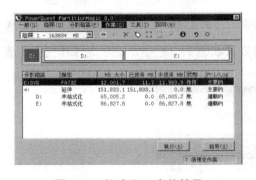

图4.29 格式化C盘的效果

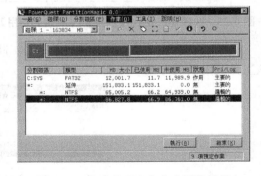

图4.30 格式化硬盘各个分区的效果

注 意

进行上述操作后,各个操作并没有真正执行,如果此时想放弃这些操作,只需要选择【一般】|【放弃变更】命令即可。

4.4.5 执行变更

前面进行了分区和格式化等操作，但在 PartitionMagic 程序中，无论前面怎么操作，在最后一步没有执行改变时前面所做的操作就不会生效。

下面就开始执行令前面动作生效的操作。

(1) 选择【一般】|【执行变更】命令，或单击界面右下角的【执行】按钮，打开【执行变更】对话框，如图 4.31 所示。

(2) 单击【是】按钮，开始应用前面的操作。应用操作完成后，出现【已完成所有作业】的提示，并提示重新启动计算机，如图 4.32 所示。

图 4.31 【执行变更】对话框

图 4.32 提示重新启动计算机

(3) 单击【确定】按钮，重新启动计算机，接着就可以安装操作系统了。

4.4.6 对旧硬盘进行删除分区和建立分区

如果一个硬盘已经分区过，现在想把其中的两个分区重新调整一下，那么要先删除其中的一个分区，然后再进行调整。以前面分区的硬盘为例，想把 D 盘划分为两个区，其中一个区为主分区，安装多操作系统(该分区平时隐藏，当安装多操作系统时激活为活动分区)，另一个区作为 D 盘。具体操作方法如下。

(1) 使用前面介绍的方法，启动 PartitionMagic 8.0 后，选中 D:驱动器，选择【作业】|【删除】命令(或单击✕按钮)，打开【删除分割磁区】对话框。为了确认删除分区操作，此时必须在文本框中输入 OK，此时【确定】按钮被激活，如图 4.33 所示。

(2) 单击【确定】按钮，返回到主界面中，可看到该分区已经被删除，如图 4.34 所示。

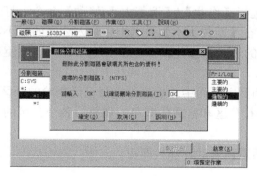

图 4.33 【删除分割磁区】对话框

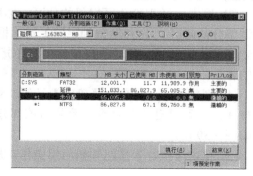

图 4.34 删除分区后的效果

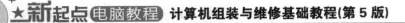

(3) 选中刚删除的分区，然后选择【作业】|【建立】命令，打开【建立分割磁区】对话框，这些设置与前面建立分区时相同，在【建立为】下拉列表框中，选择【主要分割磁区】选项，【大小】设置为15000MB，如图4.35所示。

(4) 单击【确定】按钮，返回到 PartitionMagic 8.0 程序主界面，再用同样的方法，把剩余空间分到 D 盘中，然后用前面介绍的方法，分别对这两个分区进行格式化，结果如图4.36所示。

图 4.35 【建立分割磁区】对话框

可以看到，当有两个分区为主分区时，其中一个主分区被隐藏起来了。当设置隐藏的主分区为活动状态时，先前活动的主分区则又被隐藏起来了，如图4.37所示。

(5) 最后单击【执行】按钮令操作生效，重启计算机即可。

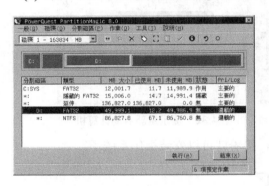

图 4.36 对硬盘重新分区的效果

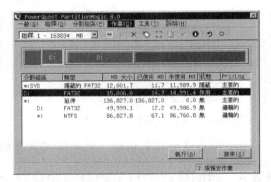

图 4.37 活动分区和隐藏分区的切换效果

4.4.7 移动分区

如果要调整两个相邻分区间的大小，那么也需要先删除其中一个分区，再进行调整操作。其具体操作步骤如下。

(1) 选中要删除的驱动器，选择【作业】|【删除】命令(或单击✕按钮)，打开【删除分割磁区】对话框。

(2) 在文本框中输入 OK，单击【确定】按钮，返回到主界面中。

(3) 选中已经删除分区相邻的分区，然后选择【作业】|【调整大小/移动】命令，打开【调整分割磁区大小/移动分割磁区】对话框，在【新的大小】微调框中输入分区的大小，或者把鼠标指针置于代表磁盘空间的绿色矩形的边缘，按住鼠标左键并拖动即可调整驱动器的容量，如图4.38所示。

(4) 调整好之后，单击【确定】按钮，返回到主界面中。然后再选择已经删除的分区，选择【作业】|【建立】命令，重新对该部分进行分区和格式化即可。调整后各个分区的效果如图4.39所示。

(5) 单击【执行】按钮开始应用操作，最后重新启动计算机即可。

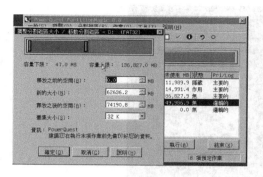
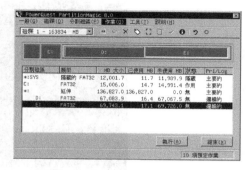

图 4.38 调整分区容量   图 4.39 移动分区后的效果

4.5 使用 Fdisk 给硬盘分区

Fdisk 程序功能和速度虽然比不上其他分区软件，但用它分区不但安全，而且兼容性好。因此，在用其他软件不能分区的情况下，就要考虑使用 Fdisk 来分区了。

4.5.1 使用 Fdisk 命令给硬盘分区

下面简单介绍其分区操作。

(1) 在"万能系统维护盘 DVD 版"第一个启动界面中，选择【DOS 启动工具箱】选项，按 Enter 键(或者按 2 键)，进入 DOS 启动工具箱界面，如图 4.40 所示。

图 4.40 某个系统维护光盘上的硬盘工具菜单

(2) 选择【超级 DOS 中文版】选项，按 Enter 键(或者按 1 键)，进入 DOS 状态，在提示符下，输入 fdisk 命令，如图 4.41 所示。

(3) 按 Enter 键，此时，界面中提示 Fdisk 程序发现大于 512MB 的硬盘容量，询问是否使用大硬盘容量支持模式(即是否用 FAT32 的格式来对硬盘进行分区)，输入 Y，如图 4.42 所示。

图 4.41　在 DOS 提示符下输入 fdisk 命令

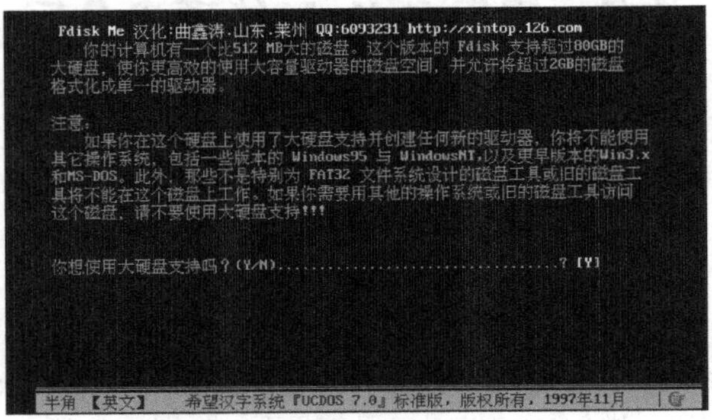

图 4.42　启动 Fdisk 程序前的提示

提　示

　　为了兼容英文版的 Fdisk 程序，后面的界面使用英文界面。此外，在对有坏区的硬盘进行重新分区时，可能无法通过硬盘检测，导致无法进行分区。这时可以输入 fdisk /actok 命令并按 Enter 键确认。fdisk /actok 命令表示在硬盘分区时不检测磁盘表面是否有坏区，直接进行分区，既解决了问题又可以加快分区速度。

　　(4) 按 Enter 键确认，这时屏幕上出现了 4 个菜单项(如果挂有两个以上硬盘，则还会出现第 5 个菜单项，即选择硬盘的菜单项)，在"Enter choice:"后面输入 1，如图 4.43 所示。

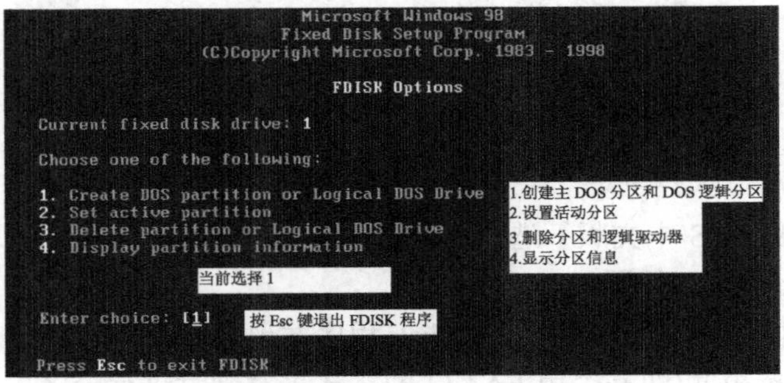

图 4.43　Fdisk 程序的主界面

(5) 按 Enter 键，屏幕上出现 3 个操作菜单，此时，在 "Enter choice:" 后面，默认选择是[1](即创建主 DOS 分区)，如图 4.44 所示。

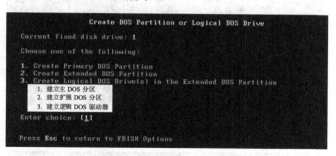

图 4.44　创建主 DOS 分区和 DOS 逻辑分区界面

(6) 按 Enter 键，程序开始扫描硬盘，扫描完成后，进入创建主 DOS 分区(Create Primary DOS Partition)的屏幕，其中间两行英文的含义是"是否将最大的可用空间全部都作为主 DOS 分区"(即是把整个硬盘都作为一个盘，即 C 盘)，不接受这样的划分法，所以输入 N，如图 4.45 所示。

图 4.45　创建主 DOS 分区界面

(7) 按 Enter 键，接着屏幕上出现 Create Primary DOS Partition 的界面，在右下角的中括号内，提示硬盘的总容量大小以及建立主 DOS 分区最大可以分到的大小，此时输入一个小于硬盘总容量的数值作为主分区大小，或者输入一个百分数(如 12%)，如图 4.46 所示。

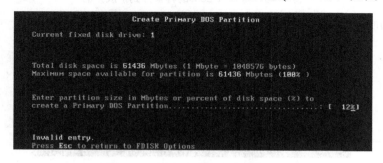

图 4.46　输入主分区大小的数值

(8) 按 Enter 键确认，显示主 DOS 分区已经建立，并显示了第一个分区的类型、容量大小、百分比等，如图 4.47 所示。

(9) 按 Esc 键返回到 Fdisk Option 界面中，然后输入 1，进入 Create DOS Partition or Logical DOS Drive 界面，再输入 2，如图 4.48 所示。

(10) 按 Enter 键，此时 Fdisk 提示硬盘还剩余 88%的容量，并建议要把它们全部分到扩

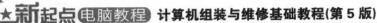

展分区(除主分区外,其余的都叫扩展分区)中去,一般是接受该建议,如图 4.49 所示。

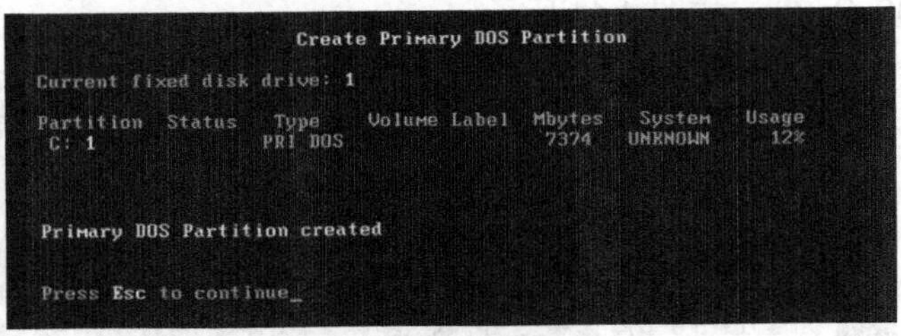

图 4.47　主 DOS 分区已经建立

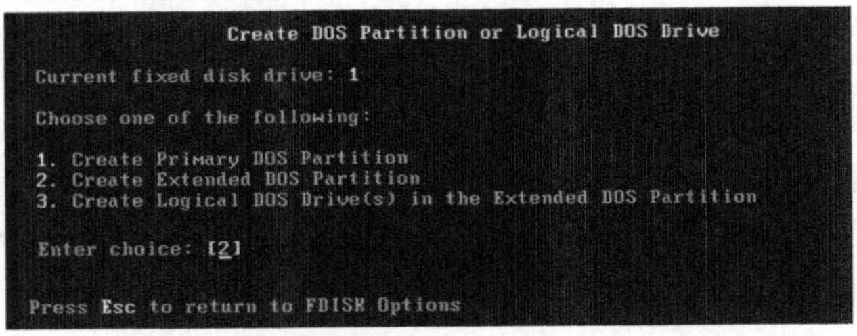

图 4.48　Create DOS Partition or Logical DOS Drive 界面

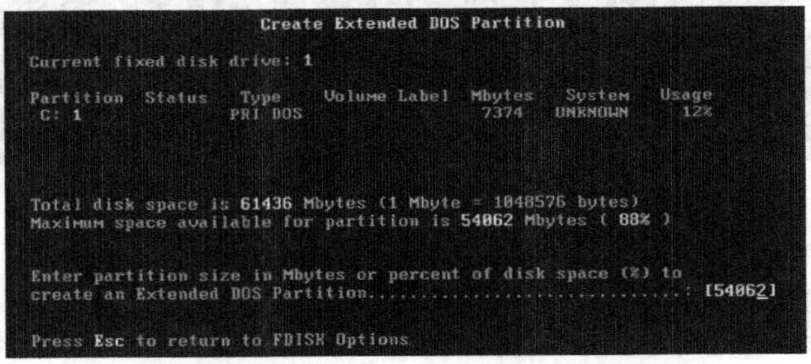

图 4.49　把剩余 88%的容量分到扩展分区

(11) 按 Enter 键即可建立扩展分区,如图 4.50 所示。

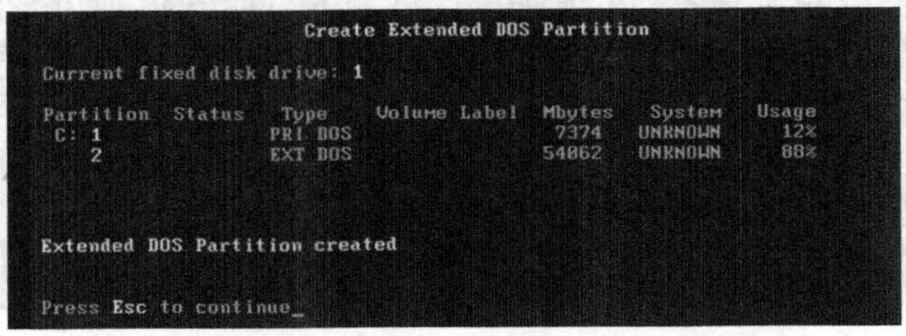

图 4.50　扩展分区已经建立

(12) 建立了扩展分区后,接着创建逻辑驱动器。按 Esc 键返回到 Fdisk Options 界面中,此时提示没有逻辑驱动器被定义(正要进行该操作),同时提示把整个 DOS 扩展分区所有的空间都分到一个逻辑驱动器中,如图 4.51 所示。

(13) 如果接受该值,则按 Enter 键确认;如果需要分为多个逻辑驱动器,则在[54062]的数值范围中,输入一个小于该数值的数值,或输入一个百分数,这里输入 60%,然后按

Enter 键，这样驱动器 D 就建立好了。接着提示还有 21619MB 的剩余空间，是否把所有的剩余空间都分到一个逻辑驱动器中，如图 4.52 所示。

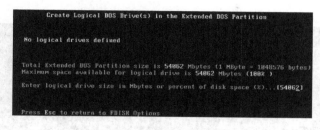

图 4.51 提示没有逻辑驱动器被定义

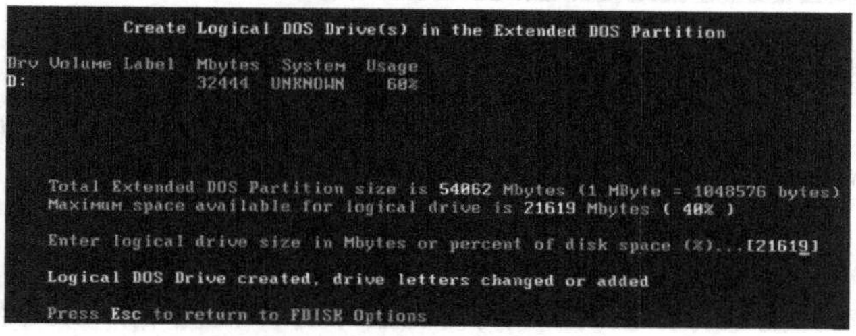

图 4.52 建立驱动器 D

(14) 按 Enter 键，把最后余下的空间分到 E 驱动器，这样 E 盘就建立好了，如图 4.53 所示。

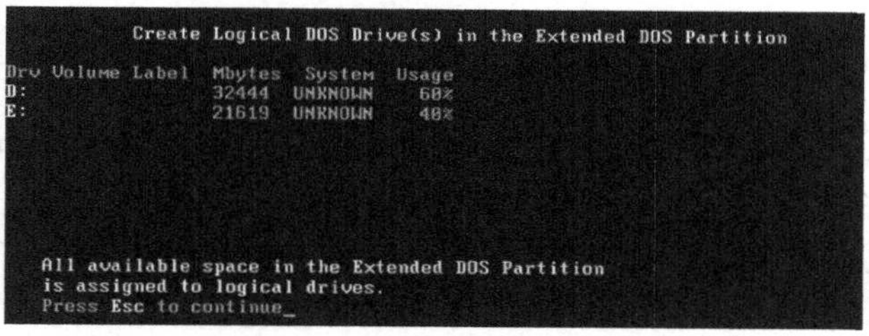

图 4.53 建立驱动器 E

(15) 按 Esc 键，返回到上一级界面中，此时，Fdisk 程序提示要设置活动分区，并输入 2，如图 4.54 所示。

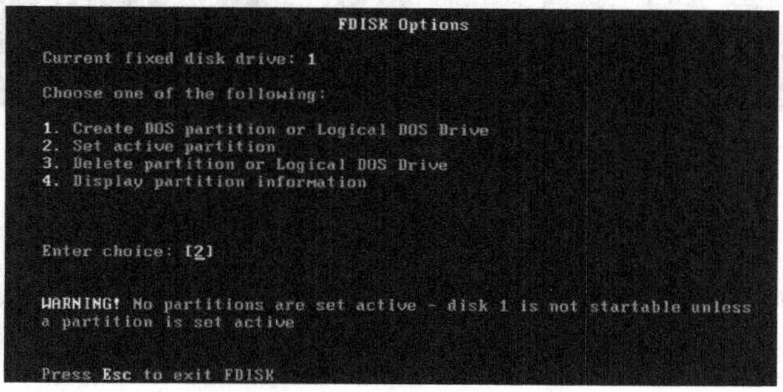

图 4.54 提示要设置活动分区

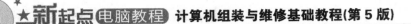

(16) 按 Enter 键，此时程序提示选择哪个为活动分区。在 DOS 分区里面，只有主 DOS 分区才能被设置为活动分区，其余的分区不能被设置为活动分区，所以输入 1，如图 4.55 所示。

图 4.55　选择 1 分区为活动分区

(17) 最后按 Enter 键确认。设置了活动分区后，该盘符中的 Status(状态)字段中标明有 A，表示该分区是活动分区。

提　示

　　使用 Fdisk 对旧硬盘进行分区时，由于 Fdisk 本身不能查看分区是否隐藏，如果旧硬盘中某一个分区被隐藏起来(多数品牌电脑使用一键恢复功能，会隐藏备分系统的分区)，会出现无法删除分区的情况，只好借助 PQmagic 软件来查看硬盘的分区情况，并需要取消隐藏的分区。

4.5.2　使用 format 命令格式化硬盘

使用 Fdisk 分区硬盘后，还要对硬盘进行格式化(指高级格式化)。在 DOS 下，一般是使用 format 命令进行格式化，它一般与 Fdisk 配合使用。

(1) 在硬盘分区完成后，用 Windows 98 启动盘启动计算机。在系统出现 A:\提示符后，输入"format c:/s"，如图 4.56 所示。

```
Preparing to start your computer.
This may take a few minutes. Please wait...

The diagnostic tools were successfully loaded to drive F.

MSCDEX Version 2.25
Copyright (C) Microsoft Corp. 1986-1995. All rights reserved.
        Drive G: = Driver MSCD001 unit 0

To get help, type HELP and press ENTER.

A:\>format c: /s_
```

图 4.56　输入"format c：/s"

提　示

　　加 s 参数的作用是在格式化 C 盘后，可以创建成可以启动系统的硬盘，所以也只有格式化 C 盘的时候才加参数 s。如果想采取快速格式化，可以加参数 q。

(2) 按 Enter 键后，系统提示"如果对 C 盘进行格式化，C 盘上的所有数据将丢失，是否继续？"，如图 4.57 所示。

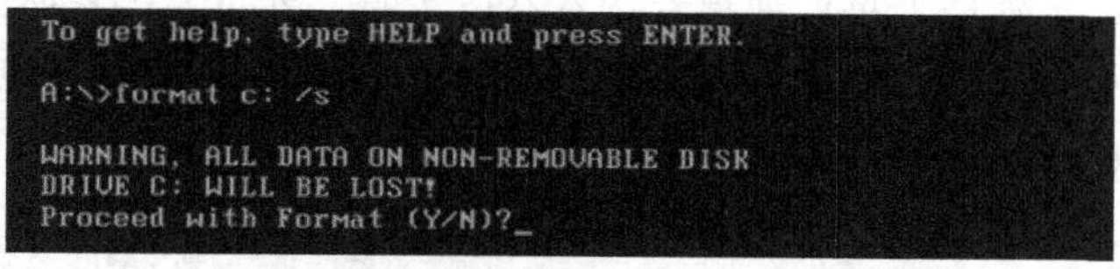

```
To get help, type HELP and press ENTER.

A:\>format c: /s

WARNING, ALL DATA ON NON-REMOVABLE DISK
DRIVE C: WILL BE LOST!
Proceed with Format (Y/N)?_
```

图 4.57　提示格式化硬盘会导致数据丢失

(3) 输入 Y，按 Enter 键，就开始格式化工作了。在格式化结束后，系统会提示输入所格式化磁盘的卷标，输入卷标名后，再按 Enter 键结束对 C 盘的格式化，也可以直接按 Enter 键跳过输入卷标，如图 4.58 所示。

```
Formatting 7,373.55M
Format complete.
Writing out file allocation table
Complete.
Calculating free space (this may take several minutes)...
Complete.
System transferred

Volume label (11 characters, ENTER for none)? _
```

图 4.58　输入卷标

(4) 输入卷标后，按 Enter 键，Format 会给出一些驱动器信息，表示格式化已完成。接着用同样的方法格式化硬盘的其他分区，不过在格式化 D 盘、E 盘时，不需要加参数 s。

> **注 意**
>
> 使用 format 命令格式化硬盘的速度非常慢，如果是一块大容量的硬盘，建议使用其他工具(如 F32、Disk Genius 等)进行格式化，也可以先格式化 C 盘，然后在安装好操作系统后，再在 Windows 系统下进行格式化。

4.6　其他常见的硬盘分区软件和分区方法

下面简单介绍其他几款常见硬盘分区工具(这些工具都集成在"万能系统维护盘 DVD版"中)，用户可以触类旁通地掌握它们的用法。下面只简单地介绍其特点和软件主界面。此外，除了使用分区软件进行分区外，还有另外一些分区方法，这里也简单介绍一下，让用户了解更多的知识，至于具体操作要由用户自己去摸索。

4.6.1　其他常见的硬盘分区软件

1.DM 万用版

DM 万用版也是使用频率较高的分区格式化软件，它集分区、格式化、让老主板支持大硬盘等多种功能于一身，而且自动设置主分区和扩展分区中的逻辑分区，也会自动对主分区进行激活，因此不需要再进行激活操作或使用其他工具进行激活。其缺点是，DM 的界面有些复杂，对第一次使用的用户来说可能不太容易操作。另外，此软件提供了低级格式化功能，不过，此功能还是慎用为好，否则可能使硬盘出现更严重的问题。

目前，很多"系统维护光盘"都带有这个分区工具，在"万能系统维护盘 DVD 版"中就集成了该软件，在硬盘维护工具箱界面中，选择【DM9.56 双语版】选项，并按 Enter 键，即可启动 DM9.56 双语版的欢迎界面，如图 4.59 所示。

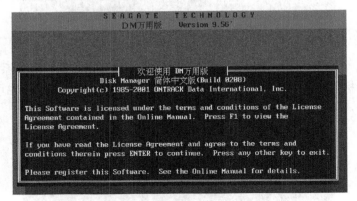

图 4.59　启动 DM9.56 双语版

按 Enter 键即可进入 DM 主界面，然后选择 Advanced Options 菜单项，如图 4.60 所示。

按 Enter 键，打开该对话框，然后选择 Advanced Disk Installation 菜单项。在相关的界面中，用户只需要按照字面意思进行操作即可。

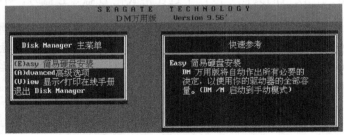

图 4.60　选择 Advanced Options 菜单项

2. Disk Genius

Disk Genius 是一个简体中文界面的硬盘分区工具，它为不熟悉英文的用户提供了方便。

Disk Genius 除了提供了基本的硬盘分区功能外，还具有强大的分区维护功能(如分区表备份和恢复、分区参数修改、硬盘主引导记录修复、重建分区表等)。此外，它还具有分区格式化、分区无损调整、硬盘表面扫描、扇区备份、彻底清除扇区数据等实用功能。Disk Genius 的软件大小只有 200KB 左右。

同样，"万能系统维护盘 DVD 版"也收集了该工具，在磁盘工具箱中，选择 DiskGen 2.0 中文版，按 Enter 键，即可启动 Disk Genius 程序，如图 4.61 所示。在主界面中，单击硬盘的灰色区域，选择【分区】|【新建分区】命令，然后按照提示操作即可。

3. F32 Magic 中文版

F32 Magic 中文版是目前最小的分区工具，它不但"个头"小，而且分区速度也非常快。

其缺点是不支持除了 FAT 和 FAT32 的其他文件格式。该工具可以在网上找到，也可以在"万能系统维护盘 DVD 版"中找到。启动 F32 MAGIC 2.0 后，其程序界面如图 4.62 所示。

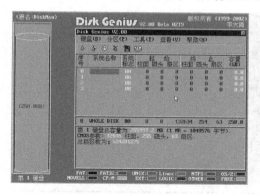

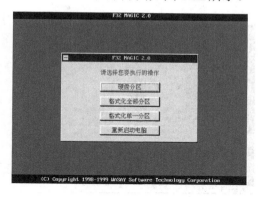

图 4.61　Disk Genius 程序的主界面　　　　图 4.62　F32 MAGIC 2.0 的主界面

可以看到，界面非常容易理解，按其按钮意思操作进行即可。

4.6.2　利用 Windows 安装向导分区和格式化硬盘

假设有一张 Windows XP 的安装光盘，在没有任何硬盘分区工具的情况下，在新计算机上安装 Windows XP 系统的具体操作方法如下。

(1) 把 Windows XP 的安装光盘放进光驱内，并在 BIOS 中设置优先从光盘启动。

(2) 因为 Windows XP 的安装光盘具有启动功能，首先启动的画面如图 4.63 所示。

图 4.63　安装 Windows XP 的启动画面

(3) 接着会打开【欢迎使用安装程序】界面，如图 4.64 所示。

(4) 根据提示，按 Enter 键继续，接着打开【Windows XP 许可协议】界面，如图 4.65 所示。

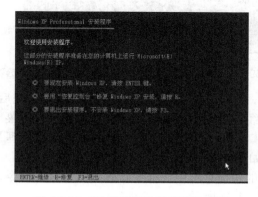

图 4.64　【欢迎使用安装程序】界面　　　图 4.65　【Windows XP 许可协议】界面

(5) 在阅读了许可协议之后，按 F8 键，同意该协议。然后选择把 Windows XP 安装到哪个硬盘上，可以看到当前是一个未划分空间的硬盘，应该选中【要在尚未划分的空间中

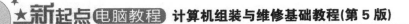 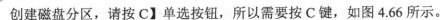

创建磁盘分区,请按 C】单选按钮,所以需要按 C 键,如图 4.66 所示。

(6) 接着会要求输入驱动器(C 盘)的大小,如图 4.67 所示。

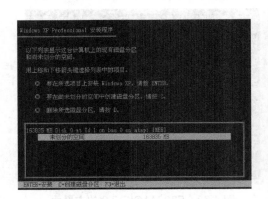 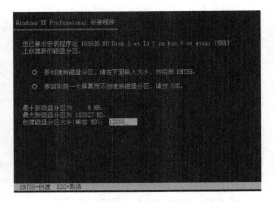

图 4.66　选中【要在尚未划分的空间中创建
　　　　　磁盘分区,请按 C】单选按钮

图 4.67　输入驱动器(C 盘)的大小

(7) 按 Enter 键,返回上一个界面,就可以看到刚创建的分区,然后选中它,如图 4.68 所示。

(8) 按 Enter 键,此时 Windows XP 安装程序提示选择格式化分区的方式,选择【用 NTFS 文件系统格式化磁盘分区】选项,如图 4.69 所示。

(9) 按 Enter 键,开始格式化该分区,如图 4.70 所示。至此就完成了 C 盘的分区和格式化,然后按提示安装 Windows XP,具体步骤可参看第 5 章。

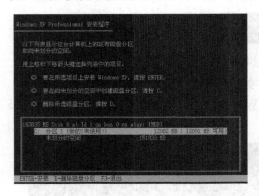 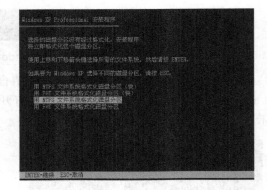

图 4.68　先选中新创建的一个分区

图 4.69　选择【用 NTFS 文件系统格式化磁盘分区】选项

(10) 因为这里只对 C 盘进行分区和格式化,所以在安装好 Windows XP 并进入系统后,需要在桌面上右击【我的电脑】图标(这里以"经典菜单"的界面为例),在弹出的快捷菜单中选择【管理】命令,打开【计算机管理】窗口,单击【存储】项目下面的【磁盘管理】选项,就可以看到该硬盘未划分的其他空间,如图 4.71 所示。

(11) 右击没有分区的磁盘灰度条,在弹出的快捷菜单中选择【新建磁盘分区】命令,打开【欢迎使用新建磁盘分区向导】界面,如图 4.72 所示。

(12) 单击【下一步】按钮,打开【选择分区类型】界面,选中【扩展磁盘分区】单选按钮,如图 4.73 所示。

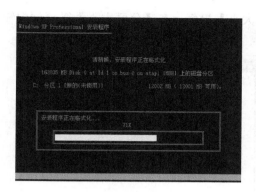

图 4.70　正在格式化分区

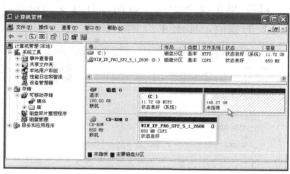

图 4.71　【计算机管理】窗口

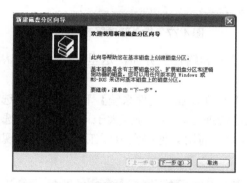

图 4.72　【欢迎使用新建磁盘分区向导】界面

图 4.73　选中【扩展磁盘分区】单选按钮

(13) 单击【下一步】按钮，打开【指定分区大小】界面，在【分区大小】微调框中，默认是把磁盘的剩余空间全部分到扩展分区中，一般不需要改变，如图 4.74 所示。

(14) 单击【下一步】按钮，打开【正在完成新建磁盘分区向导】界面，如图 4.75 所示。

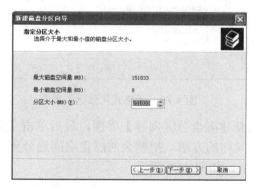

图 4.74　【指定分区大小】界面

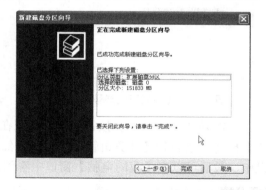

图 4.75　【正在完成新建磁盘分区向导】界面

(15) 单击【完成】按钮，返回【计算机管理】窗口，然后再右击没有划分逻辑驱动器的部分，在弹出的快捷菜单中选择【新建逻辑驱动器】命令，打开【欢迎使用新建磁盘分区向导】界面。

(16) 单击【下一步】按钮，打开【选择分区类型】界面，此时，这里默认(也只能)选中【逻辑驱动器】单选按钮，如图 4.76 所示。

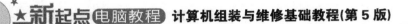

(17) 单击【下一步】按钮，打开【指定分区大小】界面，在【分区大小】微调框中输入需要的数值，如图 4.77 所示。

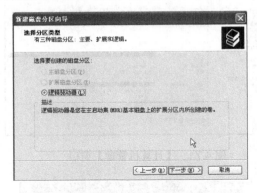

图 4.76　选中【逻辑驱动器】单选按钮

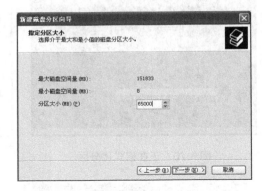

图 4.77　输入驱动器容量大小

(18) 单击【下一步】按钮，打开【指派驱动器号和路径】界面，这里一般使用默认的设置即可，如图 4.78 所示。

(19) 单击【下一步】按钮，打开【格式化分区】界面，在【文件系统】下拉列表框中选择 NTFS 选项，如图 4.79 所示。因为在 Windows 磁盘管理工具中，分区大于 40GB，只能选择 NTFS；如果该分区小于 40GB，则可以选择 FAT32，而用其他磁盘分区工具则不会出现这种情况。

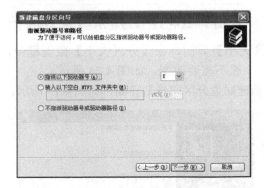

图 4.78　【指派驱动器号和路径】界面

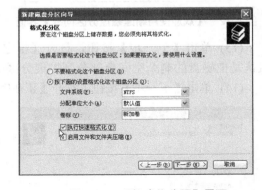

图 4.79　【格式化分区】界面

(20) 单击【下一步】按钮，打开【正在完成新建磁盘分区向导】界面，最后单击【完成】按钮，返回到【计算机管理】窗口。然后用同样的方法，把剩余的磁盘空间划分到 F 盘中，最后可以在【我的电脑】窗口中看到其效果，如图 4.80 所示。

> **提　示**
>
> 　　如果对英文不太懂，或对 DOS 下的磁盘分区工具感到操作复杂而无从下手，使用 Windows XP 或 Windows 2003 的磁盘管理工具来分区就最恰当不过了。此外，格式化驱动器可以直接在【我的电脑】窗口中进行，方法是右击需要格式化的驱动器，在弹出的快捷菜单中选择【格式化】命令，然后按需要操作即可。

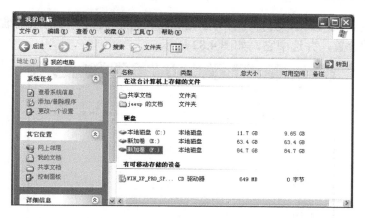

图 4.80 在【我的电脑】窗口中查看已经分区的硬盘效果

4.7 上 机 指 导

本章以两个例子进行上机指导操作。

4.7.1 刻录一张 DVD 系统维护光盘

以"万能系统维护盘 DVD 版"为例，在网上找到这个光盘的文件，并下载到本地计算机中，然后把该文件刻成 DVD 光盘。具体操作步骤如下。

(1) 在一台安装有 DVD 刻录机的计算机上，把一张全新的光盘(或 DVD 盘片)放进刻录机中(同时需要刻录软件，如果没有，可从网上下载，较有名的刻录软件是 Nero)。

(2) 假设系统中已经安装了 Nero Burning ROM(该软件是共享软件，可以在网上找到，刻录 DVD 需要 7.0 以上的版本)刻录软件，则可以从【开始】菜单或桌面上启动该程序。首先打开的是【新编辑】对话框，在界面左上角，选择 DVD(不选择的话，默认是刻录普通光盘，使用普通光盘不能刻录 DVD 盘片)选项，再切换到 ISO 选项卡，如图 4.81 所示。

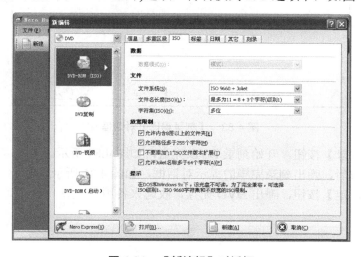

图 4.81 【新编辑】对话框

(3) 单击【打开】按钮，打开【打开】对话框，然后找到"万能系统维护盘 DVD 版"镜像文件所在的位置，并选中它，如图 4.82 所示。

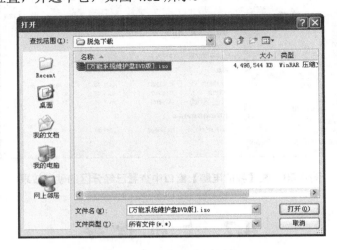

图 4.82 【打开】对话框

(4) 单击【打开】按钮，打开【刻录编译】对话框，选中【写入】复选框，并在【写入速度】下拉列表框中选择 6×(8,310KB/s)选项(尽量不要选择高速刻录，这样有利于提高刻录的成功率)，【刻录份数】文本框则保持默认的 1，如图 4.83 所示。

图 4.83 【刻录编译】对话框

(5) 单击【刻录】按钮，开始刻录 DVD 光盘，如图 4.84 所示。

(6) 刻录完成后，弹出刻录完毕的提示对话框，如图 4.85 所示。

(7) 单击【确定】按钮，弹出 DVD 光盘，收起来备用。

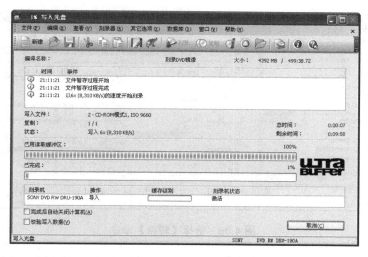

图 4.84　正在刻录光盘

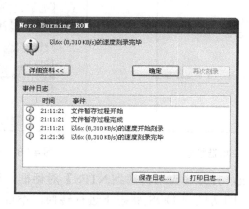

图 4.85　刻录完成

4.7.2　使用 PartitionMagic 转换分区

硬盘分区对初学者来说也是一件麻烦而危险的工作，也是较难理解的概念，其中主要原因是很多操作都只能在 DOS 下进行。而 PartitionMagic 有一种 Windows 的版本，它在 Windows 界面中非常直观地显示硬盘分区信息并且能对硬盘进行各种操作。例如，对硬盘进行分区、调整大小、转换分区格式，在转换时，不会影响到磁盘中的数据，并且操作简单。下面用实际操作来说明。

(1) 假设在 Windows 系统中已经安装了 PartitionMagic 汉化版，启动 PartitionMagic，可以看到硬盘的分区情况。在分区列表中，右击要转换的分区盘符，在弹出的快捷菜单中选择【转换】命令，如图 4.86 所示。

(2) 打开【转换分区】对话框，然后选择要转换的文件系统及分区的格式，这里选中 NTFS 单选按钮，如图 4.87 所示。其中，变成灰色的选项表示不能选择。

(3) 单击【确定】按钮，打开【警告】对话框，如图 4.88 所示。

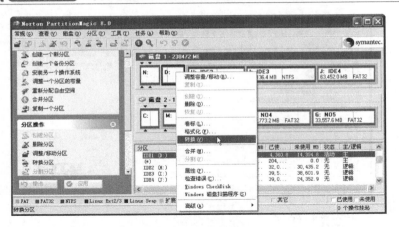

图 4.86 选择【转换】命令

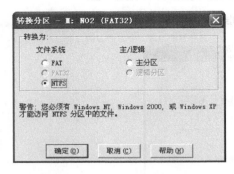

图 4.87 选中 NTFS 单选按钮

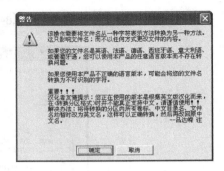

图 4.88 【警告】对话框

(4) 单击【确定】按钮，打开【应用转换到 NTFS】对话框，如图 4.89 所示。

(5) 单击【是】按钮，即切换到 DOS 状态下进行转换，不过在转换之前需要输入该驱动器的正确卷标，如图 4.90 所示。

图 4.89 【应用转换到 NTFS】对话框

图 4.90 转换分区格式

(6) 转换完成后，按任意键返回，切换到 PartitionMagic，显示【过程】对话框，如图 4.91 所示。

(7) 单击【确定】按钮，即可将所选分区转换为 NTFS 格式了。

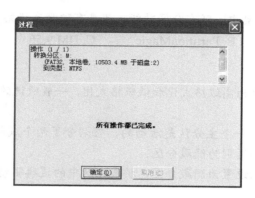

图 4.91　【过程】对话框

> **注　意**
>
> 　　上述操作不会丢失数据，但是可能会让文件损坏。此外，在 Windows XP 中，也可以在命令行模式下用 Convert 命令来转换，即：convert c: /fs:ntfs，意为把 c 盘转化为 NTFS。但是该转换方法不能逆转(只能是 FAT 和 FAT32 转换为 NTFS 文件系统，而 NTFS 文件系统无法再转换回 FAT 或 FAT32)，而用 PartitionMagic 则可在两种格式之间互相转换。

4.8　习　题

1. 填空题

(1)　硬盘容量的计算公式是_____。

(2)　硬盘上的数据按照其不同的特点和作用大致可以分为 6 部分，即_____、

_____、_____、_____、_____、_____。

(3)　对于 FAT32 文件系统，当分区容量介于 16～32GB 时，簇大小为_____。

2. 选择题(可多选)

(1)　硬盘分区的工具有很多种，下面不是用于硬盘分区的工具或命令是_____。

　　A. Fdisk　　　　　　B. PartitionMagic　　　C. Disk Genius　　　　D. Format

(2)　一块硬盘最多可以创建_____个逻辑驱动器。

　　A. 20　　　　　　　B. 24　　　　　　　　C. 22　　　　　　　　D. 26

(3)　一块硬盘的主引导记录中最多能包含_____个分区记录。

　　A. 2　　　　　　　 B. 4　　　　　　　　 C. 6　　　　　　　　 D. 8

(4)　磁盘中文件存储的最小单位是_____。

　　A. 磁道　　　　　　B. 扇区　　　　　　　C. 簇　　　　　　　　D. 柱面

(5)　假设某一个驱动器中，存在一个大于 4GB 的压缩文件，那么可以判断该分区的格式为_____。

　　A. FAT16　　　　　B. FAT32　　　　　　C. NTFS　　　　　　　D. XFS

(6) 下列硬盘分区工具中，既有分区功能，又具有硬盘高级格式化功能的是_____。

    A. Fdisk   B. PartitionMagic   C. DM 9.56   D. Disk Genius

3. 判断题

(1) 硬盘的格式化分为高级格式化和低级格式化，一般所说的格式化是指高级格式化。

                                                                            (   )

(2) 一块硬盘只能有一个主分区是活动的，当划分了两个或两个以上的主分区时，除活动分区外，其他的主分区则为隐藏分区。   (   )

(3) 只有主分区可以设置为隐藏分区，扩展分区中的逻辑驱动器不能设置为隐藏。

                                                                             (   )

(4) F32 MAGIC 是目前最小的硬盘分区工具。   (   )

4. 简答题

(1) 简述划分多个主分区的作用。

(2) 常见的分区格式有哪几种？它们各有什么优缺点？

(3) 格式化硬盘有哪几种方法？

(4) 如何查看硬盘中的隐藏分区？

5. 操作题

(1) 制作 U 盘启动盘，然后使用它启动计算机。

(2) 使用 PartitionMagic 查看你的计算机中硬盘的分区情况。

(3) 制作一个系统维护光盘(例如系统维护检修光盘)，然后使用它启动计算机。

(4) 练习使用 PartitionMagic 对硬盘进行分区和格式化，包括删除分区、移动分区和转换分区等操作(注：只要最后一步不执行，前面所进行的操作不会生效)。

(5) 使用 Disk Genius 进行硬盘分区操作[可以在 PC 虚拟机(VMware)下进行]。

新起点
电脑教程

第 **5** 章

安装、重装和备份操作系统

教学提示

　　计算机系统分为硬件系统和软件系统，二者缺一不可。因此，要让计算机能正常使用，就要在计算机中安装软件。软件分为系统软件和应用软件，操作系统是计算机系统的基本组成部分。常见的个人计算机使用的操作系统有Windows、UNIX、Linux以及苹果机上的 Mac OS 等。不同的操作系统使用的文件系统格式也不尽相同，对硬盘进行分区和格式化时按需要选择。

教学目标

　　本章介绍各类操作系统的安装、重装和备份知识。通过本章的学习，读者可以掌握安装操作系统的基本操作，了解操作系统的种类，并能够选择合适的操作系统。

5.1 操作系统的基本功能和种类

计算机硬件系统需要一个能对系统进行管理、以使该系统正常运转的软件，这个软件就是操作系统。操作系统是整个计算机软、硬件的控制中心，是计算机系统必须配置的、最重要的系统软件。

5.1.1 操作系统的基本功能

操作系统是计算机的核心管理软件，它是随着计算机系统性能结构的变化和计算机应用范围的日益扩大而形成和发展的。

在微型计算机系统的应用中，操作系统的重要性可以用一个宝塔图来体现，如图5.1所示，从中可以看到操作系统是一个多么重要的环节和基础。

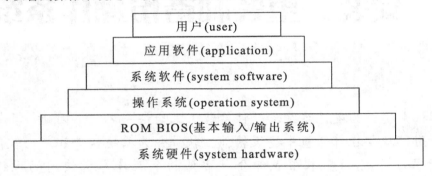

用户(user)

应用软件(application)

系统软件(system software)

操作系统(operation system)

ROM BIOS(基本输入/输出系统)

系统硬件(system hardware)

图 5.1 计算机系统地位图

操作系统的管理对象是计算机系统的各类软、硬件资源。硬件资源包括 CPU、内存储器和外部设备等；软件资源包括各种系统程序、应用程序和数据文件。操作系统可以对软、硬件资源进行合理的管理，使其充分地发挥作用，提高整个系统的使用效率；同时为用户提供一个方便、有效、安全、可靠的计算机应用环境，从而使计算机成为功能更强、服务质量更高、使用更加灵活方便的设备。

操作系统必须具有以下 5 种功能。

(1) 中央处理器(CPU)的管理功能。因为人的运算和动作的速度是无法与计算机的运算速度相比拟的，为了提高计算机的工作效率，必须减少人工对计算机干预的影响，以避免 CPU 不必要的等待时间。要解决这个问题，可以采用多道程序的方法，当由于某种原因(如等待一次输入/输出操作结束)某一作业不能继续运行时，CPU 就可以去执行另一个作业。操作系统利用 CPU 的等待时间来运行其他作业，显著地提高了 CPU 的利用率。

(2) 存储器管理功能。在计算机系统中，内存储器是一个十分关键的资源，在操作系统中，由存储管理程序对内存进行分配和管理。其主要功能就是合理地分配多个作业共占内存，使它们在自己所属的存储区域内互不干扰地进行工作。此外，还可以采用扩充内存管理、自动覆盖、虚拟存储等技术，为用户提供比实际内存大得多的存储空间，并进行信息

保护，以保证各个作业互不干扰、信息不会遭到破坏。

(3) 文件系统(信息)管理功能。文件是具有名称的一组信息，信息主要包括各类系统程序、标准子程序、应用程序和各种类型的数据等，它们以文件的形式保存在磁盘、光盘、磁带等存储介质上供用户使用。在操作系统中，实现对文件的存取和管理的程序称为文件管理系统，它为用户提供了统一存取和管理信息的方法。这种方法操作简单、方便，用户不必记住文件存放的物理位置和输入/输出命令的细节便能按名称存取文件，而且还可以给系统文件提供各种保护措施，防止文件被破坏或被非法使用，提高了文件的安全性和保密性。

(4) 外设管理功能。在计算机系统中，外部设备的种类很多，由于外部设备与 CPU 速度上的不匹配，使得这些设备的效率得不到充分发挥。因此，计算机系统在硬件上采用了通道、缓冲和中断技术。由于通道可以独立于 CPU 而运行，并能控制一台或多台外部设备借助于缓冲区进行输入和输出，从而可以大大节省 CPU 的等待时间，以便能够充分而有效地使用这些设备。

(5) 进程的控制功能。为了方便多用户使用计算机，现代计算机系统可以给 CPU 连接多个终端，多用户可以在各自的终端上独立地使用同一台计算机。所谓终端是一个具有显示装置和键盘的控制台，它既是输入设备又是输出设备。为了使每个终端提交给计算机系统的作业能被及时处理，操作系统应该具有处理多个作业的功能。

5.1.2 微型计算机的各种操作系统

从计算机应用工作的角度来看，操作系统的设计目的是为计算机用户提供一个方便的工作环境，以协助用户解决应用工作中需要解决的常规问题；同时用户可以借助这些软件的各种操作，高效、准确地完成一系列软件、硬件资源管理工作。

常见的微型计算机的操作系统有数十种，仅 PC 系列的操作系统就有以下 4 种。

(1) 磁盘操作系统。常见的有 MS-DOS、DR-DOS、X-DOS、CP/M-86 等。

(2) 网络操作系统。有 VINES、3COM、LAN Manager、NetWare、CP/NET、Windows NT/2000/2003、VMS、OS/2 等。

(3) 多用户网络操作系统。常见的有 UNIX、XENIX、MP/M 等，其中 UNIX 最为成熟。

(4) 多任务图形窗口操作系统。常见的有 OS/2、Windows 9x、Windows NT/2000/XP、Windows Vista、Windows 7、Windows 8 、Windows 10 和 Macintosh 等。

在这些操作系统中，一般计算机最常用的就是 Windows 系列操作系统，它是由微软公司开发的，采用图形操作界面。由于避免了 DOS 系统中的指令输入，所以受到了广泛的欢迎。Windows 系列发展非常迅速，版本不断更新，主要经历了 Windows 3.x、Windows 95、Windows NT、Windows 98、Windows ME、Windows 2000、Windows XP、Windows 2003 和 Windows 7、Windows 8 和 Windows 10 等。其中，Windows 3.x、Windows 95/98 微软公司都不再提供售后服务。目前，最成熟的个人计算机操作系统是 Windows 7 和 Windows 10，Windows 10 则是较新的操作系统。而 Windows XP 则是早期较为流行的操作系统。它不但可靠性和稳定性比 Windows 2000 更高，还特别加入了一些系统工具。Windows XP 在网络功能方面也有很大的提高。

下面简单介绍几款流行的操作系统。

1. Windows XP

Windows XP 是目前 Windows 系统中功能最强的版本，XP(Experience)是体验的意思。与 Windows 2000 和 Windows Me 相比，Windows XP 具有更漂亮的界面，更高的安全性和可靠性，操作更简便，尤其增强了 Internet、多媒体与家庭网络等方面的功能。

2. Windows 7

微软于 2009 年正式发布了 Windows 7 操作系统，内核版本号为 Windows NT 6.1。Windows 7 可供家庭及商业工作环境、笔记本电脑和平板电脑及多媒体中心等使用。

Windows 7 也延续了 Windows Vista -Aero 风格，并且在此基础上增添了些许功能，Windows 7 也出现了多种新的版本。

目前，Windows 7 有 Windows 7 Starter(简易版)、Windows 7 Home Basic (家用普通版)、Windows 7 Home Premium (家用高级版)、Windows 7 Professional (专业版)、Enterprise(企业版)以及 Windows 7 Ultimate(旗舰版)共 6 个版本。其中，Home Basic、Home Premium、Professional 和 Ultimate 属于为个人消费者而设计的版本，Enterprise 属于为大中型企业设计的版本，而小型企业适用的版本则为 Ultimate。Starter 版本是专门为新兴市场的低价位计算机而设计的 32 位操作系统，跟 Windows XP 的 Starter 版本一样，都限制了可执行的任务数，该版本目前不在中国市场上销售。一般普通用户最常使用的是 Home Basic 和 Windows 7 Professional (专业版)版本，对于一般的计算机、一般的显卡而内存又足够大的用户来说，这个版本足够使用。Ultimate 版本是为个人消费者和小型企业设计的，它融合了台式机以及笔记本电脑的各种功能，包含了 Home Premium 以及 Enterprise 版本的所有特性。

3. Windows Server 2003/ Windows Server 2008/ Windows Server 2012

目前，Windows 系列的服务器操作系统主要有 Windows Server 2003、Windows Server 2008、Windows Server 2012 共 3 种。Windows 2000 是微软公司推出的服务器和工作站用的操作系统，用于取代早期的 Windows NT 操作系统。Windows 2000 采用的是 Windows NT 4.0 的核心技术，具有即插即用功能。

Windows Server 2003 采用了 Windows 2000 Server 的技术，并在此基础上将其改进和简化。此外，Windows Server 2003 增加了许多新特性和新技术。Windows Server 2003 的版本分为 Windows Server 2003 Standard Edition、Windows Server 2003 Enterprise Edition、Windows Server 2003 Datacenter Edition 和 Windows Server 2003 Web Edition 共 4 个版本，其中 Windows Server 2003 Web Edition 针对 Web 服务和宿主服务进行了优化，提供用于快速开发和部署 Web 服务和应用程序的平台，这些服务和应用程序使用 Microsoft ASP.NET 技术，该技术是.NET 框架主要部分，其他版本基本与 Windows 2000 的对应产品保持一致。

2008 年 2 月底，微软正式发布了 Windows Server 2008 操作系统。Windows Server 2008 有多个版本，其中的几个版本与 Windows Server 2003 如出一辙，这些版本分别是：Windows Server 2008 Standard(标准版)、Windows Server 2008 Enterprise(企业版)、Windows Server 2008 Datacenter(数据中心版)、Windows Web Server 2008(网络服务器版)。此外，还有一些其他版本。

Windows Server 2012(开发代号：Windows Server 8)是微软的一个服务器系统，作为

Windows Server 2008 R2 的继任者，该操作系统在 2012 年 8 月 1 日完成编译 RTM 版，并且在 2012 年 9 月 4 日正式发售。Windows Server 2012 有 4 个版本：Foundation、Essentials、Standard 和 Datacenter。其中 Windows Server 2012 针对服务器管理进行了简化，提供用于快速开发和部署 Web 服务和应用程序的平台功能大幅增强。

4. 其他

此外，还有 UNIX、Linux 操作系统。不过，UNIX、Linux 是针对服务器和大型工作站的操作系统或专业的网络操作系统，非专业人员不容易使用。

多数用户可能听到过 64 位操作系统。其实，现在一般用 32 位的系统较多(本书所介绍的各种操作系统也以 32 位的为例)，Windows XP 虽然有 64 位的版本，不过，那只是一个过渡的 64 位操作系统，真正意义上的 64 位操作系统应该是 Windows 7 和 Windows Server 2008。当然，除了 64 位版本的外，Windows 7 和 Windows Server 2008 也有 32 位的版本。购买 64 位的系统时，可以看到其外包装上一般会标有 X64。除了 Windows 系列外，Linux 和 Mac OS 也有 64 位的，但 64 位的应用软件很少，不过多数的 32 位软件也可以在 64 位的系统中运行。安装 64 位操作系统时，首先要求你的 CPU 也是 64 位的。当然，目前新买的 CPU 几乎都是 64 位的。

5.2　安装 Windows XP 和 Windows 7

就目前情况而言，绝大多数用户为计算机安装的操作系统为 Windows XP，此外，有部分喜欢新功能体验的用户会安装 Windows 10,而对于大型公司或企业,可能会安装 Windows 7。因此，这里重点介绍一下 Windows XP 的安装方法，然后再介绍 Windows 7 的安装方法，而 Windows 2000/2003/2008 的安装方法与 Windows XP 的安装方法相同。

安装 Windows XP 和 Windows 7 都可以用以下 3 种方法。

(1) 用安装光盘引导启动安装。

(2) 从现有操作系统上全新安装。

(3) 从现有操作系统上升级安装。

5.2.1　用安装光盘直接安装 Windows XP

直接安装 Windows XP 有两种情况。一种是直接使用 Windows XP 安装光盘启动系统进行安装。当设置从光驱启动计算机后，把 Windows XP 的安装光盘插入光驱，就可以启动 Windows XP 的安装程序了。另一种是在 DOS 提示符下，进入安装程序的目录，然后运行 winnt 命令进行安装(一般很少用)，并且安装前要先加载 Smartdrv.exe(这个文件在 Windows 98 的光盘上有)命令，然后运行/i386 目录下的 Winnt.exe 命令进行安装。

下面介绍直接用 Windows XP Professional 安装盘启动安装 Windows XP 程序的方法。

(1) 在 BIOS 中设置从 CD-ROM 启动计算机，并把 Windows XP Professional 安装光盘放进光驱，启动计算机后，按键盘上的任意键，系统开始启动 Windows XP 的安装程序。

(2) 安装程序开始初始化，然后提示按 Enter 键继续，或按 F3 键退出，如图 5.2 所示。

(3) 按 Enter 键，显示安装协议，如图 5.3 所示。

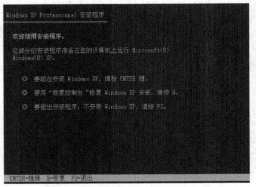

图 5.2　提示按 Enter 键继续安装

图 5.3　安装协议

(4) 按 F8 键接受安装协议，然后选择系统安装的驱动器，如图 5.4 所示。

(5) 默认安装的驱动器是 C 盘，按 Enter 键，接着要求选择文件格式，如图 5.5 所示。

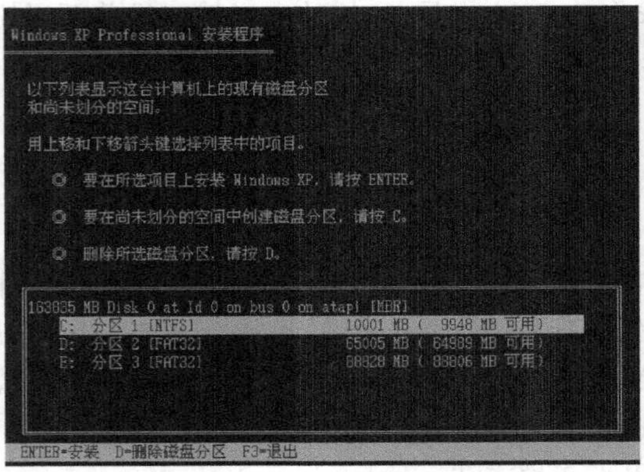

图 5.4　选择安装的驱动器

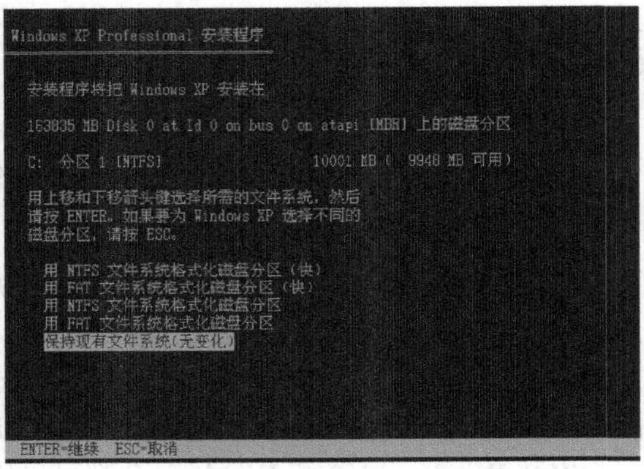

图 5.5　选择文件系统的格式

(6) 选择【保持现有文件系统(无变化)】选项，按 Enter 键，开始检查磁盘，接着将文件复制到 Windows XP 安装文件夹，该过程可能需要几分钟到十几分钟。复制文件完成后，安装程序要求重新启动计算机，如图 5.6 所示。

(7) 按 Enter 键，重新启动计算机后，接着开始正式安装 Windows XP，这个过程可能需要的时间会长些，一般由系统硬件来决定，如图 5.7 所示。

(8) 安装过程中，会要求选择区域和语言，由于安装的是 Windows XP 中文版，所以在打开的【区域和语言选项】界面中保持默认设置，如图 5.8 所示。

(9) 单击【下一步】按钮，打开【自定义软件】界面，然后输入姓名和单位名称，如图 5.9 所示。

(10) 单击【下一步】按钮，打开【您的产品密钥】界面，输入产品密钥，如图 5.10 所示。

(11) 单击【下一步】按钮，打开【计算机名和系统管理员密码】界面，输入计算机名和系统管理员密码(系统管理员密码也可以不输入)，如图 5.11 所示。

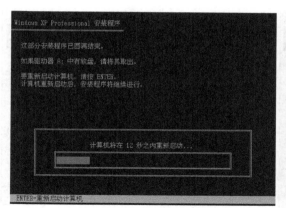

图 5.6　要求重新启动计算机

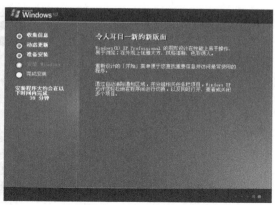

图 5.7　正在安装 Windows XP

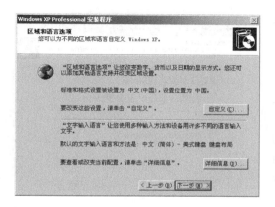

图 5.8　选择区域和语言

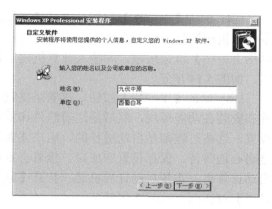

图 5.9　输入姓名和单位名称

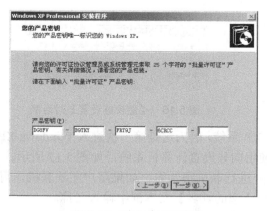

图 5.10　输入产品密钥

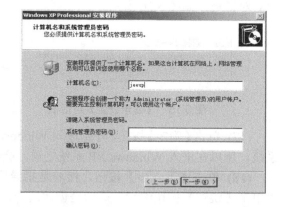

图 5.11　输入计算机名和管理员密码

(12) 单击【下一步】按钮，打开【日期和时间设置】界面，进行设置，如图 5.12 所示。

(13) 单击【下一步】按钮，打开【网络设置】界面，选中【典型设置】单选按钮，如图 5.13 所示。

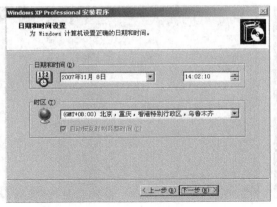

图 5.12　选择日期和时间

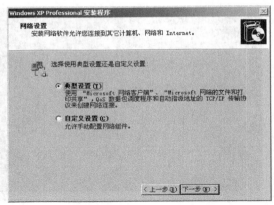

图 5.13　【网络设置】界面

(14) 单击【下一步】按钮，打开【工作组或计算机域】界面，选中【不，此计算机不在网络上……】单选按钮，并输入计算机的工作组，如图 5.14 所示。

(15) 单击【下一步】按钮，接着是复制文件和安装各功能模块，然后是注册组件和保存设置，这些过程都是自动进行的，用户要做的是耐心地等待。保存设置完成后，接着会重新启动计算机。重新启动计算机后，打开【显示设置】对话框，如图 5.15 所示。

(16) 单击【确定】按钮，打开【监视器设置】对话框，如图 5.16 所示。

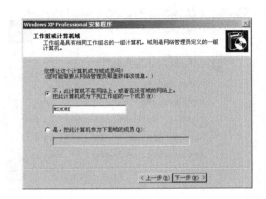

图 5.14　选择工作组或计算机域

图 5.15　【显示设置】对话框

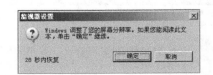

图 5.16　【监视器设置】对话框

(17) 单击【确定】按钮，开始进入 Windows XP 系统，因为这是第一次进入 Windows XP 系统，所以在进入 Windows XP 系统之前，会使用向导设置计算机系统，如图 5.17 所示。

(18) 单击【下一步】按钮，接着是指导用户进行联机帮助等，如果用户无法联机，可以单击【跳过】按钮继续，最后是创建用户，在【您的姓名】文本框中输入名称。

(19) 单击【下一步】按钮到达向导最后一个界面，再单击【完成】按钮，就可以进入 Windows XP 系统了，如图 5.18 所示。

图 5.17 设置计算机系统

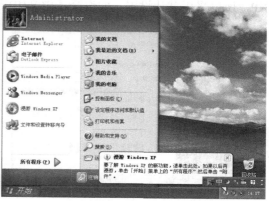

图 5.18 进入 Windows XP 操作系统

提 示

Windows XP 提供了"Windows XP 开始"菜单和"经典开始"菜单，对于用惯了以前 Windows 的用户，可以右击任务栏的任意空白处，从弹出的快捷菜单中选择【属性】命令。在打开的对话框中切换到【[开始]菜单】选项卡，选中【经典[开始]菜单】单选按钮，单击【确定】按钮把它更改为"经典开始"菜单。为了说明方便和向下兼容低版本的 Windows 系统，本书的【开始】菜单均以"经典[开始]"菜单为例进行介绍。

5.2.2 在 Windows 2000 上安装 Windows XP

在 Windows 2000 上安装 Windows XP 有两种方法：一是升级安装，即安装后直接覆盖 Windows 2000；二是共存安装，即安装后实现 Windows 2000 与 Windows XP 双系统共存。这两种安装方法没有区别，只是在某一个界面上选择其中一种安装方法即可。下面以 Windows 2000 与 Windows XP 双系统共存为例进行介绍。

(1) 假如当前在 Windows 2000 系统下，把 Windows XP 光盘插入光驱，Windows XP 安装程序会自动运行，显示【欢迎使用 Microsoft Windows XP】界面，如图 5.19 所示。

(2) 单击【安装 Microsoft Windows XP】选项，启动 Windows 安装程序。在【安装类型】下拉列表框中，选择【全新安装(高级)】选项(如果选择【升级(推荐)】，则是升级安装)，如图 5.20 所示。

(3) 单击【下一步】按钮，打开【许可协议】界面，选中【我接受这个协议】单选按钮，如图 5.21 所示。

图 5.19 启动 Windows XP 安装程序

(4) 单击【下一步】按钮，在【您的产品密钥】界面中输入产品密钥，如图 5.22 所示。

(5) 单击【下一步】按钮，打开【安装选项】界面。因为这里安装的是中文版的 Windows

XP，所以采用默认设置，即选择【中文(中国)】选项，如图 5.23 所示。

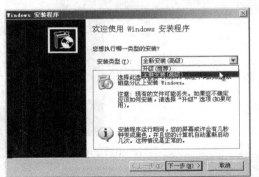

图 5.20　选择【全新安装(高级)】选项

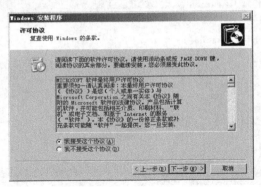

图 5.21　选中【我接受这个协议】单选按钮

图 5.22　输入产品密钥

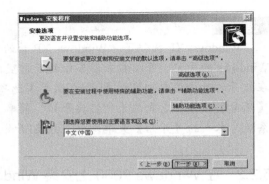

图 5.23　【安装选项】界面

　　(6) 单击【下一步】按钮，打开【升级到 Windows XP NTFS 文件系统】界面，选中【否，跳过此步骤】单选按钮，如图 5.24 所示。

　　(7) 单击【下一步】按钮，打开【获得更新的安装程序文件】界面，选中【否，跳过这一步继续安装 Windows】单选按钮，如图 5.25 所示。

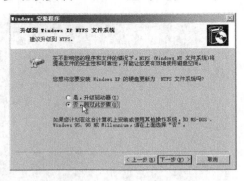

图 5.24　选中【否，跳过此步骤】单选按钮

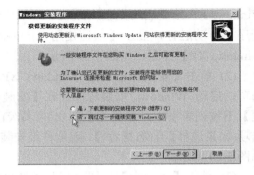

图 5.25　【获得更新的安装程序文件】界面

　　(8) 单击【下一步】按钮，进入准备安装阶段，并开始复制安装所需要的文件。复制文件完成后，会重新启动计算机，并出现一个启动菜单让用户进行选择要启动的操作系统，如图 5.26 所示。

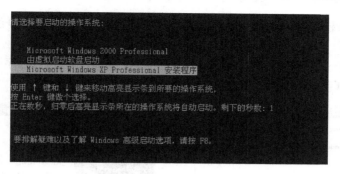

图 5.26 启动菜单

(9) 按 Enter 键(或默认等待 5s)后会进入【欢迎使用安装程序】界面，此后的步骤就与在 DOS 下安装 Windows XP 的步骤类似了。

(10) 当安装了两个以上的操作系统之后，启动计算机时，就会出现一个选择菜单，此时就可以选择要进入的操作系统了，如图 5.27 所示。

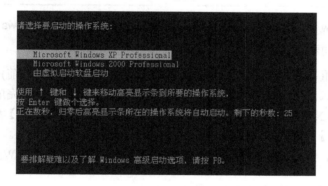

图 5.27 多系统共存的启动菜单

5.2.3 升级到 Windows XP Service Pack 3

因为软件有维护周期的问题，所以微软公司的 Windows 系统经常会出现各种漏洞。为了解决这个问题，微软公司会定期在其官方网站上发布一些系统补丁，以方便用户在网上升级。当补丁太多或者提供新的功能或服务时，就把这些文件打成一个包，称之为 SP(service pack，服务包，它是微软针对已经发现的问题进行修补的程序)，SP1 就是第一个升级补丁包，SP2 就是第二个升级补丁包。Windows 2000 有 4 个包(其中 SP4 性能最好)。Windows XP SP1 升级到 SP2 时，最引人注目的功能(安全中心)就是大大增强了系统的安全性。目前，Windows XP 的 SP3 也已经推出。不过，SP3 并未为 Windows XP 系统引入任何新的功能，它仅仅提供安全性的升级和一些 BUG 修正补丁。

对于购买的 Windows XP 版本，一般都集成了 SP2 的安装包，如果使用的是 Windows XP SP1 版本，那么可以先下载 SP2 的安装包，再执行安装即可。

下面以升级到 Windows XP SP3 为例进行说明。

(1) 以简体中文版的 Windows XP 为例，从 Microsoft 官方网站或相关网站，把 SP3 的安装包下载到本地硬盘中，该升级包大约为 334MB。

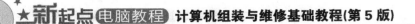

(2) 双击所下载的可执行程序，解压后，即可打开 Service Pack 3 升级向导，如图 5.28 所示。

(3) 单击【下一步】按钮，然后按照向导的提示，就像安装普通程序一样，一步步进行操作，最后打开【正在完成 Windows XP Service Pack 3 安装向导】界面，如图 5.29 所示。

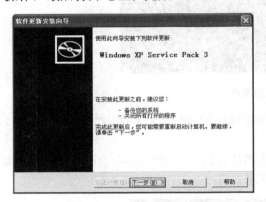

图 5.28　Windows XP Service Pack 3 安装向导　　图 5.29　【正在完成 Windows XP Service Pack 3 安装向导】界面

(4) 安装提示重新启动计算机，在重新启动计算机后(出现桌面之前)会有一个新界面，即系统要求配置自动更新，至此升级到 Windows XP Service Pack 3 就完成了。

查看 Windows XP 版本的方法是，单击【开始】按钮，选择【运行】命令，打开【运行】对话框，在【打开】文本框中，输入 winver，单击【确定】按钮即可。也可以右击桌面上【我的电脑】图标，选择【属性】命令，在【常规】选项卡中即可查看 Windows XP 的版本。

5.2.4　从光盘引导安装 Windows 7

与安装 Windows XP 一样，安装 Windows 7 也有 3 种方法，即用安装光盘引导启动安装、从现有操作系统上全新安装和从现有操作系统上升级安装。

下面以"用安装光盘引导启动安装"为例向大家介绍 Windows 7 的安装过程(这里以 Windows 7 Ultimate(旗舰版)简体中文版的安装为例进行说明)。另外两种方法和此方法大同小异，稍后再简单说明。

(1) 确认系统的 CPU、内存、显卡、硬盘、DVD 等符合 Windows 7 的安装要求，并把 Windows 7 安装光盘放进 DVD 光驱内。

(2) 重新启动计算机，并按 Del(或 F2)键进入 BIOS 设置界面。在 BIOS 设置界面中，确保光驱是第一引导设备，然后保存并退出 BIOS 设置。

(3) 从光盘引导计算机，首先启动安装程序，加载 boot.wim，启动 PE 环境，稍候片刻，启动安装程序，选择要安装的语言类型、时间和货币格式以及键盘和输入方法，如图 5.30 所示。

(4) 单击【下一步】按钮，进入下一个安装界面，在这里可以获取安装 Windows 须知和修复计算机等信息，如图 5.31 所示。

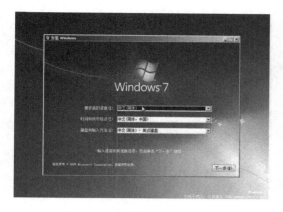

图 5.30　选择安装的语言等

图 5.31　获取安装 Windows 须知等信息

（5）单击【现在安装】按钮，打开【键入您的 Windows 产品密钥】界面，如图 5.32 所示。在这里，也可以不用输入产品密钥，这样就只能使用 30 天，等购买了该产品再输入密钥也可以。因此，可以直接单击【下一步】按钮，此时，会打开【您现在想输入产品密钥吗？】提示界面，如图 5.33 所示。

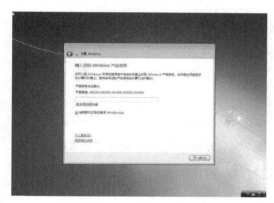

图 5.32　【键入您的 Windows 产品密钥】界面

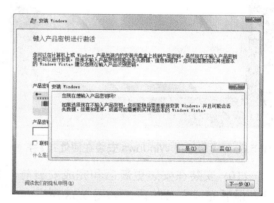

图 5.33　【您现在想输入产品密钥吗？】提示界面

（6）单击【否】按钮，打开【请阅读许可条款】界面，选中【我接受许可条款】复选框，如图 5.34 所示。

（7）单击【下一步】按钮，打开【您想进行何种类型的安装？】界面，因为选择的安装类型是用安装光盘引导启动安装，所以无法使用升级安装，如图 5.35 所示。

（8）单击【自定义(高级)】图标，打开【您想将 Windows 安装在何处？】界面，如图 5.36 所示。需要注意的是，Windows 7 只能被安装在 NTFS 格式分区下，并且分区剩余空间最好在 10GB 以上。此外，如果使用了不常见的存储设备，如 SCSI、RAID 或 SATA 硬盘，安装程序无法识别这些硬盘，那么需要在这里提供驱动程序，方法是单击【加载驱动程序】图标，然后按照屏幕上的提示提供驱动程序即可。安装好驱动程序后，单击【刷新】按钮就可以重新搜索硬盘。如果用户的硬盘是全新的，还没有分区和格式化，那么需要先创建分区，方法是单击【驱动器选项(高级)】按钮来创建分区或删除现有分区。

（9）单击【下一步】按钮，开始安装 Windows 7 并配置系统设置，如图 5.37 所示。这期间会有两次重新启动，需要等待 30 分钟左右。

图 5.34 阅读许可条款

图 5.35 选择安装类型

图 5.36 【您想将 Windows 安装在何处?】界面

图 5.37 开始安装 Windows 7 并配置系统设置

(10) 安装在安装更新后和完成安装前,会进行第一阶段的重启,重新启动计算机后,进入最后完成安装阶段,如图 5.38 所示。

(11) 完成安装的阶段结束后,安装程序会再次启动计算机。重新启动计算机后,要求输入用户名、密码,并选择头像等操作,如图 5.39 所示。

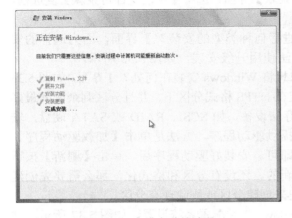

图 5.38 完成安装的阶段

图 5.39 选择用户名和照片

　　(12) 单击【下一步】按钮，打开【输入计算机名并选择桌面背景】界面，输入计算机名称并选择桌面背景，默认的用户名可以更改，如图 5.40 所示。

　　(13) 单击【下一步】按钮，打开【帮助自动保护 Windows】界面，如图 5.41 所示。这里有 3 项选择，若想加快安装速度，可以选择【以后询问我】选项。

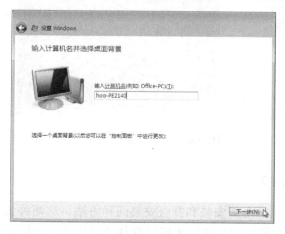

图 5.40　输入计算机名并选择桌面背景

图 5.41　【帮助自动保护 Windows】界面

　　(14) 单击【使用推荐设置】图标，要求复查时间和日期设置，如图 5.42 所示。

　　(15) 单击【下一步】按钮，如果计算机已经连接到互联网，会打开【请选择计算机当前的位置】界面，如图 5.43 所示。

图 5.42　【复查时间和日期设置】界面

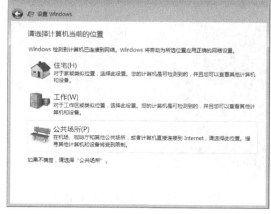

图 5.43　【请选择计算机当前的位置】界面

　　(16) 单击【下一步】按钮，打开【非常感谢】界面，如图 5.44 所示。

　　(17) 单击【开始】按钮，即进入 Windows 7 界面。与 Windows XP 一样，Windows 7 也可以使用传统的开始菜单，如图 5.45 所示。同样，为了说明方便，本书中涉及的 Windows 7【开始】菜单也以传统的开始菜单为例进行介绍。

图 5.44 【非常感谢】界面

图 5.45 Windows 7 界面

5.2.5 在 Windows XP 上安装 Windows 7

在 Windows XP 系统上安装 Windows 7 包括全新安装和升级安装两种方法。这两种安装方法没有什么不同，同样也只是在其中一个界面中，进行相应的选择就可以了。下面以升级安装为例进行说明。

(1) 在 Windows XP 系统中，把 Windows 7 的安装光盘放进光驱，打开【安装 Windows】窗口，如图 5.46 所示。

(2) 单击【现在安装】按钮，打开【获取安装的重要更新】界面，如图 5.47 所示。

图 5.46 【安装 Windows】窗口

图 5.47 【获取安装的重要更新】界面

(3) 单击【不获取最新安装更新】图标，打开【键入产品密钥进行激活】界面，然后在此对话框中输入 Windows 7 的序列号(安装 Windows 7 时也可以不输入序列号，但安装 Windows XP 则不行)，如图 5.48 所示。

(4) 单击【下一步】按钮，打开【请阅读许可条款】界面，选中【我接受许可条款】复选框，如图 5.49 所示。

(5) 单击【下一步】按钮，打开【您想进行何种类型的安装？】界面，如图 5.50 所示。

(6) 单击【升级】按钮，开始复制文件，后面的过程和前面介绍的是完全一样的。这里就不赘述了。如果系统中已经安装的软件或系统硬件有兼容性问题，则打开【兼容性报告】

界面，如图 5.51 所示。这并不影响继续安装，只需要单击【下一步】按钮即可。

图 5.48　输入 Windows 7 的序列号

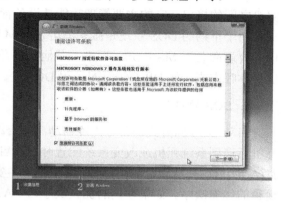

图 5.49　选中【我接受许可条款】复选框

图 5.50　【您想进行何种类型的安装？】界面

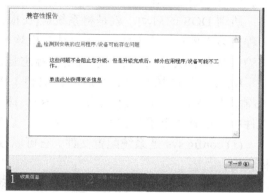

图 5.51　【兼容性报告】界面

5.3　其他操作系统简介

操作系统有很多，但个人计算机中，Windows 操作系统占绝大多数。前面介绍的 Windows XP 和 Windows 7 操作系统在个人计算机中约占据了 80%的分量。然而，随着计算机的发展，很多用户不仅仅安装一个 Windows 系统，而且安装了双系统或多系统。为了了解更多的知识，有的还安装了 Linux 和 UNIX 系统。此外，还有苹果机上的 Mac OS 等。DOS 磁盘操作系统有时也需要用到，因此先简单介绍一下 DOS 操作系统。

5.3.1　DOS 系统

1. DOS 系统简介

DOS 实际上是 Disk Operation System(磁盘操作系统)的简称。顾名思义，这是一个基于磁盘管理的操作系统。与现在使用的操作系统最大的区别在于：它是命令行形式的，在 DOS 环境中的提示符下，用户只要输入由字符组成的合法命令或可执行程序的名称，DOS

就会按用户的要求执行相应的程序。DOS 是一个单用户、单任务操作系统，它是用户与计算机之间的接口，它的主要管理功能是设备管理和文件管理。

由于早期的 DOS 系统是微软公司为 IBM 的个人计算机开发的，故称之为 PC-DOS，又以其公司命名为 MS-DOS。后来，其他公司开发的与 MS-DOS 兼容的操作系统，也沿用了这种称呼方式，如 DR-DOS、Novell-DOS 等。而平时所说的 DOS 一般是指 MS-DOS。

2. DOS 的启动

启动 DOS 的方式通常分为冷启动、热启动和复位启动。一般在刚开机时用冷启动，在开机后遇到系统死机或改变系统配置时用热启动或复位启动。DOS 的启动可以分为从软磁盘(A 盘)启动和从硬盘启动两种。如果硬盘中安装有 DOS 系统，可以在 BIOS 中设定这两种途径的优先次序。如果设定的优先次序为"A:，C:"，则启动时先在驱动器 A 中查找有无 DOS 系统，有则从 A 盘启动，若无则从 C 盘中查找有无 DOS 系统；反之，若设定的优先次序为"C:，A:"，则启动时先从 C 盘中查找有无 DOS 系统，若无再从 A 盘中查找。

所谓 DOS 的启动，就是将系统盘(在根目录下装有 DOS 核心程序的磁盘)中的 DOS 核心程序装入内存，由 DOS 接管对计算机软、硬件资源的控制权，使计算机系统处于等待用户输入命令的状态。DOS 启动成功的标志是在屏幕上出现 DOS 提示符"A:\>"或"C:\>"。

DOS 系统的核心由 3 个启动模块和 1 个引导程序(boot)组成，3 个启动模块分别是输入/输出模块(IO.sys)、文件模块(msdos.sys)和命令处理模块(command.com)。此外，在 DOS 文件中，还有 2 个重要文件，它们在同一启动盘的根目录中。

(1) config.sys 是系统配置文件。它可以预先规定内存的安排等，使系统的硬件更好地发挥作用。

(2) autoexec.bat 是系统规定的启动时自动执行的批处理文件。它可在用户进行键盘操作前自动执行一系列 DOS 命令(内部命令和外部命令)，它可以设置系统环境变量、搜索路径、系统提示符、屏幕或打印机模式，还可以启动用户程序。

5.3.2 DOS 系统的常见命令

虽然目前很少用到 DOS 命令，但如果要重新对硬盘分区、格式化、重新安装系统等，就需要用到一些 DOS 命令。下面介绍一些主要的 DOS 命令。

1. DOS 的内部命令

内部命令是指随着命令处理程序 command.com 一起驻留在内存的命令，在 DOS 常驻内存的任何时刻均可直接执行。常用的 DOS 内部命令有：

cd(改变当前目录)	ys(制作 DOS 系统盘)	copy(复制文件)
del(删除文件)	deltree(删除目录树)	dir(列文件名)
diskcopy(复制磁盘)	edit(文本编辑)	format(格式化磁盘)
md(建立子目录)	type(显示文件内容)	rd(删除目录)

1) dir(显示子目录或文件)

适用场合：用来显示文件的清单。比如查看软盘的内容。

用法：dir[<文件名>][/p>][</w>][</s>]

[/p>]控制屏幕输出的方式为逐屏显示。

Press any key to continue …

按下任意一个键后，屏幕将继续显示下一屏的信息。

[</w>]每行多列的形式显示文件名或子目录，每一行可显示 5 个文件名或子目录名。

[</s>]列出包括指定目录以及所有下级目录中的文件夹目录。

2) cd(改变当前目录命令)

为了操作上的方便，有时候需要从一个目录转到另外一个目录进行操作，这时，就需要用到改变当前目录的命令 cd。

命令格式为：cd[<盘符>][<路径>]

不带参数的 cd 命令用来显示当前的目录，而带路径的 cd 命令则用于目录之间的转移，包括在任何目录位置用指定的路径向下移动或者使用特殊符号向上移动。

3) copy(复制命令)

copy 命令的功能很多，可以建立新文件、复制或连接已有文件。在此就复制文件和合并文件两种功能来说明它的应用。

命令格式：copy <源文件名> [<目标文件名>]

参数说明如下。

<源文件名>表示被复制的文件的标识符(如果要复制的文件不在当前路径中，则该标识符需要完整的路径，如 c：\dos\format.com)。

[<目标文件名>]存放复制后的文件。如果省略这一项，则 DOS 在当前驱动器中的当前目录下存放复制的文件；否则在指定的文件目录下存放复制的文件，名称与被复制文件名称相同。文件名中可以使用"？"和"*"，这样可以一次复制多个文件。

4) del (删除磁盘文件命令)

用 del 命令可以删除磁盘上的文件，但是不能删除子目录。刚接触这些命令时，应该慎重使用，以免删错文件。

命令格式为：del/erase　<文件名>

文件名中可以使用"？"和"*"来删除多个文件。如果只是指出驱动器与路径而没有指出具体的文件名称，则系统将删除路径中最后一级目录中的所有文件，所以一定要慎重使用此命令。del 命令不能删除只读文件、隐藏文件和系统文件。

2. DOS 的外部命令

外部命令是指以.com、.exe、.bat 为扩展名的可执行文件，通常以程序文件的形式存放在磁盘上。外部命令的执行依赖于存储在磁盘中的命令文件，要执行 DOS 的外部命令，首先要指定该外部命令所在的路径，然后读入内存即可执行。

DOS 常用的外部命令有 format、diskcopy、chkdsk、sys、xcopy、attrib 以及 deltree 等。DOS 外部命令执行的优先顺序为：com 文件、exe 文件、bat 文件。

例如：format(格式化磁盘)。

format 是一个外部命令，需要 Format.com 文件才能使用，是对指定驱动器的磁盘进行格式化。软盘或硬盘在初次使用之前都要格式化，对新硬盘进行格式化比较复杂，要用 Fdisk 对其进行分区，然后才能用 format 命令进行格式化。也可对旧盘进行格式化，在格式化前，应先确认该盘上的数据是否有用，因为格式化后，磁盘上的原有数据将被全部清除。

命令格式为：format[<盘符>][/s][/v][/1][/4][/8]↙

命令解释如下。

[<盘符>]指定要格式化的磁盘驱动器名称。

[/s]表示磁盘格式化之后将 3 个 DOS 系统文件复制到磁盘中，使其成为 DOS 启动盘。

[/v]格式化磁盘时要求用户输入卷标名称。

5.3.3 Linux 操作系统

Linux 是一套免费和自由传播的类 UNIX 操作系统。目前，使用 Linux 操作系统的用户越来越多。由于 Linux 允许对自由软件进一步开发，也不排斥在 Linux 上开发商业软件，因此，出现了很多的 Linux 发行版，如 Red Hat、OpenLinux、TurboLinux、RedFlag、BluePoint 等。而国内也出现一些纯中文版的 Linux，例如共创 Linux。很多 IT 界的大公司(如 IBM、Intel、Oracle、Corel、Netscape、Novell 等)都宣布支持 Linux。

安装 Linux 操作系统比较复杂，各种 Linux 发行版本的安装各有不同，限于篇幅，这里不详细介绍了。如果用户对 Linux 有兴趣，并且是第一次接触 Linux，那么可以安装一个与 Windows 界面非常相似的"共创 Linux"。其软件下载地址为：ftp://ftp.opendesktop.net/co-create/desktop/2005/Baby2-i386-disc.iso。

下载后，把它刻成光盘并放进光驱中，将光驱设为第一启动盘，重新启动计算机，即可从光驱成功引导。启动安装程序后，其界面如图 5.52 所示。

图 5.52 共创 Linux 安装程序第一个界面

因为其界面都是中文的，用户可以慢慢摸索来完成安装。

5.4 多操作系统共存的安装

多操作系统共存是指在一台计算机上，安装两个或多个操作系统。一般在安装多操作系统时，要按照系统从低版本到高版本的顺序来安装，以便自动生成多启动菜单。用户只需要在启动时，选择要进入的操作系统就可以了，如图 5.53 所示。

其安装方法就像前面介绍的在现有操作系统上安装 Windows XP 或在现有操作系统上

安装 Windows 7，这里就不做介绍了。

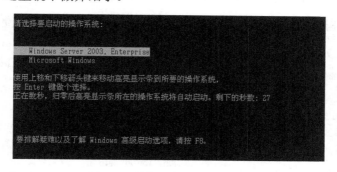

图 5.53　选择要进入的操作系统

这种安装方式虽然很方便，但有一个致命的弱点，即当第一套系统出错时，后面的系统也就瘫痪了，给维护工作带来了不便。那么，可以想办法让每个系统都脱离对启动菜单的依赖，互不影响，而且传统多系统的程序共用、用户数据共享等优点也可以实现。这就是"无选择菜单多系统共存"的安装。

下面以安装 Windows XP 和 Windows 7 两个独立的系统为例进行说明。这里提到的内容，要用到第 4 章介绍的硬盘分区知识。

(1) 使用 DOS 版的 PartitionMagic 8.0 对硬盘重新分区(如果是新硬盘则更好，直接按照需要来划分)。以 160GB 的硬盘为例，将第一个分区划分为主分区，大小为 10GB，FAT32 或 NTFS 文件系统，该分区用来安装 Windows XP；第二个分区也划分为主分区(先隐藏)，大小为 15GB，也是 NTFS 文件系统。其他分区按需要划分，其分区效果如图 5.54 所示。

(2) 因为此时第一分区为活动分区，所以先在第一个分区中安装 Windows XP 操作系统。安装完成后，再次从光盘启动 PartitionMagic 8.0，并设置第二个分区为活动分区(此时第一个分区自动隐藏)，如图 5.55 所示。

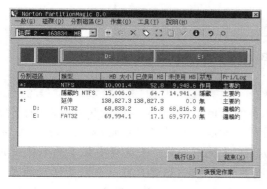

图 5.54　分区效果

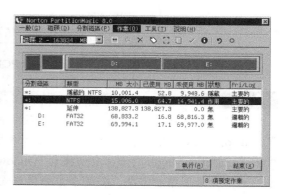

图 5.55　设置第二个分区为活动分区

(3) 应用设置后退出 PartitionMagic 8.0，并重新启动计算机。接着在第二个分区中，安装 Windows 7。此时，如果不进行切换，系统总是启动 Windows 7。而启动菜单中也无法看到 Windows XP 的启动菜单。

(4) 再用 PartitionMagic 8.0 设置第一个分区为活动分区，启动 Windows XP 系统，在 Windows XP 下安装 Windows 版的 PartitionMagic 8.0(要安装完整版，不能安装简装汉化版)，

要把它安装到 D 盘(即第三个分区)中，再在其目录下找到 pqbw.exe 文件，如图 5.56 所示。

图 5.56　找到 pqbw.exe 文件

(5) 把该程序图标拖到桌面上(即在桌面上建立快捷方式)，双击 pqbw.exe 程序图标，打开 PowerQuest PQBoot for Windows 对话框。此时，程序会显示系统中的主分区，且在 Status(状态)字段下标示为 Active，表示该分区处于活动状态，正在工作的就是这一分区下的系统，Hidden 则表示处于隐藏状态，如图 5.57 所示。

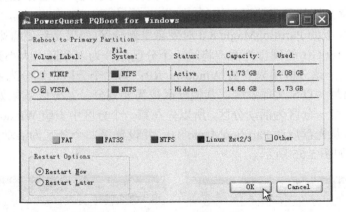

图 5.57　PowerQuest PQBoot for Windows 对话框

提示

　　单机版的 PartitionMagic 程序不能在某些版本的 Windows (如 Windows Server 2003)下安装，但 pqbw.exe 程序是可在该系统中正常运行的。所以，如果在 Windows Server 2003 不能安装 PartitionMagic 的话，应切换到 Windows XP 系统中安装。而这样安装了两个独立的系统后，如果因维护需要，将两个主分区都设为显示状态(但始终只有一个处于活动状态)，则非活动主分区将排到最后。如果要同时将分区也显示出来，分区 4 显示为 E:，非活动主分区显示为 F:，也不会影响数据的共享。维护时，如果一套系统出错，就可以进入另一套系统对出错的系统进行维护。

(6) 此时，如果要切换到 Windows 7，可以选中 VISTA 单选按钮，再选中 Restart Now 单选按钮，然后单击 OK 按钮，就会自动重启计算机，并启动 Windows 7 系统。并且，不管启动到哪一个操作系统，该系统所在分区将显示为 C:，分区 3 的盘符始终为 D:，不会对共享的数据造成影响。此外，有些应用软件在一套系统下安装后也能在另一套系统下使用，可将它们安装到第 3 个分区中，再在另一系统下创建一个快捷方式即可。对于存放用户数据的文件夹，将它移动到分区 3 以方便在两个系统下都能使用，这些数据包括电子邮件、通讯簿、IE 中的收藏夹、"我的文档"等。

5.5 重装和备份系统

所谓"重装"，是指重新安装操作系统。从目前的实际情况来看，普通用户都是重新安装 Windows XP 或 Windows 7 操作系统，而不会选择 Linux、OS/2、UNIX 等另类操作系统。重装操作系统时，也会涉及全新安装、升级安装、在 Windows 下安装、在 DOS 下安装等安装方式。其中，全新安装是指把原有系统盘格式化后重新安装，或在原有的操作系统之外再安装一个操作系统；升级安装是指对原有操作系统进行升级，例如从 Windows XP 升级到 Windows 7，该方式的好处是原有程序、数据、设置都不会发生变化。但由于本节介绍的是重装系统，因此不涉及升级安装的内容。

5.5.1 为什么要重装系统

无论操作系统有多么稳定，也会由于各种天灾人祸或是误操作而造成系统崩溃。系统崩溃或产生了重大错误以后，一般是比较难以修复的，此时，最好的办法就是重装系统。

一般来说，需要重装系统的情形主要有以下两种。

(1) 被动式重装。由于用户误操作或病毒、木马程序的破坏，系统中的重要文件受损导致错误甚至崩溃而无法启动，此时，不得不重装系统。由于重装系统是一个比较大的工程，根据笔者的经验，从分区、格式化、安装系统、安装驱动程序和安装常用软件等这些环节，算下来至少也需要 2 小时。因此，在没有必要的情况下，尽量不要重装系统。而就算需要重装系统，也要使用更有效的方法来快速重装系统，这就是本节需要讲的重点。为了减少重装系统带来的麻烦，这里给出一个技巧，就是如果 Windows XP 在启动出现蓝屏，并且使用安全模式也无法启动时，可以使用光盘启动计算机，或把硬盘挂在别的计算机上，打开无法启动 Windows 所在的驱动器，删除该系统的页面文件，即 pagefile.sys，再把硬盘挂回原来的计算机，一般可以解决无法登录 Windows XP 的问题。

(2) 主动式重装。一些喜欢计算机的 DIY 爱好者，即使系统运行正常，也会定期重装系统，目的是对臃肿不堪的系统进行减肥，同时可以让系统在最优状态下工作。

不管是主动重装还是被动重装，又可以分为覆盖式重装和全新重装两种。前者是在原操作系统的基础上进行重装，优点是可以保留原系统的设置，缺点是无法彻底解决系统中存在的问题；后者则是对操作系统所在的分区进行重新格式化，在这个基础上重装的操作系统，不仅可以解决系统中原有的错误，而且可以彻底杀灭可能存在的病毒，这里推荐采用这种重装方式。

5.5.2 重装前的备份工作

在重装系统之前，应该做备份的工作。下面是重装系统需要备份的重要资料。

(1) 备份驱动程序。重装 Windows XP/Vista 后，需要安装各种硬件的驱动程序，而查找、安装显卡、声卡的驱动也不容易，因此就需要提前备份它们。备份驱动程序最常用的软件是"驱动程序备份工具"(Windows 优化大师也具有该功能)。该软件可以快速检测计算机中的所有硬件设备，提取并备份硬件设备的驱动程序，如图 5.58 所示。该软件的操作非常简单，只需要在其主界面中选择某个或多个硬件设备后，单击【备份】按钮，指定备份文件的存放路径及文件名，再单击【开始】按钮即可。

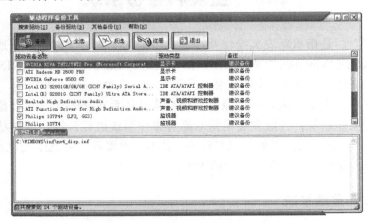

图 5.58　驱动程序备份工具

(2) 备份重要的数据。系统中的重要数据一般是电子邮件的账户配置/地址簿、QQ 好友名单/聊天记录、MSN Messenger 联系人列表、证券公司的登录账号以及个人文档等。备份这些资料时，最好是手工备份。

(3) 备份 IE 收藏夹和桌面快捷方式。Internet Explorer 收藏夹中存放在 C:\Documents and Settings\用户名\Favorites\目录中的许多 URL 链接，把它们复制出来即可完成备份工作，而当重新安装好系统后再将其复制到原来的目录下即可完成恢复。对一些常用的绿色软件来说，因为它们不需要安装，只需要在桌面上建立快捷方式就可以方便地使用。可以把桌面上的这些快捷方式备份起来，重装系统后，再把它移到桌面上就能使用(只要原程序的文件路径不变就能使用)。

(4) 备份 Windows XP 升级补丁。因为 Windows XP 有各种各样的漏洞，因此，微软每隔不久就会发布其相应的漏洞补丁，例如预防冲击波和震荡波病毒的漏洞补丁等。对于已经安装了的这些补丁，它一般保存在 Windows 目录下，其文件名一般以$开头，并以$结尾。此外，如果使用 360 安全卫士更新的补丁，则保存在其安装目录下的\hotfix 文件下，如图 5.59 所示。把它们备份下来，重装系统后，直接双击这些补丁文件进行安装，这样可以避免冲击波和震荡波的危害。

图 5.59　360 安全卫士更新的系统补丁

(5) 备份系统分区。备份系统分区，这是本节重点要讲的内容。备份可以用 Ghost 备份整个系统盘，也可以使用 Windows XP 自带的"系统还原"功能来备份。我们将在 5.5.4 节介绍用 Norton Ghost 备份系统的方法。

5.5.3　制作全自动安装光盘

在安装 Windows XP 的过程中，系统会经常需要你输入各种信息。为了提高工作效率，可以设置无人参与安装 Windows XP 的过程。

全自动安装光盘如番茄花园制作的 Windows XP 全自动无人值守的安装光盘，其启动界面如图 5.60 所示。

图 5.60　全自动无人值守的安装光盘启动界面

很多爱好者为了学习与交流经验，制作有不少 Windows XP 自动安装版本。如果用户有兴趣学习这方面的知识，可以到一些 BT 下载的站点(如 BT 之家)查找这方面的信息。制作这样的光盘，一般除了全自动安装 Windows XP 外，光盘中还集成有一些磁盘坏道修复工具、硬盘分区工具、Ghost 硬盘备份工具等。如果用户有这方面的实践兴趣，也可以制作这种集成软件包。制作时可以下载一款 Barts PE Builder，用它把需要制作的文件添加进来，再制作光盘用的 ISO 映像文件即可。

全自动安装光盘其实是创建和使用一个应答文件，即自动回答安装问题的自定义脚本，然后从命令行用适当的无人参与安装选项运行安装程序。Windows XP 安装程序带有一个向导式的安装管理器，它能够帮助用户创建一个文本文件来回答安装过程中的问题。Windows XP 的安装管理器在 SUPPORT\TOOLS\DEPLOY.CAB 压缩包中(Windows 2000 的创建应答文件程序的工具则位于 Windows 2000 professional 安装光盘的 SUPPORT\TOOLS 子目录的 DEPLOY.CAB 文件中)。下面介绍创建自动应答文件的方法。

(1) 在 Windows XP 中，打开 SUPPORT\TOOLS 目录，找到 DEPLOY.CAB 文件，再把该文件解压缩到一个指定的文件夹中(或直接打开该文件)，如图 5.61 所示。

(2) 双击 setupmgr.exe 图标，打开【欢迎使用安装管理器】界面，如图 5.62 所示。

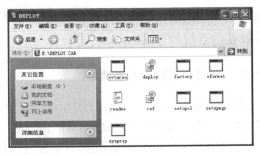

图 5.61　把 DEPLOY.CAB 文件解压出来

(3) 单击【下一步】按钮，打开【新的或现有的应答文件】界面，然后选中【创建新文件】单选按钮，如图 5.63 所示。

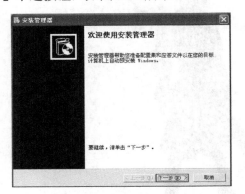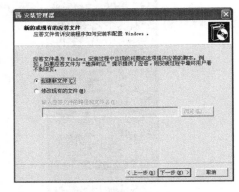

图 5.62　【欢迎使用安装管理器】界面　　　　图 5.63　【新的或现有的应答文件】界面

(4) 单击【下一步】按钮，打开【安装的类型】界面，然后选中【无人参予安装】单选按钮，如图 5.64 所示。

(5) 单击【下一步】按钮，打开【产品】界面，然后选中 Windows XP Professional 单选按钮，如图 5.65 所示。

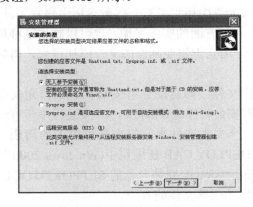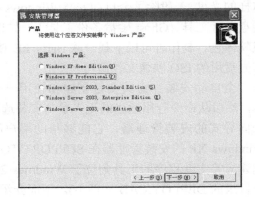

图 5.64　【安装的类型】界面　　　　　　　图 5.65　【产品】界面

(6) 单击【下一步】按钮，打开【用户交互】界面，然后选中【全部自动】单选按钮，如图 5.66 所示。

(7) 单击【下一步】按钮，打开【分布共享】界面，然后选中【从 CD 安装】单选按钮，如图 5.67 所示。

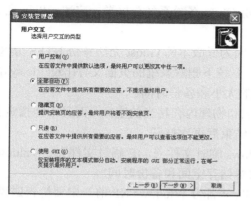

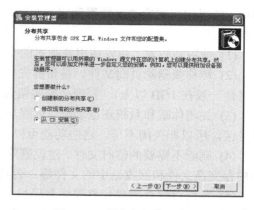

图 5.66　【用户交互】界面　　　　　　　图 5.67　【分布共享】界面

（8）单击【下一步】按钮，然后根据向导提示按要求回答所有的问题，最后单击【完成】按钮，向导会要求输入应答文件的名称和保存的路径，如图 5.68 所示。

（9）单击【确定】按钮，创建自动应答文件完成。它建立了两个文件，一个是 unattend.txt 文件，另一个是 unattend.bat 文件，并提示保存到了相应的位置，如图 5.69 所示。

（10）自动安装应答文件制作完毕后，在需要安装 Windows XP 时，进入 DOS 系统，在 DOS 命令提示符下，执行 unattend.bat 命令，Windows XP 就以"全新安装"的方式开始自动安装了。也可以将 unattend.txt 和 unattend.bat(或 winnt.sif 和 winnt.bat)两个文件复制到其他计算机上，同样可以实现无应答自动安装。如果需要安装双启动系统，在第一次重新启动计算机后，选择将 Windows XP 安装到硬盘的哪个分区，安装程序就会自动进行安装。不过，因为创建应答文件的计算机和使用该文件的计算机的光盘盘符不一定相同，所以需要手动修改批处理文件中安装文件夹(i386)的位置，将它指向的目标改为实际的盘符。

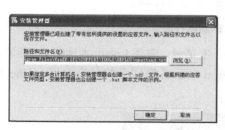

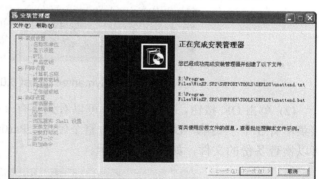

图 5.68　要求输入应答文件的名称
　　　　　和保存的路径

图 5.69　创建自动应答文件完成

5.5.4　用 Norton Ghost 备份系统

因为重新安装一次操作系统需要花费较长的时间，因此，可以把当前操作系统备份起来，在需要时将备份的操作系统进行恢复，这样可以节省很多时间。

Ghost 是有名的磁盘镜像工具，它是一款共享软件，目前已经集成在很多系统维护光盘中，所以用户很容易就能得到它。不过，在使用 Ghost 备份系统分区前，应注意以下几个问题。

(1) 使用新版本。建议使用新版本的 Ghost，因为低版本的 Ghost 无法备份 NTFS 分区。

(2) 转移或删除页面文件。备份前先在 DOS 系统下删除系统的页面文件(pagefile.sys，该文件一般在 1GB 以上)，否则会影响镜像文件的大小和备份时间。

(3) 关闭休眠和系统还原功能。休眠功能要求和物理内存相当的空间，而且不能指定存放分区，所以非关闭不可。这些功能可以在备份结束后再次打开。

(4) 删除不需要的临时文件。建议删除 Windows 临时文件夹、IE 临时文件夹、Windows 的内存交换文件和回收站中的文件等，否则会浪费储存空间和备份时间。

(5) 备份前检查磁盘和整理磁盘碎片。在用 Ghost 备份 Windows XP 前一定要检查磁盘，以保证该分区上没有交叉链接和磁盘错误。

> **注 意**
>
> 若计算机更换了主要硬件（特别是主板），不能使用旧的 Ghost 文件来还原，否则系统会发生严重错误而导致崩溃。

下面以 Symantec Ghost 8.0 版本为例，介绍使用 Norton Ghost 备份系统的方法。

(1) 使用 Windows XP 启动盘(或使用启动计算机的光盘)启动计算机，并进入到 DOS 状态下，使用 CD 命令进入 Ghost 所在的目录，然后再输入 Ghost 命令，按 Enter 键，即可进入其启动界面，如图 5.70 所示。

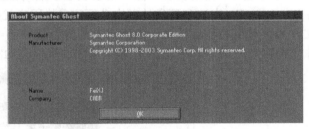

图 5.70　Symantec Ghost 8.0 的启动界面

(2) 单击 OK 按钮，进入主界面，可以看到只有一个主菜单。选择 Local(本地磁盘)菜单，该菜单有 3 个子菜单，Disk 表示备份整个硬盘，Partition 表示备份硬盘的某个分区，Check 可以检查备份的文件，如图 5.71 所示。

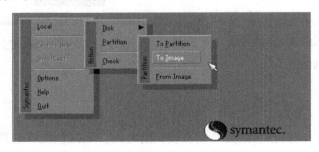

图 5.71　Ghost 的主要菜单及其功能

(3) 选择 Partition 中的 To Image 命令，打开显示当前硬盘信息的对话框，可以看到，当前计算机只有一块硬盘，如图 5.72 所示。

图 5.72 显示当前计算机的硬盘个数

(4) 选择该硬盘，然后单击 OK 按钮，程序将显示该硬盘的分区信息，可见当前硬盘有 4 个分区，这里以备份 C 盘上的数据为例，选择第 1 个分区，如图 5.73 所示。

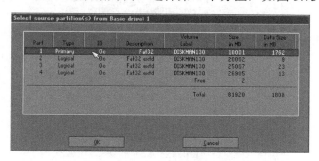

图 5.73 选择分区

(5) 单击 OK 按钮，接下来指定文件存放的路径和文件名，如图 5.74 所示。

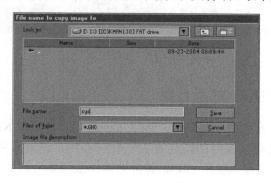

图 5.74 指定文件存放路径

(6) 在指定了文件的存放路径后，按 Enter 键或单击 Save 按钮，接着选择备份文件的压缩方式，如图 5.75 所示。在选择压缩率时，建议不要选择最高压缩率，因为最高压缩率非常耗时，而且压缩率又没有明显的提高。

(7) 单击 Fast 按钮，Ghost 再次询问是否准备好备份分区操作，如图 5.76 所示。

图 5.75 选择压缩方式　　　　　　　　**图 5.76 询问是否准备好备份分区操作**

(8) 单击 Yes 按钮，Ghost 开始压缩，如图 5.77 所示。

(9) 压缩完成后，单击 Continue 按钮，继续其他操作，如图 5.78 所示。

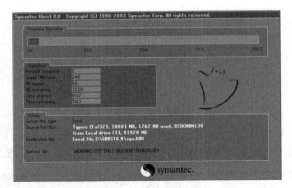

图 5.77　正在压缩

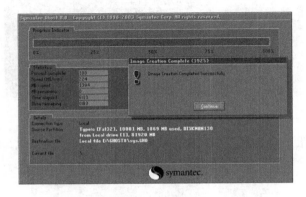

图 5.78　压缩完成

5.5.5　使用 Norton Ghost 还原系统

当使用 Norton Ghost 备份了系统后，为了方便使用，可以把 Norton Ghost 程序和备份的系统刻录到光盘上(也可以保存到硬盘的某一个分区中)，这样只要有一张可启动的光盘，就能随时还原系统了。假设已经用 Ghost 备份把操作系统备份到 G 盘中的某个文件夹中，下面介绍把备份的系统分区(Windows XP 系统)恢复到 C 盘的操作。

(1) 使用集成有 Ghost 程序的光盘启动计算机，选择 Ghost 程序后，按 Enter 键，打开 Ghost 启动界面，如图 5.79 所示。

(2) 按 Enter 键(或单击 OK 按钮)，进入主界面，只有一个主菜单，其中只用到 Local(本地硬盘间的操作)命令，以单机为例，Local 菜单包括 3 个菜单，如图 5.80 所示。

(3) 选择 Partition 命令，接着出现 3 个命令，分别是 TO Partition(分区对分区复制)、TO Image (分区内容备份成镜像)、From Image (镜像复原到分区)，如图 5.81 所示。

(4) 选择 From Image 命令，打开 Image file name to restore from 对话框，指定要打开文件的文件夹，选择 WINXPSP2.GHO(这个文件是已经备份好的)，如图 5.82 所示。

(5) 单击 Open 按钮，接着会显示该 GHO 文件的分区信息，如图 5.83 所示。

图 5.79　Symantec Ghost 8.0 的启动界面

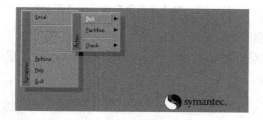

图 5.80　Ghost 的主要菜单及其功能

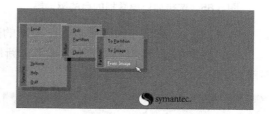

图 5.81　Partition 的下拉菜单

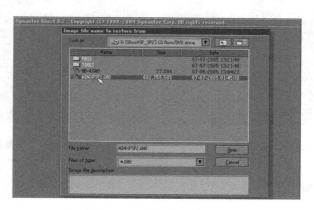

图 5.82　选择要恢复分区的 Image 文件

(6) 单击 OK 按钮，接着选择要恢复到的硬盘，如果当前计算机安装了多个硬盘，就需要进行选择，但这里只安装了一个硬盘，如图 5.84 所示。

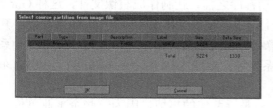

图 5.83　显示 GHO 文件的分区信息

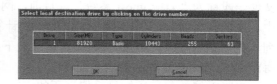

图 5.84　选择要还原数据的目的硬盘

(7) 单击 OK 按钮，接着选择要还原数据的目的驱动器，因为是恢复 C 盘，所以这里选择第一个分区，如图 5.85 所示。

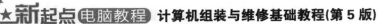

(8) 单击 OK 按钮,再次确认是否要在该分区还原数据,单击 Yes 按钮,如图 5.86 所示。

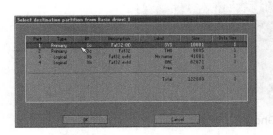

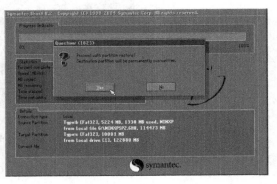

图 5.85   选择要还原数据的目的驱动器   图 5.86   确认是否要在该分区还原数据

(9) 按 Enter 键,开始还原数据,不断的变化说明克隆正在进行,如图 5.87 所示。

(10) 数据还原完成后,程序会提示重新启动计算机,单击 Reset Computer 按钮,重新启动计算机即可,如图 5.88 所示。

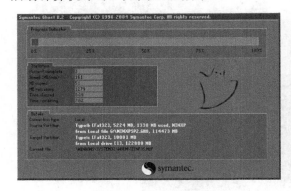

图 5.87   正在还原数据   图 5.88   恢复数据完成

5.5.6 万能 Ghost 系统

用上节介绍的方法制作的 Ghost 文件只适合当前所使用的机器,并不能通用于其他计算机。这是因为每台机器配置信息互不相同(例如主板型号、CPU 和 TCP/IP 配置、声卡、显卡等),所以不能通用到别的计算机中。其实,很多计算机爱好者已经想到了这一点,因此,他们要在刚安装完系统、没有安装这些硬件驱动程序之前,就制作成映像文件,这种 Ghost 文件一般称为"万能 ghost 系统"。目前,网上出现了很多这样的"万能 ghost 系统"。其中,比较有名的有:GHOST_XPSP2(东海)计算机公司特别版、雨木林风系列、深山红叶系列、番茄花园系列、JUJU 猫系列、赢政天下系列等。如图 5.89 所示是 GHOST_XPSP2(东海)计算机公司特别版的启动界面。

克隆系统的起源比较早,但真正的完善,还是近两年的事情。因为一些企事业单位、计算机生产商、销售商在大批量组装计算机时,多数是通过克隆的方式来安装操作系统的。这样,短短 10 分钟就可以把一个庞大的操作系统安装到硬盘上。

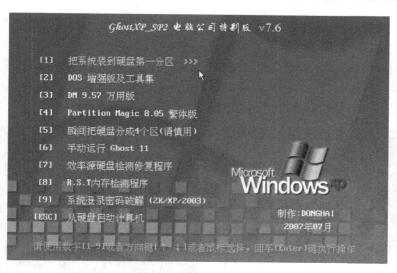

图 5.89　全自动恢复 Windows XP 光盘的启动界面

克隆系统不但安装快，而且还加入了一些常用软件(如 QQ、迅雷等)、病毒清理软件(如 360 安全卫士)及关闭系统还原功能，这些对一些中毒的系统来说，可以确保很多用户不至于在重新安装后重新感染病毒。一般的克隆系统都集成 Windows 的安全更新，这样可以预防冲击波、震荡波等病毒的攻击。

但克隆系统也有不少缺点，具体介绍如下。

(1) 克隆系统不稳定。克隆系统经常蓝屏，蓝屏的问题比较复杂，可能是克隆系统与目标计算机硬件有不兼容问题，也可能与制作者的技术有关。

(2) 克隆时出现："A:\GHOSTERR.TXT 错误"的提示。这个问题比较常见，可能原因有：①ISO 文件下载不完整，无论什么方式下载一定要校验 MD5 码(类似指纹系统)；②刻录机不好或刻录盘质量有问题，刻录最好采用低于 24 速的刻录；③安装时所用的光驱读盘性能差；④超刻，这个原因可能性最大，即 ISO 文件超过或太接近光盘 700MB 的容量。

(3) 软件版权问题。克隆系统是属于非正版的系统。

(4) 安全问题。各种万能 ghost 版本系统光盘(包括一些全自动安装光盘)中，既有精品，也有垃圾，有的当中还有木马，暗留后门陷阱。例如，制作者有意将某个系统文件替换成木马后门，或者在系统中打开某些端口，开启某些危险服务，留下某些空口令账户等，让使用这些系统的用户可能被作者控制为肉鸡。对不太懂计算机的用户来说，根本无法发现这些漏洞，所以最好不要用那些万能 ghost 系统为好。

如果对克隆系统有兴趣，用户可以自己制作这种光盘，可以到一些 BT 下载的站点(例如 BT 之家)查找这方面的资料。其制作也不是很复杂，一般可以使用一款叫 Barts PE Builder 的软件来实现，使用它把需要制作的文件添加进来，再制作光盘用的 ISO 映像文件即可。

5.5.7　一键还原精灵的安装和使用

目前，大部分品牌计算机都有一个"一键还原"功能，利用该功能可以轻松地恢复系统。但组装机没有这个功能，一般需要用 Ghost 来备份系统。而"一键还原精灵"可以让组装机拥有同样的功能。使用"一键还原精灵"备份或恢复系统最大的特点是，不用光盘或

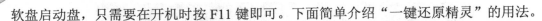
软盘启动盘，只需要在开机时按 F11 键即可。下面简单介绍"一键还原精灵"的用法。

(1) 在 Windows 系统下，启动"一键还原精灵"安装程序，如图 5.90 所示。

(2) 一路按照向导提示安装，在此过程中会捆绑安装百度搜索及中文上网，建议不要安装它们。安装完成后，程序直接启动计算机。重新启动后，就会在 DOS 下启动"一键还原精灵"安装程序，当前提示是否使用高级模式界面，如图 5.91 所示。

图 5.90　启动一键还原精灵安装程序　　　　图 5.91　提示是否使用高级模式界面

(3) 使用默认的自动安装，稍等一会儿，"一键还原精灵"开始安装到计算机中，这个过程需要等待一段时间，如图 5.92 所示。备份 C 盘数据之前，一定要检查磁盘剩余空间是否小于备份文件的大小。

(4) 安装完成后，提示重新启动计算机，并首次备份系统，如图 5.93 所示。

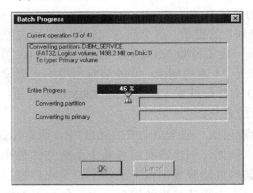
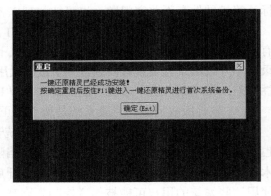

图 5.92　正在安装"一键还原精灵"　　　　图 5.93　提示重新启动计算机

(5) 单击【确定】按钮，重新启动计算机，此后，在开机的时候按 F11 键，可以进入一键还原精灵的主界面。单击【还原系统】按钮或按 F5 键即可还原 C 盘系统，而单击【备份系统】按钮或按 F8 键则可以备份 C 盘系统。

5.6　上机指导——安装 Windows Server 2008

微软于 2008 年 2 月发布了 Windows Server 2008(原代码名称 Longhorn)。Windows Server 2008 最引人注目的是 Windows PowerShell 和 Server Core 技术，使其内核更加稳定。

安装 Windows Server 2008，对计算机有一定的要求，单核 CPU 的主频要求是 2GHz 或更高；双核 CPU 的主频则要求 1.6GHz 或更高，内存要求 1GB 或更多，硬盘最好在 40GB 以上。

　　同样，Windows Server 2008 也有 3 种安装方法：一是用安装光盘引导启动安装；二是从现有操作系统上全新安装；三是从现有操作系统上升级安装。其安装操作与 Windows Vista 类似。下面以用安装光盘引导启动安装为例，进行上机指导操作。

　　(1) 参看主板说明书，将光盘驱动器调整为启动顺序的第一位。

　　(2) 启动计算机，并把 Windows Server 2008 的 DVD 光盘放入光驱内。此时，会从 DVD 启动计算机，出现 Press any Key to boot from CD or DVD…的提示，如图 5.94 所示。

图 5.94　Press any Key to boot from CD or DVD…的提示

　　(3) 按键盘上任何一个键，即可从光盘启动 Windows Server 2008 安装程序，启动预安装环境，稍候片刻，安装程序要求选择要安装的语言类型，同时需要选择时间和货币显示种类及键盘和输入方式，如图 5.95 所示。

　　(4) 单击【下一步】按钮，再单击【现在安装】按钮，如图 5.96 所示。

图 5.95　选择要安装的语言类型等　　　　　图 5.96　单击【现在安装】按钮

　　(5) 打开【输入产品密钥进行激活】界面，如果你购买了 Windows Server 2008，在这里可以输入产品密钥；如果使用的是试用版，也可以不用输入产品密钥，而直接单击【下一步】按钮，这时会出现一个警告窗口，单击【否】按钮继续，如图 5.97 所示。

　　(6) 打开【选择您购买的 Windows 版本】界面，在出现的列表中，可以选择你所拥有的密钥代表的版本，如果没有密钥，可以随便选择你想安装的试用版，同时选中【我已经选择了购买的 Windows 版本】复选框，如图 5.98 所示。

　　(7) 单击【下一步】按钮，打开【请阅读许可条款】界面，选中【我接受许可条款】复选框，如图 5.99 所示。

　　(8) 单击【下一步】按钮，打开【您想进行何种类型的安装？】界面，但因为选择的是

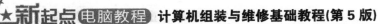

用安装光盘引导启动安装，所以升级安装不可用，如图 5.100 所示。

图 5.97　【输入产品密钥进行激活】界面

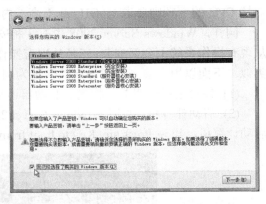

图 5.98　【选择您购买的 Windows 版本】界面

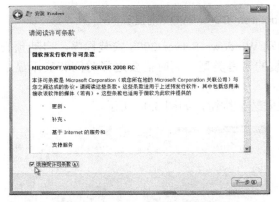

图 5.99　【请阅读许可条款】界面

图 5.100　【您想进行何种类型的安装？】界面

(9) 单击【下一步】按钮，打开【您想将 Windows 安装在何处？】界面，这里假设已经将硬盘分好区，所以就不需要再创建分区了，如图 5.101 所示。

> **注　意**
>
> Windows Server 2008 只能安装在 NTFS 分区格式下，并且硬盘的剩余空间要大于 8GB。而如果硬盘是全新的，还没有进行分区和格式化，那么，可以单击【驱动器选项(高级)】按钮来新建分区(也可以格式化分区、创建扩展分区或删除现有分区等)。此外，如果使用了 SCSI、RAID 或 SATA 硬盘，安装程序无法识别这些硬盘，那么可以单击【加载驱动程序】图标，然后按照屏幕上的提示提供驱动程序，即可继续。而安装好驱动程序后，需要单击【刷新】按钮让安装程序重新搜索硬盘。

(10) 单击【下一步】按钮，安装程序开始进行复制文件、展开文件、安装功能、安装更新等，如图 5.102 所示。

(11) 安装更新完成后，安装程序进入安装的第一次重启阶段，如图 5.103 所示。

(12) 重启计算机时，此时切记不要再从光驱启动，可以直接跳过从光驱启动，也可以从 BIOS 中设置启动顺序，即硬盘为第一启动。启动后，进行安装程序的完成安装阶段，如

图 5.104 所示。

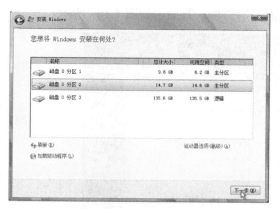

图 5.101　【您想将 Windows 安装在何处？】界面　　　图 5.102　开始复制文件和展开文件等

图 5.103　正在重启计算机　　　　　　　　图 5.104　正在完成安装

(13) 完成安装后，安装程序再次重启计算机，准备登录 Windows Server 2008，不过在第一次登录前，需要更改登录密码(默认的密码为空)，如图 5.105 所示。

(14) 单击【确定】按钮，开始输入密码，连续两次输入相同的密码，如图 5.106 所示。

图 5.105　更改登录密码　　　　　　　图 5.106　连续两次输入相同的密码

(15) 单击第二个密码框右边的箭头图标,即可登录 Windows Server 2008。与 Windows Vista 类似,Windows Server 2008 也使用经典的开始菜单,其桌面如图 5.107 所示。

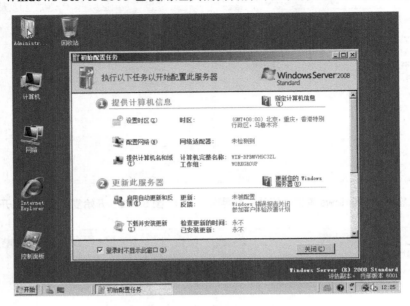

图 5.107　Windows Server 2008 的桌面

5.7　习　　题

1. 填空题

(1) DOS 系统的核心由_____个启动模块和 1 个引导程序(boot)组成。

(2) 重装系统的原因主要有两种,分别是_____和_____。

(3) 安装 Windows XP 和 Windows 7 主要有 3 种方法,即_____安装、从现有操作系统上全新安装和从现有操作系统上_____安装。

(4) Windows XP 中 XP 的意思是_____。

2. 选择题(可多选)

(1) 下列操作系统中,不存在 64 位版本的是_____。

A. Windows 2000　　　B. Windows NT　　C. Windows XP　　D. Windows 2008

(2) 使用"一键还原精灵"备份或恢复系统最大的特点是,不用光盘或软盘启动盘,只需要在开机时按_____键即可。

A. F6　　　　　　　B. F8　　　　　　　C. F10　　　　　　D. F11

3. 判断题

(1) 目前,Windows 系列的服务器操作系统主要有 Windows 2000 和 Windows Server 2003 两种。　　　　　　　　　　　　　　　　　　　　　　　　　　　　(　　)

(2) Format 属于 DOS 外部命令。　　　　　　　　　　　　　　　（　　）

4. 简答题

(1) 操作系统具有哪几种功能？

(2) 万能 ghost 系统有什么优点和缺点？

(3) 重装系统需要备份什么资料？

(4) 用 Norton Ghost 备份系统前需要注意什么？

5. 操作题

(1) 在老师的指导下，安装 Windows Server 2008 (使用虚拟机系统进行)。

(2) 在安装好的 Windows XP 中，安装 Windows 7 操作系统，并实现双系统共存。

(3) 在一台机器上安装 Windows XP 和 Windows 7 两个操作系统，并且无启动菜单选择，让两个系统互不相干。

(4) 练习安装共创 Linux 操作系统(使用虚拟机系统进行)。

新起点 电脑教程

第 6 章

安装系统补丁、驱动程序和软件

教学提示

驱动程序是指对 BIOS 不能直接支持的硬件设备进行解释，以使计算机能识别这些硬件设备，从而保证它们的正常运行，使其充分发挥硬件性能。驱动程序也可以看作是一种特殊的软件，只是它的安装方式与软件的安装方式稍有区别。一款性能不错的硬件，一定要有与之相应的驱动软件或相关软件才能充分发挥其全部性能，所以，驱动程序被人们视为硬件产品的灵魂。而要让计算机具有更多的功能，就需要安装更多的应用软件。例如，需要压缩/解压缩功能可以安装 WinRAR，需要下载功能可以安装迅雷等。

教学目标

通过本章的学习，读者应该掌握系统补丁、驱动程序和软件的安装方法。同时，应掌握驱动程序和系统补丁的安装顺序。因为驱动程序的安装顺序是一件很重要的事情，它不仅与系统的正常稳定运行有很大的关系，而且还会对系统的性能造成巨大影响。如果不正确地安装，会导致系统性能的下降，轻则造成系统程序不稳定，严重的会出现经常重新启动计算机甚至黑屏、死机等情况。

6.1　安装系统补丁和 DirectX

安装操作系统后，首先应该安装上操作系统的 Service Pack(SP)补丁。因为驱动程序直接面对的是操作系统与硬件，所以在安装驱动程序前，应该先安装系统的补丁，这样可以解决操作系统的兼容性问题，确保操作系统和驱动程序的无缝结合。此外，病毒会通过系统的漏洞，入侵用户的计算机系统。即使用户安装了防火墙，也只是阻止这些病毒的发作，而不能阻止它的侵入。系统存在漏洞，就好像船的某些地方有裂缝，会进水了，使用杀毒软件，就相当于用勺子把水舀出去，而给系统安装补丁，就好比是直接把这个洞修补好，水就进不来了。系统补丁可以理解为是一个修正系统的小软件，用来修正系统中存在的漏洞。

DirectX 是一种图形应用程序接口(application program interface，API，译为"应用程序接口")，是一个提高系统性能的加速软件。Direct 是直接的意思，X 可以表示很多东西。

6.1.1　补丁的分类

一般来说，和计算机相关的补丁程序包括系统安全补丁、程序 bug 补丁、英文汉化补丁、硬件支持补丁和游戏补丁 5 类。

1. 系统安全补丁

系统安全补丁主要是针对操作系统来说的，以最常用的 Windows 来说，蓝屏、死机或者是非法错误是经常看到的，这一般是系统漏洞所致。除此之外，在连接 Internet、与好友交流的时候，也有人会利用系统的漏洞让你无法连接互联网，甚至侵入你的计算机盗取重要文件等。因此，微软公司为了增强系统的安全性和稳定性，推出了各种系统安全补丁。

2. 程序 bug 补丁

与操作系统相似，应用程序也存在着漏洞，比如浏览器、Outlook 邮件程序等都存在着或大或小的缺陷，别人可以通过嵌套在网页中的恶意代码、附加在邮件中的蠕虫病毒来干扰用户的正常使用。还有一部分应用程序会造成与其他软件的冲突。针对这类程序，软件厂商推出了不同的补丁(或者直接把软件升级为更高的版本)，以解决已知的各种问题。

3. 英文汉化补丁

目前，很多优秀的程序都是英文版本，这对一些英语不好的用户来说，就不方便使用。因此，一些高手对一些优秀软件进行了汉化操作(也有一些软件厂商针对中国人开发了汉化补丁)，它们一般被称为汉化版。

4. 硬件支持补丁

以芯片组来说，一些芯片组和一些硬件设备之间的兼容性不是很好，或者无法将硬件的全部功效完全发挥出来。因此，就需要硬件厂商根据操作系统的更新提供更适合大家使用的补丁程序。

5. 游戏补丁

当一款游戏软件推出之后，很可能发现一些以前没有在意到的问题(比如对某些型号的显卡支持不好或使用某款型号声卡无法在游戏中发声等)，这时，游戏厂商就会制定更新的补丁程序。此外，为了扩充游戏的可玩性，也有一些游戏迷针对游戏制作相应的补丁程序。

6.1.2　安装系统补丁

在 5.2.3 节中已经提到过，Windows XP 目前有 3 个补丁包，其安装方法也介绍过了。下面介绍使用 Windows XP 的自动更新功能来安装系统补丁的方法。

当用户设置使用 Windows XP 的自动更新功能，会自动检查微软官方网站提供的更新补丁。也可以在【开始】菜单中，选择 Windows Update 的命令，这样只要计算机连接到互联网，就会打开微软的主页，再按照网页上的升级提示，即可安装相应的补丁。

此外，对 Windows XP SP2 的系统来说，系统本身就具有自动更新的功能，它集成在系统的安全中心中。启动安全中心的方法是：在【控制面板】窗口，双击【安全中心】图标，即可打开【Windows 安全中心】窗口，它用来管理【防火墙】、【自动更新】和【病毒防护】的设置，如图 6.1 所示。单击【自动更新】图标，即可打开【自动更新】对话框，如图 6.2 所示。其中，有 4 个选项可供选择。

(1) 自动(建议)：连接到 Internet 时，Windows 将在后台查找并下载更新，在更新时不会干扰其他下载。

(2) 下载更新，但是由我来决定什么时候安装：连接到 Internet 时，Windows 将在后台查找并下载更新。下载完成之后，【Windows 更新】图标将显示在任务栏的通知区域。

(3) 有可用下载时通知我，但是不要自动下载或安装更新：Windows 检查重要更新，然后在有任何可用更新时通知用户，但不会将这些更新传送或安装到计算机中。

(4) 关闭自动更新：有重要更新时，也不会向用户发送任何通知。

图 6.1　【Windows 安全中心】窗口

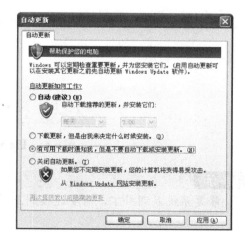

图 6.2　【自动更新】对话框

启用自动更新之后，Windows 会自动为用户下载并安装。

除此之外，使用第三方软件也可以下载并安装 Windows 更新。以奇虎 360 安全卫士为例，在该软件主界面中，切换到【修复系统漏洞】选项卡，单击【查看并修复漏洞】按钮，如图 6.3 所示。

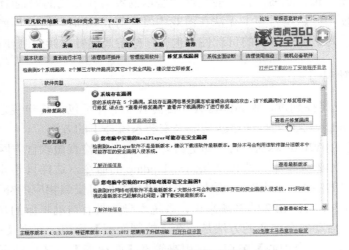

图 6.3　单击【查看并修复漏洞】按钮

打开【奇虎 360 漏洞修复】对话框，如图 6.4 所示。修复方法是，选中需要修复的补丁，单击【修复选中项】按钮，即可开始下载并安装相应的补丁。

图 6.4　【奇虎 360 漏洞修复】对话框

提　示

修复系统漏洞补丁，需要连接到互联网，互联网的连接方法可以参见后面的章节。

6.1.3　什么是 DirectX

简单地说，DirectX 就是一系列 DLL(动态链接库)，通过这些 DLL，开发者可以不管设备的差异来访问底层的硬件。目前的 DirectX 版本及相关说明如表 6.1 所示。

表 6.1 　DirectX 的版本及相关说明

DirectX 版本	标志性技术	标志性硬件	标志性效果	标志性游戏
1.0				
2.0	D2D 成熟	Trident 9680、S3	2D 动态效果	红色警戒、Diable
3.0	D3D 雏形	Riva128、i740	简单 3D 效果	摩托英豪、极品飞车 3
5.0	基本 3D 技术	Riva TNT	雾化、阿拉法混合	古墓丽影 3
6.0	成熟 3D 技术	TNT、TNT 2	双/三线过滤	极品飞车 5、CS
7.0	T&L	Geforce 256、Radeon	凹凸映射	摩托英豪 3、Diable 2
8.0	Pixel Shader(像素渲染引擎)、Vertex Shader(顶点渲染引擎)	Geforce 3、Radeon8500	水波纹	3Dmark2001、魔兽争霸 3
8.1	PS、VS 的升级	Geforce 4、Radeon9700	大纹理水波纹	极品飞车 6
9.0	更高版本 PS、VS	NV30、R300	皮毛效果	DOOM3
10.0	Shader Model 4	G80	纹理阵列	

　　DirectX 包含 Direct Graphics(Direct 3D+Direct Draw)、Direct Input、Direct Play、Direct Sound、Direct Show、Direct Setup、Direct Media Objects 等多个组件，它提供了一整套的多媒体接口方案。DirectX 开发之初是为了弥补 Windows 3.1 系统对图形、声音处理能力的不足，而今已发展成为对整个多媒体系统的各个方面都有决定性影响的接口。例如，在 DOS 时代，玩游戏时，往往首先要设置声卡的品牌和型号，然后还要设置 IRQ(中断)、I/O(输入/输出)、DMA(直接存储器存取)，如果哪项设置得不对，那么游戏声音就发不出来。游戏开发商为了让游戏能够在众多计算机中正确地运行，必须在游戏制作之初，把市面上所有声卡硬件数据都收集起来，然后根据不同的 API(应用编程接口)来编写不同的驱动程序，可见这很难完成。所以，DOS 时代的多媒体游戏很少。而微软推出 DirectX 后，只要这个游戏是依照 DirectX 来开发的，不管是什么显卡、声卡都能玩，而且还能发挥更佳的效果。当然，前提是这些显卡、声卡的驱动程序也必须支持 DirectX。

　　DirectX 9(2002—2007 年)共经历了 3 个版本(DirectX 9.0、DirectX 9.0b、DirectX 9.0c)，到 2007 年 1 月，微软在发布 Windows Vista 的同时，发布了 DirectX 10.0。不过，DirectX 10.0 与 Vista 绑定销售。所以除了购买 Vista 以外，无法获得 DirectX 10.0 安装包，更不能在 Windows XP 上安装 DirectX 10.0。

　　一般来说，用户安装了 Windows 系统后，无须安装 DirectX，因为每一个 Windows 系统都自带有 DirectX。Windows XP SP2 带的是 DirectX 9.0c，所以一般不需要安装，这已经是较新版本了。但对于 Windows XP SP1 及其以前的版本，则可以选择安装 DirectX 9.0c。其安装方法非常简单，DirectX 9.0c 是免费的，在网上轻易能找到这个软件，下载后直接就可以运行安装。若要查看系统的 DirectX 的版本号，只需要选择【开始】|【运行】命令，即可打开【运行】对话框；在文本框中输入 dxdiag，单击【确定】按钮，即可打开【DirectX 诊断工具】界面；在【系统】选项卡中，即可看到 DirectX 的版本，如图 6.5 所示。

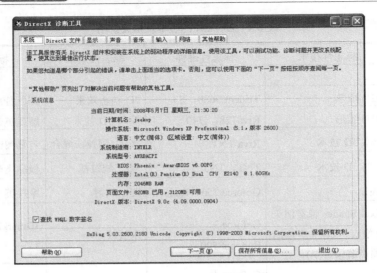

图 6.5 【DirectX 诊断工具】界面

如果要测试 DirectX，可以切换到【显示】选项卡，然后单击测试的项目，如单击【测试 DirectDraw】按钮，按提示即可进行测试。

6.2 驱动程序的安装方法

驱动程序可以说是硬件厂商根据操作系统编写的配置文件，它实际上算是硬件的一部分(例如当用户在购买一块声卡时，会随卡赠送相应的驱动软件)。硬件厂商为了保证硬件的兼容性及增强硬件的功能也会不断地升级驱动程序。

6.2.1 驱动程序概述

驱动程序是添加到操作系统中的一小块代码，代码中包含有关硬件设备的信息，有了此信息，计算机就可以与设备进行通信。从理论上讲，所有的硬件都要安装驱动程序，否则无法正常工作。但 CPU、内存、键盘、软驱等无须驱动程序便可使用，因为上述这些硬件为 BIOS 直接支持的硬件，所以它们在安装后就可以被 BIOS 和操作系统直接支持，不需要安装驱动程序。但是像鼠标、光驱和显卡这些硬件，在 Windows 系统下，不需要安装驱动程序也能使用，这是因为 Windows 自带这些设备的驱动程序。例如，如果要在 DOS 模式下使用光驱，就需要在 DOS 模式下安装光驱驱动程序才能使用它，这说明 Windows 系统内置了光驱驱动程序，一旦不在 Windows 系统环境中，就需要安装驱动程序才能使用。

Windows 自带的这些设备驱动程序，称为标准驱动程序(或通用驱动程序)，标准驱动程序只能驱动这些设备能够使用。但如果有的设备具有特定功能的话，则需要安装厂商提供的驱动程序。例如，大多数显卡、声卡、网卡、打印机、扫描仪、外置 Modem 等外设都需要安装与设备型号相符的驱动程序，否则无法发挥其全部功能。又如，有的显卡不安装驱动程序(并且 Windows 不自带有该显示驱动)一般只工作在 16 色模式下，无法启用 256 色及更高的显示模式，在这种情况下，只有安装显卡的驱动程序才能让显卡正常使用。

供 Windows 系统使用的驱动程序包通常由.vxd(或.386)、.drv、.sys、.dll 或.exe 等文件组成，在安装过程中，大部分文件都会被复制到 Windows\System 目录下。那么 Windows 怎样知道安装的是什么设备，以及要复制哪些文件呢？答案在于.inf 文件。.inf 是一种描述设备安装信息的文件，它用特定语法的文字来说明要安装的设备类型、生产厂商、型号、要复制的文件、复制到的目标路径，以及要添加到注册表中的信息。通过读取和解释这些文字，Windows 便知道应该如何安装驱动程序。

目前，几乎所有硬件厂商提供的用于 Windows 下的驱动程序都带有安装信息文件。在安装驱动程序时，Windows 一般要把.inf 文件复制到 Windows\Inf 目录下。在 Inf 目录下除了有.inf 文件外，还有两个特殊文件 Drvdata.bin 和 Drvidx.bin，Drvdata.bin 和 Drvidx.bin 记录了.inf 文件描述的所有硬件设备。

Windows XP 等操作系统一般能自动识别大部分硬件。此外，还有一些硬件检测工具(如 EVEREST)，使用它也能正确识别系统中几乎所有的硬件设备。

6.2.2 驱动程序的安装原则

安装驱动程序也需要遵循一定的原则，如果驱动程序安装不正确，系统中某些硬件就可能无法正常使用，或者有可能会造成部分硬件不能被 Windows 识别或有资源冲突、黑屏和死机。

(1) 安装的顺序。一般有以下原则：首先安装板载的设备，然后是内置板卡，最后才是外围设备。所以建议在安装驱动程序的时候先安装主板驱动程序，然后再安装显卡、声卡、网卡、调制解调器等插在主板上的板卡类驱动程序。例如，安装 AGP 显卡的补丁可能会造成死机和黑屏频繁，所以应该放在声卡、网卡等板卡之前安装。

(2) 驱动程序版本的安装顺序。一般来说，新版的驱动应该比旧版的要好一些，厂商提供的驱动程序优先于公版的驱动程序。

(3) 特殊设备的安装。由于有些硬件设备虽然已经安装好了，但 Windows 却无法发现它，这种情况一般只需要直接安装厂商的驱动程序就可以正常使用了，所以在确定硬件设备已经在机器上安装好后，可以直接把厂商的驱动程序拿来安装。

(4) 摄像头驱动程序的安装。摄像头驱动程序的安装比较特殊。一般的硬件都是先安装硬件再安装软件，而目前大部分摄像头驱动程序都是先安装软件再安装硬件。不过，这种情况用户一般不需要担心，在安装说明书上会特别指出这一点。

另外，显示器、键盘、鼠标等设备也有专门的驱动程序，特别是一些品牌比较好的产品。虽然不用安装它们也可以被系统正确识别并使用，但是安装上这些驱动程序后，能增加一些额外的功能并提高稳定性和性能。

6.2.3 安装驱动程序的常用方法

虽然说驱动程序也是一种软件，但是其安装过程与普通软件大不相同。这里面有很多学问，并且安装方法也有区别。Windows 专门提供有"添加新硬件向导"来帮助使用者安装硬件驱动程序，用户只要告诉硬件向导在哪儿可以找到与硬件型号相匹配的.inf 文件，剩下的绝大部分安装工作都将由硬件安装向导自己来完成。

下面介绍一些安装驱动程序的常用方法。

1. "傻瓜化"安装

目前绝大部分的主板都提供"傻瓜化"安装驱动程序，即在驱动程序光盘中加入了 Autorun 自启动文件，只要将光盘放入计算机的光驱中，光盘便会自动启动，如图 6.6 所示。然后在启动界面中单击相应的驱动程序名称就可以自动进行安装。

此外，如果没有自动启动画面，那么可以双击驱动程序光盘中的 Setup.exe 文件，然后一直单击 Next(下一步)按钮就可以完成驱动程序的安装。

图 6.6 "傻瓜化"安装驱动程序界面

2. 利用设备管理器安装

如果驱动程序文件中没有 Autorun 文件，也没有 Setup.exe 文件，那么就要自己指定驱动程序文件(一般是以.inf 文件形式存在)来手动安装了。此时，可以从设备管理器(设备管理器是操作系统提供的对计算机硬件进行管理的一个图形化工具)中来自己指定驱动程序的位置，然后进行安装。该方法在大多数情况下适合。此外，它还适用于更新新版本的驱动程序。

使用设备管理器可以更改计算机配件的配置、获取相关硬件的驱动程序的信息以及进行更新、禁用、停用或启用相关设备等。所有的 Windows 操作系统都有设备管理器工具，但不同系统的【设备管理器】窗口会稍有不同，其打开方法也不完全相同。在 Windows XP 系统(Windows 2000/2003 系统类似)中，可以右击桌面上【我的电脑】图标，在弹出的快捷菜单中选择【属性】命令，打开【系统属性】对话框，切换到【硬件】选项卡，然后单击【设备管理器】按钮即可打开【设备管理器】窗口。

如果在【设备管理器】窗口中没有打问号和感叹号的标识而且显示正常，表明该计算机已经安装好了所有驱动程序。如果有一些驱动还没有成功地被安装，会在【设备管理器】的【其他设备】项中出现"感叹号"或"问号"的标识。在【设备管理器】窗口中，如果发现一些硬件有"?"号时，要先把它删除掉后，再安装其驱动程序；而在安装外围设备驱动程序前，应先确定设备所用的端口是否可用。如果是不需要的设备，可以在 BIOS 中禁用它，这样可以减少设备资源冲突的发生。如果出现硬件中断号冲突，可以为发生冲突的设备分配可用的资源。

一般情况下，在【设备管理器】窗口中，单击安装设备类型前面的+号，然后右击需要安装驱动程序的设备名称(如即插即用监视器)，在弹出的快捷菜单中选择【更新驱动程序】命令(见图 6.7)，即可打

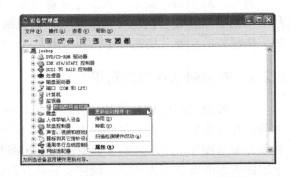

图 6.7 Windows XP 的【设备管理器】窗口

开【硬件更新向导】窗口，然后根据向导提示安装其驱动程序。

在 Windows Vista 系统中，打开设备管理器的方法是：右击桌面上【我的电脑】图标(以"传统[开始]菜单"为例)，在弹出的快捷菜单中选择【属性】命令，打开【系统】窗口，在【任务】列表中，单击【设备管理器】按钮，即可打开【设备管理器】窗口。

3. 使用【显示属性】对话框安装

在 Windows XP 系统中(下面都以 Windows XP 为例进行介绍)，对于显示器或显卡的驱动，也可以在【显示属性】对话框中安装。方法是右击桌面空白处，在弹出的快捷菜单中选择【属性】命令，打开【显示属性】对话框，然后切换到【设置】选项卡。

单击【高级】按钮，打开相应的对话框(该对话框根据安装的显示器和显卡的不同而不同)，再切换到【适配器】(或【监视器】)选项卡，单击【属性】按钮，在打开的对话框中，切换到【驱动程序】选项卡，在此可以安装或更新其驱动程序。

4. 安装打印机驱动程序

安装打印机驱动程序与安装一般驱动程序的方法相同。当打印机与计算机连接好之后，打开打印机电源，然后启动 Windows XP，则系统会自动检测到新硬件，用户此时只要安装和指定一个驱动程序就可以了。如果没有检测到新硬件，则可以单击【开始】按钮，选择【设置】|【打印机和传真】命令，打开【打印机和传真】窗口。然后单击窗口左端的【打印机任务】栏中的【添加打印机】链接，打开【欢迎使用添加打印机向导】对话框，再根据向导提示进行安装。

6.2.4　识别硬件的型号

驱动程序这么多，如何才能知道应该安装哪种驱动程序呢？这就需要了解计算机中各个硬件设备的型号。下面给大家介绍几种鉴别硬件型号的通用方法。

1. 查看硬件使用说明书

用户购买的硬件，一般都带有说明书和驱动光盘(或软盘)。在说明书中会详细地介绍此硬件的型号，以及该硬件在各种操作系统中的安装方法。

2. 观察硬件外观

在一些硬件的外观上通常会印有自己的型号,如主板的 PCB(印制电路板)上；如果没有，通过查看硬件上的芯片也可以看出该产品的型号，比如显卡的核心芯片、主板的北桥芯片等，这时如果不知道是哪个厂商生产的，那么可以使用通用的公版驱动程序。

3. 通过开机画面辨别硬件的型号

在开机时，计算机会自动检测各个硬件，然后显示出一些硬件信息，但是这些信息出现的时间很短，随即就会进入系统，用户只需要按 Pause Break 键，就能让该信息画面暂停，再按 Enter 键，它就会继续运行。

4. 使用第三方软件查看

借助第三方软件查看当前硬件信息也是一个非常好的办法。这类软件有 EVEREST、

HWiNFO32 等。在这里，推荐使用 EVEREST。因为其使用方法十分简单，安装并打开该软件后，展开【计算机】→【内容】，即可对计算机里的硬件设备一目了然，如图 6.8 所示。

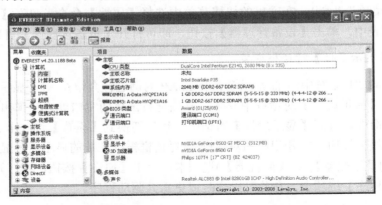

图 6.8　使用 EVEREST 查看硬件信息

6.2.5　获得驱动程序的主要途径

要安装驱动程序，首先要找到驱动程序，获得驱动程序的途径有以下几种。

1．通用驱动程序

前面说过，Windows 附带了鼠标、光驱等硬件设备的驱动程序，无须单独安装驱动程序就能使这些硬件设备正常运行。因此，可以把这类驱动程序称为标准驱动程序。除了鼠标、光驱等设备的通用驱动程序之外，Windows 还为其他设备(如一些著名的显卡、声卡、网卡、Modem、打印机、扫描仪等)提供了大众化的驱动程序。不过系统附带的驱动程序都是微软公司制作的，它们的性能没有硬件厂商提供的驱动程序好。

2．硬件厂商提供

一般来说，购买各种硬件设备时，其生产厂商都会针对自己硬件设备的特点开发专门的驱动程序，并采用软盘或光盘的形式在销售硬件设备的同时提供给用户。

3．通过互联网下载

通过互联网下载途径往往能够得到最新的驱动程序。硬件厂商将相关驱动程序放到互联网上供用户下载，这些驱动程序大多是硬件的较新版本，可以对系统硬件的驱动进行升级。除了硬件厂商的网站之外，提供驱动下载的网站还有驱动之家、太平洋计算机网等。下面给出一些提供驱动程序下载的网站名称及网址，以供用户参考，如表 6.2 所示。

表 6.2　一些供驱动程序下载的网站名称及网址

网站名称	网　　址
驱动之家	http://www.mydrivers.com
IT168 驱动下载	http://driver.it168.com
天极网驱动世界	http://drivers.yesky.com

续表

网站名称	网　址
TOM 潮流科技——驱动下载	http://software.tech.tom.com
太平洋下载中心——驱动下载	http://dlc2.pconline.com.cn/column.jsp?chnid=2
新浪网驱动下载	http://d.sina.com.cn
霏凡软件站	http://www.crsky.com/list/r_13_1.html
华军软件园——硬件相关	http://www.onlinedown.net/sort

6.3　安装常见硬件的驱动程序

常见硬件一般包括主板芯片组、显卡、声卡、网卡等。下面介绍这些硬件驱动程序的安装方法。

6.3.1　安装芯片组驱动程序

随着主板芯片组新技术的产生或其他核心硬件的更新(而 Windows 系统的更新太慢)，Windows 系统无法识别新型号主板芯片组，造成主板的一些新技术不能使用，因此，就需要安装主板芯片组驱动程序。安装主板芯片组驱动程序不但可以解决一些硬件与软件的兼容性问题，同时可以在一定程度上提升系统性能。

主板的芯片组型号虽然很多，但需要安装其驱动程序的一般是 Intel 系列、VIA 系列和 SiS 等几种芯片组。安装芯片组驱动程序实际上是让南桥和北桥芯片更容易沟通，包括安装 PCI、IDE、AGP、USB 2.0 等驱动程序，因为这些硬件接口集成在主板芯片组上。

下面以 Intel 芯片组为例，介绍其驱动程序的安装方法。

Intel 芯片组是目前使用最多的芯片组，随着 Intel 新品的不断推出，Intel 也在不断提供相应的芯片组驱动程序。Intel 芯片组驱动程序的具体名称一般叫 Intel Chipset Device Software 或 Intel Software Installation Utility。例如，目前最新版的 Intel Chipset Device Software 10.0，它能够让 Windows 操作系统识别 865、915、945、965、975、Q35、G33、P35、G35 等 Intel 系列芯片组，让主板发挥最佳性能。不过，在 Windows XP 系统下，一般只需要安装 865 以后的芯片组的驱动程序。对于 Windows Vista，从目前来说，可以不安装芯片组驱动程序，并且建议最好不要安装。

1. 使用主板的光盘安装

下面以斯巴达克黑潮 B1-100 主板为例进行介绍。

(1) 在 Windows XP 系统下，把主板的光盘放进光驱内。

(2) 此时，光盘会自动运行(如果没有自动运行，可以打开【我的电脑】，右击光盘盘符，在弹出的快捷菜单中选择【自动播放】命令)，打开该主板驱动安装主界面，如图 6.9 所示。

(3) 单击【芯片驱动】链接，打开【欢迎使用安装程序】界面，如图 6.10 所示。

(4) 单击【下一步】按钮，打开【许可协议】界面，如图 6.11 所示。

图 6.9　斯巴达克黑潮主板驱动安装主界面

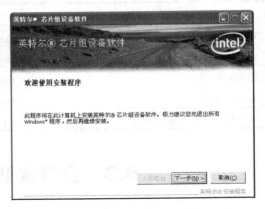

图 6.10　【欢迎使用安装程序】界面

(5) 单击【是】按钮，打开【Readme 文件信息】界面，在这里可以查看系统要求和安装信息，如图 6.12 所示。

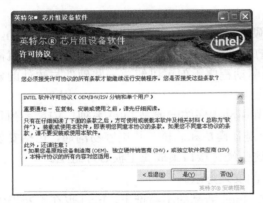

图 6.11　【许可协议】界面

图 6.12　【Readme 文件信息】界面

(6) 单击【下一步】按钮，打开【安装进度】界面，开始复制文件，如图 6.13 所示。

(7) 单击【下一步】按钮，打开【安装已完成】界面，如图 6.14 所示。

图 6.13　【安装进度】界面

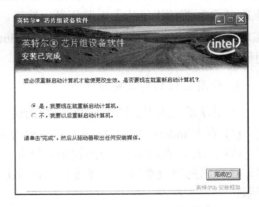

图 6.14　【安装已完成】界面

(8) 单击【完成】按钮，重新启动计算机即可。

2. 从互联网上下载驱动程序并进行安装

从互联网上下载驱动程序并进行安装，关键是在网上下载该驱动程序。

(1) 以太平洋计算机网为例，首先在该网站上找到该驱动程序，如图 6.15 所示。一般来说，这些驱动程序都支持该品牌所有系列的芯片组，只是版本新旧的问题。

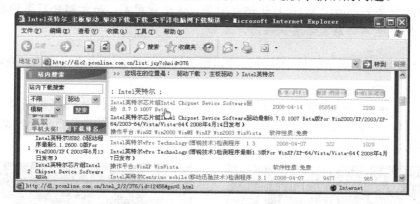

图 6.15　在太平洋计算机网上找到 Intel 最新芯片组驱动程序

(2) 按照相关的方法，把该文件下载到本地计算机中，并把它解压到指定文件夹中，然后双击解压出来的可执行程序，打开【欢迎使用安装程序】界面，如图 6.10 所示。此后的安装步骤就与前面介绍的是一样了。

6.3.2　安装显卡驱动程序

目前大部分显卡的芯片是 ATI 和 nVIDIA 两家生产的，安装其驱动程序时，只要下载到合适的驱动版本，安装就很容易成功。所以下载时需要详细查看该驱动程序对应哪些显卡芯片，否则会出现不能安装的情况。在太平洋计算机网下载中心找到并下载相应的显卡的较新驱动程序，如图 6.16 所示。不过，最好下载通过微软 WHQL 认证的版本。

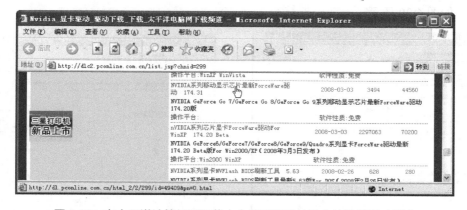

图 6.16　在太平洋计算机网下载中心找到相应的显卡的较新驱动程序

提示

WHQL 即是 Windows Hardware Quality Labs 的简称,译为"Windows 硬件品质实验室",它的目的是对驱动程序进行认证,如果硬件厂商提交的驱动程序能够通过 Windows 兼容性测试,就可以获得 WHQL 的认证。在 Windows XP 中,如果安装一个没有数字签名的驱动程序,就会弹出一个警告窗口,并且系统会自动创建一个恢复点。当然,也并不是未经认证的驱动程序就不好,由于 WHQL 认证耗时长,认证费用高,而大部分厂商的驱动程序更新比较快,所以也不会每次都去认证后才发布。

(1) 如果使用厂商提供的显卡驱动程序,那么只需要把光盘放进光驱内,光盘自动运行后,如图 6.17 所示。

(2) 单击与显卡相同系列的相应型号(如盈通剑龙系列),打开剑龙系列显卡的选择界面,再单击【GeForce 8 驱动】按钮(根据需要选择,本机上使用的是 GeForce 8500 显卡),如图 6.18 所示。

图 6.17 显卡驱动程序光盘启动界面

图 6.18 剑龙系列显卡的选择界面

(3) 启动其安装向导,选中 I accept the terms in the license agreement(同意安装协议)单选按钮,如图 6.19 所示。

(4) 单击 Next 按钮,向导首先要解压文件,所以先要选择解压路径,一般使用默认路径即可,如图 6.20 所示。

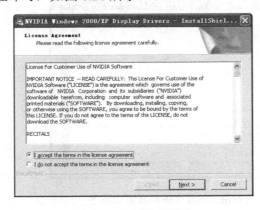

图 6.19 同意安装协议

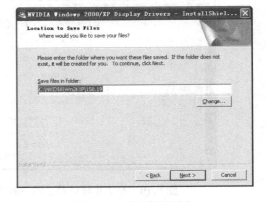

图 6.20 选择解压路径

(5) 单击 Next 按钮,正式启动安装程序,如图 6.21 所示。

（6）单击 Next 按钮，开始复制文件。复制文件完成后，会提示重新启动计算机，如图 6.22 所示。

（7）单击 Finish 按钮，重新启动计算机即可。

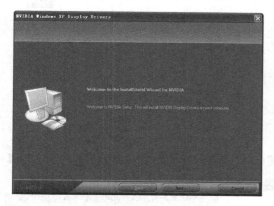

图 6.21　正式启动安装程序

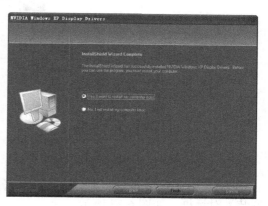

图 6.22　提示重新启动计算机

6.3.3　安装以.inf 文件形式存在的显示器驱动程序

虽然目前大部分显示器(特别是液晶显示器)型号都会被 Windows 系统自动识别，并根据当前显示图像设定显示参数得到较佳的显示效果。但 Windows 系统默认安装的是即插即用显示器，为了获得更好的显示效果，可能需要安装显示器厂商提供的驱动程序。

前面说过，驱动程序分为两种类型：一种是可直接执行安装的驱动程序，另一种是以.inf 文件形式存在的驱动程序，它们的安装方式是有所区别的。下面以安装.inf 文件形式存在的显示器驱动程序为例，进行说明。

（1）在设备管理器中，右击【监视器】下的【即插即用监视器】选项，在弹出的快捷菜单中选择【更新驱动程序】命令，如图 6.23 所示。

（2）打开【欢迎使用硬件更新向导】界面，选中【从列表或指定位置安装(高级)】单选按钮，如图 6.24 所示。

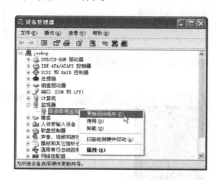

图 6.23　选择【更新驱动程序】命令

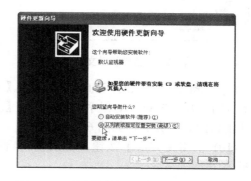

图 6.24　【欢迎使用硬件更新向导】界面

（3）单击【下一步】按钮，打开【请选择您的搜索和安装选项】界面，选中【不要搜索。我要自己选择要安装的驱动程序】单选按钮，如图 6.25 所示。

（4）单击【下一步】按钮，打开【选择要为此硬件安装的设备驱动程序】界面，如

图 6.26 所示。

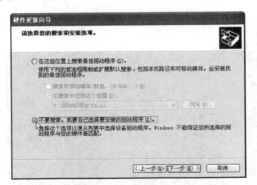

图 6.25 【请选择您的搜索和安装选项】界面　　图 6.26 【选择要为此硬件安装的设备驱动程序】界面

(5) 单击【从磁盘安装】按钮,打开【从磁盘安装】对话框,如图 6.27 所示。

(6) 单击【浏览】按钮,打开【查找文件】对话框,在【查找范围】下拉列表框中指定驱动程序所在的位置,并选择驱动文件,如图 6.28 所示。

(7) 单击【打开】按钮,返回到【从磁盘安装】对话框。

(8) 单击【确定】按钮,返回到【选择要为此硬件安装的设备驱动程序】界面,如图 6.29 所示。

图 6.27 【从磁盘安装】对话框

图 6.28 选择驱动文件

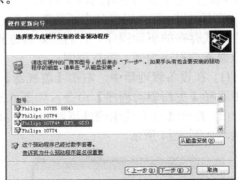

图 6.29 已经找到设备驱动程序

(9) 选择其中一款对应的型号,单击【下一步】按钮,开始更新驱动程序,然后打开【完成硬件更新向导】界面,如图 6.30 所示。

(10) 单击【完成】按钮,然后重新启动计算机。

6.3.4 设置刷新率和分辨率

安装了显卡和显示器驱动程序后,就可以设置显示分辨率和刷新率了。其具体操作步骤如下。

图 6.30 【完成硬件更新向导】界面

(1) 右击桌面空白处，在弹出的快捷菜单中选择【属性】命令，打开【显示 属性】对话框。切换到【设置】选项卡，分别在【颜色质量】下拉列表框和【屏幕分辨率】选项组中，设置颜色的质量和调整显示器屏幕的分辨率，如图 6.31 所示。

(2) 单击【高级】按钮，切换到【监视器】选项卡，在【屏幕刷新频率】下拉列表框中，选择刷新频率为【75 赫兹】(或【85 赫兹】)，如图 6.32 所示。

图 6.31　【设置】选项卡　　　　　　　　图 6.32　设置显示器刷新频率

> **注意**
>
> 液晶显示器和传统的 CRT 显示器不同，CRT 显示器所支持的分辨率较有弹性，而液晶的像素间距已经固定，所以支持的显示模式没有 CRT 显示器多。液晶显示器只有在最佳分辨率(即最大分辨率)下，才能显现最佳影像。一般 15 英寸液晶显示器的最佳分辨率为 1024×768，17～19 英寸的液晶显示器最佳分辨率通常为 1280×1024。而刷新率为 60Hz 即可，具体还要按说明书来设置。

(3) 最后连续单击【确定】按钮，这样显示器的显示效果就会好很多了。

6.3.5　安装声卡驱动程序

目前，大部分的主板都集成了 AC'97 标准(一种标准，不是硬件，目前几乎所有的声卡都支持 AC'97 标准)或 HD Audio 声卡，所以在主板附带的光盘中，都带有其驱动程序，因此安装是非常方便的。另外也可以从网上下载其最新的驱动程序。但不同芯片组的 AC'97或 HD Audio 声卡驱动程序互不兼容，如果用户要到网上下载最新的声卡驱动程序，需要知道使用的是哪一个厂家的声卡才行，那么可以使用 EVEREST Corporate Edition 软件来查询(该软件是共享软件，网上可以找到)。找到声卡型号后，就可以在太平洋计算机网中，找到其相关声卡驱动程序了。找到对应的声卡驱动程序后，只需要按照向导提示进行操作即可。

下面以主板自带的驱动程序为例，介绍其安装操作。

(1) 把主板提供的光盘放进光驱，此时光盘自动运行。

(2) 单击相应的型号，进入主板驱动内容的界面，如图 6.33 所示。

(3) 单击【声卡驱动】链接，即可启动声卡驱动程序安装向导，如图 6.34 所示。

(4) 单击【下一步】按钮，开始复制文件并配置 Windows，完成后打开【InstallShield Wizard 完成】界面，如图 6.35 所示。

图 6.33　主板驱动内容的界面

图 6.34　启动声卡驱动程序安装向导

(5) 单击【完成】按钮，重新启动计算机即可。

安装完声卡驱动程序并重新启动计算机后，会在系统的任务栏中出现一个小喇叭图标
，说明声卡驱动程序已经正确安装了，但一般需要对声音进行一些设置。设置方法如下。

(1) 右击小喇叭图标，弹出一个快捷菜单，如图 6.36 所示。

图 6.35　【InstallShield Wizard 完成】界面

图 6.36　快捷菜单

(2) 在快捷菜单中选择【打开音量控制】命令，即可打开【主音量】对话框，如图 6.37
所示，在此，可以调整声音的波形大小。

(3) 选择【调整音频属性】命令，将会打开【声音和音频设备 属性】对话框，在此，
可以调整声音设备的属性，如图 6.38 所示。

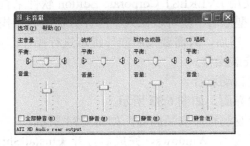

图 6.37　【主音量】对话框

图 6.38　【声音和音频设备 属性】对话框

6.3.6　安装摄像头驱动程序

安装摄像头驱动程序的方法比较特殊。下面以天兴阳光 3 号摄像头为例，介绍其安装操作方法。

(1) 把摄像头提供的驱动光盘放入光驱内，光盘会自动运行，打开【选择安装语言】界面，如图 6.39 所示。

(2) 单击【简体中文(Simplified Chinese)】按钮，在打开的界面中单击【安装摄像头驱动程序】按钮，如图 6.40 所示。

图 6.39　【选择安装语言】界面

图 6.40　开始安装摄像头驱动程序

(3) 启动摄像头驱动程序安装向导，在该界面中，单击【下一步】按钮，如图 6.41 所示。

(4) 安装程序开始复制文件，文件复制完成后，打开【InstallShield Wizard 完成】界面，如图 6.42 所示。

图 6.41　启动摄像头驱动程序安装向导

图 6.42　【InstallShield Wizard 完成】界面

(5) 单击【完成】按钮，然后把摄像头连接到计算机的 USB 接口中。此时，计算机会打开【找到新的硬件向导】对话框(针对 Windows XP SP2 系统)，在此，选中【否，暂时不】单选按钮，如图 6.43 所示。

(6) 单击【下一步】按钮，打开向导第二步，并选中【自动安装软件(推荐)】单选按钮，如图 6.44 所示。

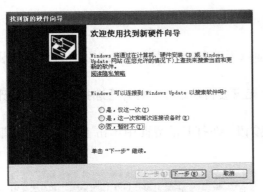

图 6.43 选中【否，暂时不】单选按钮

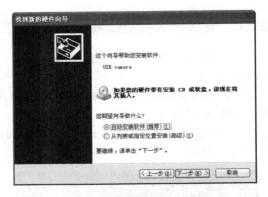

图 6.44 选中【自动安装软件(推荐)】单选按钮

(7) 单击【下一步】按钮，开始安装软件，安装完成后，打开【完成找到新硬件向导】界面，如图 6.45 所示。

(8) 单击【完成】按钮即可。安装后如果还不能使用，可能需要重新启动计算机。

6.3.7 安装打印机驱动程序

把打印机与主板上的接口连接后，先打开打印机的电源，一般在安装 Windows 系统后，都能自动检测到新硬件，然后把打印机驱动盘放入光驱内，系统会自动找到驱动程序并进行安装。如果 Windows 没有自动检测到打印机，可以按照下面的方法安装。

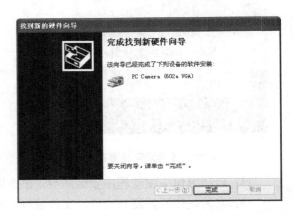

图 6.45 【完成找到新硬件向导】界面

(1) 选择【开始】|【控制面板】命令，在打开的窗口中单击【打印机和传真】图标，打开【打印机和传真】窗口，单击窗口左边【打印机任务】的【添加打印机】链接，打开【添加打印机向导】对话框，如图 6.46 所示。

(2) 直接单击【下一步】按钮，再选中【连接到这台计算机的本地打印机】单选按钮，如图 6.47 所示。如果计算机没有连接到网络上，则不会出现该对话框。

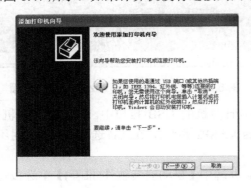

图 6.46 【添加打印机向导】对话框

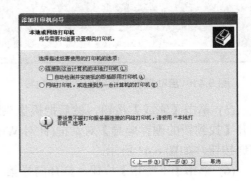

图 6.47 选择安装本地或网络打印机

　　(3) 单击【下一步】按钮，打开【选择打印机端口】界面，再选择要添加打印机的端口，如图 6.48 所示。

　　(4) 接着单击【下一步】按钮，然后在【厂商】列表框中，选择该打印机的生产商，在【打印机】列表框中选择打印机的型号(这是 Windows XP 自带的打印机驱动程序)，如图 6.49 所示。也可以单击【从磁盘安装】按钮，然后指定在购买打印机时商家提供的打印机驱动程序所在的位置。

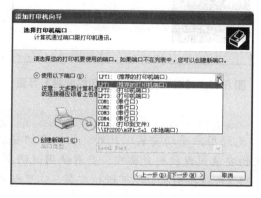

图 6.48　【选择打印机端口】界面

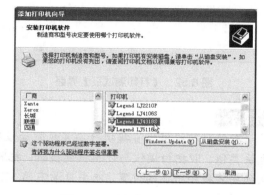

图 6.49　选择打印机的型号

　　(5) 单击【下一步】按钮，在【打印机名】文本框中输入安装的打印机名称，可以使用默认的打印机名称，也可以输入其他名称。如果该计算机还安装了多台打印机，则还需要选择是否设置为默认的打印机，如图 6.50 所示。如果该打印机是最常用的，则选中【是】单选按钮，否则选中【否】单选按钮。

　　(6) 单击【下一步】按钮，系统询问是否共享这台打印机，可以选中【不共享这台打印机】单选按钮，如图 6.51 所示。

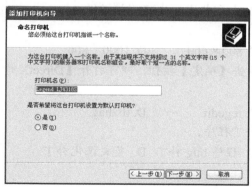

图 6.50　输入打印机名

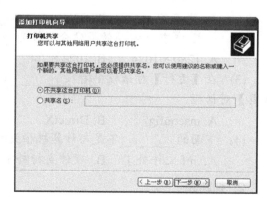

图 6.51　选择是否共享打印机

　　(7) 单击【下一步】按钮，打开【打印测试页】界面，在这里建议用户测试安装好的打印机，可以选中【否】单选按钮，如图 6.52 所示。

　　(8) 单击【下一步】按钮，打开【正在完成添加打印机向导】界面，如图 6.53 所示。单击【完成】按钮，开始复制文件，复制文件完成后安装结束。

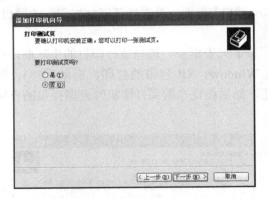

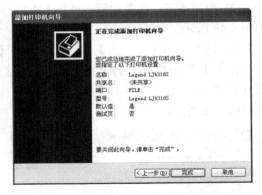

图 6.52 【打印测试页】界面　　　　图 6.53 【正在完成添加打印机向导】界面

提 示

有的打印机提供直接执行安装的驱动程序,无须用户手动安装。此外,扫描仪的安装方法类似,即把扫描仪与计算机连接后,把配送的安装光盘放进光驱中;查看使用说明书,找到安装程序所在的位置,双击目录下的 SETUP.EXE 程序图标,即可进行安装,这里就不再赘述了。

6.4 习 题

1. 选择题(可多选)

(1) 在计算机系统中,_____不需要安装驱动程序也能使用。

　　A. 内存条　　　　　　B. CPU　　　　　　C. 打印机　　　　　　D. 扫描仪

(2) 一般 15 英寸液晶的最佳分辨率为_____。

　　A. 1280 × 1024　　B. 1024 × 768　　C. 800 × 600　　D. 1000 × 800

(3) 在【运行】对话框中输入_____,单击【确定】按钮,即可打开【DirectX 诊断工具】对话框。

　　A. msconfig　　　　　B. DirectX　　　　C. regedit　　　　D. dxdiag

(4) 下面的_____不是与计算机相关的补丁程序。

　　A. .inf 文件补丁　　B. 硬件支持补丁　　C. 程序 bug 补丁　　D. 英文汉化补丁

2. 判断题

(1) 液晶显示器只有在最佳分辨率下,才能显现最佳影像。　　　　　　　　　　(　　)

(2) 一般来说,每一个 Windows 系统都自带有 DirectX,而 Windows XP SP2 带的是 DirectX 10.0。　　　　　　　　　　　　　　　　　　　　　　　　　　　　　　　(　　)

(3) 按照版权类型分,软件的类型可分为汉化软件、免费软件和演示软件。　　(　　)

3. 简答题

(1) 安装驱动程序的常见方法有哪几种?

(2)　什么是绿色软件？

4. 操作题

(1)　练习安装解压缩软件 7-Zip 或 ALZip。

(2)　安装一个邮件处理软件 Foxmail 或 Koomail。

(3)　安装一个下载软件网际快车。

(4)　在网上找一个绿色软件 KMPlayer，并把它下载到本地计算机中。

第 7 章

主板和 CPU 的选购与检测

教学提示

计算机的硬件属于高科技产品，同时它也是更新较快的产品，其中，又以 CPU 的更新最为快速和最为重要。CPU 作为计算机中最为关键的部件，可以说处理器的发展就是计算机发展的一个缩影。因此在购机之前，一般是先确定购买什么样的 CPU，然后再根据 CPU 来确定主板类型和档次。CPU 的外频、倍频、主频之间的关系是：主频=倍频×外频，这个关系的设置就是由主板来定的。假设 CPU 的倍频没锁定，那么一块 2.4 主频的 CPU 可以设置成 12(倍频)×200(外频)，也可以设置为 8(倍频)×300(外频)，还可以设置为 6(倍频)×400(外频)，超频就是这个原理。不过，外频的范围要在主板支持的范围之内。

教学目标

本章介绍主板和 CPU 的相关概念和技术，其中，选择主板的芯片组和了解各个芯片性能是知识难点，而 CPU 与主板是密切相关的。有些 CPU 的性能指标与主板的性能指标是相同的，在学习时可以互相对比理解，这样才能更好地了解如何选购 CPU 和主板。通过学习本章，可以对主板和 CPU 有一个清晰的认识，能够独立认出主板上的各种接口或结构，并能选购和搭配高性价比的主板和 CPU 组合。

7.1　主板的分类

主板是安装在主机机箱内的一块矩形电路板，上面安装有计算机的主要电路系统，主板上的扩充槽用于插接各种接口卡，用于扩展计算机的功能，如显卡、声卡等。

按不同的方法来区分，主板可以分为不同的类型。

1. 按主板结构分类

主板按其结构可分为 AT 主板、Baby AT 主板、ATX 主板、一体化(all in one)主板和 NLX 主板等类型。

AT 主板包括标准 AT 和 Baby AT 两种类型，它们都配合使用 AT 电源。AT 电源是通过两条形状相似的排线与主板相连。AT 主板上连接外设的接口只有键盘口、串口和并口，部分 AT 主板也支持 USB 接口。目前，ATX 结构的主板已经替换了 AT 结构主板。而 Baby AT 主板，也就是袖珍尺寸的主板，比 AT 主板小，一般用于原装机上面。而 ATX 规范是由 Intel 公司提出的，它更合理地考虑了主板上的 CPU、内存及各种长短卡的位置，改变了原 AT 架构中的外接接口，配合新型的 ATX 机箱与电源。不过，ATX 主板也有 Micro ATX 和 Mini ATX，它们同 ATX 规范只是在尺寸上略有差别，安装过程是完全一样的。目前，几乎是 ATX 主板一统天下的局面。

一体化(all in one)主板一般在主板上集成了声卡、显卡、调制解调器等，不需要安装各种插卡，具有高集成度和节省空间的优点，但也有维修不便和升级困难的缺点。多采用在原装品牌机中。NLX(new lowprofile extension)主板是 Intel 提出的一种主板架构。现在 NLX 主板还仅用于原装机、品牌机上，在零售市场上几乎见不到。

2. 按芯片组分类

在 586 以上主板的芯片组中，集成了对 CPU、Cache、I/O 和总线的控制。分别是 Intel 出产的主流芯片组，常见的包括：i845、i865、i875、i915、i925、i945、i965、i975 等。而 VIA 出产的主要是 KT600、K8T800、PT600、P4X600、PT800、P4X800 等芯片组，从支持 Pentium Ⅳ 到 AMD 系列 CPU 应有尽有。关于芯片组在后面将详细介绍。

3. 按 CPU 类型分类

按 CPU 的插槽类型来分，可分为 Intel 主板和 AMD 主板，而 Intel 主板又可分为 Pentium Ⅳ的 Socket 478 主板和 Socket 755 主板等；AMD 主板又可分为 Socket 754 主板、Socket 939 主板、Socket 940 主板和 Socket AM2 主板等。此外，还有以前的 K7 主板和 Pentium Ⅲ主板等，不同插槽类型的主板互不兼容。

7.2　主板的构成和主要部件

从外观上看，主板是一块矩形的印制电路板，在电路板上分布着各种电容、电阻、芯片、插槽等元器件，包括 BIOS 芯片、输入输出接口、面板控制开关接口、各种扩充插槽、直流电源的供电插座、CPU 插座等。有的集成主板上还集成了音效芯片或显示芯片等。

如图 7.1 所示是一块主板的外观。

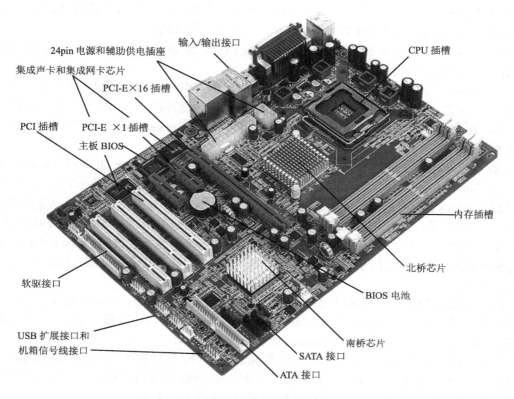

图 7.1 主板的外观

下面具体介绍主板中的主要部件。

7.2.1 CPU 插座

CPU 插座是主板上最醒目的部件，该插座与 CPU 针脚是对应的，因此在主板中地位极为重要。CPU 插座主要分为 Intel Pentium 和 AMD 两大类。因为早期的 CPU 都是以 Intel 为主导地位，那么下面以 Intel 的 CPU 接口类型为例，介绍 CPU 插座的发展历史。

目前市场的主流 CPU 多采用 Socket 插针式接口，从低端到高端莫不如此。而从首次采用 Socket 的 80486 到现在 Core 2 Duo 的 CPU，Socket 接口已经存在了将近 20 年，当然这中间也出现过其他插针形式的插座，但最终还是回到 Socket 插针形式。

(1) 历史上第一只 8086 的诞生直到 386 的问世，CPU 都是被直接焊接在主板上的，当时要升级计算机就必须同时更换主板与 CPU。Socket 接口形式的真正确立是从 486 时代开始的，并且是 ZIF(zero insertion force，零插拔力)设计，用户可自行拆装处理器。

(2) Socket 0。最早的 486 产品虽然使用的是 Socket 接口，但仍旧不支持 CPU 的插拔，没有官方名称，在这里将其简称为 Socket 0，支持的 CPU 是 486DX。

(3) Socket 1~ Socket 3。Socket 1 是首次采用 ZIF 方式的 CPU 插座。其后的 Socket 2 在 Socket 1 上面做了少许改动，针脚从 169 扩展到 238。Socket 3 相对 Socket 2 的改动不大，

支持 Socket 2 的所有 CPU，也支持 5x86。

(4) Socket 4。是 CPU 进入奔腾时代后的第一款接口，但很快被 Socket 5 所取代。

(5) Socket 5。这是早期 Pentium CPU 所采用的接口，支持的产品从 Pentium 75～Pentium 133。Socket 5 的针脚增加到 320 个，工作电压为 3.3V。

(6) Socket 6。Socket 6 其实是一个 486CPU 插座，是 Intel 预留用的接口，随着 486 的淘汰，它也从来没有被使用过。

(7) Socket 7。Socket 7 是应用最广泛的一种 CPU 接口。它支持 75MHz 及以上的所有 Pentium 处理器，包括 Pentium MMX，不过 Intel 没有为此种接口申请专利，所以 AMD 的 K5、K6、K6-2、K6-3，Cyrix 的 6x86、M2 和 M3 都采用了 Socket 7 的接口，这样导致了 Intel 推出 Slot1 接口。

(8) Socket 8。Socket 8 是 Pentium Pro 专用的插座，随着 Pentium Ⅱ 的问世而被淘汰。

(9) Slot 1 和 Slot 2。由于 AMD 和 Cyrix 都在使用 Intel 发明的 Socket 7 接口，这种做法引起了 Intel 的不满。因此，伴随着 Pentium Ⅱ 的推出，Intel 放弃了 Socket 7 而采用了 Slot 1 接口，并进行了注册，因此 AMD 和 Cyrix 的 CPU 不能使用此接口。Slot 1 有 242 个针脚，工作电压为 2.8～3.3V。Slot 1 主要用于 P2、P3 和 Celeron，包括经典的 Celeron 300A。Slot 2 是 Slot 1 的改进，主要用于 Xeon 系列处理器。Slot 2 允许 CPU 和 L2 缓存以 CPU 工作频率进行通信。

(10) Socket 370。由于 Slot 1 成本较高，以及随着制程的提高，将缓存集成到核心中变得更方便，所以从 Pentium Ⅲ 开始，Intel 又转回了 Socket 接口，并延续至今。支持 PPGA 的 Celeron 以及 FC-PGA 封装的 Pentium Ⅲ 和 Celeron Ⅱ。

(11) Intel 推出 Pentium Ⅳ 时，使用的是 Socket 接口，不过其接口形式包括 Socket 423、Socket 478、Socket 479(Socket M)，而目前较新系列 CPU 使用的是 Socket 775(又可以写成 LGA775 或 Socket T)。而 Socket 479 是 Intel 移动产品采用的接口。

下面把 Intel 的大部分 CPU 插座针数及其支持的 CPU 类型列于表 7.1 中，这将对用户了解主板和 CPU 的演变过程有一定的帮助。

表 7.1　Intel 的 CPU 插座针数及其支持的 CPU 类型

插座名称	针脚数	支持 CPU 类型	插座名称	针脚数	支持 CPU 类型
Socket 0	168	486DX	Socket 4	273	Pentium 66 等
Socket 1	169	486DX、486SX	Socket 5	320	Pentium 133 等
Socket 2	238	同上	Socket 6	235	486DX
Socket 3	237	同上、5X86	Socket 7	321	Pentium MMX K5、K6、M2
Socket 8	387	Pentium Pro	Socket 370	370	Celeron、Pentium Ⅲ、Cyrix Ⅲ、C3
Socket 423	423	Pentium Ⅳ	Slot 1	242	Celeron、Pentium Ⅱ、Pentium Ⅲ
Socket 463	463	Nx586	Slot 2	330	Pentium Ⅱ Xeon、Pentium Ⅲ Xeon
Socket 604	603	Xeon Mobile P4	Socket 478	478	Pentium Ⅳ、Celeron 4、Celeron D、Core
Socket 604	604	Xeon	Socket 479	463	Core Duo、Core Duo、Pentium M、Pentium Ⅳ、Celeron M、Mobile Celeron
Socket 771	771	Xeon			
Socket 418	418	Itaninum	Socket 775	775	Pentium Ⅳ、Pentium D、Celeron D、Core 2 Duo、Core 2 Extreme 等
Socket 611	611	Itaninum 2			

目前，Intel Pentium 专用的 CPU 插槽类型主要有 Socket 478 和 Socket 775，这两种插槽的外观如图 7.2 所示。

图 7.2　Socket 478 和 Socket 775 的插槽

AMD 作为第二 CPU 生产厂商，其接口从 Super 7 到目前较新的 AM2，也发生了许多历史演变。下面把各种 AMD 系列 CPU 插座针数及其支持的 CPU 类型列于表 7.2 中。

表 7.2　AMD 的部分 CPU 插座针数及其支持的 CPU 类型(兼容部分不再列出)

插座名称	针脚数	支持 CPU 类型	插座名称	针脚数	支持 CPU 类型
Socket Super 7	321	K6-2、K6-III	Socket 462	462	Athlon、Duron、Athlon XP、Sempron
Slot A	242		Socket 754	754	Athlon 64、Sempron、Turion 64
Socket 940	940	Athlon 64 FX、Opteron	Socket 939	939	Athlon 64、Athlon 64 FX、Opteron Athlon 64 FX X2
Socket S1	638	Turion 64 X2	Socket AM2	940	Athlon 64、Athlon 64 FX、Opteron Athlon 64 X2、Sempron
Socket F	1207	Opteron			

目前，AMD 的 CPU 插槽类型主要有 Socket 754、Socket 939 和 Socket AM2 这几种，它们的外观都差不多。虽然 Socket AM2 也使用 940 根针脚，但它与 Socket 940 并不兼容，因为其针脚的布局与定义有一定的改变。AM2 接口与原来的 Athlon 64 并没有多大的改变，唯一的改变就是由原来支持 DDR 内存变为现在支持 DDR2 内存。

其中，Socket 754 和 Socket AM2 两种插槽外观如图 7.3 所示。

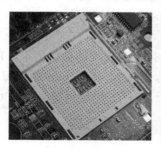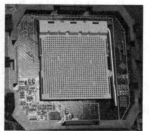

图 7.3　Socket 752 和 Socket AM2 插槽的外观

7.2.2　内存插槽

最初的计算机系统通过单独的芯片安装内存，那时内存芯片都采用 DIP(Dual In-line Package，双列直插式封装)封装，DIP 芯片是通过安装在插在总线插槽里的内存卡与系统连

接，此时还没有正式的内存插槽。此外，早期还有另外一种方法是把内存芯片直接焊接在主板或扩展卡里，这样可有效避免 DIP 芯片偏离的问题，但无法再对内存容量进行扩展，而且如果一个芯片发生损坏，整个系统都将不能使用，只能重新焊接一个芯片或更换包含坏芯片的主板，此种方法的代价较大，也极为不方便。目前，安装内存条大多数采用单列直插内存模块(Single Inline Memory Module，SIMM)或双列直插内存模块(Dual Inline Memory Module，DIMM)来替代单个内存芯片。

1. 插槽类型

插槽类型是指可以在主板上安装哪种内存类型的插槽。内存条通过金手指(正反两面)与内存插槽相连接，金手指可以在两面提供不同的信号，也可以提供相同的信号。主板所支持的内存种类和容量都是由内存插槽来决定的。下面具体介绍几种常见的插槽类型。

1) SIMM

SIMM 是一种两侧金手指都提供相同信号的内存结构，它多用于早期的 FPM 和 EDD DRAM，最初一次只能传输 8b 数据，后来逐渐发展出 16b、32b 的 SIMM 模组，其中 8b 和 16b SIMM 使用 30pin 接口，32b 的则使用 72pin 接口。在内存发展进入 SDRAM 时代后，SIMM 逐渐被 DIMM 技术所取代。

2) DIMM

DIMM 与 SIMM 类似，不同的只是 DIMM 的金手指两端不像 SIMM 那样是互通的，它们各自独立传输信号，因此可以满足更多数据信号的传送需要。同样采用 DIMM，SDRAM 的接口与 DDR 内存的接口也略有不同，SDRAM DIMM 为 168pin DIMM 结构，金手指每面为 84pin，金手指上有两个卡口，用来避免插入插槽时，错误地将内存反向插入而导致烧毁；DDR DIMM 则采用 184pin DIMM 结构，金手指每面有 92pin，金手指上只有一个卡口。卡口数量的不同，是二者最为明显的区别。而 DDR2 DIMM 为 240pin DIMM 结构，金手指每面有 120pin，与 DDR DIMM 一样金手指上也只有一个卡口，但是卡口的位置与 DDR DIMM 稍微有一些不同，因此 DDR 内存是插不进 DDR2 DIMM 的，同理 DDR2 内存也是插不进 DDR DIMM 的，因此在一些同时具有 DDR DIMM 和 DDR2 DIMM 的主板上，不会出现将内存插错插槽的问题。此外，笔记本内存插槽则是在 SIMM 和 DIMM 插槽基础上发展而来的，基本原理并没有变化，只是在针脚数上略有改变。

3) RIMM

RIMM 是 Rambus 公司生产的 RDRAM 内存所采用的接口类型，RIMM 内存与 DIMM 的外形尺寸差不多，金手指同样也是双面的。RIMM 有 184pin 的针脚，在金手指的中间部分有两个靠得很近的卡口。RIMM 非 ECC 版，有 16 位数据宽度，ECC 版则都是 18 位宽。目前，此类内存的 RIMM 接口已经很少见。

2. 接口类型

接口类型是根据内存条金手指上导电触片的数量来划分的，金手指上的导电触片也习惯称为针脚数(pin)。因为不同的内存采用的接口类型各不相同，而每种接口类型所采用的针脚数各不相同。笔记本内存一般采用 144pin 和 200pin 的接口；台式机内存则基本使用 168pin、184pin 和 240pin 的接口。对应于内存所采用的不同的针脚数，内存插槽类型也各不相同。早期的 EDO 和 SDRAM 内存，使用过 SIMM 和 DIMM 两种插槽。如图 7.4～图 7.8

所示是几种不同针脚数或不同类型的内存的内存插槽，从中可以看出一些内存的演变过程。

图 7.4　72 针 SIMM

图 7.5　168 针 SIMM

图 7.6　168 针 DIMM 插槽

图 7.7　184 针 DIMM 插槽(DDR)

图 7.8　240 针 DIMM 插槽(DDR 2)

3. 双通道内存技术

双通道内存技术实际上是一种内存控制和管理技术，是在北桥(又称为 MCH)芯片组里设计两个内存控制器，这两个内存控制器可相互独立工作，每个控制器控制一个内存通道，可以分别寻址、读取数据，从而使内存的带宽增加 1 倍。它依赖于芯片组的内存控制器发生作用，在理论上能够使两条同等规格内存所提供的带宽增加 1 倍。

因为双通道体系的两个内存控制器是独立的、具备互补性的智能内存控制器，因此二者能实现彼此间零等待时间，同时运作。两个内存控制器的这种互补可让有效等待时间缩减 50%，从而使内存的带宽翻倍。

可见，双通道技术是一种主板芯片组采用的新技术，与内存本身无关，因此，任何 DDR 内存都可以工作在支持双通道技术的主板上。至于哪一种芯片组支持双通道内存技术，需要看主板说明书，或参考下面介绍芯片组相关的内容。

对于双通道内存的安装有一些讲究。例如，某主板具有 4 个 DIMM 插槽，那么，安装时必须采用偶数条内存，而且最好是同一厂商、同一规格的内存条；另外，应按照主板 DIMM 插槽上面的颜色标志正确地安装内存，才能让两个内存控制器同时工作，实现双通道功能。

例如，4 根 DIMM 从上到下命名为 A、B、C、D 的话，一般 AC 构成一个通道，BD 构成另一个通道，如图 7.9 所示(此外，也有采用两条邻近的插槽组成双通道的方式，如图 7.8 所示)。如果只插单根内存，那么两个内存控制器中只会有一个工作，也就没有了双通道的效果。安装成功后，开机自检时，会显示出内存工作在双通道模式下。

图 7.9　双通道内存的插槽

7.2.3　总线技术和板卡扩展槽

总线是连接计算机内部多个部件之间的信息传输线，是各部件共享的传输介质。总线是由许多传输线或通路组成的，每条线可传输一位二进制代码，一串二进制代码可在一段时间内逐一传输完成。若干条传输线可以同时传输若干位二进制代码，如 16 条传输线组成的总线，可同时传输 16 位二进制代码。多个部件和总线相连，在某一时刻，只允许有一个部件向总线发送信号，而多个部件可以同时从总线上接收相同的信息。衡量总线性能的主要参数是总线宽度和传输标准。总线宽度，用 b 表示，如 8b、16b、32b、64b。总线传输标准是指在总线上每秒能传输的最大字节量，用 MB/s 表示。

系统总线又称内总线或板级总线。因为该总线是用来连接计算机各功能部件而构成一个完整计算机系统的，所以称之为系统总线。系统总线是计算机系统中最重要的总线，人们平常所说的计算机总线就是指系统总线，如 PC 总线、AT 总线(ISA 总线)、PCI 总线等。

系统总线上传送的信息包括数据信息、地址信息、控制信息，因此，系统总线包含 3 种不同功能的总线，即数据总线 DB(Data Bus)、地址总线 AB(Address Bus)和控制总线 CB(Control Bus)。

(1) 数据总线 DB 用于传送数据信息。数据总线是双向三态形式的总线，即它既可以把 CPU 的数据传送到存储器或 I/O 接口等其他部件，也可以将其他部件的数据传送到 CPU。数据总线的位数是微型计算机的一个重要指标，通常与微处理的字长相一致。例如，Intel 8086 微处理器字长 16b，其数据总线宽度也是 16b。需要指出的是，数据的含义是广义的，它可以是真正的数据，也可以是指令代码或状态信息，有时甚至是一个控制信息。因此，在实际工作中，数据总线上传送的并不一定仅仅是真正意义上的数据。

(2) 地址总线 AB 是专门用来传送地址的，由于地址只能从 CPU 传向外部存储器或 I/O 端口，所以地址总线总是单向三态的，这与数据总线不同。地址总线的位数决定了 CPU 可直接寻址的内存空间大小，比如 8 位计算机的地址总线为 16b，则其最大可寻址空间为 2^{16}=64KB，16 位微型机的地址总线为 20b，其可寻址空间为 2^{20}=1MB。一般来说，若地址总线为 n 位，则可寻址空间为 2^n 字节。

(3) 控制总线 CB 用来传送控制信号和时序信号。控制信号中，有的是微处理器送往存储器和 I/O 接口电路的，如读/写信号、片选信号、中断响应信号等；也有的是其他部件反馈给 CPU 的，如中断申请信号、复位信号、总线请求信号、设备就绪信号等。因此，控制总线的传送方向由具体控制信号而定，一般是双向的，控制总线的位数要根据系统的实际控制需要而定。实际上控制总线的具体情况主要取决于 CPU。

板卡扩展槽是用来接插各种板卡的，如显卡、声卡、Modem 卡、网卡等。板卡插槽常见的有 PCI、ISA、AGP、PCI Express、AMR 和 CNR 这几种。下面简单介绍一下。

1. PCI

PCI(Peripheral Component Interconnect)总线是当前最流行的总线之一，它是由 Intel 公司推出的一种局部总线。PCI 使用的是 32 位的带宽，并且是以 33.3MHz 的频率工作，因此其只有 133.3MB/s 的传输速度。其计算方法是：32b×33.3MHz÷8=133.3MB/s。此后，又出现有 PCI 2.X，它支持 64 位的带宽，工作频率也提升到 66MHz，因此它的最大传输速度理论上可以达到 533.3MB/s。PCI 插槽用于 PCI 总线的插卡，一般有 2~5 个 PCI 插槽。PCI 插槽颜色一般为白色，其工作频率为 33MHz。它可以用来安装显卡、声卡、网卡等。

2. ISA

ISA(Industry Standard Architecture，工业标准结构总线)是 IBM 公司为 286 计算机制定的工业标准总线。它是对 XT 总线的扩展，以适应 8/16 位数据总线要求，也叫 AT 总线。它在 80286 至 80486 时代应用非常广泛，该总线的总线宽度是 16 位，总线频率为 8MHz。目前已经淘汰。此外，还出现有 EISA 和 VEISA 总线。其中，EISA 总线把总线宽度从 16 位扩展到 32 位、总线频率从 8.3MHz 提高到 16MHz。ISA 插槽一般是黑色的，长度明显超过 PCI 插槽，一般现在主板上有 1 根 ISA 插槽，目前的主板上已经没有这种插槽了。

3. AGP

AGP 是 Accelerated Graphics Port 的缩写，意为图形加速接口，也称 AGP 总线。但严格说 AGP 不能称为总线，它与 PCI 总线不同，因为它是点对点连接，即连接控制芯片和 AGP 显示卡，但习惯上依然称其为 AGP 总线。AGP 共分为 3 个版本，即 AGP1.0、AGP2.0 和 AGP3.0。AGP8X 规格与旧有的 AGP1X/2X 模式不兼容。而对于 AGP4X 系统，AGP8X 显卡仍旧在其上工作，但仅会以 AGP4X 模式工作，无法发挥 AGP8X 的优势。

AGP 总线的带宽是独享的，其总线运作时钟速度为 66MHz(32b×66.6MHz÷8=266.6MB/s)，是 PCI 总线的带宽的 2 倍。但因为 PCI 的带宽为所有外围设备部件共用，如果主板上连接了 3 个 PCI 设备，那么平均每个 PCI 设备只能分配到 44.44MB/s(133.3MB/s÷3)的带宽。而 AGP 技术分为 AGP 1X、AGP 2X、AGP 4X 和 AGP 8X，以 AGP 2X 来说，它的每个工作周期可送出两次信号，所以它的理论带宽可以达到 533.3MB/s，同理，AGP 8X 的理论带宽更是可达到 2.13GB/s。

表 7.3 列出了 AGP 接口的参数。

4. PCI Express

PCI Express 是由英特尔等合作伙伴联合开发的一种总线结构，其目的是取代传统的

AGP 和 PCI 总线,事实上已经实现。除了显卡之外,还有很多基于 PCI Express 总线的千兆
网卡、视频编辑卡以及多媒体卡面世。

表 7.3 AGP 接口参数

	AGP1.0		AGP2.0	AGP3.0
	AGP 1X	AGP 2X	(AGP 4X)	(AGP 8X)
工作频率	66MHz	66MHz	66MHz	66MHz
传输带宽	266MB/s	533MB/s	1066MB/s	2132MB/s
工作电压	3.3V	3.3V	1.5V	1.5V
单信号触发次数	1	2	4	4
数据传输位宽	32b	32b	32b	32b
触发信号频率	66MHz	66MHz	133MHz	266MHz

在传输速率方面,PCI Express 总线每个接口都独占 250MB/s 的数据传输率,它的规格
允许实现 1X(250MB/s)、2X、4X、8X、12X、16X 和 X32 的通道。那么 PCI Express-16 的
带宽将达到 4.0GB/s,而且由于 PCI-E 是一种双向互连的设计,所以其相反方向也具有同样
高的带宽,那么其有效带宽将达 8GB/s。这意味着 AGP 将逐渐淡出市场,最后将完全被 PCI
Express 所取代。PCI Express 各种传输模式的速度如表 7.4 所示。

表 7.4 PCI Express 各种传输模式的速度

模 式	数据传输模式	双向传输模式
PCI Express X1	250MB/s	500MB/s
PCI Express X2	500MB/s	1GB/s
PCI Express X4	1GB/s	2GB/s
PCI Express X8	2GB/s	4GB/s
PCI Express X16	4GB/s	8GB/s
PCI Express X32	8GB/s	16GB/s

5. 其他

除了上面几种插槽外,有一些主板上面会有 AMR(或 CNR)插槽,这是一种很短的褐色
插槽,用于 AMR(或 CNR)插卡。AMR 即 Audio/Modem Riser(声音/调制解调器插卡),是一
套开放工业标准,它定义的扩展卡可同时支持声音及 Modem 功能。采用这种设计,可有效
地降低成本。继 AMR 插槽之后,Intel 又开发出了 CNR(Communication Network Riser,网
络通信接口)插槽,它们的外观基本一样,但本质上的区别还是很大的。目前的 CNR 插槽专
供未来结构更加简单和紧凑的网卡或 Modem 卡使用。

7.2.4 芯片组

芯片组(Chipset)是主板的核心组成部分,按照其在主板上排列位置的不同,通常分为北

桥芯片和南桥芯片。北桥芯片(North Bridge)是主板芯片组中起主导作用的最重要的组成部分，也称为主桥(Host Bridge)。芯片组主要决定安装 CPU 的类型、系统总线频率、内存类型、最大内存容量、内存传输标准、显卡规格、扩展槽的种类与数量、扩展接口的类型和数量。其中 CPU 的类型、主板的系统总线频率、内存类型、容量和性能、显卡插槽规格都是由芯片组中的北桥芯片决定的；而扩展槽的种类与数量、扩展接口的类型和数量(如USB2.0/1.1、IEEE1394、串口、并口、笔记本的 VGA 输出接口)等，是由南桥芯片决定的。还有些芯片组集成显示芯片、AC'97 声音解码等功能，因此，还决定着计算机系统的显示性能和音频性能等。一般情况下，芯片组的名称是以北桥芯片的名称来命名的。

主板芯片组的南桥和北桥结构如图 7.10 所示。

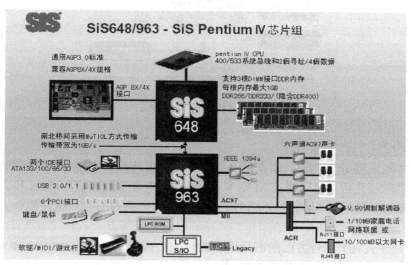

图 7.10　南桥和北桥结构

南桥芯片不与处理器直接相连，而是通过一定的方式(不同厂商各种芯片组有所不同)与北桥芯片相连。因此，不同芯片组的南桥芯片可能是一样的，不同的只是北桥芯片。例如，Intel 945 系列芯片组都采用 ICH7 或者 ICH7R 南桥芯片，但也能搭配 ICH6 南桥芯片。还有些主板厂家生产的少数产品采用的南、北桥是不同芯片组公司的产品。南桥芯片的发展方向主要是集成更多的功能，如网卡、RAID、IEEE 1394，甚至 Wi-Fi 无线网络等。相对于北桥芯片来说，南桥芯片数据处理量并不大，所以一般没有散热片。

此外，由于 AMD K8 核心的 CPU 将内存控制器集成在了 CPU 内部，于是支持 AMDK8 芯片组的北桥芯片变得简化多了，甚至还能采用单芯片组结构。因此，北桥芯片的功能会逐渐单一化，为了简化主板结构、提高主板的集成度，估计以后主流的芯片组很有可能变成南北桥合一的单芯片形式。事实上，SIS 等早就发布了不少单芯片组，而在 2003 年，nVIDIA 推出了 nForce3 芯片组时，就使用单芯片组设计，它将传统的南北桥功能整合到一颗芯片中，如图 7.11 所示。

到目前为止，全世界能够生产芯片组的厂家有 Intel(美国)、VIA(中国台湾)、SiS(中国台湾)、ULI(中国台湾，已经被 NVIDIA 收购)、AMD(美国)、NVIDIA(美国)、ATI(加拿大，已与 AMD 合并)、IBM(美国)、HP(美国)等，其中以 Intel、NVIDIA、AMD、SiS 及 VIA 的芯片组最为常见。目前，大部分主板都是基于 Intel 和 AMD 两家的处理器来设计的，因此以处理器的类型来分，芯片组可以分为 AMD 平台芯片组和 Intel 平台芯片组。下面介绍主要的几个生产芯片组的厂家。

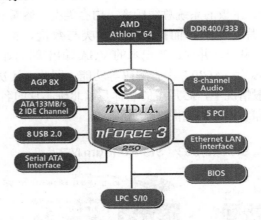

图 7.11　单芯片设计

1. VIA(威盛)

VIA 芯片组主要分为两类，即支持 AMD 平台的芯片组和支持 Intel 平台的芯片组，一般在芯片组名称或北桥名称中带有 M 或 N 后缀的，是整合了图形核心(Intel 和 AMD 都如此)的。此外，还有少量用于 VIA 自家 CPU 的 C 系列和 V 系列的芯片组，但个人计算机中很少见到。

VIA 在支持 AMD 平台方面的芯片组命名以 KT 或 KM 开头，如：KT400、KM400、KT880、K8T800、K8T890、K8T890 Pro 等。

VIA 在支持 Intel 平台方面的芯片组一般以 PT 或 PM 来命名，如：P4X400、PT800、PM880、PT880 Pro、PT894、P4M890、PT890、P4M900 等。

南桥与北桥的搭配没有严格的限制，一般是根据需要搭配。VIA 的南桥芯片主要有 VT8231、VT8235、VT8237、VT8237A、VT8237R Plus、VT8251 等。实际上 VT8237A、VT8237R Plus 可以看作是 VT8237 南桥的细分种类。其中，VT8237A、VT8237R Plus 与 VT8237 规格大致相同，但是 VT8237A 比 VT8237 增加了对 High Definition Audio 的支持，VT8237R Plus 比 VT8237 增加了对 SATAII 硬盘的支持(但 VT8237A 并不支持 SATAII)。

如图 7.12 所示，这是一款 VIA 系列的北桥芯片和南桥芯片的外观。

2. SiS

在支持 AMD K7 的 CPU 中，SiS 芯片组主要有 SiS748、SiS746、SiS745、SiS741、SiS740、SiS755、SiS755FX、SiS760、SiS756、SiS760GX、SiS761GL 和 SiS761GX。

在支持 Intel 方面，SiS 早期发布的芯片组有 SiS648FX、SiS655FX、SiS655TX、SiS656、SiS649、SiS662、SiS649FX、SiS656FX 等。

在南桥芯片方面，常见的有 SiS966、SiS966L 等。

如图 7.13 所示分别是一款 SiS 系列的北桥芯片和南桥芯片的外观。

图 7.12　VIA(威盛)芯片组

图 7.13　SiS 芯片的外观

3. Intel

Intel 是 CPU 和芯片组最大的生产厂家，在台式机的英特尔平台上，英特尔自家的芯片组占有最大的市场份额，而且产品线齐全，高端、中端、低端以及整合型产品都有。

Intel 芯片组主要是支持自家生产的 CPU，其命名是分系列的，如 845、865、915、945、975 等，同系列各个型号用字母来区分，命名有一定规则，但有时可能出现偏差。

845 系列到 915 系列以前的芯片组，后面带 PE 是主流版本，无集成显卡，支持当时主流的 FSB 和内存，支持 AGP 插槽。后面带 E 是进化版本(其实后面带 E 的只有 845E 这一款)。后面带 G 是主流的集成显卡的芯片组，而且支持 AGP 插槽。

915 之后至 965 系列之前的芯片组，后面带 P 是主流版本，无集成显卡，支持主流的 FSB 和内存，支持 PCI-E X16 插槽。带 G 是主流的集成显卡芯片组，且支持 PCI-E X16 插槽。后面带 GV 和 GL 则是集成显卡的简化版芯片组，并不支持 PCI-E X16 插槽，GL 则有所缩水。带 X 和 XE 相对于 P 则是增强版本，无集成显卡。

从 965 系列芯片组开始，Intel 改变了芯片组的命名方法，取消后缀而采用前缀方式，即将代表芯片组功能的字母从后缀改为前缀，并且针对不同的用户群体进行细分，如 P965、G965、Q965 和 Q963 等。前面带 P 是面向个人用户的主流芯片组版本，无集成显卡，支持当时主流的 FSB 和内存，支持 PCI-E X16 插槽。前面带 G 是面向个人用户的主流的集成显卡芯片组，而且支持 PCI-E X16 插槽，其余参数与 P 类似。此外，在功能前缀相同的情况下，以后面的数字来区分性能，数字低的表示在所支持的内存或 FSB 方面有所简化。例如 Q963 与 Q965 相比，前者仅仅支持 DDR II 667。

从另一个角度来理解，Intel 主板芯片组南桥与北桥的搭配与其他芯片组不一样，它是有一定的规定的(但也有例外)，其搭配方式如表 7.5 所示。

表 7.5　Intel 主板芯片组南桥与北桥的搭配

南桥名称	南桥芯片型号	MCH(北桥芯片)型号
ICH	Intel 82801 AA	810、810-DC100、810T
ICH0	Intel 82801 AB	810-L
ICH2	Intel 82801BA、Intel 82801BAM、Intel 82801BB、Intel 82801BE、Intel 82801BEM	815 系列、845、845D、850 系列
ICH3	Intel 82801CA、Intel 82801CAM	830M、830MP、830MG、845M、850E

续表

南桥名称	南桥芯片型号	MCH(北桥芯片)型号
ICH4	Intel 82801DA、Intel 82801DB、Intel 82801DBL、Intel 82801DBM	845E、845PE、845G、845GE、845GL、845GV
ICH5	Intel 82801EB、Intel 82801ER	848系列、865系列、875系列
ICH6	Intel 82801FB、Intel 82801FBM、Intel 82801FR、Intel 82801FW、Intel 82801FRW	910系列、915系列、925系列
ICH7	Intel 82801GB、Intel 82801GR	945系列、946系列、955系列、975系列
ICH8	Intel 82801HB、Intel 82801HR	963系列、965系列

注：ICH(input/output controller hub，输入/输出控制集线器)；MCH(memory controller hub，内存控制器集线器)。

而对于较新的芯片组，是当前流行的芯片组，为了便于理解，表 7.6 列出了当前 Intel 主流芯片组的功能特性和技术参数，以供用户比较参考。

表 7.6　Intel 主流芯片组的功能特性和技术参数

名称	G35	G33	G31	P35	X38	Q35	G33
FSB	133MHz	133MHz	133MHz	133MHz	133MHz	133MHz	133MHz
支持CPU情况	Core 2 Quad Core 2 Duo Pentium E Celeron 400	Core 2 Quad Core 2 Duo Pentium E Celeron 400	Core 2 Quad Core 2 Duo Pentium E Celeron 400	Core 2 Quad Core 2 Duo Pentium E Celeron 400	Core 2 Extreme Core 2 Quad Core 2 Duo Pentium E Celeron 400	Core 2 Quad Core 2 Duo Pentium E Celeron 400	Core 2 Quad Core 2 Duo Pentium E Celeron 400
支持内存情况	DDR2-667 DDR2-800	DDR2-667 DDR2-800 DDR3-800 DDR3-1066	DDR2-667 DDR2-800	DDR2-667 DDR2-800 DDR3-800 DDR3-1066	DDR2-667 DDR2-800 DDR3-800 DDR3-1066 DDR3-1333	DDR2-667 DDR2-800	DDR2-667 DDR2-800
显卡接口	PCI-E×16	PCI-E×16	PCI-E×16	PCI-E×16	PCI-E 2.0 2×16	PCI-E×16	PCI-E×16
集成显卡	是	是	是	否	否	是	是
南桥搭配	ICH8系列	ICH9系列	ICH7系列	ICH9系列	ICH9系列	ICH9 DO	ICH9 DO

如图 7.14 所示为 P35 芯片组的外观。

4. nVIDIA

nVIDIA 是生产显卡芯片的大厂家，其涉足主板芯片组市场已经有十几年的时间。早在

2001 年，nVIDIA 开始步入主板芯片组领域，因为得不到 Intel 的生产授权，当时只生产 AMD 系列的芯片组，因此，nVIDIA 进入 Intel 平台芯片组市场比较晚。后来，nVIDIA 与 Intel 达成交叉授权协议，自此，nVIDI 开始了向 Intel 平台进军。起初主要是定位于中高端市场的 nForce4 SLI IE、nForce4 SLI X16 IE、nForce4 SLI XE 以及 nForce4 Ultra IE，接着是 nForce 590 SLI IE、nForce 570 SLI

图 7.14　P35 芯片组外观

IE 和 nForce 570 Ultra IE，支持 Socket 775 接口全系列的所有处理器，包括 Conroe 核心的 Core 2 Duo 和 Core 2 Extreme。

5. ATI(AMD)

2006 年 7 月，AMD 以总值 54 亿美元收购了 ATI(图形芯片制造商)。收购 ATI 后，AMD 已经掌握图形芯片的核心技术，可以实现覆盖处理器、芯片组、显示芯片的完整产业链。

在进行收购之前，AMD 和 ATI 都生产过主板芯片组，早期 AMD 因为要专心生产 CPU，而没有太多精力生产芯片组，因此在生产芯片组一段时间后，就放弃了芯片组的生产。

而 ATI 生产 AMD 平台的芯片组也比较晚。当初生产的支持 K8 系列 CPU 的芯片组主要有 Radeon Xpress 200(北桥芯片是 RS480)和 Radeon Xpress 200P(北桥芯片是 RX480)，这二者都支持 PCI Express X16 规范，其中，Radeon Xpress 200 还集成了支持 DirectX 9.0 的 Radeon X300 显示芯片。后来，生产有 Radeon Xpress 1100 和 Radeon Xpress 1150 两种 Socket AM2 平台芯片组，支持全系列的 Socket AM2 处理器，都支持 1000MHz 的 HyperTransport 频率和 PCI Express x16 显卡插槽，并且都集成了 ATI Radeon X300 显示核心；只是二者的核心频率不同，Radeon Xpress 1100 的核心频率是 300MHz，而 Radeon Xpress 1150 的核心频率是 400MHz。

在正式收购 ATI 之后，AMD 就开始把部分 ATI 芯片组产品改为以 AMD 品牌上市。并且，AMD 自从并购 ATI 之后，所推出的芯片组产品也不会再使用 ATI 品牌，只有显卡仍保持以 ATI 品牌命名。AMD 收购 ATI 后，生产了首款集成的芯片组——AMD 690G 系列，它标志着 AMD 正式进军主板芯片组市场。AMD 690(RS690)系列包括 AMD 690、AMD 690G 及 AMD 690V。其中 690G 与 690V 均是集成图形核心的版本，而 690 则是去除了集成图形核心的功能。3 个版本的主要差异在于图形核心的功能上，而其余的规格则完全一致。

此后，AMD 主要推出的北桥芯片有 AMD 7 系列，包括 AMD 740(RS740)、AMD 770(RS790)、AMD 780(RS780)、AMD 790(RS790)等，南桥方面则有 SB600、SB700。

7.2.5　输入/输出接口和其他部件

输入/输出接口(也称 I/O 接口)是用于连接各种输入/输出设备的接口，一般包括 2～8 个 USB(universal serial bus，"通用串行总线"接口。目前，有很多外接设备都使用了 USB 接口，如移动硬盘、数码相机和 USB 键盘、鼠标等)、1 个 PS/2 键盘接口、1 个 PS/2 鼠标接口、2 个串行接口、1 个并行接口(或称为打印口)和 1 个游戏接口，如图 7.15 所示。

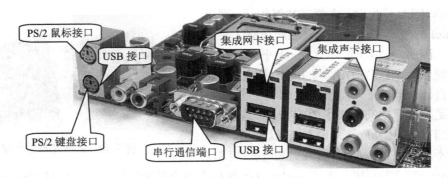

图 7.15　主板上的输入/输出接口

其他部件或接口如下。

(1) 硬盘接口和软驱接口。硬盘接口分为 IDE 接口和 SATA 接口。IDE 接口和软驱接口在主板上分别是 2 个 40 针和 1 个 28 针排线插座，IDE 设备和软驱通过排线与之相连，每一个 IDE 插座可以接 2 个 IDE 设备，两个总共可以接 4 个设备。IDE 设备主要是指硬盘、光驱以及使用 IDE 界面的其他设备等。现在有的新主板可能会有 4 个 IDE 接口，总共可以接 8 个 IDE 设备。SATA 接口用来连接串口硬盘，不过有的主板为了加强兼容性，既提供 IDE 接口也提供 SATA 接口。如图 7.16 所示是这两种硬盘接口的外观。

图 7.16　IDE 接口和 SATA 接口的外观

(2) 电源插座，主要给主板和主板上的其他硬件提供电能。在计算机的内部硬件中，一般除了光驱、硬盘、软驱直接由电源供电外，其他设备由主板供电。目前的计算机使用的电源一般为 ATX 架构，不过，稍旧的 ATX 电源为 20pin，而最新主板的电源接口已经更改为 24pin，但它也向下兼容 20pin 接口。此外，新型主板还增加了一种专用电源插座，它和一般主板的电源插座不一样，如图 7.17 所示。

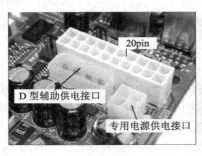

图 7.17　电源插座

(3) BIOS 芯片。BIOS 芯片实际上是指一段程序，这段程序在开机后首先运行，对系统的各个部件进行监测和初始化。BIOS 程序保存在可擦除的只读储存器(EEPROM 或者 FlashROM)中，系统断电后靠一个锂电池来维持数据。

(4) 现在有很多主板将原来单独的插卡上面的功能都做到了主板上(叫作集成)，不过，目前大部分主板都板载网卡(芯片)和声卡(芯片)，如图 7.18 所示。所以只有板载显卡的，才叫作真正的集成主板。

图 7.18　集成网卡(芯片)和声卡(芯片)

7.3　CPU 概述

目前，台式机用的 CPU 供应商主要有英特尔和 AMD 这两家，CPU 的性能大致上反映出计算机的性能。

CPU 是一块超大规模集成电路芯片，内部由几千万个到几亿个晶体管元件组成十分复杂的电路，其中包括运算器、寄存器、控制器和总线(包括数据总线、控制总线、地址总线)等。它通过指令来进行运算和控制系统，是整个系统的核心元件。

CPU 对内存单元上的信息进行处理，这些信息包括数据和指令。数据是二进制表达式，如数字、字母、颜色等；而指令则负责告诉 CPU 如何处理这些数据，如对它们进行加、减、乘、除等操作。在最简单的情况下，CPU 执行数据操作仅需要 4 个元素：指令、指令指示器、一些寄存器和算术逻辑单元。指令指示器告诉 CPU 它所需要的指令放在内存中的哪个位置；寄存器是 CPU 内部的临时存储单元，它保存等待被处理的数据，或者是已经处理过的数据；算术逻辑单元简称为 ALU，是 CPU 的运算器，执行指令所指示的数学和逻辑运算。

图 7.19　检测 CPU 参数

7.3.1　CPU(和主板)的术语和性能指标

为了方便理解主板和 CPU 的主要性能参数，在介绍前，先看一下用 CPU-Z(或 CrystalCPUID)检测 CPU 和主板的参数，如图 7.19 所示。

1. 双核处理器

双核处理器(Dual Core Processor)就是将两个物理处理器核心整合入一个内核中，即在一个处理器上集成两个运算核心，从而提高计算能力。事实上，双核架构并不是什么新技术，"双核"的概念最早是由 IBM、HP、Sun 等高端服务器厂商提出的，主要运用于服务器上，而台式机上的应用则是在 Intel 和 AMD 的推广下，才开始普及的。

目前，Intel 推出的台式机双核心处理器有 Pentium D、Pentium EE(pentium extreme edition) 和 Core Duo 3 种类型，三者的工作原理有很大不同。而 AMD 推出的双核心处理器分别是双核心的 Opteron 系列、Athlon 64 X2 系列和后续处理器几乎都是双核心(或更多)处理器，也就是说，双核和多核处理器是未来的发展方向。

2. 64 位 CPU

64 位技术是相对于 32 位技术而言的，位数指的是 CPU GPRs(general-purpose registers，通用寄存器)的数据宽度为 64 位，64 位指令集就是运行 64 位数据的指令，也就是说处理器一次可以运行 64 位数据。其实 SUN、IBM 和 HP 公司早就生产出了 64 位处理器。但 64 位的计算能力并不是说 64 位处理器的性能是 32 位处理器性能的 2 倍。在 32 位应用下，32 位处理器的性能会比 64 位处理器更好。64 位处理器主要有两大优点：一是可以进行更大范围的整数运算；二是可以支持更大的内存。此外，要实现真正意义上的 64 位计算，仅有 64 位的处理器是不行的，还必须有 64 位的操作系统以及 64 位的应用软件才行。

目前新出的 CPU 几乎都支持 64 位技术，在操作系统和应用软件方面，目前适合于个人使用的 64 位操作系统主要是 Windows 7，此前也发布过 Windows XP X64 和 Windows Vista 版本。

3. 前端总线

在计算机系统中，总线有内部总线、系统总线和外部总线。内部总线是计算机内部各外围芯片与处理器之间的总线，用于芯片一级的互联；系统总线是计算机中各插件板与系统板之间的总线，用于插件板一级的互联，系统总线也称前端总线(front side bus，FSB)，是 CPU 跟外界沟通的唯一通道；外部总线则是计算机和外部设备之间的总线，计算机是通过总线和其他设备进行信息与数据交换的。简单地说，在计算机各部件之间传递数据信息的线路就叫作总线。总线的带宽越宽，能传输的数据就越多，而总线速度越高，数据传输的速度就越快。在 PC133 的时代，系统总线与系统外频的速度是一样的，目前，AMD 和 Intel 在 FSB 上使用不同的方式计算。在 AMD 方面，FSB 与 DDR 内存同速。也就是说，如果 CPU 的实际外频是 200MHz，那么 FSB 就是 400MHz。而在 Intel 方面，FSB 实现的是"4 条通道"，即实际外频是 200MHz，那么 FSB 就是 800MHz。例如，Pentium E 2140 的 FSB 频率是 800MHz，则该 CPU 的外频是 200MHz；又如，Barton 核心的 Athlon XP2500+的外频是 166MHz，那么它的 FSB 频率是 333MHz。

4. 主频、外频和倍频

在电子技术中，脉冲信号是指一定时间内连续发出信号的多少，将第一个脉冲和第二个脉冲之间的时间间隔称为周期；将在 1 秒时间内产生的脉冲个数称为频率。频率的标准计量单位是 Hz(赫)，其相应的单位还有 kHz(千赫)、MHz(兆赫)和 GHz(吉赫)，其中 1 GHz=1000MHz，1MHz=1000kHz。

CPU 主频的高低与 CPU 的外频和倍频有关，其计算公式为：主频=外频×倍频。在安装

CPU 时，需要将主板进行跳线(也可以在 BIOS 中设定)来设定 CPU 的外频(倍频一般是 CPU 厂家锁定的，不能设置)。在理论上说，可以通过提高倍频的方法来使 CPU 超频。不过，当 CPU 不在标准外频工作时，PCI 总线和 AGP 总线会有影响。例如，当 CPU 工作在 180MHz 这个外频时，PCI 接口和 AGP 接口分别工作在 45MHz 和 72MHz，都高于原来的频率，这样可能会造成这些设备超频失败。而超频成功后，计算机的性能便会有大幅度提升。

5. CPU 核心类型

为了便于对 CPU 设计、生产、销售的管理，CPU 制造商会对各种 CPU 核心给出相应的代号，也就是所谓的 CPU 核心类型。

核心是 CPU 最重要的组成部分。CPU 中心那块隆起的芯片就是核心，它是由单晶硅以一定的生产工艺制造出来的，CPU 所有的计算、接收/存储命令、处理数据都由核心执行。各种 CPU 核心都具有固定的逻辑结构，一级缓存、二级缓存、执行单元、指令级单元和总线接口等逻辑单元都会有科学的布局，但同一种核心可能会有不同版本(如 Northwood 核心就分为 B0 和 C1 等版本)。每一种核心类型都有其相应的制造工艺(如 0.25μm、0.18μm、0.13μm 以及 0.09μm 等)、核心面积、核心电压、电流大小、晶体管数量、各级缓存的大小、主频范围、接口类型(如 Socket 370、Socket 478、Socket 775 等)、前端总线频率(FSB)等。因此，核心类型在某种程度上决定了 CPU 的工作性能。

6. CPU 的制造工艺

平常所说的 0.18μm(微米)、0.13μm，就是指制造工艺。而 0.18μm、0.13μm 这个尺度就是指 CPU 核心中线路的宽度，线宽越小，CPU 的功耗和发热量就越低。早期的 Pentium CPU 的制造工艺是 0.35μm，Pentium Ⅱ和赛扬可以达到 0.25μm。2004 年，Intel 刚推出 Socket LGA775 架构的 CPU 时，采用的是 0.09μm 的制造工艺。目前的 Core 2 Duo 采用的是 65nm 和 45nm 的制造工艺。

7. 步进

步进(stepping)是 CPU 的一个重要参数，也叫分级鉴别产品数据转换规范。"步进"编号用来标识一系列 CPU 的设计或生产制造版本数据，步进的版本会随着这一系列 CPU 生产工艺的改进、BUG 的解决或特性的增加而改变，也就是说，步进编号是用来标识 CPU 的这些不同的"修订"的。同一系列不同步进的 CPU 或多或少都会有一些差异。例如，在稳定性、核心电压、功耗、发热量、超频性能甚至支持的指令集方面可能会有所差异。一般来说，步进采用字母加数字的方式来表示，如 A0、B1、C2 等，字母或数字越靠后的步进也就是越新的产品。一般来说，步进编号中数字的变化，如 A0 到 A1，表示生产工艺较小的改进。在选购 CPU 时，应尽可能地选择步进比较靠后的产品。

8. 缓存

缓存分为一级缓存(L1)、二级缓存(L2)、三级缓存(L3)等。因为 CPU 的频率要比内存频率快得多，所以在 CPU 与内存之间增加一种容量较小但速度很高的存储器，可以大幅度提高系统的性能。CPU 集成的高速缓存越多越好，当然价钱也会随之增加。

双核心 CPU 的二级缓存比较特殊，和以前的单核心 CPU 相比，最重要的就是两个内核的缓存所保存的数据要保持一致，否则就会出现错误。为了解决这个问题，不同的 CPU 采用了不同的方法，Intel 的双核心处理器的二级缓存采用两个内核共享二级缓存的 Smart cache 共享缓存技术；而 Athlon 64 X2 CPU 的二级缓存是 CPU 内部两个内核具有互相独立的二级缓存，处理器内部的两个内核之间的缓存数据同步是依靠 CPU 内置的系统请求接口(system request interface，SRI)来控制的，所以传输在 CPU 内部即可实现。

9. 工作电压

工作电压指的是 CPU 正常工作所需要的电压。随着 CPU 的制造工艺与主频的提高，CPU 的工作电压有逐步下降的趋势，低电压能解决耗电过大和发热过高的问题。如果主板上具有调节 CPU 核心电压和 I/O 供电电压功能的话，可以更容易让超频的 CPU 稳定工作。

有的主板可以调整 CPU 或内存的电压，称为电压可调。在提高 CPU 的核心电压后，CPU 功率增大，可以使超频 CPU 工作稳定。而提高 I/O 电压也可以使内存、显卡等超频后更加稳定。因此，电压可调是利用主板的电源管理来满足超频爱好者的愿望。

10. 超线程技术

超线程技术(hyperthreading technology，HT)就是指通过采用特殊的硬件指令，把两个逻辑内核模拟成两个物理芯片，在单处理器中实现线程级的并行计算，同时在相应的软、硬件的支持下大幅度地提高运行效能，从而实现在单处理器上模拟双处理器的效果。从实质上说，超线程是一种可以将 CPU 内部暂时闲置处理资源充分"调动"起来的技术。目前，实现超线程需要 CPU、主板芯片组、主板(主板厂商必须在 BIOS 中支持超线程)、操作系统(Windows XP 专业版及后续版本支持此功能)和应用软件的支持。一般来说，只要是能够支持多处理器的软件均可支持超线程技术，如 Office 2003 等。

11. 虚拟化技术

虚拟化是一个广义的术语，在计算机方面通常是指计算元件在虚拟的基础上而不是真实的基础上运行。虚拟化技术可以扩大硬件的容量，简化软件的重新配置过程。CPU 的虚拟化技术可以单 CPU 模拟多 CPU 并行，允许一个平台同时运行多个操作系统，并且应用程序都可以在相互独立的空间内运行而互不影响，从而可以显著提高计算机的工作效率。

虚拟化技术与多任务以及超线程技术是完全不同的。多任务是指在一个操作系统中多个程序同时并行运行；而在虚拟化技术中，则可以同时运行多个操作系统，而且每一个操作系统中都有多个程序运行，每一个操作系统都运行在一个虚拟的 CPU 或者是虚拟主机上；而超线程技术只是单 CPU 模拟双 CPU 来平衡程序运行性能，这两个模拟出来的 CPU 是不能分离的，只能协同工作。而 CPU 的虚拟化技术是一种硬件方案，支持虚拟技术的 CPU 带有特别优化过的指令集来控制虚拟过程，通过这些指令集，VMM 会很容易提高性能，相比软件的虚拟实现方式会很大程度地提高性能。

Intel 于 2005 年年末开始在其处理器产品线中应用 Intel Virtualization Technology(Intel VT)虚拟化技术。目前，Intel 发布的处理器大部分支持 Intel VT 虚拟化技术。而 AMD 方面也已经发布支持 AMD Virtualization Technology(AMD VT)虚拟化技术的处理器，包括 Socket S1 接口的 Turion 64 X2 系列以及 Socket AM2 接口的 Athlon 64 X2 系列和 Athlon 64 FX 系列等，并且绝大多数的 AMD 下一代主流处理器也都支持 AMD VT 虚拟化技术。

12. 内存控制器

AMD 在其生产的 CPU 内部集成了内存控制器，显得非常有优势。这项技术是将来的发展方向，今后 Intel 也将会推出整合内存控制器的 CPU。下面介绍一下什么是内存控制器。

传统的计算机系统其内存控制器位于主板芯片组的北桥芯片内部，CPU 要和内存进行数据交换，需要经过"CPU——北桥——内存——北桥——CPU"5 个步骤，在此模式下数据经由多级传输，数据延迟显然比较大，从而影响计算机系统的整体性能；而 AMD 的 K8 系列 CPU(包括 Socket 754/939/940 等接口)内部则整合了内存控制器，CPU 与内存之间的数据交换过程就简化为"CPU——内存——CPU"3 个步骤，省略了两个步骤，与传统的内存控制器方案相比显然具有更低的数据延迟，这有助于提高计算机系统的整体性能。可见 CPU 内部整合内存控制器的优点是可以有效控制内存控制器工作在与 CPU 核心同样的频率上，而且由于内存与 CPU 之间的数据交换无须经过北桥，可以有效降低传输延迟。

但是 CPU 内部整合内存控制器也有缺点，就是对内存的适应性比较差，只能使用特定类型的内存，而且对内存的容量和速度也有限制，要支持新类型的内存就必须更新 CPU 内部整合的内存控制器，也就是更换新的 CPU。例如，AMD 早期的 K8 系列 CPU 只支持 DDR，而不能支持更高速的 DDR2。因此，Socket AM2 接口以前的 CPU 不能使用 DDR2 内存。

13. CPU 的指令集

由于 CPU 制造技术越来越先进，集成度也越来越高，其内部的晶体管数达到几百万个。CPU 的内部结构分为控制单元、逻辑单元和存储单元 3 大部分，在此基础上，Intel 和 AMD 还在 CPU 的内部增加了各种指令集，来增强 CPU 的运算能力。

从具体运用看，CPU 的扩展指令集有 Intel 的 MMX(multi media extended)、SSE、SSE2 (streaming-single instruction multiple data-extensions 2)、SSE3 和 AMD 的 3DNow!、3DNOW!-2，它们增强了 CPU 的多媒体、图形图像和 Internet 等的处理能力。通常会把 CPU 的扩展指令集称为"CPU 的指令集"。这些指令集可以通过一些测试软件得知，如图 7.20 所示是使用 CrystalCPUID 所看到的 CPU 指令集。

图 7.20　使用 CrystalCPUID 查看 CPU 指令集

从本质上说，任何程序在 CPU 中执行的时候，都要转换成该 CPU 所支持的各种机器指令代码。因此，指令系统决定了一个 CPU 能够运行什么样的程序。一般来说，指令越多，CPU 功能越强大。下面介绍几种常见的指令集。

(1) MMX 即 Multi Media eXtension，是多媒体扩展指令集的缩写。MMX 指令集是 Intel 公司于 1996 年推出的一项多媒体(在音像、图形和通信应用方面)增强技术。MMX 指令集中包括 57 条多媒体指令，通过这些指令可以一次处理多个数据，在处理结果超过实际处理能力时也能进行正常处理，把处理多媒体的能力提高了 60%左右。但 3D 运算多为浮点运算，而 MMX 指令集对 CPU 的浮点运算没有作用。因此，MMX 指令集在制作 3D 上没有实际意义。此后，还出现有 MMX2 技术，将来还会有三代、四代 MMX 技术，名称可能不同，但意思是一样的。

(2) SSE(streaming SIMD extensions,单指令多数据流扩展)指令集是 Intel 公司在 Pentium Ⅲ处理器中率先推出的。SSE 指令集包括了 70 条指令，其中包含提高 3D 图形运算效率的 50 条 SIMD(单指令多数据技术)浮点运算指令、12 条 MMX 整数运算增强指令、8 条优化内存中连续数据块传输指令。在理论上，这些指令对目前流行的图像处理、浮点处理、3D 运算、视频处理、音频处理等诸多多媒体应用起到了全面强化的作用。SSE 指令与 3D NOW!指令彼此互不兼容，但 SSE 包含了 3D NOW! 技术的绝大部分功能，只是实现的方法不同。SSE 指令在运行没有被优化过的应用软件时，并没有太大的作用。后来，Intel 为了对付 AMD 的 3D NOW!+，在 SSE 的基础上开发了 SSE2，因此，SSE2 指令就是增强的 SSE 指令集的扩展。它在原来基础上增加了一些指令，包括 144 条 128 位全新 SIMD 浮点管理指令。使得其 Pentium Ⅳ处理器性能有了大幅度提高。SSE2 涉及了在多重的数据目标上立刻执行一条单个的指令(即 SIMD)。

(3) 3D NOW!指令集在本质上与 SSE 差不多，一次可以对两个 32 位浮点数进行运算。AMD 公司提出的 3D NOW!指令集出现在 SSE 指令集之前,并被 AMD 广泛应用于其 K6-2、K6-3 以及 Athlon(K7)处理器上。3D NOW! 指令集技术其实就是 21 条机器码的扩展指令集。它在原来指令集的基础上新增了 24 条指令，其中的 12 条用于支持语音识别和视频信号的处理，7 条用于改进 Internet 及其他形式数据流的数据传输速度，5 条用于数字信号处理以提高音频和通信方面的性能。MMX 技术侧重整数运算，而 3D NOW!指令集主要针对三维建模、坐标变换和效果渲染等三维应用场合，在软件的配合下，可以大幅度提高 3D 处理性能。后来还出现了 SSE3、3D NOW!+扩展指令集，但它们只是对之前的指令集进行优化。

7.3.2　CPU 的发展简史

按 CPU 的字长可分为 4 位、8 位、16 位、32 位及 64 位处理器。

从首次引入 CPU 的概念的 Intel 4004 开始，经过 40 多年的发展，CPU 的运行速度从 4004 的 0.06MIPS(百万个指令每秒)，到高能奔腾时已超过了 1000MIPS。晶体数量从 2300 个发展到 Pentium Ⅳ(Northwood)处理器的 5500 万个，其发速度是非常惊人的。

1971 年，Intel 公司推出了世界上第一款微处理器 4004，如图 7.21 所示。这是第一个可用于微型计算机的 4 位微处理器，它包含 2300 个晶体管。

1972 年 4 月 Intel 推出了 8008，字长 8 位，如图 7.22 所示。1974 年 8008 发展成 8080，它的速度比 Intel 4004 快 20 倍。Motorola 公司的 M6800 和 Zilog 公司的 Z-80 是当时典型的 8 位微处理器产品。Apple 公司的 Apple 微型机是著名的 8 位微型计算机。

1978 年 Intel 公司推出了 16 位的微处理器 Intel 8086，1979 年又推出了 Intel 8088，最大主频为 4.77MHz。它的内部数据总线是 16 位，外部数据总线是 8 位，属于准 16 位微处理器，地址总线为 20 位，寻址范围为 1MB 内存。1981 年 IBM 公司首次将 8088 芯片运用于 IBM 个人计算机中，开创了伟大的 PC 时代。1983 年又推出了 IBM PC /XT。同一时期还有 Motorola 公司生产的 68000，主要用于 Apple 机型中，如图 7.23 所示。

图 7.21　Intel 4004

图 7.22　Intel 8008

图 7.23　Motorola 生产的 MC68000

1982 年全 16 位微处理器 Intel 80286 芯片问世，最大主频为 20MHz，内、外部数据传输均为 16 位。Motorola 公司则开发出了性能相近的 MC 68010。

1985 年 Intel 公司推出了 32 位微处理器芯片 Intel 80386DX，内部包含 27.5 万个晶体管，最大主频为 12.5MHz，内部和外部数据总线是 32 位，地址总线也是 32 位，可以寻址到 4GB 内存，并可以管理 64TB 的虚拟存储空间。除此之外，Intel 还推出了 80386SX、80386SL、80386DL 等芯片。此外 AMD、Cyrix、IBM、Ti 公司也生产出了 80386 兼容的芯片。同时 Motorola 公司也开发出了用于 Apple 机的 32 位处理器。

1989 年，Intel 公司又推出了 80486 CPU。它集成了 120 万个晶体管，时钟频率从 25MHz 逐步提高到 30MHz、33MHz、50MHz。80486 开始采用 RISC(精简指令集)技术，可以在一个时钟周期内执行一条指令。CPU 的频率越来越快，而计算机外部设备受工艺限制，能够承受的工作频率有限，这阻碍了 CPU 主频的进一步提高。因此，出现了 CPU 倍频技术，该技术使 CPU 内部工作频率为微处理器外频的 2～3 倍，486 DX2、486 DX4 便由此而来。

1993 年，全面超越 486 的新一代 CPU 问世，Intel 把自己的新一代产品命名为 Pentium(奔腾)以区别 AMD 和 Cyrix 的产品，奔腾内含 310 万个晶体管数量，时钟频率由最初推出的 60MHz 和 66MHz，提高到 200MHz。接着 Intel 推出使用 MMX 技术的 Pentium MMX 的高能奔腾。内部高速缓存增加到 32KB，最高频率是 233MHz，如图 7.24 所示。面对 Intel 的强大压力，AMD 与 Cyrix 也分别发布了 K5、K6 和 6X86。在处理器性能上，Intel 占有优势，但 AMD 与 Cyrix 较低的价格也赢得了一定的市场占有率。

1997 年 5 月，Intel 公司推出了 Pentium Ⅱ处理器，它采用 Slot 1 架构，通过单边插接卡(SEC)与主板相连，SEC 卡盒将 CPU 内核和二级高速缓存封装在一起。除了用于普通用途的 Pentium Ⅱ之外，Intel 还推出了用于服务器和高端工作站的 Xeon 系列处理器。

为进一步抢占低端市场，1998 年 4 月，Intel 推出了一款廉价的 CPU——Celeron(赛扬)，最初推出的 Celeron 有 266MHz、300MHz 两个版本。Celeron 与 Pentium Ⅱ相比，去掉了片上的 L2 Cache，此举虽然大大降低了成本，但因为没有二级缓存，该微处理器在性能上大打折扣，其整数性能甚至不如 Pentium MMX。因此，Intel 吸取了教训，1998 年 8 月推出了新赛扬处理器，在 CPU 片内集成了 128KB 二级高速缓存，大大改善了赛扬的整体性能。

1998 年 3 月，Cyrix 公司(目前已经被威盛收购)推出了 Cyrix M Ⅱ。

1998 年 4 月，AMD 公司正式推出了 AMD K6-2。AMD K6-2 内含 930 万个晶体管，支持 AGP 接口，350MHz 以上的外频高达 100MHz。这是一款带有 3D 加速指令的 K6 芯片，这种 3D NOW!的技术加强了 CPU 处理 3D 图像的能力。K6-2 的 3D NOW!共 21 条新指令，可以全面发挥三维图形加速器的性能。而且，微软在 DirectX 6.0 中提供了对 3D NOW!的支持。K6-2 有 300MHz、333MHz、350MHz、400MHz、450MHz 频率的处理器，并且采用了传统的 Socket 7 结构，为用户的升级带来了方便，如图 7.25 所示。

图 7.24　Intel Pentium 处理器

图 7.25　AMD-K6 处理器

1999 年 2 月 17 日，Intel 发布了 Slot 1 构架 Pentium III处理器。同年 6 月，AMD 公司推出了具有重大战略意义的 K7 处理器，并将其正式命名为 Athlon。K7 凭借其强大的性能将 Pentium III击败，AMD 也因此真正和 Intel 开始了齐头并进的竞争局面。

2000 年以后，Intel 发布了 Pentium IV 处理器。刚推出的 Pentium IV 处理器使用 Willamette 核心，称为 Pentium IV，但其性能却没有多大的提升，整体性能还不如上一代的 Pentium III处理器。因此，Intel 接着又发布了使用 Northwood 核心的 Pentium IV，如图 7.26 所示是两种处理器的外观比较。

(a) Willamette 核心

(b) Northwood 核心

图 7.26　Intel Pentium IV

同期，AMD 发布了基于 Barton 核心的 Athlon XP 处理器。

2003 年 9 月 24 日，AMD Athlon 64 处理器正式推出，Athlon 64 的发布真正宣告了个人 64 位计算时代的到来。而 Intel 也推出了 RA-64 架构的安腾(Itanium)处理器。

为了让用户有一个直观的理解，图 7.27 列出了 CPU 的分类。

纵观 CPU 40 多年的发展历程，可以看出 CPU 将向着高性能、低功耗、低成本的方向发展。高性能发展主要体现在更高的主频、更先进的制造工艺、更大的高速缓存方向，以及 64 位处理器。同时新出现的双核心技术也已迅速发展，成为提高 CPU 性能的主要途径。

正如著名的"摩尔定律"中所说的那样，每隔 18 个月，处理器的主频就会提升 1 倍。CPU 的主频将继续提高。由于主频的迅速提高，CPU 的功耗越来越大，还有随之而来的发热问题，CPU 的频率提升将不会像以前那样迅猛。而 64 位处理器是 CPU 发展的重要一步。64 位将带给计算机更高的计算精度、更大的存储器寻址范围和更快的速度。

但因为 CPU 的产品型号非常多，其命名也非常复杂，每一个系统的划分并没有明确的界限(例如，AMD 的 CPU 从速龙开始叫 K7，当时的接口是 462 针，后来由于发展，接口发展到 754 针，又到后来的 939，名称也由原来的 K7，升级为 K8，但是每两种接口在交替的同时，常有相同核心的 CPU 使用两种接口的情况)，因此图中的划分方法也比较模糊，其目的是让用户以简单的方式理解复杂的 CPU 型号。

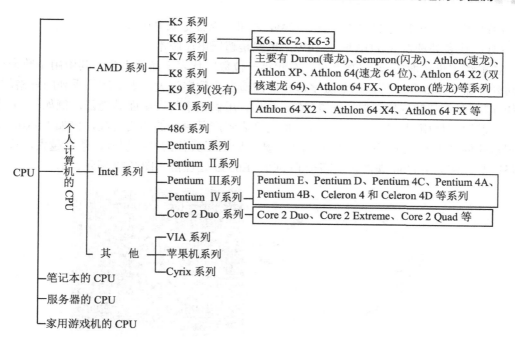

图 7.27 CPU 分类

下面介绍当前主流的 CPU 型号。

7.3.3 Intel 系列产品

从推出第一款 CPU 开始，Intel 开始的不仅是 Intel 公司的历史，也是 CPU 的历史。Intel 一直是世界上最大的 CPU 生产制造商，其产品一直是 CPU 市场上的主流。最近几年，Intel 公司在计算机市场上的产品包括：Core 2 Duo 系列处理器(Core 2 Duo、Core 2 Extreme、Core 2 Quad 等系列产品)和 Pentium 系列处理器(主要包括 Pentium E、Pentium EE、Pentium 4E、Pentium D、Pentium 4C、Pentium 4A、Pentium 4B、Celeron 4 和 Celeron 4D 等系列产品)。

1. Core 2 Duo

Core 2 Duo 是英特尔推出的新一代基于 Core 微架构的产品体系统称。它是一个跨平台的构架体系，包括服务器版、桌面版、移动版三大领域。其中，服务器版的开发代号为 Woodcrest，桌面版的开发代号为 Conroe(普通版为 Allendale)，移动版的开发代号为 Merom。

台式机类 Conroe 核心处理器分为普通版(Core 2 Duo)和至尊版(Core 2 Extreme)两种，产品线包括 E6000 系列和 E4000 系列等，两者的主要区别是 FSB 不同。此外，Conroe 核心的系列处理器还支持 Intel 的 VT、EIST、EM64T 和 XD 技术，并加入了 SSE4 指令集。由于 Core 的高效架构，Conroe 不再支持 HT(超线程)技术。

Conroe 核心的 CPU 是目前和将来一段时间内的主流。该系列采用了全新的命名规则，由一个前缀字母加 4 位数字组成，形式是 Core 2 Duo 字母＋××××，例如 Core 2 Duo E6600 等。字母在编号里代表 TDP(热设计功耗)的范围，目前共有 E、T、L 和 U 共 4 种类型。

(1) E 代表处理器的 TDP 将超过 50W，主要是针对桌面处理器。

(2) T 代表处理器的 TDP 介于 25～49W 之间，主流的移动处理器均为此系列。

(3) L 代表处理器的 TDP 介于 15~24W 之间，也就是低电压版本。

(4) U 代表处理器的 TDP 低于 14W，也就是超低电压版本。

在前缀字母后面的 4 位数字里，左起第一位数字代表产品的系列，其中用奇数来代表移动处理器，如 5 和 7 等，在前缀字母相同的情况下数字越大，表示产品系列的规格越高。例如 T7X00 系列的规格就要高于 T5X00 系列。用偶数来代表桌面处理器，例如 4、6 和 8 等，在前缀字母相同的情况下数字越大也同样表示产品系列的规格越高，例如 E6X00 系列的规格就要高于 E4X00 系列。后面的 3 位数字则表示具体的产品型号，数字越大，代表的规格越高，例如 E6700 规格就要高于 E6600。E6600 处理器如图 7.28 所示。

图 7.28　Core 2 Duo E6600 处理器

2. Core 2 Extreme

Core 2 Extreme 系列也采用了与 Core 2 Duo 类似的命名规则，仍然由一个前缀字母加 4 位数字组成，例如 Core 2 ExtremeX6800 等。目前，前缀字母只有 X 一种，不过与 Core 2 Duo 系列不同的是，前缀字母在编号里并不代表处理器 TDP(热设计功耗)的范围，X 的含义是 Extreme 即顶级的意思，代表这是最高级的处理器。在前缀字母后面的 4 位数字里，左起第一位数字仍然代表产品的系列，在前缀字母相同的情况下数字越大就表示产品系列的规格越高，FSB 提升到 1333MHz，并且采用四核心设计。后面的 3 位数字则表示具体的产品型号，数字越大就代表规格越高。

3. Core 2 Quad

Core 2 双核处理器的继任者即是 Core 2 四核处理器(Kentsfield 核心)，Core 2 四核 CPU 以 Core 2 Quad Q0000(如 Core 2 Quad Q6700)、Core 2 Extreme QX0000(如 Core 2 Extreme QX9650)来命名，Core 2 Quad 系列在架构上和 Core 2 Extreme 基本相同，1 个封装中包含了 2 个 Core 2 Duo 核心。FSB 为 1066 MHz，二级缓存 8 MB(每 2 个核心共享 4MB)。不过，Kentsfield 核心的 Core 2 四核处理器是 65nm。2007 年年底，Intel 发布了 Penryn 核心的 45nm 处理器。为与旧版 65nm 四核心 Kentsfield 以及双核心 Conroe 产品有所区分，Intel 采用全新的数字编号命名方式。其中，四核心 Yorkfield 内核产品命名为 QX/Q 9000 系列，而双核心 Wolfdale 内核产品则以 E8000 系列命名。

在不久的将来，英特尔会推出 6 核和 8 核处理器。据了解，英特尔 6 核心处理器的工程代号为 Dunnington，命名方式为 Xeon X7460 和 Xeon X7450 等，处理器前端总线频率 FSB 为 1066MHz，将配备 12MB 缓存。

为了便于理解，表 7.7 列出了一些有代表性的 Core 2 Duo 处理器的型号及参数(供参考)。

表 7.7　一些 Core 2 Duo 处理器的型号及参数

类　别	制程/nm	处理器型号	外频、倍频和主频	FSB/MHz	核心名称	功率/W	核心电压/V	L2/KB
Pentium Dual Core (65nm)(低端)	65	Pentium E 2140	200×8≈1600	800	Allendale	65	1.25	512*2
	65	Pentium E 2160	200×9≈1800	800	Allendale	65	1.25	512*2
	65	Pentium E 2180	200×10≈2000	800	Allendale	65	1.25	512*2
Core 2 Duo 双核 (65nm)(中端)	65	Core 2 Duo E4300	200×9≈1800	800	Allendale	65	1.32	1024*2
	65	Core 2 Duo E4400	200×10≈2000	800	Allendale	65	1.35	1024*2
	65	Core 2 Duo E4500	200×11≈2200	800	Allendale	65	0.85～1.5	1024*2
	65	Core 2 Duo E6300	266×7≈1860	1066	Allendale	65	1.25	1024*2
	65	Core 2 Duo E6320	266×7≈1860	1066	Conroe	65	1.25	2048*2
	65	Core 2 Duo E6400	266×8≈2130	1066	Allendale	65	1.32	1024*2
	65	Core 2 Duo E6600	266×9≈2400	1066	Conroe	65	1.32	2048*2
	65	Core 2 Duo E6700	266×10≈2660	1066	Conroe	65	1.32	2048*2
	65	Core 2 Duo E6750	333×8≈2660	1333	Conroe	65	1.35	2048*2
	65	Core 2 Duo E6800	266×11≈2930	1066	Conroe	65	1.32	2048*2
	65	Core 2 Duo E6850	333×9≈3000	1333	Conroe	65	1.25	2048*2
Core 2 Extreme (65nm) (45nm) 双核 (高端)	65	Core 2 Extreme X6800	266×11≈2930	1066	Conroe	75	1.35	2048*2
	45	Core 2 Duo E8200	333×8≈2660	1333	Wolfdale	65		3.072*2
	45	Core 2 Duo E8300	333×8.5≈2830	1333	Wolfdale	65		3.072*2
	45	Core 2 Duo E8400	333×9≈3000	1333	Wolfdale	65		3.072*2
	45	Core 2 Duo E8500	333×9.5≈3160	1333	Wolfdale	65		3.072*2
Core 2 Extreme 四核 (65nm) (45nm)	65	Core 2 Q6600	266×9≈2400	1066	Kentsfield	105	0.85～1.35	4MB*2
	65	Core 2 Extreme QX6850	375×8≈3000	1333	Kentsfield	105	1.3	4MB*2
	45	Core 2 Extreme QX9300	375×8≈2500	1333	Yorkfield	95		3MB*2
	45	Core 2 Extreme QX9400	375×8≈2660	1333	Yorkfield	95		6MB*2
	45	Core 2 Extreme QX9550	375×8≈2830	1333	Yorkfield	95		6MB*2
	45	Core 2 Extreme QX9650	375×8≈3000	1333	Yorkfield	130		6MB*2
	45	Core 2 Extreme QX9770	400×8≈3200	1600	Yorkfield	136		6MB*2

注：Pentium E 2140 等 CPU 之所以列在这里，是因为 Pentium E 2140 等使用的是 Dual Core 的核心。此外，还有 Pentium E 2200 等，也属于这种类型。

4. Pentium 4E 系列

Pentium 4E(见图 7.29)系列 CPU 是 Core 2 系列 CPU 出现之前，Intel 与 AMD 竞争的高端产品。由于其采用了 Prescott 核心，所以具有很强的超频能力，而且价格只比 Pentium 4C 的价格稍高一点，因而是当时高端客户的首选产品。

图 7.29　Prescott 核心的 Pentium 4E

其典型产品 Pentium 4E 处理器的主频为 3.0GHz、0.09μm 的制造工艺制造。它采用 Socket 478 接口、PPGA 封装方式，前端总线为 800MHz，外频为 200MHz，倍频为 15，超大的 1MB L2 级高速缓存，采用并支持 MMX、SSE、SSE2、SSE3 指令集。

5. Pentium EE

Pentium EE 系列都采用三位数字的方式来标注，形式是 Pentium EE 8xx 或 9xx，例如 Pentium EE 840 等，数字越大就表示规格越高或支持的特性越多。Pentium EE 8x0：表示这是 Smithfield 核心、每核心 1MB 二级缓存、800MHz FSB 的产品，其与 Pentium D 8x0 系列的唯一区别仅仅是增加了对超线程技术的支持。Pentium EE 9x5：表示这是 Presler 核心、每核心 2MB 二级缓存、1066MHz FSB 的产品，其与 Pentium D 9x0 系列的区别只是增加了对超线程技术的支持以及将前端总线提高到 1066MHz FSB。

6. Pentium D 系列

Pentium D (及 Pentium Extreme Edition)属于双核心处理器，它使用 90nm 生产技术生产、LGA 775 接口。Pentium D 中的字母 D 也容易让人联想起 Dual-Core 双核心的含义。Pentium D 内核实际上由两个独立的 Prescott 核心组成，每个核心拥有独立的 1MB L2 缓存及执行单元，两个核心加起来一共拥有 2MB。但由于处理器中的两个核心都拥有独立的缓存，因此，必须保证每个二级缓存中的信息完全一致，否则就会出现运算错误。为了解决这一问题，Intel 将两个核心之间的协调工作交给了外部的 MCH(北桥)芯片。由于需要通过外部的 MCH 芯片进行协调处理，毫无疑问地会对整个的处理速度及整体性能带来一定的延迟。当然，Pentium D 也支持 EM64T 技术，但不支持 Hyper-Threading 技术。因为在多个物理处理器及多个逻辑处理器之间正确分配数据流、平衡运算任务并非易事。因此，为了减少双核心 Pentium D 架构复杂性，英特尔决定在 Pentium D 中取消对 Hyper-Threading 技术的支持。而 Pentium Extreme Edition 则支持超线程(Hyper-Threading)技术。因此，在打开超线程技术的情况下，双核心 Pentium Extreme Edition 处理器能够模拟出另外两个逻辑处理器，可以被系统认成四核心系统。

7. Pentium 4C 系列

Pentium 4C 系列 CPU 主要采用 Northwood 核心，使用 0.13μm 的制造工艺，L2 缓存为 512KB，前端总线频率为 800MHz，起始频率为 2.40GHz。表 7.8 列出了当前市场上常见的一些 Pentium 4C 系列 CPU 的参数。

表 7.8　部分 Pentium 4C 系列 CPU 的性能参数

规　格	制造工艺/μm	主频/GHz	外频/MHz	前端总线(FSB)/MHz	二级缓存/KB	电压/V
Pentium Ⅳ 2.4C	0.13	2.4	200	800	512	1.5
Pentium Ⅳ 2.6C	0.13	2.6	200	800	512	1.5
Pentium Ⅳ 2.8C	0.13	2.8	200	800	512	1.5
Pentium Ⅳ 3.0C	0.13	3.0	200	800	512	1.5
Pentium Ⅳ 3.2C	0.13	3.2	200	800	512	1.5

8. Pentium 4A 系列与 Pentium 4B 系列

Pentium 4A 系列 CPU 是 Intel 面向中低端市场的产品,其使用 Northwood 核心和 0.13μm 的制造工艺,512KB 的 L2 缓存,前端总线频率为 400MHz。

Pentium 4B 系列 CPU 是将前端总线频率提升到 533MHz 的主要产品。它使用 Northwood 核心和 0.13μm 的制造工艺,前端总线的频率为 533MHz。目前,市场上 Pentium 4B 系列 CPU 主要有 Pentium Ⅳ 2.26B、Pentium Ⅳ 2.4B、Pentium Ⅳ 2.66B、Pentium Ⅳ 2.80B 和 Pentium Ⅳ 3.06B 等。

表 7.9 列出了部分 Pentium 4A 系列和 Pentium 4B 系列 CPU 的主要参数。

表 7.9　部分 Pentium 4A 系列和 Pentium 4B 系列 CPU 的性能参数

规　格	制造工艺/μm	主频/GHz	外频/MHz	前端总线(FSB)/MHz	二级缓存(L2)/KB	电压/V
Pentium Ⅳ 1.6A	0.13	1.6	100	400	512	1.5
Pentium Ⅳ 1.8A	0.13	1.8	100	400	512	1.5
Pentium Ⅳ 2.0A	0.13	2.0	100	4 00	512	1.5、1.525
Pentium Ⅳ 2.2A	0.13	2.2	100	400	512	1.5、1.525
Pentium Ⅳ 2.4A	0.13	2.4	100	400	512	1.5、1.525
Pentium Ⅳ 2.5A	0.13	2.5	100	400	512	1.525
Pentium Ⅳ 2.6A	0.13	2.6	100	400	512	1.525
Pentium Ⅳ 2.26B	0.13	2.26	133	533	512	1.5、1.525
Pentium Ⅳ 2.4B	0.13	2.4	133	533	512	1.5、1.525
Pentium Ⅳ 2.53B	0.13	2.53	133	533	512	1.5、1.525
Pentium Ⅳ 2.66B	0.13	2.66	133	533	512	1.525
Pentium Ⅳ 2.8B	0.13	2.8	133	533	512	1.525
Pentium Ⅳ 3.06B	0.13	3.06	133	533	512	1.55

9. Celeron(赛扬)、Celeron D、Core 核心的单核和双核赛扬系列

赛扬系列的价格较低。性能表现突出,对广大主流用户来说应该能够满足许多日常工作、学习、游戏等方面的需要了。

早期 Celeron 系列都直接采用频率标注,例如 Celeron 2.4GHz,频率越高就表示规格越高。只有 Northwood 核心的 1.8GHz 产品为了与采用 Willamette 核心的同频率产品相区别而采用了在频率后面增加字母后缀 A(标注为 Celeron 1.8A GHz)的方式。

赛扬 D 系列具体型号较多，如赛扬 D 310(2.13GB)、赛扬 D 315(2.26GB)、赛扬 D 320(2.4GB)、赛扬 D 325(2.53GB)、赛扬 D 330(2.66GB)等。

此外，还出现有 LGA 架构的 64 位赛扬 D 系列。64 位赛扬 D 系列提供 64 位的运算技术，面向崭新的 64 位平台；而且超频能力强悍。LGA 平台的 64 位赛扬 D 系列具体型号目前主要有赛扬 D 326+(2.53G)、331+(2.66G)、341+(2.8G)等，其价格实惠、性能不俗。

最后是 Core 核心的单核或双核赛场(核心代号为 Conroe-L)，它采用 65nm 工艺制程，采用单核设计，前端总线为 800MHz，外频为 200MHz，二级缓存容量为 512KB，支持 MMX、SSE、SSE2、SSE3、SSSE3 多媒体指令集，具备 EM64T 64 位运算指令集，EIST 节能技术和家庭娱乐为主的欢跃技术(Viiv)，但削减了 Virtualization(虚拟化)和博锐技术(Intel Vpro)技术。其产品型号以 Intel Celeron 430(单核)、Intel Celeron E1200(双核，见图 7.30)这样来命名。

图 7.30 双核赛扬

7.3.4 AMD 系列产品

AMD 公司成立于 1969 年，总部位于美国加利福尼亚州。经过多年不懈地与英特尔的抗争，AMD 已经成为世界第二大微处理器制造商，也是英特尔的主要对手。

AMD 公司的主要产品有 Duron(毒龙)系列、Sempron(闪龙)系列、Athlon(速龙)系列、Athlon XP(速龙 XP)系列、Athlon 64(速龙 64 位处理器)系列、Athlon 64 FX (速龙 64 FX)系列、Athlon 64 X2 (双核速龙 64)系列、Athlon 64 X4 系列、Phenom X3(三核羿龙)、Phenom X4(四核羿龙)等，型号非常复杂。下面简单列举一下主流的一些核心。

1. Athlon XP 系列

Athlon XP 有 4 种不同的核心类型，都采用 Socket A 接口。

(1) Palomino 。这是最早的 Athlon XP 的核心，采用 0.18μm 制造工艺，核心电压为 1.75V，二级缓存为 256KB，封装方式采用 OPGA，前端总线频率为 266MHz。

(2) Thoroughbred。这是第一种采用 0.13μm 制造工艺的 Athlon XP 核心，又分为 Thoroughbred-A 和 Thoroughbred-B 两种版本，核心电压为 1.65～1.75V，二级缓存为 256KB，封装方式采用 OPGA，前端总线频率为 266MHz 和 333MHz。

(3) Thorton。同样采用 0.13μm 制造工艺，核心电压为 1.65V 左右，二级缓存为 256KB，封装方式采用 OPGA，前端总线频率为 333MHz。可以看作是屏蔽了一半二级缓存的 Barton。

(4) Barton。采用 0.13μm 制造工艺，核心电压为 1.65V 左右，二级缓存为 512KB，封装方式采用 OPGA，前端总线频率为 333MHz 和 400MHz。

如图 7.31 所示，是一款 Athlon XP 处理器实物图。

2. Duron 系列

Duron 微处理器是 AMD 首款基于 Athlon 核心改进的低端微处理器，它原来的研发代号称为 Spitfire。Duron 外频也是 200MHz，内置 128KB 的一级缓存和 64KB 的全速二级缓存，它的工作电压为 1.5V，因而功耗较 Thunderbird 小。而且它核心面积是 100mm², 内部集成的晶体管数量为 2500 万个，比 K7 核心的 Athlon 多 300 万个。这些特点符合了 AMD 面对低端市场的策略，即低成本、低功耗而高性能。在浮点性能上，基于 K7 体系的 Duron 明显优于采用 P6 核心设计的 Intel 系列微处理器，它具有 3 个流水线乱序执行单元，一个用于加/减运算，一个用于复合指令，还有一个是浮点存储单元。

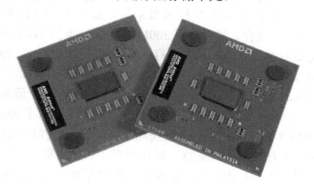

图 7.31　Athlon XP2800+

3. Sempron 系列

Sempron 系列 CPU 是 AMD 推出的用于替代 Duron 系列 CPU 的产品，主要是面向低端市场。该系列 CPU 核心类型较多，跨越多个接口，主要分为 Socket 462、Socket A、Socket 754、Socket 939 等，形成了一个完整的低端产品体系。

(1) Paris。Paris 核心是 Barton 核心的继任者，主要用于 AMD 的闪龙，早期的 754 接口闪龙部分使用 Paris 核心。Paris 采用 90nm 制造工艺，支持 iSSE2 指令集，一般为 256KB 二级缓存，200MHz 外频。Paris 核心是 32 位 CPU，来源于 K8 核心，因此也具备了内存控制单元。CPU 内建内存控制器的主要优点，在于内存控制器可以以 CPU 频率运行，比起传统上位于北桥的内存控制器有更小的延时。使用 Paris 核心的闪龙与 Socket A 接口闪龙 CPU 相比，性能得到明显提升。

(2) Palermo。Palermo 核心目前主要用于 AMD 的闪龙 CPU，使用 Socket 754 接口、90nm 制造工艺，1.4V 左右电压，200MHz 外频，128KB 或者 256KB 二级缓存。Palermo 核心源于 K8 的 Wincheste 核心，不过是 32 位的。除了拥有 AMD 高端处理器相同的内部架构，还具备了 EVP、Cool'n'Quiet(清凉安静技术)和 HyperTransport 等 AMD 独有的技术。CPU 内建内存控制器的主要优点，在于内存控制器可以以 CPU 频率运行，比起传统上位于北桥的内存控制器有更小的延时。

4. Athlon 64 系列

Athlon 64 系列的核心比较多。

(1) Clawhammer。采用 0.13μm 制造工艺，核心电压为 1.5V 左右，二级缓存为 1MB，封装方式采用 mPGA，采用 HyperTransport 总线，内置一个 128b 的内存控制器。采用 Socket 754、Socket 940 和 Socket 939 接口。

(2) Newcastle。其与 Clawhammer 的最主要区别，就是二级缓存降为 512KB。

(3) Wincheste。Wincheste 是比较新的 AMD Athlon 64 CPU 核心，是 64 位的 CPU，

一般为 939 接口，0.09μm 制造工艺。这种核心使用 200MHz 外频，支持 1GHyperTransport 总线，512KB 二级缓存，性价比较好。Wincheste 集成双通道内存控制器，支持双通道 DDR 内存，由于使用新的工艺，Wincheste 的发热量比旧的 Athlon 小，性能也有所提升。

(4) Troy。Troy 是 AMD 第一个使用 90nm 制造工艺的 Opteron 核心。Troy 核心是在 Sledgehammer 基础上增添了多项新技术而来的，通常为 940 针脚，拥有 128KB 一级缓存和 1MB(1024 KB)二级缓存。同样使用 200MHz 外频，支持 1GHyperTransport 总线，集成了内存控制器，支持双通道 DDR 400 内存，并且可以支持 ECC 内存。此外，Troy 核心还提供了对 SSE-3 的支持。

(5) Venice。Venice 核心是在 Wincheste 核心的基础上演变而来的，其技术参数和 Wincheste 基本相同。Venice 的变化主要有 3 个方面：一是使用了 Dual Stress Liner(简称 DSL)技术，可以将半导体晶体管的响应速度提高 24%，这样 CPU 会有更大的频率空间，更容易超频；二是提供了对 SSE-3 的支持，和 Intel 的 CPU 相同；三是进一步改良了内存控制器，在一定程度上提高了处理器的性能，更主要的是增加内存控制器对不同 DIMM 模块和不同配置的兼容性。此外，Venice 核心还使用了动态电压，不同的 CPU 可能会有不同的电压。

(6) SanDiego。SanDiego 核心与 Venice 一样，其技术参数和 Venice 非常接近。不过 AMD 公司将 SanDiego 核心定位到顶级 Athlon 64 处理器之上，甚至用于服务器 CPU。可以将 SanDiego 看作是 Venice 核心的高级版本，只不过缓存容量由 512KB 提升到了 1MB。当然，由于 L2 缓存增加，SanDiego 核心的内核尺寸也有所增加，从 Venice 核心的 84mm^2 增加到 115mm^2。

5. Athlon 64 FX

Athlon 64 FX 是 AMD 针对游戏玩家推出的产品，竞争对手是英特尔的 P4 EE 处理器。Socket 939 Athlon 64 FX 除了频率较高，采用 ClawHammer 核心，拥有 1MB L2 缓存外，与 Socket 939 Athlon 64 并无太大的区别。早期，AMD 只推出了 3 款 Socket 939 Athlon 64 FX：第一款为 Athlon 64 FX-53，频率为 2.4GHz，采用 ClawHammer 核心，拥有 1MB L2 缓存；第二款为 Athlon 64 FX-55，引入了 DSL 生产技术，功耗控制更有效，频率为 2.6GHz；第三款为 Athlon 64 FX-57，采用了 90nm、DSL 生产技术，采用最新的 San Diego 核心，支持 SSE3，频率为 2.8 GHz、1MB L2 缓存。后来生产有 Athlon 64 FX-60、Athlon 64 FX-70 等。

6. Athlon 64 X2

Athlon 64 X2 是 AMD 的桌面双核心处理器，竞争对手是英特尔的 Pentium D 处理器。从架构上来看，Athlon 64 X2 除了拥有两个核心外，与目前的 Athlon 64 并没有任何区别。Athlon 64 X2 的大多数技术特征、功能与目前市售的 Socket 939 Athlon 64 处理器是相同的，而且这些双核心处理器仍将使用 1GHz HyperTransport 总线与芯片组连接及支持双通道 DDR 内存技术。Athlon 64 X2 有 Toledo、Manchester 两个核心版本。其中 Toledo 核心就相当于是两个 San Diego 核心的 Athlon 64 处理器的集成，而 Manchester 自然就相当于两个 Venice 核心了，两者主要区别是 L2 缓存容量不同。例如，在 AMD Athlon 64 X2 处理器 3800+、4200+、4400+、4600+ 与 4800+ 5 个型号中，除了在频率上有 2.0GHz 与 2.4GHz 的差异外，L2 高速缓存也有 1MB+1MB 与 2MB+2MB 的差异。

7. Phenom X3(三核羿龙)

由于 AMD 的 K10 架构未能达到预期目的，而其在高端处理器领域，再使用 K8 的架构已经显得力不从心了，因此，AMD 推出三核心架构的 Phenom 处理器，其目的是以此应对 Intel 45nm 的 Core 2 双核心处理器。AMD Phenom X3 系列处理器采用 Socket AM2+接口，采用原生三核心设计，处理器内置了 2MB 的三级缓存，同时被 3 个核心共享使用。外频为 200MHz，支持 SSE、SSE2、SSE3、SSE4A 多媒体指令集和 X86-64 运算指令集。

三核处理器估计只是一个过渡产品，而且 Intel 并没有推出三核心的处理器。

8. Phenom X4(四核羿龙)

目前，AMD 公司已经推出的四核心 Phenom(见图7.32)，Phenom 处理器由 3 部分组成：双路四核心 Phenom FX(Agena FX)、四核心 Phenom X4(Agena)、双核心 Phenom X2(Kuma)。它们的架构都源自服务器的 Barcelona Opteron，Phenom X4 主频为 2.7～2.9GHz，功耗为 100W 左右；Phenom X2 主频为 2.0～2.9GHz，功耗为 90W 左右。

图 7.32 K10 架构 CPU

Phenom X4 9xxx 拥有 4 个独立的核心，每个核心都有自己独立的二级缓存，同时 4 个核心还具有 2MB 共享的三级缓存。目前，该系列处理器依然采用 65nm 工艺制程，支持 SSE、SSE2、SSE3、SSE4A 多媒体指令集和 X86-64 运算指令集。

7.3.5 AMD 系列 CPU 的产品编号

AMD 系列的 CPU 比较多，命名也比较复杂，因此，可以通过处理器的编号查看处理器的主要性能指标参数，如处理器的系列、频率、缓存、封装、核心电压、产地、生产日期等。下面以如图 7.33 所示的这款 CPU 编号为例，介绍一下 AMD 系列 CPU 编号的含义。对于 Intel 系列的 CPU，最好使用软件来查看。

图 7.33 CPU 的编号

在金属外壳的表面看到 CPU 编号。除了最为明显的 AMD Phenom 标志以外，最为重要的就是标志下面的一组编号(ADAFX60DAA6CD)。通过这组编号，就可以深入了解 CPU 的各种特性。

1. CPU 类型

早期的编号第一部分通常是由 3 个字母所组成,这 3 个字母就代表了 CPU 的所属类型。AMD 最为常见的就是低端的 Sempron 系列和高端的 Athlon 64 系列,分别由 SDA 和 ADA 这两组字母所表示。至于最新推出的双核心 Athlon 64 X2 系列,则采用了 ADA(X2)这组字母来表示。

2. CPU 的 PR 标称值

CPU 编号的第二部分是 4 位数字的代码(如 4200),代表了 CPU 的 PR 标称值,AMD 的 PR 标称值只是实际性能的象征性参数,并不是 CPU 的实际主频。FX 系列例外,不过,Athlon64 FX 只推出有 3 款处理器,也很容易查出来。

3. CPU 的针脚数量和封装形式

CPU 编号的第三部分只有 1 个字母,代表了 CPU 的针脚数量和封装形式。针脚数量就是我们经常接触的 Socket 754 或 Socket 939,利于散热的金属外壳则是封装形式的主要区别,早期的处理器可能没有金属外壳,可以直接看到绿色玻璃基板,用字母 A 来表示。后期采用金属外壳的 CPU 则使用字母 B 来表示。至于 Athlon 64 系列,则使用字母 D 来表示。

4. CPU 的工作电压

CPU 编号的第四部分也是只有 1 个字母,代表了 CPU 的核心工作电压。例如,Sempron 2600+的核心工作电压是 1.40V,用字母 I 来表示。核心工作电压越低的 CPU,在运行时的发热量就越小。在我们对 CPU 进行超频时,也可以通过提高核心工作电压来提高 CPU 超频后的稳定性。A 代表 1.35~1.40 V,C 代表 1.55 V,E 代表 1.50 V 等。

5. CPU 的耐温极限

CPU 编号的第五部分仍然只有 1 个字母,代表了 CPU 的耐温极限,也就是 CPU 所能承受的最高温度。一旦在超频时超过了 CPU 的耐温极限,就很可能造成 CPU 烧毁。所以购买耐温极限更高的 CPU,对日后超频也有很大的帮助。A 代表不确定温度,I 代表最高 63℃,M 代表最高 67℃,X 代表最高 95℃等。

6. CPU 的二级缓存

CPU 编号的第六部分是 1 个数字,代表了 CPU 二级缓存的大小容量。CPU 二级缓存直接关系到整机性能,也是区分高端和低端产品的重要标志。AMD 平台 CPU 的最大二级缓存可以达到 2MB,最小的为 128KB。即 2 代表 128KB,3 代表 256KB,4 代表 512KB,5 代表 1MB,6 代表 2MB。

7. CPU 的核心工艺

CPU 编号的第七部分则是两个字母,所代表的就是 CPU 的核心工艺。比如说高端的 Athlon 64 系列,就分为最新的 Venice 核心和旧版的 Clawhammer 核心。Venice 核心还分为初始版本的 E3 制程和改进版本的 E6 制程,都可以通过这两个字母进行区分,并且还可以区分 CPU 的制程是 0.09μm 还是 0.13μm。不过这些都不重要了,因为使用测试软件可以轻易查看这些参数。此外,第三行的第 6~10 个数字代表其生产日期,如 0536 表示 2005 年第 36 周的产品，这是使用软件查看不到的。

7.4 CPU 与主板的选购

通过前面的学习，已经基本认识了 CPU 的性能参数，确定要购买哪一系列 CPU(需要与主板兼容)后，可以登录一些报价网站查看即时报价，这方面比较全面的有中关村报价网(www.zgcbj.com)、太平洋计算机网(www.pconline.com)等。而在选购之前，需要了解一些 CPU 的性能指标和术语。

7.4.1 CPU 的选购

主板、CPU、内存被称为计算机的"三大件"，而 CPU 更是大件中的重点。组装计算机时第一个念头就是"选什么样的 CPU？"，面对着日新月异、型号繁多的 CPU 市场可能还是十分迷茫的，也不知道究竟如何下手为妙。因此，这里介绍一些选购 CPU 的心得。

目前的台式机 CPU 就是二分天下，不是 Intel 就是 AMD。在购买之前，要看你的主板支持什么样的 CPU，这就需要前面学过的知识了。这里要提醒用户，购买 CPU 千万不要有一步到位的心理，更不要盲目地追随潮流，只考虑够用就行了，只买对的。并不是 CPU 的主频高，计算机就快，这样说显然是不准确的，所以最简单的方法就是花钱买够用的计算机。所谓"只买对的，不选贵的"就是购买 CPU 的准则。

(1) 推荐读者朋友先确定购买 CPU 的大致主频。如果是学生，为了学习和少量娱乐攒机，要考虑到性价比，即不过于落后，性能也比较可观，性价比最合适。推荐 Intel 最新推出的 Conroe E6300 或更低版本的 Conroe 处理器。

(2) 一般公司和学校买计算机是处理数据，要求不是很高，但是要求计算机在整天的大部分时间都开着，所以要求选择发热量低、稳定和低功率的 CPU。推荐超低功耗(35W)的 AM2 新闪龙(售价在 400 元左右)。

(3) DIY 玩家的 PC 最常用的软件莫过于 3D 游戏、3D 设计和多媒体应用，而 3D 游戏、3D 设计和多媒体应用非常依赖 CPU 的浮点性能。不过，目前两大牌子的 CPU 在浮点性能上，已经没有多大区别。这里推荐购买双核心配双显卡的配置。

(4) 特殊图形处理和骨灰级游戏玩家、超级硬件 DIY 的人，建议选择 Intel 的 Conroe 高端的四核处理器，再配上高档的双显卡。

此外，因为 CPU 的性能在很大程度上反映出了它所配置计算机的性能，因此 CPU 的性能指标十分重要。因此，选购时，可从以下几个方面考虑。

(1) CPU 核心类型：一般是越先进越好。

(2) 主频、外频和倍频。根据 CPU 主频的计算公式：主频=外频×倍频，所以从超频的角度来说，在相同型号的情况下，选择低倍频的 CPU 更有利于超频。

(3) 工作电压。工作电压越低越好，因为低电压能解决耗电过大和发热过高的问题。这对于笔记本电脑而言尤其重要。

(4) 缓存。缓存用于进行高速数据交换，当然是越大越好。

(5) 制造工艺。制造工艺越低越好，这样 CPU 也就更省电。

7.4.2 主板的选购

前面提到的 VIA、SiS 等只是主板芯片组的生产商，而真正生产主板的还是其他厂商。目前，市场上常见的主板生产商(品牌)如表 7.10 所示。

表 7.10 市场上常见的主板生产商(品牌)

华硕(ASUS)	技嘉(GIGABYTE)	微星(MSI)	翔升	精英(ECS)
升技(ABIT)	七彩虹(colorful)	英特尔(Intel)	冠盟	双敏(UNIKA)
磐正(EPOX)	超微(Supermicro)	顶星(Topstar)	映泰(BIOSTAR)	泰安(TYAN)
硕泰克(SOLTEK)	盈通(YESTON)	捷波(JETWAY)	隽星	华擎(ASRock)
昂达(ON-DATA)	Winfast	青云(Albatron)	富士康	斯巴达克(SPARK)

市场上的主板品牌很多，根据不同的芯片组和接口，支持不同类型的 CPU。用户可以进入一些关于硬件报价的网站，以查看主板的报价消息。

选购时，还应注意主板的说明书、品牌及售后服务等。在确定了选购什么样的主板之后，就可以到市场上去购买了。下面介绍一下选购主板的方法，通过这些方法来辨别主板的质量是否优良。

(1) 观察外表。包括看主板的厚度，厚者为宜。方法是把主板拿起，隔主板对着光源看，若能观察到另一面的布线元件，说明该主板为双层板。另外，查看布局是否合理流畅，还要仔细观察主板各芯片的生产日期和型号、品牌标识等。

(2) 主板电池。选购时，观察主板电池是否生锈、漏液。生锈或漏液，则有可能腐蚀整块主板而导致主板报废。

(3) 扩展槽插卡。主要观察现在槽内的弹簧片的位置、形状是否与原来相同，若有较大偏差，则说明该插槽的弹簧片弹性不好。

(4) 摇跳线。仔细观察各组跳线是否虚焊。开机后，轻微摇动跳线，看机子是否出错，若有出错信息，则说明跳线松动，性能不稳定。

在进行选购主板之前，需要了解主板都有哪些技术性能。

1. 电压可调

电压可调是指可以人为调整 CPU 核心电压和 I/O 供电电压。在提高 CPU 的核心电压后，CPU 功率增大，可以使超频 CPU 工作稳定，而提高 I/O 电压也可以使内存、显示卡等超频后更加稳定。电压可调实际上并不是一项新技术，只是开放了主板的电源管理，以满足广大计算机爱好者们超频的愿望。

2. 线性调频

一般的主板对 CPU 的外频都是以 100/112/124 MHz 这样分段设置的，为超频带来许多不便，因为 CPU 如果外频超不到 133 MHz，就只能超到 124 MHz 了。如果采用了"线性调频"技术的主板，能够提供从 125MHz、126MHz、…直到 150 MHz 或更高的频率，以每 1 MHz 为一级地调节。这项技术无疑将大大提高超频的乐趣和成功率。

3. 节能(绿色)功能

你是否注意到，开机画面的右上角有一个能源之星(energystar)的标志，能在用户不使用主机时自动进入等待和休眠状态，在此期间降低 CPU 及各部件的功耗。

4. 免跳线

这是一种相当方便的主板，是对 PnP 功能的进一步改进。在这种主板上，连 CPU 的类型、工作电压等都无须用跳线开关，均可以自动识别，只需要用软件略作调整即可。现在一部分主板正是采用这种设置。

5. 温度控制

主板对 CPU 进行温度监控，板载指示灯是温控技术不可缺少的部分，可以随时监控系统情况，以识别主板硬件故障，从而保证机器安全运行。

6. 防止病毒入侵 BIOS

BIOS 一般可以升级刷新从而获得更好的兼容性，不过这一步骤需要相关的驱动和软件，并且操作者必须非常小心。自从 CIH 掀起的风雨之后，BIOS 被列为高度保护的对象，现在的主板纷纷采用不同的措施来抵御病毒对主板 BIOS 的侵袭。

对目前的整合型主板来说，只有那些集成声卡、显卡或网卡的产品我们才称之为整合型主板。整合主板是一种潮流，虽然它不一定很快成为市场中的主流，但它将是产品发展的一种趋势。就像当年主板全部集成 AC'97 声卡后，其实主板的整体价格并没有很大提升，而似乎反倒像厂商"附赠"给用户的一项功能似的。

7.4.3　CPU 的散热器的选购

CPU 的工作温度关系到计算机的稳定性和使用寿命。因此，要让 CPU 的工作温度保持在合理的范围内，除了降低计算机的工作环境温度外，就是给 CPU 进行散热处理了。

散热工作按照散热方式可以分成主动式散热和被动式散热两种。目前 PC 几乎都采用被动式散热方式。而按照散热介质来分，被动式散热可以分成风冷、水冷、半导体制冷、化学制冷等 4 种散热方式。其中，最常用的是风冷散热方式。风冷即是利用风扇和散热片给 CPU 降温。因此，可以从风扇和散热器两个方面选择。风扇选择可以从以下几个方面考虑。

(1) 功率。通常风扇功率越大，风扇的风力也越强劲，散热的效果也越好。而其功率与转速又是联系在一起的，正常情况下是风扇的转速越快越好。目前，计算机市场上出售的风扇直流电为 12V，功率为 1～3W 或更少，理论上是功率大些的好。

(2) 口径。在允许的范围内，风扇的口径越大，出风量也就越大，风力作用面也就越大。但其口径也要与机箱结构协调，以保证风扇不影响其他设备正常工作。

(3) 转速。风扇的转速与功率是密不可分的，转速的大小直接影响到风扇功率的大小。转速越高，CPU 获得的冷却效果就会越好，但速度快会产生更大的噪声。因此，应该根据 CPU 的发热量决定，一般选择转速为 3500～5000 转即可。

(4) 排风量。风扇排风量可以说是一个比较综合的指标，也是衡量一个风扇性能的最直接因素。如果一个风扇可以达到 5000r/min，但其扇叶如果是扁平的话，那是不会形成任何气流的，所以对散热风扇的排风量来说，扇叶的角度是决定性因素。

(5) 噪声。通常功率越大，转速也就越快，此时，噪声也越大。在购买风扇时，一定要试听一下风扇的噪声，噪声太大的不要购买。目前，常见的风扇分为含油轴承、单滚珠轴承(也就是含油加滚珠)和双滚珠轴承。滚珠轴承的优点在于它的使用寿命长，同时自身发热量小，噪声小，比较稳定。

散热器的选择可以从以下两个方面加以考虑。

(1) 材质。散热片可以扩大 CPU 的表面积，从而提高散热速度。此外，散热片材料也决定传递热量的速度。目前导热性能最好的是金(黄金、白金不错)，然后是铜质散热片，但铜质的加工难度较大。因此，目前的散热器多数采用铝材制作。

(2) 散热片的形状。既然散热片是为了扩大 CPU 的表面积，那么如何使表面积最大化，就是设计的重点。普通的散热片是压铸成的，常见的形状只是多了几个叶片的"韭"字形。较高档的散热片则使用铝模经过车床车削而成，车削后的形状呈多个齿状柱体。散热片拥有数目越多的鳍片或齿状柱体，其表面积肯定也越大。不过必须保证金属底板有一定的厚度，这样才能有更好的散热效果。

如图 7.34 所示是一些风扇和散热器的外观。

图 7.34　CPU 风扇和散热器

7.5　主板与 CPU 的检测

计算机是由一个个配件组成的整体，而主板与 CPU 是计算机最重要的硬件。因此，要想了解计算机到底有多强的功能，最好的办法是对主板与 CPU 进行测试。通过测试，既可以了解硬件的真实性能，也可以在一定程度上辨别硬件的真伪。此外，可根据测试结果得知系统性能有哪些不足之处，找到系统的瓶颈，再合理配置计算机或进行相应的优化。

7.5.1　常见测试软件介绍

为了对测试有一个大概的理解，下面先简单介绍一些硬件测试软件。用户可以根据需要选用一个或多个进行检测。

(1) Intel Processor Frequency ID Utility(英特尔处理器频率标识实用程序)：这是 Intel 开发的、专用于辨别 Intel CPU 真假的工具。

(2) CPU-Z：查看信息，包括 CPU 各种信息的软件。

(3) GPU-Z：查看显卡信息的软件。

(4) EVEREST：检测系统各种设备软件，包括 CPU、主板、内存、显卡、声卡、网卡、并口、串口、USB 等即插即用的设备。

(5) PowerStrip：查看显示器、显卡信息，并可以调整显示器屏幕尺寸、刷新频率和调节显卡的核心、显存频率等内容的软件。

(6) Super Ⅱ：是一款测试 CPU 性能的流行软件。得分越少性能越好。

(7) CPUmark99：是一款测试 CPU 的整数运算能力的软件。分数越高性能越好。

(8) 3DMark2001/3Dmark03/3Dmark05/3Dmark06：权威的显卡评测工具。

(9) AquaMark3：是一款显卡性能测试软件。AquaMark3 能真实地反映 3D 图形芯片在现实游戏中的实际表现性能。

(10) MemTest：内存测试软件，可以检测出内存是否有错误。

(11) Nokia Monitor Test：显示器测试软件。

(12) HD Tune：硬盘测试软件，如检测传输速率、健康状态及磁盘表面扫描等。

(13) HD_speed：一款测试硬盘传输速率并加以分析的工具。

(14) Nero CD-DVD Speed：一款衡量光驱性能的测试软件。

(15) KeyboardTest：键盘测试软件，主要用于笔记本电脑的测试。

(16) SiSoftware Sandra：计算机综合性能测试工具。

7.5.2　使用 EVEREST 检测硬件

使用 EVEREST(有两个版本，即 Corporate Edition 和 Ultimate Edition)可以详细地检查系统的任意硬件。例如，系统中存在一个不能被 Windows 识别的声卡，此时，使用 EVEREST，就可以识别该声卡的型号，然后即可找到相应的驱动程序并进行安装了。具体操作步骤如下。

(1) EVEREST 是一个共享软件，从网上下载该软件后(下载时最好下载免安装版)，解压到指定的文件夹中，双击文件夹中的 everest.exe 程序，打开其主界面。

(2) 计算机运行时，CPU 的温度是大家比较关心的，可以单击【计算机】项前面的⊞(此时⊞变⊟)按钮，选择【传感器】选项，即可以查看主板、CPU 的温度、GPU(显卡芯片)、硬盘温度等，如图 7.35 所示。

图 7.35　系统中某些重要部件的温度

(3) 再单击【主板】项前面的⊞按钮，选择【芯片组】选项，可以查看北桥芯片名称、支持前端总线频率(FSB)、支持内存类型、是否双通道内存等，如图 7.36 所示。

(4) 单击【多媒体】项前面的⊞按钮。选择【PCI/PnP 音频】选项，可以看到声卡的型号，可见这是一款型号为 Realtek ALC883 集成在 Intel 南桥 ICH7(82801GB) 的 HD Audio
声卡，如图 7.37 所示。此时，可以安装 Realtek ALC883 或 Intel 南桥 ICH7(82801GB)的集成
声卡驱动程序，一般都能解决问题。

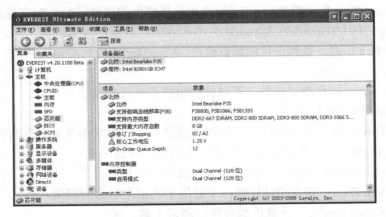

图 7.36　查看 CPU 的详细信息

图 7.37　查看声卡的详细信息

7.5.3　Intel CPU 检测工具的使用

　　Intel 公司开发有一种专门检测 Intel CPU 真假的工具——英特尔处理器标识实用程序，
使用该工具可以轻松辨别 Intel CPU 的真假，下面介绍它的用法。对于 AMD 的 CPU，建议
使用 CrystalCPUID 来检测。

　　(1) 从网上把"英特尔处理器标识实用程序"下载下来，双击下载的文件，启动其安装
向导，然后根据向导提示进行安装。

　　(2) 安装该软件后，从【开始】|【程序】菜单中启动它，启动时会先打开【英特尔(R)
处理器标识实用程序许可证协议】对话框，如图 7.38 所示。

　　(3) 单击【接受】按钮，即可打开软件主界面，在这里可以看到 CPU 主频和系统总线。
如果 CPU 已经超频了，其主频和系统总线就会显示为红色，并且界面中也会出现"超频"
两字，如图 7.39 所示。

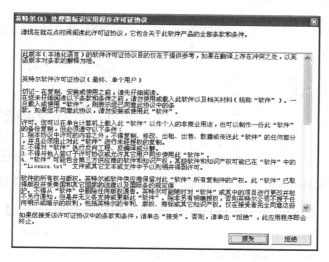

图 7.38 【英特尔(R)处理器标识实用程序许可证协议】对话框

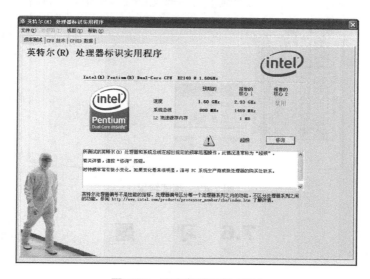

图 7.39 已经超频了的 CPU

(4) 切换到【CPUID 数据】选项卡，即可查看 CPU 类型、系列、型号、步进等。

7.5.4 使用 Super∏ 测试 CPU 性能

Super ∏ 是一款通过计算圆周率来检测处理器性能的工具，该项测试可以有效地反映包括 CPU 在内的运算性能。目前，Super ∏ 已经成为测试主板和 CPU 的主要工具之一。

(1) 把 Super ∏ 程序下载下来后，解压到指定的文件夹中，然后双击文件夹中的 Super_pi.exe 程序，打开 Super ∏ 主界面。

(2) 单击【开始计算】按钮，打开【设置】对话框，在【请选择所需计算的位数】下拉列表框中，选择最常用的测试【104 万位】选项，如图 7.40 所示。

(3) 单击【确定】按钮，打开【开始】提示对话框，如图 7.41 所示。

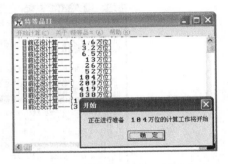

图 7.40 选择最常用的测试【104 万位】选项 图 7.41 【开始】提示对话框

(4) 单击【确定】按钮，接着开始测试，测试结束后会打开【完成】对话框，可以看到当前计算机的测试得分为 21s，如图 7.42 所示。这个成绩相当于 Core 2 Duo E6300，但当前系统的 CPU 是 Pentium E 2140(超频到 2.93GHz)。

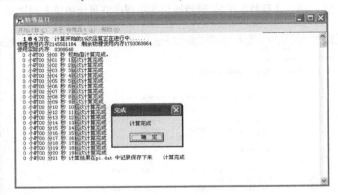

图 7.42 测试结果

7.6 习 题

1. 填空题

(1) 一般来说，主板芯片组分为南桥和北桥两颗，_____是主板芯片组中起主导作用的最重要的组成部分，也称为_____。

(2) 缓存又称为高速缓存，是指可以进行高速数据交换的存储器。CPU 的缓存分为_____和_____两种。

(3) CPU 的主频与外频和倍频有关，其计算公式为_____。

2. 选择题(可多选)

(1) 常见的内存插槽类型有_____。
    A. SIMM   B. RIMM   C. DIMM   D. ZIF
(2) 实现超线程需要_____支持。
    A. 主板   B. 操作系统   C. 应用软件   D. CPU

(3) _____是一款圆周率计算程序，用它可以测试 CPU 的稳定性。

    A. CPUmark99　　　B. Super Π　　　　　　C. CPU-Z　　　　　　D. WCPUID

3. 判断题

(1) 双通道技术是一种主板芯片组所采用的新技术，与内存本身无关，因此，任何 DDR 内存都可以工作在支持双通道技术的主板上。　　　　　　　　　　　　（　　）

(2) 64b 的计算能力就是说 64b 处理器的性能是 32b 处理器性能的 2 倍。　（　　）

4. 简答题

(1) 你所知道的 Intel 芯片组有哪几种？其中哪一种印象最深？

(2) 主板的芯片组常见的有哪几个厂商的牌子类型？试简要举例说出几款。

(3) CPU 的指令集主要有哪些？

5. 操作题

(1) 查出你的计算机的生产厂商、主频、外频、倍频、L1 和 L2 等参数。

(2) 查出你的计算机使用的芯片组名称。

(3) 使用 Everest 检测当前计算机的芯片组名称、声卡和显卡型号。

第 8 章

存储器的选购与检测

存储器(memory)是计算机系统中的记忆设备，用来存放程序和数据。计算机中的全部信息，包括输入的原始数据、计算机程序、中间运行结果和最终运行结果都保存在存储器中。它根据控制器指定的位置存入和取出信息。存储器的分类方法有很多，根据存储器在计算机系统中所起的作用，可分为主存储器、辅助存储器、高速缓冲存储器、控制存储器等。为了解决对存储器要求容量大、速度快、成本低三者之间的矛盾，目前通常采用多级存储器体系结构，即使用高速缓冲存储器、主存储器和外存储器。主存储器又称内存储器(简称内存)，内存是 CPU、芯片组和外部存储器沟通的桥梁，它只用于暂时存放程序和数据，一旦关闭电源，运行中的程序或数据就会丢失。辅助存储器又称外存储器(简称外存)，外存通常是磁性介质或光盘，像硬盘、软盘、磁带、CD 等，它们不依赖电保存信息，计算机断电后其信息也不会丢失。高速缓冲存储器(cache)一般是指 CPU 的一级缓存 L1 和二级缓存 L2。控制存储器一般用作硬盘、光驱等设备的缓存。

通过学习本章，可以了解内存的作用、性能指标，还可以认识常见的外存储器，包括硬盘、光驱等，并了解这些外存储器各有什么特点和作用。

8.1 内　　存

我们平常所提到的计算机内存指的是动态内存(即 DRAM),动态内存中所谓"动态",指的是当将数据写入 DRAM 后,经过一段时间后数据会丢失,因此需要一个额外设计电路进行内存刷新操作。具体的工作过程是:一个 DRAM 的存储单元存储的是 0 还是 1 取决于电容是否有电荷,有电荷代表 1,无电荷代表 0。但时间一长,代表 1 的电容会放电,代表 0 的电容会吸收电荷,这就是数据丢失的原因。刷新操作定期对电容进行检查,若电量大于满电量的 1/2,则认为其代表 1,并把电容充满电;若电量小于 1/2,则认为其代表 0,并把电容放电。这样便保持了数据的连续性。

8.1.1　内存的分类

前面说过,存储器的分类方法有很多,因此在介绍内存的分类前,先简单介绍一下存储器的其他分类方法,如表 8.1 所示。

表 8.1　存储器的分类

存储器分类	按存储介质划分	半导体存储器	用半导体器件组成的存储器
		磁表面存储器	用磁性材料做成的存储器
	按存储方式划分	随机存取存储器	任何存储单元的内容都能被随机存取,且存取时间和存储单元的物理位置无关
		顺序存取存储器	只能按某种顺序来存取,存取时间和存储单元的物理位置有关
	按存储器的读写功能划分	只读存储器(ROM)	存储的内容是固定不变的,只能读出而不能写入的半导体存储器
		随机存取存储器(RAM)	既能读出又能写入的半导体存储器
	按信息的可保存性划分	非永久记忆的存储器	断电后信息即消失的存储器
		永久记忆性存储器	断电后仍能保存信息的存储器
	按在计算机系统中的作用划分	主存储器	存放计算机运行期间的大量程序和数据,存取速度较快,存储容量不大
		辅助存储器	存放系统程序和大型数据文件及数据库,存储容量大,位成本低
		高速缓冲存储器(cache)	高速存取指令和数据,存取速度快,但存储容量小
		控制存储器	一般用作硬盘、光驱等设备的缓存

接着说内存的分类,按存储器的读写功能划分,内存可分为只读存储器(read only memory,ROM)和随机存取存储器(random access memory,RAM)。ROM 中的信息只能被读出,而不能被操作者修改或删除,故一般用于存放固定的程序,如监控程序、汇编程序等,例如,存放 BIOS 程序的存储器(CMOS)就是一种 ROM。而 RAM 即是我们常说的内存。不

过，RAM 又分为 SRAM(静态随机存取存储器)和 DRAM(动态随机存取存储器)，后者才是一般 PC 上用的内存。所谓"动态"内存，指的是当我们将数据写入 DRAM 后，经过一段时间，数据会丢失，因此需要一个额外设计电路进行内存刷新操作。

按存储器的读写功能分，内存分为 ROM 和 RAM，而 ROM 又可细分为 5 种类型，RAM 则可大体分为 SRAM(静态随机存储器)和 DRAM(动态随机存储器)两种，细分则有 20 种左右，下面简单介绍一下。

1. 只读存储器(ROM)

ROM 器件的优点是结构简单，所以位密度比可读/写存储器高，而且具有非易失性，所以可靠性高。根据其中信息的设置方法，ROM 可以分为以下 5 种。

(1) 掩膜式 ROM 或者 ROM。

(2) 可编程的只读存储器(programmable read only memory，PROM)。

(3) 可擦除可编程只读存储器(erasable programmable read only memory，EPROM)。

(4) 可用电擦除的可编程只读存储器(electrically erasable programmable read only memory，EEPROM)。

(5) 快速读/写的只读存储器(flash electrically erasable programmable read only memory ROM，Flash ROM)

对后面两种 ROM，不但可以进行编程，而且可以用特定设备进行多次擦除。Flash ROM 则属于真正的单电压芯片，由于在使用上与 EEPROM 很类似，因此，有些书籍上便把 Flash ROM 作为 EEPROM 的一种。事实上，二者还是有一定差别的。Flash ROM 芯片的读和写操作都是在单电压下进行的，只利用专用程序即可方便地修改其内容。Flash ROM 的存储容量普遍大于 EEPROM，近年来已逐渐取代了 EEPROM，广泛用于主板的 BIOS ROM。

2. 随机存取存储器(RAM)

随机存取存储器 RAM 一般分为两大类型：SRAM(静态随机存取存储器)和 DRAM(动态随机存取存储器)。静态随机存取存储器(SRAM)在供电时存储数据；DRAM 在由电容和晶体管组成的单元中存储数据。与 DRAM 不同，SRAM 无须周期性刷新，因此，SRAM 可以提供更快速、更稳定的数据存取，静态随机存储器也分为异步和同步。在一定的纳米制造技术下，SRAM 容量比其他类型内存低，这是因为 SRAM 需要用更多的晶体管存储一个位(bit)，因而造价也贵得多。SRAM 的读取速度很快，它访问数据的周期约为 10～30ns(1ns 为十亿分之一秒)，由于其造价高昂，主要用作计算机中的高速缓存存储器(cache)。DRAM 虽然读取速度较慢，但其造价低廉，所以主要用于制造计算机中的内存条。

1) 静态随机存取存储器(SRAM)

SRAM 主要应用于高速缓冲存储器、查找表和数据缓冲器。它又可以分为以下几类。

(1) Async SRAM(异步静态随机存取存储器)：第一个带有二级高速缓存的 386 计算机就是使用 Cache RAM(缓存型随机存取存储器)，在存取数据时，它还不能与 CPU 保持同步。但它还是比 DRAM 快些，其存取速度有 12ns、15ns 和 18ns 三种。

(2) Sync Burst SRAM(同步突发静态随机存取存储器)：在总线速度为 66MHz 的系统上，Sync Burst SRAM 是最快的，但当总线速度超过 66MHz 时，Sync Burst SRAM 就超负荷了，大大低于 PB SRAM 的传输速度。

(3) PB SRAM(管道突发静态随机存取存储器)。管道(pipeline，或流水线)的意思是通过使用输入/输出寄存器，一个 SRAM 可以形成像"管道"那样的数据流水线传输模式。在总线速度为 75MHz 和高于 75MHz 时，这种内存是最快的缓存型随机存取存储器(cache RAM)。

(4) CPU 内部缓存(L1 Cache)。也就是经常说的 CPU 一级缓存。L1 缓存越大，CPU 工作时与存取速度较慢的 L2 缓存和内存间交换数据的次数越少，从而可以提高计算机的运算速度。高速缓冲存储器由 SRAM 组成，其结构较复杂，因此，CPU 的 L1 级高速缓存的容量不可能做得太大，其容量一般为几万字节到几十万字节。

(5) CPU 外部缓存(L2 Cache)。CPU 外部缓存其实是叫 CDRAM(cached DRAM，同步缓存动态随机存取存储器)，这是三菱电气公司首先研制的专利技术，它是在 DRAM 芯片的外部插针和内部 DRAM 之间插入一个 SRAM 作为二级 Cache 使用。CPU 外部的高速缓存成本昂贵，目前流行 CPU 的 L2 Cache 一般是 512KB～12MB 之间。CPU 内的 Cache 虽然容量较小，但是能够以与 CPU 相同的工作频率工作，因此速度极快。一般情况下在 L1 未命中时，才在 L2 中查找。不过，从赛扬处理器开始，已经把 L2 集成到 CPU 内部了(K6-3 处理器也内置了二级缓存，而相应的 Socket 7 主板上的二级缓存就成为"三级"缓存了)。

2) 动态随机存取存储器(DRAM)

动态内存中所谓"动态"，指的是当我们将数据写入 DRAM 后，经过一段时间，数据会丢失，因此，需要一个内存刷新(memory refresh)的操作，这需要额外设计一个电路。

除了上面介绍的静态随机存储器(SRAM)外，RAM 又分为以下几种动态随机存取存储器。

(1) DRAM(dynamic RAM，动态随机存取存储器)。RAM 因为成本比较便宜，通常都用作计算机内的主存储器。DRAM 将每个内存位作为一个电荷保存在位存储单元中，用电容的充放电来做储存动作，但因电容本身有漏电问题，因此必须每几微秒就要刷新一次，否则数据会丢失。存取时间和放电时间一致，为 2～4ms。

(2) VRAM(video RAM，视频内存)。它的主要功能是将显卡的视频数据输出到数模转换器中，可有效降低绘图显示芯片的工作负担。它采用双数据口设计，其中一个数据口是并行式的，另一个是串行式的。多用于高级显卡中的高档内存。

(3) FPM DRAM(fast page mode DRAM，快速页切换模式动态随机存取存储器)。也即是改良版的 DRAM，大多数为 72pin 或 30pin 的模块。在 1996 年以前，在 486 时代和 Pentium 时代的初期，FPM DRAM 被大量使用。

(4) EDO DRAM(extended data out DRAM，延伸数据输出动态随机存取存储器)。这是继 FPM 之后出现的一种存储器，一般为 72pin、168pin 的模块。它一般应用于 Pentium 主板标准内存，后期的 486 系统开始支持 EDO DRAM。

(5) BEDO DRAM(burst extended data out DRAM，爆发式延伸数据输出动态随机存取存储器)。这是改良型的 EDO DRAM，是由美光公司提出的，它在芯片上增加了一个地址计数器来追踪下一个地址。它是突发式的读取方式，速度比 EDO DRAM 快。但支持 BEDO DRAM 内存的主板很少，因此很快就被 DRAM 取代了。

(6) MDRAM(multi-bank DRAM，多插槽动态随机存取存储器)。这是 MoSys 公司提出的一种内存规格，其内部分成数个类别不同的小储存库(Bank)，也即由数个独立的小单位矩阵所构成，每个储存库之间以高于外部的数据传输速度相互连接，一般应用于高速显示卡

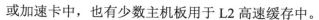

或加速卡中，也有少数主机板用于 L2 高速缓存中。

(7) WRAM(window RAM，窗口随机存取存储器)。这是韩国 Samsung(三星)公司开发的内存模式，是 VRAM 内存的改良版，不同之处是它的控制线路有一二十组的输入/输出控制器，并采用 EDO 的资料存取模式，因此速度相对较快，一般应用于专业绘图工作中。

(8) RDRAM(rambus DRAM，高频动态随机存取存储器)。这是 Rambus 公司独立设计完成的一种内存模式，速度一般可以达到 500～530MB/s，是 DRAM 的 10 倍以上。但使用该内存后内存控制器需要做相当大的改变，因此一般应用于专业的图形加速适配卡或者电视游戏机的视频内存中。

(9) DRDRAM(direct rambus DRAM)。同样是由 Rambus 公司设计的一种内存标准，它将所有的接脚都连接到一个共同的 Bus，这样不但可以减少控制器的体积，也可以增加数据传输的效率。

(10) SDRAM(synchronous DRAM，同步动态随机存取存储器)。这是一种与 CPU 实现外频 Clock 同步的内存模式，一般采用 168pin 的内存模组，工作电压为 3.3V。所谓 Clock 同步是指内存能够与 CPU 同步存取数据，这样可以取消等待周期，减少数据传输的延迟，因此可提升计算机的性能和效率。

(11) SGRAM(synchronous graphics RAM，同步绘图随机存取存储器)。这是 SDRAM 的改良版，它以区块(Block，即每 32b)为基本存取单位，个别地取回或修改存取的数据，减少内存整体读写的次数。另外，还针对绘图需要而增加了绘图控制器，并提供区块搬移功能，其效率明显高于 SDRAM。

(12) SLDRAM(synchronize link DRAM，同步链环动态随机存取存储器)。这是一种扩展型 SDRAM 结构内存，在增加了更先进同步电路的同时，还改进了逻辑控制电路，不过由于技术限制，投入使用的难度不小。

(13) DDR SDRAM(double data rate SDRAM，二倍速率同步动态随机存取存储器)。这是 SDRAM 的换代产品，它具有两大特点：其一，速度比 SDRAM 提高了 1 倍；其二，采用了 DLL(delay locked loop，延时锁定回路)提供一个数据滤波信号。它就是市场上的 DDR 内存。

(14) DDR2 (double data rate synchronous DRAM，第二代同步双倍速率动态随机存取存储器)。这是 DDR 原有的 SLDRAM 联盟于 1999 年解散后将既有的研发成果与 DDR 整合之后的内存标准。也就是目前流行的 DDR2 内存。

(15) DDR3 则是针对 Intel 新型芯片的一代内存技术，但在早些时期，DDR3 主要用于显卡内存，其频率在 800MHz 起步，容量则是 2GB。DDR3 最大的改进就是预取位数的增加，而内核频率却没有什么变化，所以随着制程的改进，电压和功耗可以逐步降低。

> **提示**
> 后面章节所提到的内存都是指动态随机存储器(DRAM)。而在下一节中，还会详细介绍几种主流的动态随机存储器，如 SDRAM、RDRAM、DDR2、DDR3 等。

8.1.2　内存的发展简史

在了解内存时，需要先了解一下内存的发展历程。

1. 30 线(针)SIMM 时代

从 286 时期主板上的内存条开始,内存芯片全部直接焊接在主板上,当时的内存针脚数是 30 线、256KB 的,而且必须是由 4 条组成一个 bank 方可显示。

事实上,目前还有一些工控机、通信设备上仍然在使用 30 线 SIMM 内存条,只是在组装机市场上非常少见。

2. 72 线(针)SIMM FPM/EDO 时代

486 时代主要是 30 线 SIMM FPM(快页内存)和 72 线 SIMM FPM 二分天下,一般说来 72 线 SIMM FPM 性能较好,因为它是 32 位的,但是当时 72 线 SIMM FPM 价格相对较高。

当时行销天下的大众主板在其一款型号为 GVT 的产品中,BIOS 默认的内存设置是奇偶(parity)校验内存,若只使用非奇偶校验内存,连自检也无法通过,这是第一次提出的校验内存这个概念。奇偶校验内存在当时的品牌原装机中应用最为普遍。

Pentium 时代出现了 EDO 内存,即扩展数据内存,事实上 EDO 较 FPM 在整机速度上的提高不会超过 5%。这个阶段普遍出现了 PC 专用服务器的应用,而 PC 服务器几乎全部是使用真校验(true parity)或 ECC 内存,所以从这时起市场上校验内存的使用就逐步普及了。如图 8.1 所示,这是已经过时了的 72 线内存的外观。

图 8.1　72 线内存的外观

3. 168 线(针) SDRAM

SDRAM 内存主要有 3 种标准,即 PC 66、PC100 和 PC133。

(1) 168 线的内存中,最先出现在市场上的 SDRAM 均属于 Intel PC 66 技术规范,最先出现的支持 168 线 EDO/SDRAM DIMM 内存的是 Intel 的 VX 芯片组主板。之后,Intel 紧接着发布了性价比更好的 TX 芯片组主板,4 个 72 线+2 个(或 3 个)168 线内存扩展槽口是实用可行的设计,这款主板从内存角度上看,无论是兼容性还是扩充性都是典型产品。

(2) 当主板的系统总线外频由 66MHz 提升到 100MHz 后,计算机性能就有了很大的提升。但是,对于 PC100 技术规范的硬件特性,无论是芯片厂家还是内存条制造商均面临较高的技术要求,最根本的原因是 TSOP 这种 IC 封装方式已经不能满足如此高速度的芯片运行,因此,技术的变革呼之欲出。其中,由 Kingmax 推出的 TinyBGA 的 PC100 品牌的超频性能较好,这种 BGA 封装方式保证了芯片在高速度运行之下的正常工作。

(3) PC133 SDRAM 标准是由台湾地区的威盛(VIA)公司制定的,Intel 出于某些原因本来是推行其支持的 RDRAM 内存(Rambus 公司开发的),但是因为 Rambus 工作的频率太高,使得许多问题一直无法得到解决，再加上其他诸如价格、实用性等问题，所以绝大部分需要升级内存的用户都会选择 PC133 规范的 SDRAM。当时市场上几乎所有的内存大厂均发布了 PC133 SDRAM，掀起了 PC133 SDRAM 内存使用的风潮。

此外，某些内存厂商为了满足一些超频爱好者的需求，还推出了 PC150 和 PC166 内存，如 Kingmax 和 Micro 等。如图 8.2 所示，这是一条标准的 168 线内存。

图 8.2　168 线内存

4. RDRAM 内存

Rambus 技术是 Rambus 公司开发的，因此被称为 RAMDRAM，简称为 RDRAM 内存。RDRAM 内存是 Intel 大力推广的内存，其技术引入了 RISC(精简指令集)，依靠高时钟频率来简化每个时钟周期的数据量，其数据通道接口只有 16 位(由两条 8 位的数据通道组成)，低于 SDRAM 的 64 位。由于 RDRAM 也是采用类似于 DDR 的双速率传输结构，同时利用时钟脉冲的上升与下降来进行数据传输，因此，在 300MHz 下的数据传输量可以达到 300MHz×16b×2/8=1.2GB/s，400MHz 时可达到 1.6GB/s，而双通道 PC800 的 RDRAM 数据传输量达到 3.2GB/s。由于 RDRAM 内存成本过高，最终没有被大规模使用。

5. 184 线(针)的 DDR SDRAM

DDR SDRAM 模块与 SDRAM 模块相比，由 168 针改为了 184 针，4～6 层印制电路板。在其他组件或封装上则与 SDRAM 模块相同。DDR SDRAM 内存有 184 个接脚，且只有一个缺口(见图 8.3)，它与 SDRAM 的模块并不兼容。

图 8.3　DDR 内存的外观

DDR SDRAM 在命名原则上也与 SDRAM 不同。SDRAM 的命名是按照时钟频率来命名的，如 PC100 与 PC133。而 DDR SDRAM 则是以数据传输量为命名原则，如 PC1600 与 PC2100，单位是 MB/s。所以 DDR SDRAM 中的 DDR200 其实与 PC1600 具有相同的规格，数据传输量为 1600MB/s(64b×100MHz×2÷8=1600MB/s)，而 DDR266(PC2100)则为 64b×133MHz×2÷8=2128(MB/s)。

最常见类型的 DDR 内存规格形式有：PC1600 即 DDR200 MHz (100×2)、PC2100 即 DDR266 MHz (133×2)；PC2700 即 DDR333 MHz (166×2)、PC3000 即 DDR366 MHz (183×2)；PC3200 即 DDR400 MHz (200×2)、PC3500 即 DDR433 MHz (216×2)；PC3700 即 DDR466 MHz (233×2)、PC4000 即 DDR500 MHz (250×2)。

但真正形成标准的，只有 DDR200、DDR266、DDR333 和 DDR400 这几种。

6. 240 线(针)的 DDR2

DDR2 内存是 DDR 内存的换代产品，它们的工作时钟预计将为 400MHz 以上。从 DDR2 标准来看，DDR2 内存提供 533MHz、667MHz 等不同的时钟频率。而高端的 DDR2 内存将拥有 800MHz 和 1000MHz 两种频率。最初的 DDR2 内存将采用 0.13μm 生产工艺，内存颗粒的电压为 1.8V，容量密度为 512MB。

DDR2 内存的外观如图 8.4 所示。

图 8.4 DDR2 内存

7. 240 线(针)的 DDR3

DDR3(见图 8.5)是为了解决 DDR2 发展限制而催生的产物，它与 DDR2 的基础架构并没有本质的不同。由于 DDR2 的数据传输频率发展到 800MHz 时，其内核工作频率已经达到 200MHz，再向上提升较为困难，这就需要采用新的技术以保证速度的持续发展。

图 8.5 DDR3 内存

一方面，从技术指标上看，DDR3 内存的起跑频率最少在 1066MHz，尽管延时参数方面无法与 DDR2 内存相抗衡，但是将来推出的 1600/2000MHz 产品的内存带宽肯定大幅度超越 DDR2 内存，以 DDR3 2000MHz 为例，其带宽可以达到 16GB/s(双通道内存方案则可以达到 32GB/s 的理论带宽值)，可见 DDR3 内存肯定成为将来高带宽用户的选择。

另一方面，业界也要求内存应具有更低的能耗，所以，DDR3 要求具有更高的外部数据传输率、更先进的地址/命令与控制总线的拓扑架构、在保证性能的同时将能耗进一步降低，为了满足这些要求，DDR3 在 DDR2 的基础上采用了以下新型设计。

(1) 8b 预取设计，DDR2 为 4b 预取，这样 DRAM 内核的频率只有接口频率的 1/8，DDR3-800 的核心工作频率只有 100MHz。

(2) 采用点对点的拓扑架构，可减轻地址/命令与控制总线的负担。

(3) 采用 100nm 以下的生产工艺，将工作电压从 1.8V 降至 1.5V。

为了便于理解，下面将对比 DDR、DDR2 及 DDR3 的技术数据，如表 8.2 所示。

表 8.2　DDR、DDR2 和 DDR3 技术参数对比

对比参数	DDR1	DDR2	DDR3
电压 VDD/VDDQ	2.5V/2.5V	1.8V/1.8V(+/−0.1)	1.5V/1.5V(+/−0.075)
I/O 接口	SSTL_25	SSTL_18	SSTL_15
数据传输率/(MB/s)	200～400	400～800	800～2000
容量标准	64MB～1GB	256MB～4GB	512MB～8GB
Memory Latency(存储延迟)/ns	15～20	10～20	10～15
CL 值	1.5/2/2.5/3	3/4/5/6	5/6/7/8
预取设计/b	2	4	8
逻辑 Bank 数量	2/4	4/8	8/16
突发长度	2/4/8	4/8	8
封装	TSOP	FBGA	FBGA
引脚标准	184pin DIMM	240pin DIMM	240pin DIMM

8.1.3　内存条的结构

内存条的外表结构并不是很复杂，图 8.6 所示为一款 DDR2 内存条的各个部件说明。

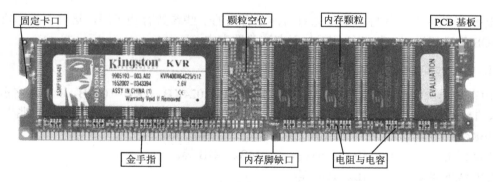

图 8.6　内存条的各个部件说明

内存条上的各个部件功能如下。

(1) 内存颗粒。这是内存条的"灵魂"，内存的性能、速度、容量都是由内存颗粒组成的。内存颗粒的型号并不多，常见的有 HY(LGS)、KINGMAX、WINBOND、TOSHIBA 等。

(2) 内存颗粒空位。在购买内存条时，可以数一下内存条颗粒，如果单面内存颗粒数量是偶数(如为单面 8 片)，则说明这是普通内存；如果在这个空位加上一内存颗粒，单面内存的数量就会变成 9 片，这种内存就具有 ECC(奇偶校验)功能，这多出的一片就是用来校验内存存储、传输数据的正误。

(3) PCB 基板。内存条多数都是绿色的，其中长长的电路基板被称为 PCB 板，因为如今的电路板设计都很精密，所以都采用了多层设计，如 4 层或 6 层等，所以 PCB 板实际上

是分层的，其内部也有金属的布线。理论上6层PCB板比4层PCB板的电气性能好，性能也较稳定。但因为PCB板制造严密，所以从肉眼上较难分辨PCB板是4层还是6层，只能借助一些印在PCB板上的符号或标识来断定。

(4) SPD。SPD是从PC100时代诞生的产物，SPD是一个8脚的小芯片，它实际上是一个EEPROM可擦写存储器，其容量有256B，可以写入一些信息，这些信息中可以包括内存的标准工作状态、速度、响应时间等，以协调计算机更好地工作。

(5) 内存条固定卡。内存条插到主板上后，主板上的内存插槽会有两个夹子牢固地扣住内存条，这个缺口便是用于固定内存条的。

(6) 金手指。内存条上一根根黄色的接触点是内存条与主板内存槽接触的部分，数据就是靠它们来传输的，通常被称为金手指。金手指是铜质导线，使用时间一长就可能有氧化的现象，易发生无法开机的故障，所以每隔1年左右最好用橡皮擦清理一下氧化物。

(7) 内存脚缺口。内存条的脚上有两个缺口，这个缺口是用来防止内存条插反的(只有一侧有)，同时也可用来区分不同的内存。较早的EDO和SDRAM内存条、如今的DDR和DDRⅡ内存条在缺口的形状和位置上有很大不同，所以不能混用。

(8) 电容与电阻。电子电路设备都需要附加许多电容和电阻，以使得电子信号更稳定，因而为了提高电子设备的电气性能，要为内存条焊接上许多电容和电阻。因为内存条很精密，所以原件都采用了贴片式的元件，体积很小巧。在PCB板上会标明焊接的元件是电阻还是电容的，C代表电容，R则代表电阻。

8.1.4　内存条的性能参数

评价一款内存条的好坏，要先对与内存有关的一些参数有些了解，这些参数通常可以在BIOS里进行设置，好坏往往就体现在这些数字中。

1. 内存的容量

内存的单位叫作"兆"字节，用M表示(1MB=1024KB，1KB=1024B，1个汉字占两个字节，1MB大约相当于50万汉字)，一般人们都省略了"字节"两个字，只称"兆"。

168线的容量有16MB、32MB、64MB、128MB、256MB、512MB等。

184线的容量有128MB、256MB、512MB、1GB等。

240线的容量有512MB、1GB等。

2. CAS Latency

CAS Latency(CL)是内存的一种反应速度。表示当内存的CAS信号需要经过多少个时钟周期后，才能开始读、写数据。因此，当CL=2时，表示CAS经过两个时钟周期后，就可以读、写数据了；如果CL=3，必须等3个时钟周期，所以在时间上效率会比较慢。这些值的设置一般可以在BIOS中进行设置。

3. 存取速度和频率

内存在存取数据时，必须在规定时间内送出4种信号，即列位址选择信号、行位址选择信号、读出或写入信号、读出或写入数据，完成这4个动作所需的时间即是内存的存取速度。内存的存取速度用-7、-6、-5等表示(-6表示60ns，-5表示50ns，其单位是纳秒(10

的-9 次方)，该数值越小，内存速度越快。

内存的存取速度与频率成反比的倒数关系，也就是说两者可以互相换算：例如 15ns 同步的 SDRAM，它的时钟频率是 1/15ns，换算为秒，就要乘以 10 的 9 次方，结果是 66666666，这个数字表示的是每秒钟的振荡频率，单位是 Hz，但我们通常是以 MHz(每秒钟百万次)为单位的，所以换算的结果是 66.6MHz。

表 8.3 中，给出了常见内存的存取时间、工作频率对照，仅供参考。

表 8.3　常见内存的存取时间、工作频率对照

存取时间/ns	工作频率/MHz	存取时间/ns	工作频率/MHz
100	10	7.5	133
83	12	6.6	150
62	16	6	166
50	20	5.5	180
40	25	5	200
30	33	4.2	233
25	40	4	250
20	50	3.3	300
16	60	3	333
15	66	2.8	350
13	75	2.5	400
12	80	2.2	450
10	100	2	500
8.3	120	1.8	550

4. 内存的数据带宽

内存的数据带宽是指在读取时传输数据的最大值，也就是每秒钟可以传送多少兆字节(MB)的数据。它的算法如下：

$$\frac{数据位宽(b)\times工作频率(MHz)\pm每个周期传送的次数}{8}=带宽(MB/s)$$

早期的 30 针内存数据位宽是 8 位，72 针内存数据位宽是 32 位，而 168 针内存的数据位宽是 64 位(即是 8B)。由于 DDR DRAM 每个工作周期可以传送两次数据，所以 133MHz 外频的 DDR DRAM 带宽就是 133MHz 的 2 倍。

因此，66MHz 的内存带宽为：

$$\frac{64b\times66MHz}{8}=\frac{4224Mb/s}{8}=528MB/s$$

DDR266 的内存带宽为：

$$\frac{64b\times133MHz\times2}{8}=\frac{17024Mb/s}{8}=2128MB/s$$

表 8.4 给出了常见内存的规格和带宽比较，仅供参考。

表8.4 常见内存的规格和带宽比较

名　称	工作频率/MHz	数据位宽	每个周期传送的次数	内存带宽 /(MB/s)
PC100	100	8B(或 64b)	1	800
PC133	133	8B (或 64b)	1	1064
PC800	800	2B (或 16b)	2	3200
PC1600(DDR200)	100	8B(或 64b)	2	1600
PC2100(DDR266)	133	8B(或 64b)	2	2100
PC2700(DDR333)	166	8B(或 64b)	2	2700
PC3200(DDR400)	200	8B(或 64b)	2	3200
PC3700(DDR466)	233	8B(或 64b)	2	3700
PC4000(DDR500)	250	8B(或 64b)	2	4000

8.1.5　内存厂商和编号的意义

　　每一条内存的芯片都会用数字标示该内存的相应内容,一般包括:单片容量、厂商名称、生产日期、芯片类型、工作频率、电压、容量和一些厂商特殊标志等,但不同厂商的标示方法并不一样。常见的内存厂商代号有:Hynix(海力士)、英飞凌(Infineon)、Samsung(三星)、Fujitsu(富士通)、Micron(美光)、Toshiba(东芝)、尔必达(ELPIDA)、南亚(Nanya)和易胜(Elixir)。下面以三星(Samsung)为例,说明内存条颗粒编号的意义。但内存颗粒的参数需要与前面介绍的内存性能指标相联系才能更好地理解。

　　内存颗粒的编号表示的意义如图8.7所示。

图8.7　三星内存颗粒的编号表示的意义

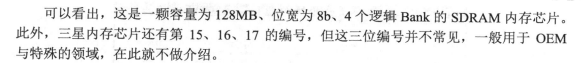

可以看出，这是一颗容量为 128MB、位宽为 8b、4 个逻辑 Bank 的 SDRAM 内存芯片。此外，三星内存芯片还有第 15、16、17 的编号，但这三位编号并不常见，一般用于 OEM 与特殊的领域，在此就不做介绍。

8.1.6 内存选购与测试

目前，市面上的品牌内存条有金士顿、三星金条、威刚、Kingmax、超胜、宇瞻、海盗船等，在选购过程中，除了要看内存颗粒的运行频率、带宽、工作时序等指标外，还要看 PCB 的色泽和质量、电路板的走线是否清晰、焊点是否饱满牢固、金手指镀层是否均匀、内存颗粒和电容的排列是否整齐、贴片电容的数目是否足够等。但最重要的一点就是要根据自己的 CPU 的性能档次和外频情况来选购相应档次的内存条，也就是不要让内存条成为系统的瓶颈，以至于 CPU 的性能优势无法充分发挥出来。

1. 内存选购

在选购之前，要认识到，芯片制造厂商与内存条制造厂商是有区别的。选购内存时大体上就是一看、二擦、三上机。

(1) 一看。即观察内存条的外观，看生产厂家是哪一个。然后看制作是否精致，边角切割是否整齐，芯片插脚上有无锈点，内存条金手指是否粗糙，内存条标记字色是否清晰明亮。正品的内存印刷字体清晰，边角较整齐，内存芯片插脚无氧化锈蚀，内存条金手指光亮、排列整齐。

(2) 二擦。即用手摩擦内存条芯片上的速度和容量标记，看其是否褪色。如果摩擦几次后，字迹变得模糊，那么肯定是假的。

(3) 三上机。通过以上两步得到的内存条只是表明从外表上看没有问题，本质的好坏最好还是通过上机来检验。检测内存类型和容量与实际是否一致。

2. 内存测试

内存测试主要是指用测试软件对内存的读写速度、奇偶校验等方面进行测试，看一看测试的结果，是否一致。如果测试结果与实际情况相符合，最后再在 Windows 下运行一个大型游戏来检测内存条的稳定性和兼容性。测试内存读写速度的软件主要有：SiSoftware Sandra 中的 Memory Bandwidth，PCMark 2004(其中有一项是测试内存的)，EVEREST 有一个测试内存子系统性能的功能。以 EVEREST 为例，其测试方法如下。

(1) 打开 EVEREST Ultimate Edition 窗口，选择【性能测试】项，右击需要测试的项目，如【内存读取】项，在弹出的快捷菜单中选择【快速报告】| HTML 命令，如图 8.8 所示。

(2) 打开【报告-EVEREST】窗口，并进行测试，最后会得出一个结果，并给出其他系统的结果进行比较，如图 8.9 所示。使用同样的方法，可以进行内存写入测试。

上面介绍的是内存性能的测试，而如果想测试内存的稳定性，则可以使用 MemTest 工具。MemTest 是一款免费的内存检测工具，它不但可以彻底地检测出内存的稳定度，还可同时测试记忆的储存与检索资料的能力，了解内存值是否稳定。不过，在测试之前需要关闭所有应用程序；否则，应用程序所占用的那部分内存将不会被检测到。

(1) 首先从网上找到该软件，并下载到本地硬盘中，如果是压缩文件，则要先解压，然后运行该程序，将会打开一个欢迎界面。

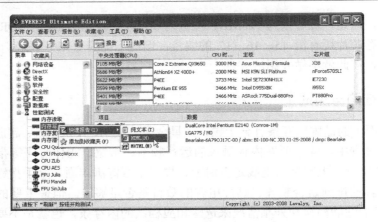

图 8.8　选择【快速报告】| HTML 命令

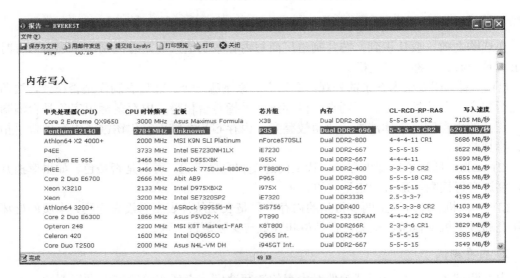

图 8.9　内存写入测试结果及比较

(2) 单击【确定】按钮,即可打开 MemTest 测试主界面,此时,需要在空格内填写想要测试的内存容量(如果不填写,则默认为【所有未用的内存】),如图 8.10 所示。

(3) 单击【开始检测】按钮,打开【首次使用提示信息】对话框,如图 8.11 所示。

(4) 单击【确定】按钮,即开始测试内存(见图 8.12)。在测试过程中,MemTest 会循环不断地对内存进行检测,如果内存出现任何质量问题,会出现提示。测试的时间较长,一般需要 20 分钟以上,也可以单击【停止检测】按钮随时终止测试。

　　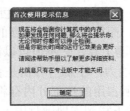　　

图 8.10　MemTest 主界面　　图 8.11　【首次使用提示信息】对话框　　图 8.12　正在检测内存

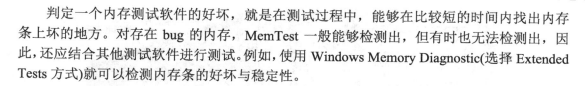

判定一个内存测试软件的好坏，就是在测试过程中，能够在比较短的时间内找出内存条上坏的地方。对存在 bug 的内存，MemTest 一般能够检测出，但有时也无法检测出，因此，还应结合其他测试软件进行测试。例如，使用 Windows Memory Diagnostic(选择 Extended Tests 方式)就可以检测内存条的好坏与稳定性。

8.2　硬　　盘

硬盘是计算机的数据存储中心，用户所使用的应用程序和文档数据几乎都是存储在硬盘上，因此硬盘是计算机中不可缺少的存储设备。

8.2.1　硬盘的分类和结构

按计算机的结构形式来分，计算机可以分为个人台式计算机(PC)和便携式计算机(又称笔记本电脑)和服务器，因此，硬盘也可以分为台式机硬盘、笔记本硬盘和服务器硬盘。

(1) 台式机硬盘。台式机硬盘是最常见的 PC 内部使用的存储设备。随着计算机的发展，台式机硬盘也在朝着大容量、高速度、低噪声的方向发展，单碟容量逐年提高。台式机硬盘的厂商主要有希捷(含被收购的迈拓、三星的硬盘业务)、西部数据、日立、东芝等。

(2) 笔记本硬盘。笔记本硬盘顾名思义就是应用于笔记本的存储设备，笔记本强调的是其便携性和移动性，因此笔记本硬盘必须在体积、稳定性、功耗上达到很高的要求，而且防震性能要好。笔记本硬盘和台式机硬盘在产品结构和工作原理上没有本质的区别，笔记本硬盘最大的特点就是体积小巧，目前标准产品的直径仅为 2.5 英寸(还有 1.8 英寸甚至更小的)，厚度也远低于 3.5 英寸硬盘。

(3) 服务器硬盘。服务器硬盘在性能上的要求要远远高于台式机硬盘，这是由服务器大数据量、高负荷、高速度等要求所决定的。服务器硬盘一般采用 SCSI 接口，高端还有采用光纤通道接口的硬盘。

按硬盘的物理构造分类，硬盘分别有机械硬盘(HDD，传统硬盘，采用磁性碟片存储)、混合硬盘(HHD，一块基于传统机械硬盘诞生出来的新硬盘，把磁性硬盘和闪存集成到一起构成的)和固态硬盘(SSD，用闪存颗粒来存储)。

常见的硬盘(机械硬盘与固态硬盘)都为 3.5 英寸产品，在硬盘的顶部贴有产品标签。硬盘的底部则是一块控制电路板。在硬盘的一端有电源接口，硬盘主、从状态跳线和数据线接口，如图 8.13 所示。

硬盘的接口包括电源接口和数据线接口两部分，其中，电源接口与主机电源相连，为硬盘工作提供电力保证。数据接口则是硬盘数据和主板控制器之间进行传输交换的纽带，根据连接方式的差异，分为 IDE、SATA、SCSI 和光纤通道 4 种。硬盘内部结构(见图 8.14)由盘片、马达、固定基板、控制电路板、浮动磁头组件等几大部分组成。

盘头组件是构成硬盘的核心，封装在硬盘的净化腔体内，包括浮动磁头组件、磁头驱动机构、盘片及主轴驱动机构、前置读写控制电路等。这些结构不用深究，知道就可以了。硬盘作为精密设备，尘埃是其大敌，因此它是完全密封的。

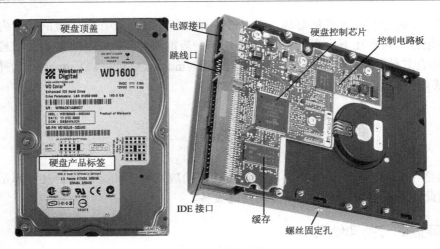

图 8.13　硬盘的外观和结构

图 8.14　硬盘的内部结构

8.2.2　硬盘的主要性能参数

1. 硬盘容量

作为计算机系统的数据存储器，容量是硬盘最主要的参数。硬盘的容量以兆字节(MB)或吉字节(GB)为单位，1GB=1024MB。硬盘厂商在标称硬盘容量时通常取 1GB=1000MB，但实际可用的容量是进行格式化后的容量，因此，我们在 BIOS 中或在格式化硬盘时看到的容量会比厂家的标称值要小。

2. 单碟容量

硬盘是由多个存储碟片组合而成的，而单碟容量(storage per disk)就是一个存储碟所能存储的最大数据量。硬盘厂商在增加硬盘容量时，可以通过两种手段：一个是增加存储碟片的数量，但受到硬盘整体体积和生产成本的限制，碟片数量都受到限制，一般在 5 片以内；而另一个办法就是增加单碟容量。举个例子来说，单碟容量为 60GB 的希捷酷鱼五系列和单碟容量为 80GB 的希捷 7200.7 系列，如果都用 2 个盘片，那么总容量将有 40GB 的差异，可见单碟容量对硬盘容量的影响。单碟上的容量越大则代表扇区间的密度越大，加上硬盘在写入数据至磁道时是以连续的方式写入的，因此，如果能将所写入的数据皆集中于单碟上，自然在读取时就能提升硬盘持续数据的传输速度。在硬盘转速相同的情况下，单碟容量越大，在相同的时间内可以读取更多的文件，传输速率也会加快。

3. 转速

转速(rotational speed)是硬盘内电机主轴的旋转速度，也就是硬盘盘片在一分钟(1min)内所能完成的最大转数。转速的快慢是标示硬盘档次的重要参数之一，它是决定硬盘内部传输率的关键因素之一，在很大程度上直接影响到硬盘的速度。硬盘的转速越快，硬盘寻找文件的速度也就越快，相对地，硬盘的传输速度也就得到了提高。硬盘转速以每分钟多少转来表示，单位表示为 rpm，rpm 是 Revolutions Perminute 的缩写，是转/分钟(r/min)。rpm 值越大，内部传输率就越快，访问时间就越短，硬盘的整体性能也就越好。

普通台式机硬盘的转速一般为 7200rpm；而对于笔记本电脑用户则是 5400rpm 为主；服务器用户对硬盘性能要求最高，服务器中使用的 SCSI 硬盘转速基本都采用 10000rpm，甚至还有 15000rpm 的，性能要超出普通硬盘很多。

4. 缓存

一般硬盘的平均访问时间为十几毫秒，但 RAM(内存)的速度要比硬盘快几百倍。所以 RAM 通常会花大量时间去等待硬盘读出数据，从而也使 CPU 效率下降。于是，人们采用了高速缓冲存储器(又叫高速缓存)技术来解决这个矛盾。

简单地说，硬盘上的缓存容量是越大越好，大容量的缓存对提高硬盘速度很有好处，不过提高缓存容量就意味着成本上升。目前市面上的硬盘缓存容量通常为 2～8MB。

5. 平均寻道时间

硬盘的平均寻道时间(average seek time)是指硬盘的磁头从初始位置移动到盘面指定磁道所需的时间，它是影响硬盘内部数据传输率的重要参数。硬盘读取数据的实际过程大致是：硬盘接收到读取指令后，磁头从初始位置移到目标磁道位置(经过一个寻道时间)，然后从目标磁道上找到所需读取的数据(经过一个等待时间)。可以看到，硬盘在读取数据时，要经过一个平均寻道时间和一个平均等待时间，平均访问时间=平均寻道时间+平均等待时间。在等待时间内，磁头已到达目标磁道上方，只要等到所需数据的扇区旋转到磁头下方即可读取。这个时间越小越好，但它受限于硬盘的机械结构。目前硬盘的平均寻道时间是 8.5ms 左右。

6. 硬盘的数据传输率

硬盘的数据传输率(data transfer rate)也称吞吐率，表示在磁头定位后，硬盘读或写数据的速度。硬盘的数据传输率有两个指标：第一个是突发数据传输率(burst data transfer rate)，也称为外部传输率(external transfer rate)或接口传输率，即计算机系统总线与硬盘缓冲区之间的数据传输率。突发数据传输率与硬盘接口类型和硬盘缓冲区容量大小有关。目前的支持 ATA/100 的硬盘最快的传输速率能达到 100MB/s。第二个是持续传输率(sustained transfer rate)，也称为内部传输率(internal transfer rate)，它反映硬盘缓冲区未用时的性能。内部传输

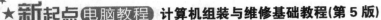

率主要依赖硬盘的转速。

7. 磁头数

磁头是硬盘中对盘片进行读写的工具，是硬盘中最精密的部位之一。磁头是用线圈缠绕在磁芯上制成的。硬盘在工作时，磁头通过感应旋转的盘片上磁场的变化来读取数据；通过改变盘片上的磁场来写入数据。为避免磁头和盘片的磨损，在工作状态时，磁头悬浮在高速转动的盘片上方，而不与盘片直接接触，只有在电源关闭之后，磁头会自动回到在盘片上的固定位置(称为着陆区，此处盘片并不存储数据，是盘片的起始位置)。硬盘磁头是硬盘读取数据的关键部件，它的主要作用就是将存储在硬盘盘片上的磁信息转化为电信号向外传输，而它的工作原理则是利用特殊材料的电阻值会随着磁场变化的原理来读写盘片上的数据，磁头的好坏在很大程度上决定着硬盘盘片的存储密度。目前比较常用的是GMR(giant magneto resistance，巨磁阻磁头)，它使用了磁阻效应更好的材料和多层薄膜结构，这比以前的传统磁头和MR(magneto resitance，磁阻磁头)更为敏感，相对的磁场变化能引起大的电阻值变化，从而实现更高的存储密度。

8.2.3 硬盘的接口类型

硬盘接口是硬盘与主机系统间的连接部件，其作用是在硬盘缓存和主机内存之间传输数据。不同的硬盘接口决定着硬盘与计算机之间的连接速度，在整个系统中，硬盘接口的优劣直接影响着程序运行快慢和系统性能好坏。硬盘接口分为IDE、SATA、SCSI和光纤通道4种。此外，还有一种USB接口的硬盘，但USB接口也是通过转接口来实现的。

1. IDE接口

IDE(integrated drive electronics，电子集成驱动器)的本意是指把"硬盘控制器"与"盘体"集成在一起的硬盘驱动器。把盘体与控制器集成在一起的做法减少了硬盘接口的电缆数目与长度，数据传输的可靠性得到了增强，硬盘制造起来变得更容易，因为硬盘生产厂商不需要再担心自己的硬盘是否与其他厂商生产的控制器兼容。对用户而言，硬盘安装起来也更为方便。IDE这一接口技术从诞生至今就一直在不断发展，性能也不断地提高，其拥有价格低廉、兼容性强等特点，为其奠定了其他类型硬盘无法替代的地位。IDE代表着硬盘的一种类型，但在实际的应用中，人们也习惯用IDE来称呼最早出现IDE类型硬盘ATA-1，这种类型的接口随着接口技术的发展已经被淘汰了，而其后发展分支出更多类型的硬盘接口，比如ATA、Ultra ATA、DMA、Ultra DMA等接口都属于IDE硬盘。IDE硬盘接口的各种规格如表8.5所示。

表 8.5　IDE 硬盘接口的各种规格

接口名称	传输模式	传输速度(MB/s)	连接线
ATA1	单字节 DMA 0	2.1	40针
	PIO	3.3	
	单字节 DMA 1，多字节 DMA 0	4.2	
	PIO-1	5.2	
	PIO-2 单字节 DMA 2	8.3	

续表

接口名称	传输模式	传输速度(MB/s)	连接线
ATA2	PIO-3	11.1	40 针
	多字节 DMA 1	13.3	
	PIO-4，多字节 DMA 2	16.6	
ATA3	PIO-4，多字节 DMA 2	16.6	40 针
ATA4	多字节 DMA 3，Ultra DMA 33	33.3	40 针
ATA5	Ultra DMA 66	66.7	40 针 80 芯
ATA6	Ultra DMA 100	100.0	40 针 80 芯
ATA7	Ultra DMA 133	133.0	40 针 80 芯

2. SATA 接口

使用 SATA(serial ATA)接口的硬盘又叫串口硬盘，它采用串行连接方式，具备了更强的纠错能力，这在很大程度上提高了数据传输的可靠性。串行接口还具有结构简单、支持热插拔的优点。此外，串口标准不但支持硬盘，同样也支持 DVD、CD-R/W 设备。

Serial ATA 1.0 定义的数据传输率可达 150MB/s，这比最快的并行 ATA(即 ATA/133)所能达到 133MB/s 的最高数据传输率还高，而 Serial ATA 2.0 的数据传输率达到 300MB/s，最终 SATA 将实现 600MB/s 的最高数据传输率。

串口硬盘的连接与 IDE 的电源线连接相同，但数据线连接不同，首先是主板上要有串口硬盘的接口。硬盘上有相应的串口，使用专用连接线把它们连接即可。串口硬盘与 IDE 硬盘的连接如图 8.15 所示。

图 8.15　串口硬盘与 IDE 硬盘的连接比较

3. SCSI 接口

SCSI 的英文全称为 Small Computer System Interface(小型计算机系统接口)，是同 IDE(ATA)完全不同的接口，IDE 接口是普通 PC 的标准接口，而 SCSI 并不是专门为 PC 硬盘设计的接口，而是一种广泛应用于小型机上的高速数据传输技术。SCSI 接口具有应用范围广、多任务、带宽大、CPU 占用率低，以及支持热插拔等优点，但较高的价格使得它很难如 IDE 硬盘般普及，因此 SCSI 硬盘主要应用于中、高端服务器和高档工作站中。

4. 光纤通道接口

光纤通道(fibre channel)最初也不是为硬盘设计开发的接口技术，而是专门为网络系统设计的，但随着存储系统对速度的需求，才逐渐应用到硬盘系统中。光纤通道硬盘接口是为提高多硬盘存储系统的速度和灵活性才开发的，它的出现大大提高了多硬盘系统的通信速度。光纤通道的主要特性有支持热插拔、高速带宽、远程连接、连接设备数量大等。

光纤通道是为像服务器这样的多硬盘系统环境而设计的，能满足高端工作站、服务器以及外设间通过交换机和点对点连接等系统对高数据传输率的要求。

8.2.4　硬盘的选购

目前，市场上的硬盘厂商(品牌)主要有希捷(已收购迈拓、三星硬盘业务)、西部数据和日立等。

(1) Seagate(希捷)硬盘有较高的数据传输率、较低的 CPU 占用率和低廉的价格。酷鱼系列是现在市场上希捷的主流硬盘，还有 Maxtor(迈拓)和 Samsung(三星)的硬盘流通。

(2) Western Digital(西部数据)的硬盘以稳定著称，且其产品价格易让人接受。其硬盘有缓存 2MB 和 8MB 两个版本，可以通过其命名来区分，新的 WD2000JB 的单碟容量提升至 60GB，其容量为 40～200GB 等。

目前，各个品牌都推出有 SATA 与 IDE 两种接口的硬盘，它们在单碟容量、转速、缓存、盘片数据规格上几乎相同，而在磁头数量上，西部数据一般使用 4 个磁头，其他几款产品为两个磁头。希捷的平均寻道时间强一些。在价格方面，一般是西部数据的较低，而迈拓盒装的产品要贵一些。而希捷的口碑不错。对于硬盘的单碟容量大小，可通过硬盘的编号来确认。以编号为 ST3320620AS 的"希捷"硬盘为例，其编号意义如图 8.16 所示。

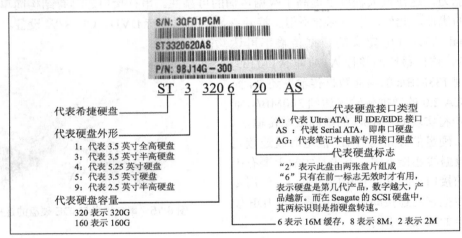

图 8.16　希捷硬盘编号表示意义

这款硬盘产品名称为 Barracuda 7200.7，是希捷公司生产的 3.5 英寸、采用两张硬盘盘片、总容量为 120GB 的 SATA 接口硬盘。Barracuda 代表酷鱼系列，7200.7 是指第七代产品，单碟容量为 80GB，如果换成为 7200.8 或 7200.9，则表示希捷酷鱼的第 8 代和第 9 代产品，单碟容量则应为 120GB 和 160GB。而 Barracuda 7200.7 Plus 系列产品全部采用 8MB 的缓存，采用 Serial ATA 或 Ultra ATA 100 接口。

8.2.5　查看硬盘信息及其速度测试

对于硬盘的一般信息，可以上网查询或者观察硬盘标签上的参数，但实际的硬盘性能、硬盘健康状态、硬盘坏道等是查不到的，这些需要使用硬盘测试工具来检查。

目前，专业测试硬盘的软件主要有 Drive Health、HD Tach、HDD Scan、HD Tune 等，其中，HDD Scan 可用来检查硬盘坏道，HD Tune 可用来检测硬盘的健康状态。此外，PCMark 系列和 SiSoft Sandra 这些整体测试程序也有磁盘性能(硬盘读取速度等)测试的选项。下面具体介绍如何用 HD Tune 来检测硬盘的健康状态。

HD Tune 是一款小巧易用的硬盘工具软件，其主要功能有硬盘传输速率检测，健康状态检测，温度检测及磁盘表面扫描、检测出硬盘的固件版本、序列号、容量、缓存大小等。

(1) 把 HD Tune 汉化版下载下来，解压到一个指定的文件夹中。

(2) 双击 HD Tune.exe 程序图标，即可运行 HD Tune 程序，在主界面中，可以看到其主要包括 4 个选项卡，即【磁盘测试】选项卡、【磁盘信息】选项卡、【健康状况】选项卡、【扫描错误】选项卡。

(3) 【磁盘测试】选项卡主要是测试硬盘的传输速度。如果安装有多个硬盘，可以在该下拉列表框中选择，可以看到当前硬盘的生产厂家，如图 8.17 所示。在其右边可以看到当前硬盘的温度，单击【开始】按钮，即可进行传输速度测试，测试结果可用曲线表现出来。

(4) 【磁盘信息】选项卡可以查看逻辑分区的详细情况，盘符、容量、使用率、类型及硬盘的详细信息，分别标出了硬盘的缓存和标准(硬盘规格)，如图 8.18 所示。

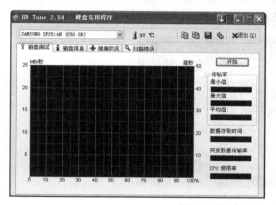

图 8.17　磁盘测试

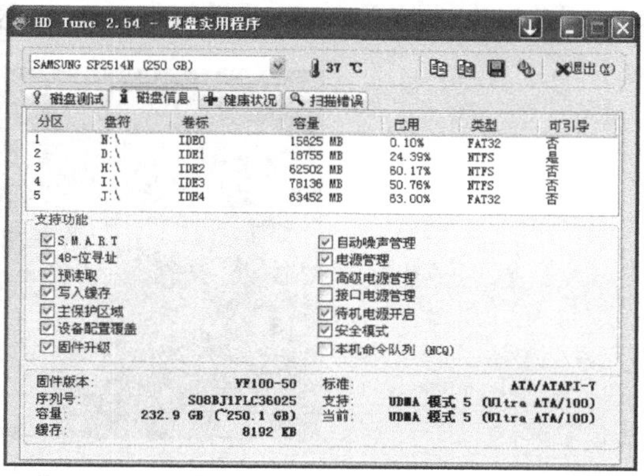

图 8.18　磁盘信息

(5)【健康状况】选项卡则更加详细地指出了硬盘的信息，在界面的底部会显示硬盘通电时间以及硬盘的状况是否良好，如图 8.19 所示。

(6) 【扫描错误】选项卡用来检测硬盘上面是否存在物理损坏，如果测试时间不多，则可以选中【快速扫描】复选框。然后单击【开始】按钮，即开始检测硬盘上的坏道，绿色代表良好，红色代表损坏，如图 8.20 所示。

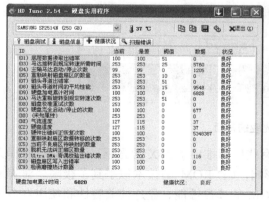

图 8.19　健康状况

图 8.20　扫描错误

8.3 光驱和刻录机

在组装一台计算机的时候，光存储设备是必不可少的，以前一般都选用 CD-ROM，但随着 DVD 技术的成熟，现在 DVD-ROM 逐渐成为主流。多媒体的普及带动了光存储设备的发展，通过 CD-RW 或 DVD-RW，用户可以制作一张 VCD 或 DVD 光盘。

8.3.1 CD-ROM

CD-ROM 即普通只读光驱，在以前它是计算机的标准配件，可以用来读取 CD-ROM、CD、VCD 等格式的盘片。随着 DVD-ROM 的降临，CD-ROM 已经逐渐淡出人们的视线，但由于其技术成熟，成本低廉，而且，目前大多数软件的载体仍是 CD-ROM 盘片，所以，在市场上仍占有一席之地。早期的光驱、刻录机和 DVD 驱动器的面板如图 8.21 所示。

图 8.21 普通 IDE 接口的 CD-ROM

购买驱动器时，随产品附赠的附件一般有使用说明手册、连接线、说明书、驱动光盘等，而具备刻录功能的刻录机产品，还会额外附带刻录软件等。

而光驱的背面由电源接口、主从跳线、数据线接口、音频线接口 4 部分组成，如图 8.22 所示。光储设备接口也决定着驱动器与系统间的数据传输速度。与硬盘接口一样，其接口类型也有 ATA/ATAPI 接口、USB 接口、IEEE1394 接口、SCSI 接口等。

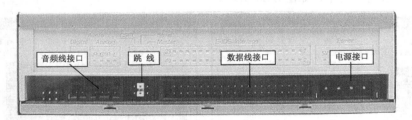

图 8.22 光驱的背面

目前 CD-ROM 的倍速几乎都在 52X，也有些厂商推出了 56X 的光驱，但是速度的提升会带来噪声大、发热量大和不太稳定的负面影响，CD-ROM 的技术似乎到了极限。对普通用户来说，选购时的重点应该在于考虑 CD-ROM 的读盘性能、盘片的兼容性和使用寿命等方面，当然还有售后服务等。

一台普通的光驱通常由以下几个部分组成：主体支架、光盘托架、激光头组件、电路控制板。其中，激光头组件的地位最为重要，可以说是光驱的"心脏"。光驱在工作时就是由上面的基本组件来协同工作的，下面就来看看激光头组件的原理，如图 8.23 所示。

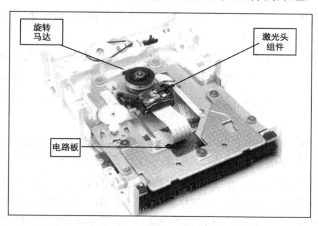

图 8.23　光驱的激光头

人们通常所说的激光头实际上是一个组件，具有主轴电机、伺服电机、激光头和机械运动部件等结构。激光头则是由一组透镜和光电二极管组成。在激光头中，有一个设计非常巧妙的平面反射棱镜。当光驱在读光盘时，从光电二极管发出的电信号经过转换，变成激光束，再由平面棱镜反射到光盘上。由于光盘是以凹凸不平的小坑代表"0"和"1"来记录数据的，因此它们接收激光束时所反射的光也有强弱之分，这时反射回来的光再经过平面棱镜的折射，由光电二极管变成电信号，经过控制电路的电平转换，变成只含"0""1"信号的数字信号，计算机就能读出光盘中的内容。

一台光驱的好坏，主要决定在纠错性能和稳定性上。在技术上，保证这两个指标的主要有两项技术：寻迹和聚焦。

在了解寻迹以前，我们首先来看看光盘的数据存储方式，与硬盘的同心圆磁道方式不同的是，光盘是以连续的螺旋形轨道来存放数据的。其轨道的各个区域的尺寸和密度都是一样的，这样可以保证数据的存储空间分配更加合理。也正因为如此，使得激光头不能用与硬盘磁头一样的方式来寻道。为了保证激光头能够准确地寻道，就产生了"寻迹"技术，它使得光头能够始终对准螺旋形轨道的轨迹。如果激光束与光盘轨迹正好重合，那么这时的偏差就是"0"。但是大多数情况下，都不可能达到这样理想的状态，寻迹时总会产生一些偏差，这时就需要对光驱进行调整。如果寻迹范围不够大的话，那么数据盘就可能读不出。这也就是通常所说的纠错性能不好。

聚焦就是激光束能够精确射在光盘轨道上并得到最强的信号。当激光束从光盘上返回的时候，需要经过 4 个光电二极管，每个光电二极管所发出的信号需要经过叠加，形成聚焦误差信号。只有当这个误差信号输出为零时，聚焦才准确。如果聚焦不准确，显然就不能顺利地读取光盘。

8.3.2　CD-ROM 主要性能指标

CD-ROM 的主要性能指标介绍如下。

(1) 倍速。该指标指的是光驱传输数据的速度大小，根据国际电子工业联合会的规定，把 150Kb/s 的数据传输率定为单倍速光驱，300Kb/s 的数据传输率也就是双倍速，按照这样的计算方式，依次有 4 倍速、8 倍速、24 倍速等。倍速越高的光驱，它传输数据的速度也就越快，当然其价格也会越昂贵。就目前来看，基本上都是 52X 的光驱，该指标决定了文件复制、数据传输等操作的速度。

(2) 平均寻道时间。为了能更准确地反映出光驱的实际速度，人们又提出了平均寻道时间这一技术指标。平均寻道时间被定义为光驱查找一条位于光盘可读取区域中间位置的数据道所花费的平均时间，它的单位为 ms(毫秒)，该指标越小越好。需要说明的是，该参数与数据传输率有关。

(3) 容错性。该指标通常与光驱的速度有相当大的关系，通常速度较慢的光驱，容错性要优于高速产品，对于高倍速的光驱，应该选择具有人工智能纠错功能的光驱。尽管该技术指标只是起到辅助性的作用，但实践证明容错技术的确可以提高光驱的读盘能力。一般情况下，刚刚购买回来的新光驱读盘能力都不错。但由于光驱使用频率高，因此，先进的容错技术对于提高光驱的读盘能力以及延长光驱的使用寿命都是很有帮助的。

(4) CLV 技术。CLV(constant linear velocity，恒定线速度读取方式)，是在低于 12 倍速的光驱中使用的技术，它是为了保持数据传输率不变，而随时改变旋转光盘的速度。使用该技术的光驱读取内沿数据的旋转速度比外部要快许多。

(5) CAV 技术。CAV 是 Constant Angular Velocity 的英文缩写，它的中文含义是代表恒定角速度读取方式。它是用同样的速度来读取光盘上的数据。但光盘上的内沿数据比外沿数据传输速度要低，越往外越能体现光驱的速度，而倍速指的是最高数据传输率。

(6) P-CAV 技术。P-CAV 的英文全称是 Partial-CAV，中文含义是代表区域恒定角速度读取方式。该技术指标是融合了 CLV 和 CAV 的一种新技术，它是在读取外沿数据时采用 CLV 技术，在读取内沿数据时采用 CAV 技术，这样提高了整体数据传输的速度。

(7) 高速缓存。高速缓存指标对光驱的整体性能也起着非常重要的作用，大缓存配置不仅可以提高光驱的传输性能和传输效率，而且对于光驱的纠错能力也有非常大的帮助。目前，绝大多数驱动器缓存的大小界于 256KB～2MB 之间，根据驱动器速度和制造商的不同而稍有差异。如果没有缓存，驱动器将会被迫试图在光盘和系统之间实现数据同步。如果遇到 CD 上有刮痕，驱动器无法在第一时间内完成数据读取的话，结果非常明显，将会出现信息的中断，直到系统接收到新的信息为止。在购买光驱时最好留意一下该性能指标，相同价格应选择大容量的缓存为宜。

(8) 数据接口。除了上面的技术指标外，数据接口也是一个重要指标。常见的光驱有 Ultra-DMA/33 模式、SCIC 模式、IDE 模式。其中，Ultra-DMA/33 是由 Intel 和 Quantum 制定的一种数据传输方式，该方式 I/O 系统的突发数据传输速度可达 33Mb/s，还可以降低 I/O 系统对 CPU 资源的占用率。现在又出现了 Ultra-DMA/66，速度增加到 2 倍。SCIC 接口模式是一种服务器专用的外部接口，可驱动多个外部设备，它的数据传输率可达 40Mb/s，以后将成为外部接口的标准，价格昂贵。但占用 CPU 资源少，工作稳定。IDE 接口模式是现在普遍使用的外部接口，主要连接硬盘和光驱，它的成本最低，但效率相对来说较差。

8.3.3 DVD-ROM

DVD(digital versatile disc)即数字通用光盘的意思,是由飞利浦和索尼公司与松下和时代华纳两大 DVD 阵营制定的新一代数据存储标准。DVD 技术可以轻易地将单面、单层的存储量提高到 4.7GB,并且还采用更先进的 MPEG II 解压缩标准,MPEG II 标准要比以往使用的 VHS 和 MPEG 1 标准的画质解析度要清晰得多,其最高解析度可以轻而易举地达到 500～1000 线。与 CD-ROM 驱动器相比,DVD-ROM 驱动器在诞生短短数年来便取得了飞速发展,DVD 自身技术的成熟再加上 CPU、显卡、声卡等性能的飞速提高以及 MPEG-2 软件回放技术的成熟,所以,DVD 驱动器已经成为目前的主流。DVD 驱动器的技术指标介绍如下。

1. 速度

DVD 驱动器也有 2 倍、4 倍、8 倍、16 倍等所谓几倍速的说法,该速度是以 DVD-ROM 倍速来定义的。DVD 驱动器的单倍速是指 1358KB/s,而 CD 驱动器的单倍速是 150KB/s,所以,DVD 驱动器的速度大约为 CD 驱动器的 9 倍。

2. 激光头

目前,市场上的 DVD-ROM 驱动器主要有单激光头和双激光头之分。

单激光头也就是用同一个激光头读取 DVD 和 CD-ROM 信号,双激光头则主要是指分别采用两个激光头读取 DVD 和 CD-ROM 信号。

根据读盘方式的不同,也可以把 DVD 分为单激光头单透镜双聚焦、单激光头双透镜、单激光头双激光器、双激光头双激光器这几类。

3. 缓存大小

DVD 光驱与 CD 光驱一样,都有一个缓存大小的问题,这个缓存的容量直接影响到 DVD 的整体性能。缓存容量越大,它的命中率就越高,性能也就越好。目前,主流的 DVD 光驱一般采用了 256～512KB 缓存,当然也有采用 128KB 缓存的 DVD 光驱。笔者认为在选购 DVD 光驱的时候,尽量选择缓存大一点的 DVD,这样就能使得整个系统更加稳定。

4. 平均读取时间和平均寻道时间

平均读取时间是指光存储产品的激光头移动定位到指定将要读取的数据区后,开始读取数据到将数据传输至缓存所需的时间,同样也是衡量光存储产品的重要指标,单位是毫秒。目前,DVD 驱动器平均读取时间则大致为 90～110ms。Combo 产品的平均读取时间要略低于 DVD 光驱。

平均寻道时间是指光存储产品查找一条位于光盘可读取区域中的数据道所花费的平均时间,单位是毫秒。平均寻道时间是购买光存储产品的关键参数之一,更快的平均寻道时间可以提供更高的数据传输速度。这是衡量光存储产品的另一项重要指标。

5. 兼容性

在使用的时候常会遇到这种情况:一些片子在普通家用 DVD 机器上放得好好的,可拿到计算机上放到一半就死机了。原因可能是 DVD 光驱的纠错能力不强,也可能是播放软件的问题，还可能是 DVD 光驱和计算机里的某些硬件不兼容。因此，能否支持、兼容和读取很多盘片格式，是检验 DVD 驱动器的一个重要指标。

6. 稳定性

驱动器的主轴马达高速地旋转必然引起光盘及承载托盘的震动，甚至会产生共振，严重影响读盘效果。ABS 自平衡系统是目前高级光驱通行的一种技术，其稳定性和耐磨性更好，寿命更长；能够实现平稳、快速、稳定地读取盘片数据，控制不平衡盘片的振动。

7. 区域代码

区域代码是指在 DVD 光驱、影碟机和其碟片上编入6个不同的区域代码，使它们之间不能相互读取。这是因为，DVD 的硬件技术主要掌握在日本人手里，而其软件及其计算机技术则又是美国人占据绝对的主导地位，这是两家从各自利益出发竞争妥协的结果。在选购的时候只要注意购买标有本区代码，也就是中国区域代码的就可以了。一般情况下，在中国内地出售的，应该都为中国区域代码的了，并且在 DVD 光驱的面板上或说明书上，一般都有明显的标记或说明。不过，多数的刻录机是没有锁码的，标称可读取全区域码的 DVD 光驱，它设置有 5 次选择区域码的机会任用户选择。选择方法是，在系统属性窗口中，打开该刻录机的硬件属性对话框，切换到【DVD 区域】选项卡即可，如图 8.24 所示。

图 8.24　选择区域代码

在购买 DVD 光驱时，要先了解它们的厂牌、种类和功能，才能避免吃亏。

在选择 DVD 光驱的时候，一定要先看一下 DVD 的品牌。现在 DVD 光驱市场上较常见的厂家品牌主要有索尼、日立、东芝、阿帕奇、先锋、三星、LG 等，其中先锋 DVD 在众多的参数设置上都具有很好的匹配性，所以在产品整体方面具有相当优越的表现。而三星 DVD 在防震动、防噪声、稳定可靠、延长使用寿命等方面具有突出的技术优势，一直在用户心目中保持着国际大厂、品质优良的形象。

8.3.4　CD-R/RW

刻录机就是能够刻录光盘的一种驱动器。不过所刻录的光盘一般分为 CD-RW 和 CD-R 两种。其中，CD-RW 盘片可以多次写入、多次读取。而 CD-R 所刻录的数据是永久性的，写入后无法改变，如果在写数据时出现差错，那么整张盘片就会报废。

1. 刻录机的分类

刻录机有内置式和外置式两种，内置式价格较便宜，且节省空间，内置式刻录机外形酷似光驱，连接和使用方式也与光驱相同。外置式刻录机的安装方便，密封性和散热性较好。不过其价格要比内置的贵得多，所以一般用户不使用它。

按照功用来分，刻录机分为普通的刻录机、Combo 和 DVD 刻录机。

(1) 普通的刻录机是过时的产品。

(2) Combo(康宝)即是整合了普通光驱、刻录机和 DVD-ROM 三者功能的驱动器，它最明显的特点就是给用户带来了空前的方便，在使用不同功能的光存储功能时，不再需要来回更换驱动器。此外，因为一般计算机只有两个 IDE 通道，在光驱的基础之上增加 DVD-ROM 或 CD-RW 产品，无疑会占用 IDE 资源，增加系统的负担。Combo 的出现就解决了这个问题。但 Combo 只是一个过渡性产品，真正普及的是 DVD 刻录机。

(3) DVD 刻录机所采用的载体存储容量大，能够充分满足人们对于超大容量数据存储的需求；同时 DVD 刻录机不仅可以用来刻录 DVD 光盘，而且还可以用来刻录普通的 CD-R/RW 光盘，另外 DVD 刻录机本身还具备 CD-ROM 及 DVD-ROM 的功能，可实现真正的"一机多能"。因此，DVD 刻录机已经成为光存储市场的主流产品。

2. DVD 刻录机

随着光存储设备的发展，DVD 刻录机(外观见图 8.25)逐渐成为一种主流。但是，DVD 刻录技术的标准至今还没有统一，有 DVD-RAM、DVD-R、DVD-RW、DVD+R、DVD+RW。为了使大家对各种格式有个初步了解，下面简单介绍一下各种格式的区别。

DVD 刻录的格式目前主要有 3 种：DVD-RAM、DVD-R/RW、DVD+R/RW。其中后两种又有可重复擦写(RW)与一次性写入(R)之分，所以市面上的 DVD 刻录盘片共有 5 种。

图 8.25　DVD 刻录机的外观

(1) DVD-RAM。这是由松下主推的 DVD 刻录标准，它采用与传统 DVD 不同的物理格式。这样导致的后果是技术方面很先进，能够充当类似于硬盘的角色。所以在应用上能够满足类似于光盘塔等专业应用。但也导致了不能和现存 DVD-ROM 兼容的问题。除非经过特殊设计，否则，普通 DVD-ROM 和家用 DVD 播放机是不能读取 DVD-RAM 盘片的。

(2) DVD-R/RW。这是先锋等公司主推的刻录标准，它采用和原有 DVD-ROM 相同的物理格式。在旋转模式、盘片结构以及反射率上和 DVD-ROM 相兼容。它采用的 CLV(constant linear velocity，恒定线速度)方式和传统的 DVD-ROM 相同，但也造成了速度容易受到限制的困扰。目前 DVD-R 刻录速度最高一般被限制在 4 倍，而 DVD-RW 的速度则基本上以 2 倍为主。但由于其进入市场较早，盘片的价格目前是最低的。

(3) DVD+R/RW。这是索尼、飞利浦及惠普主推的刻录标准，是 DVD 刻录的后起之秀。由于借鉴了前面两种格式的经验，这种规格的兼容性和 DVD-R/RW 基本相当，还解决了一些 DVD-R/RW 的问题。另外，它的刻录速度也有所提高。但由于这一标准没有得到 DVD 的认证，所以，其标志中不带有 DVD 的字样。其盘片要比 DVD-R/RW 略贵一些。

目前三大阵营并没有以完全等分的形势占据市场。其中 DVD-RAM 的技术虽然先进，但是其兼容性较差，不能有效地让用户从 CD 刻录时代无缝过渡到 DVD 刻录时代，再加上盘片价格居高不下，所以 DVD-RAM 的机器在个人用户市场上比较少见。但它先进的技术也是不少有需求的用户所需要的。

对 DVD+R/RW 和 DVD-R/RW 两种规格来说，其实际区别并不是很大。目前，市场上 DVD 刻录机对这两种规格的支持情况也比较相近。由于将来两种格式谁将取得胜利尚不明了，所以，包括索尼在内的很多厂家都采取了"双保险"形式：DVD-Dual，也就是同时支持 DVD-R/RW 和 DVD+R/RW 两种规格。这样保证无论"+"还是"－"，只要选择了这样的产品几乎都能万无一失。

3．光盘的盘片

光盘发展到今天，其盘片的格式非常之多，常见的有：CD-DA、CD-ROM、CD-R、CD-RW、CD-I、CD-ROM XA、Photo CD、Video CD、CD EXTRA、DVD-ROM、DVD-RAM、DVD-R、DVD-RW、DVD+RW。从名称上基本可以看出哪一种是 DVD 刻录盘，哪一种是普通刻录机的盘片。我们常见的普通 DVD 光盘容量为 4.7GB，这种常见的 DVD 盘片就是 DVD-5，即单面单层(single side single layer，SS-SL)。

DVD 光盘按记录方式区分有单面单/双层与双面单/双层的规格，所以依照规格的不同，会有不同的容量。因此，根据容量的不同可将 DVD 盘片分成 4 种规格，分别是 DVD-5、DVD-9、DVD-10 与 DVD-18。目前，市面上比较常见的是 DVD-5 和 DVD-9 碟片。

而最新的 DVD 刻录模式可以使用 DVD+/-R DL 双层刻录，即单面双层 DVD 刻录，这种技术使得 DVD 盘片的存储量由 4.7GB 扩大到 8.5GB。支持双层刻录的 DVD 盘片为 DVD-9，即单面双层(single side double layer，SS-DL)，最大容量可达 8.5GB。它的构造比 DVD-5 要复杂许多，一共由 8 层组成，而 DVD-5 仅有 5 层(印刷层、保护胶层、金属全反射层、金属半反射层、数据层)。DVD-9 有两个记忆层，其中 L0 就是我们常说的第一层，它为半反射层，而 L1 则是第二层，它是全反射层。使用了两个记忆层的 DVD-9，每个记忆层的容量都为 4.7GB，工作时同时对 L0、L1 两个记忆层进行读写，从而把普通单面单层 DVD 盘片 4.7GB 的容量扩大到 8.5GB。这是近年来光存储技术的巨大发展，也是未来存储模式的趋势。为了便于比较，表 8.6 列出了 5 种刻录盘格式的参数对比。

表 8.6 各种 DVD 盘片写入格式参数对比

对比参数	DVD-RAM	DVD-R	DVD-RW	DVD +R	DVD +RW
写入次数/次	约 100000	1	约 1000	1	约 1000
容量(单面/双面)/GB	4.7/9.4	4.7/—	4.7/—	4.7/9.4	4.7/9.4
数据传输速率	22.16Mbps	22.16Mbps*1	11.08Mbps*1	11.08Mbps*1	11.08Mbps*1
录制系统	非线性	线性	非线性	线性	线性
快速随机存取	64 个地址 /32KB (标题地址)	4 个地址 /32KB (分配地址)	2 个地址 /32KB (分配地址)	16 个地址 /32KB (分配地址)	16 个地址 /32KB (分配地址)
转速	ZCLV*2	CLV*3	CLV	CLV	CLV
碟片盒	可使用	无	无	无	无
DVD 摄录一体机适用性	有	有	有	无	无
8 厘米碟片适用性	有	有	有	无	无

续表

对比参数	DVD-RAM	DVD-R	DVD-RW	DVD +R	DVD +RW
无边界输入/输出写入	有	无	无	无	无
缺陷管理系统	有	无	可使用	无	无
音像-计算机兼容性模式	有	无	无	无	无
CPRM(移动媒介信息保护技术)	有	无	有	无	无

支持双层刻录的功能就是指支持单面双层 DVD 光盘刻录功能，也就是支持 DVD-9 规格刻录的 DVD 刻录机。当然，要想实现双层刻录，除了刻录机需要支持外，还要盘片和刻录软件的支持。单面双层 DVD 刻录是最新的 DVD 模式，并且也是未来 DVD 刻录发展的最终趋势。单面双层刻录技术使 DVD 盘片的存储量由 4.7GB 扩大到 8.5GB。业界认为，容量增大比单纯刻录速度的提升更具实际意义。

在 DVD 盘片的 5 种格式中，DVD-R 和 DVD+R 是一次性写入格式，另外 3 种则为可擦写格式，比较特殊的是 DVD-RAM。DVD-RAM 的全称为 DVD-Random Access Memory(DVD 随机存取存储器)，它使用的技术源于松下自己的 Phase-change Dual(双相变)光盘技术，同时结合了硬盘、MO 磁光盘(magnetic optical，它是传统的磁盘技术与现代的光学技术相结合的产物)的部分存储技术，针对数据存储应用而开发。在 DVD 刚推出时，DVD 视频格式还没有非常流行，而 DVD-RAM 在设计时更多的考虑是作为数据存储媒体，这是导致 DVD-RAM 不能与其他几种 DVD 格式相兼容的根源。

与普通可擦写刻录格式相比，DVD-RAM 拥有几大优点：一是高达 10 万次复写次数，保存年限更长(长达 100 年)；二是格式化时间很短，格式化好的光盘不需要特殊的软件就可进行写入和擦写，也就是说它具有强大的本地直接裁剪与编辑的功能，用户可以像操作软盘一样轻松地使用它；三是具有强大的缺陷管理与纠错能力(写入时)，可确保写入数据的万无一失；四是具有独一无二的读写可同时进行的能力；五是它支持版权保护技术。

8.3.5　光驱测试

Nero CD-DVD Speed 是一款光驱、DVD 光驱测试软件，它的测试功能十分强大，而且使用起来也非常方便。使用该软件前需要注意以下几点。

(1) 测试的 CD 光盘必须在 630MB 以上(DVD 光盘在 4.0GB 以上)，这样才能尽可能真实地测试出光驱的实际性能。

(2) 测试最好使用盘片光滑无污痕的正版光盘，这样程序的读取识别会很顺利。

(3) 关闭一切不利于测试的加重系统负担的在线程序。

(4) 确认设置好光驱参数(如开启对 DMA 的支持等)。

上述几点能否正确执行将在很大程度上影响测试的结果。下面介绍具体操作。

(1) 把光盘放进光驱，然后关闭其他正在运行的程序，打开 Nero CD-DVD Speed 程序后，可以看到其界面，界面上的【开始】按钮只是对默认的速度测试，需要在【运行测试】菜单中选择其他项目进行测试，如图 8.26 所示。

(2) 单击主界面中的【开始】按钮，或选择【运行测试】菜单中相应的命令，这样就开始收集数据了。测试曲线是否平滑在一定程度上取决于光驱性能及光盘质量的好坏。界面中间有一个大的坐标轴，其中，纵坐标左边标识的是光驱倍速大小，右边标识的是光驱轴转速；横坐标则标识光盘容量。测试开始时，程序将根据放入光盘容量的大小决定红色竖线的位置，接下来黄绿两条线将随着光驱工作方式及数据读取的不同而呈现不同走向。Nero CD-DVD Speed 能检测出光驱是 CLV、CAV 还是 P-CAV 格式，并且能测试出光驱的真实速度、随机寻道时间及 CPU 占用率等。目前，主流光驱(CAV 工作方式)的一般情况是，黄色的线将呈水平发展趋势，而绿色线将呈类抛物线趋势，当黄绿两线接触到红色竖线的位置时，测试即告一段落。在测试的同时，程序下方将给出测试进度状况，并且还在状态栏显示出一些相关信息，如图 8.27 所示。

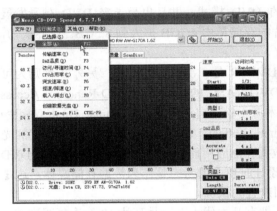

图 8.26　Nero CD-DVD Speed 程序界面

图 8.27　Nero CD-DVD Speed 测试结果

在结果中，可以看到平均速度、起始速度、终止速度、工作类型、光盘类型、寻道时间、CPU 占用率等(分别表示光驱在以 1 速、2 速、4 速和 8 速读取时对 CPU 的占用率)。根据这些参数就可以了解光驱的性能。

8.4　其他存储设备

其他存储设备一般包括 U 盘、移动硬盘、软驱/软盘等。目前流行的移动设备一般是 USB 接口。USB 设备的最大特点是即插即用，在 Windows 2000 或 Windows XP 操作系统下，基本上不用加载驱动便可以使用，与软盘相比，它的速度更快，存储容量更大。在对数据量要求越来越高的今天，它的方便性无疑使其赢得了非常大的市场。目前，市场上主要使用的有两种类型：一种是 U 盘，它的容量为 32MB～2GB，其中还包括 MP3、MP4 播放器等；另一种是移动硬盘，容量从几十吉(GB)到几百吉(GB)不等。

8.4.1　几种常见的其他存储设备

1.U 盘

U 盘，又名闪存盘，是一种移动存储产品，可用于存储任何格式的数据文件和在计算机间方便地交换数据。U 盘采用闪存存储介质(flash memory)和通用串行总线(USB)接口，具有轻巧精致、使用方便、便于携带、容量较大、安全可靠、时尚潮流等特征。U 盘可用来在计算机之间交换数据。从容量上讲，闪存盘的容量可达几十吉(GB)甚至上百吉(GB)，突破了软驱 1.44MB 的局限性。从读写速度上讲，U 盘采用 USB 接口，读写速度较软盘大大提高。从稳定性上讲，U 盘没有机械读写装置，避免了移动硬盘容易碰伤、跌落等原因造成的损坏。部分款式 U 盘还具有加密等功能，令用户使用更具个性化。闪存盘外形小巧，更易于携带，如图 8.28 所示。

　　U 盘都是采用 USB 接口，采用 USB 接口的设备是可以进行热拔插的，但是还应掌握一些技巧。在插入时要注意方向，在遇到无法插入的情况时，千万不要用力，换个方向就可以解决问题。并且在拔下后也不要马上接着就插入，等待几秒钟后再插入。现在很多 U 盘上都有 LED 的指示灯，指示灯的明暗、闪烁等都反映了 U 盘不同的状态，一般来说，灯只要是亮的时候都不能拔下 U 盘，这说明 U 盘在工作，强行拔出会造成损坏。在 Windows 98 中只有当指示灯灭了，才能拔下 U 盘。对于没有指示灯的 U 盘，在进行完读写的操作后等待一会儿再拔出，这样比较安全。而在 Windows ME/2000/XP 下，添加 U 盘后会在任务栏中多出 USB 设备的图标，打开该图标就会在列表中显示 U 盘设备，选择将该设备停用，然后再拔出设备，这样会比较安全。需要说明的是，有的 U 盘在 Windows XP 下其指示灯总是亮着的。这是因为 Windows XP 增加了对 USB 设备的检测功能，而只要有数据流量，指示灯就会闪烁，因此这时也要在停用该设备后，才能拔出。

　　实际上，除了 U 盘之外，与之类似的还有 MP3 播放器、MP4 播放器、数码录音笔等。

　　MP3 实际上是一种音频格式，但一般 MP3 播放器(见图 8.29)也俗称为 MP3。MP3 可当作 U 盘使用，但 U 盘通过 USB 接口供电来工作，而 MP3 播放器则需要使用电池供电，如果 MP3 没有电池了，它就无法当作 U 盘使用。

　　MP4 是一个笼统的概念。它最初也是一种音频格式，现在市面上的 MP4 播放器(见图 8.30)实际上是一种多媒体播放器，并非真正的 MP4 播放器。MP4 播放器又叫作 MP4 随身看，根据所采用的设计标准不一样或是功能的侧重点不同，又有 MP4、PMP、PMC、PVP、PVR、PMA 等不同的名字。

　　数码录音笔是数字录音器的一种，其造型如笔型，携带方便，同时拥有激光笔、MP3 播放等功能。与传统录音机相比，数码录音笔是通过数字存储的方式来记录音频的。除了有标准的音频接口之外，数码录音笔基本都提供了 USB 接口，可以非常方便地与计算机连接。数码录音笔由于采用的是数字技术，因此，可以非常容易地使用数字加密的各种算法对其进行加密，以达到保密的要求。可见，数码录音笔比传统的录音机有着不可比拟的优势。如图 8.31 所示是一款数码录音笔的外观。

图 8.28　U 盘　　　　图 8.29　MP3 播放器　　　　图 8.30　MP4 播放器　　　　图 8.31　数码录音笔

2. 移动硬盘

U 盘具有体积小、安全性高的优点，但它只适用于小容量数据的存储，对于大容量数据(比如网上流行的 RMVB 格式电影等)就显得力不从心了。而移动硬盘在兼顾便携性的同时又满足了大容量数据移动存储的要求，成为移动存储的首选，如图 8.32 所示。

图 8.32　移动硬盘

与 U 盘一样，在使用过程中，要注意插拔的顺序和要点。与 U 盘不同的是：移动硬盘的耗电量更大，一般需要额外供电，在一些主板上会发现无法使用移动硬盘的情况，只听到硬盘"嗒嗒"地转动，但是系统却无法识别，这是因为供电量不够，可以通过采用从键盘接口供电的方法来解决，或者购买一块 USB 卡来解决。

目前，品牌移动硬盘的价格还稍高，因为移动硬盘其实是由硬盘盒和超薄笔记本硬盘组合而成的，而超薄笔记本硬盘的价格居高不下。其实，当你把移动硬盘的外壳拆下来后，就会发现，其实移动硬盘就是小型硬盘外面套上一个壳子，然后通过转接卡，把 IDE 接口转换成为 USB 接口，以达到方便连接和方便携带的目的。于是，现在市场上推出了移动硬盘盒，可以购买普通 IDE 硬盘进行组合，这样非常划算。

3. 软驱和软盘

软驱因为成本高、速度慢、可靠性差，已经逐渐淡出人们的视线，但在某些特殊场合下，软驱还是起到了不可替代的作用。下面略述一下。

世界上第一个软驱的尺寸达 5.25 英寸。1980 年，索尼公司推出了 3.5 英寸的磁盘。从 20 世纪 90 年代初开始，3.5 英寸、1.44MB 的软盘一直用于 PC 标准的数据传输方式。

普通软驱的特点是：容量小，单位容量成本高；软盘容易出错，可靠性差；速度慢。普通计算机与笔记本电脑一般都采用内置 3.5 英寸 1.44MB 的软驱或外置的软驱，如图 8.33 所示。

图 8.33　软驱和软盘的外观

软盘驱动器是驱动软盘旋转并同时向软盘写入数据或从软盘读出数据的设备，它由机械结构和控制电路两部分组成。从功能上讲，软盘驱动器是由盘片驱动系统、磁头定位系统、数据读写抹电路系统和状态检测系统等 4 部分组成的。

软盘的盘片具有一个 12V 的直流伺服电机，由它带动盘片以 300rpm 的恒速旋转。当驱动器关门以后，磁头加载电路使磁头与盘面接触，等待读写命令的到来。软盘驱动器不工作时，磁头与磁盘是分离的，因此当运输计算机和软盘驱动器时，需要用专用硬纸板插入驱动器中并将驱动器门关闭，使磁头与纸板接触以防振动，防止磁头工作位置偏移。

8.4.2 USB 存储设备检测

U 盘检测器是一个免费的 USB 存储设备检测工具。它能查出连接到计算机上的 U 盘和移动硬盘信息，包括 USB 存储设备名称、盘符、VID&PID、序列号、制造商信息、产品信息、版本、传输速度等，支持 Windows 98/2000/XP，支持 USB1.1/USB2.0。该程序是免费软件，插上 U 盘后，运行该程序，即可以看到 U 盘的信息，如图 8.34 所示。

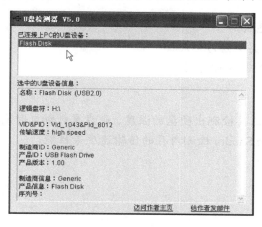

图 8.34　U 盘检测器

8.5 习　　题

1. 填空题

(1) 只读存储器(ROM)可以分为＿＿＿＿种类型。

(2) DDR3 内存的标准工作电压是＿＿＿＿V。

(3) 根据容量的不同，可将 DVD 盘片分为＿＿＿、＿＿＿、＿＿＿与 DVD-18。目前，市面上比较常见的是＿＿＿＿和＿＿＿碟片。

2. 选择题

(1) 一条内存编号上标有 HYB 的字样，请问该内存品牌是＿＿＿＿。
    A. Micron(美光)　　B.Hynix(海力士)　　C. Infineon(英飞凌)　　D. Samsung (三星)

(2) DDR3 内存的针脚数目是＿＿＿＿针。
    A. 220　　　　　　B. 240　　　　　　C. 200　　　　　　D. 242

(3) 相对于 DVD-ROM 驱动器来讲，1 倍速就约等于 CD-ROM 倍速的＿＿＿倍。
    A. 5　　　　　　　B. 6　　　　　　　C. 8　　　　　　　D. 9

3. 判断题

(1) MP3 播放器可当作 U 盘使用，但如果 MP3 播放器电池用完了，它虽然无法播放 MP3 音乐，但仍然可以通过 USB 接口供电来读取盘内的数据。　　　　　　　　( )

(2) IDE 代表着硬盘的一种类型，但在实际的应用中，人们习惯用 IDE 来称呼最早出现的 IDE 类型硬盘 ATA-1，而其后发展分支出更多类型的硬盘接口，比如 ATA、Ultra ATA、DMA、Ultra DMA 等接口都属于 IDE 硬盘。　　　　　　　　　　　　( )

(3) 使用 SATA(serial ATA)接口的硬盘又叫串口硬盘，它同样也支持 DVD、CD-R/W 设备。　　　　　　　　　　　　　　　　　　　　　　　　　　　　( )

4. 简答题

(1) 试说出五大硬盘品牌。

(2) DVD 刻录盘的类型分为哪几种？

(3) 刻录机可以分为哪 3 种类型？

5. 操作题

(1) 使用 HD Tune 工具检测出硬盘的温度、硬盘累计加电时间、缓存容量和传输模式。

(2) 使用 SiSoftware Sandra 检测内存的传输速度等性能。

新起点
电脑教程

第 9 章

显卡和显示器

教学提示

显卡和显示器构成了计算机的显示设备。显卡也叫显示卡、图形加速卡等。它是计算机中不可或缺的重要配件，它的主要作用是对图形函数进行加速和处理。显示器顾名思义就是将电子格式的文件通过特定的传输设备显示到屏幕上再反射到人眼的一种显示仪器。从广义上讲，电视机的荧光屏、手机、快译通等的显示屏都算是显示器的范畴，但一般的显示器是指与计算机主机相连的显示设备。

教学目标

通过学习本章，读者可以了解显卡的基本构成和工作原理，也可以了解显卡的分类和接口技术、认识目前的主流显卡等。此外，还可以了解显示器的工作原理和结构。

9.1 显卡的相关知识

以前的显卡(如 EGA 或 VGA 显卡)不叫图形加速卡，它只是起一种传递作用。这对古老的 DOS 操作系统以及文本文件的显示是足够的，但在 Windows 操作系统出现后，古老的显卡对复杂的图形和高质量的图像的处理就显得力不从心了，因此就出现了图形加速卡。目前的显卡都有了二维、三维图形处理和加速功能。可见，显卡的性能优劣直接影响图像的输出效果、显示速度，从而间接地影响用户的工作效率。

现在的显卡都已经是图形加速卡，也就是指加速卡上的芯片集能够提供图形函数计算能力，这个芯片集通常也称为加速器或图形处理器。它拥有自己的图形加速器和显存，可以专门用来执行图形加速任务。例如，我们想画个圆圈，如果让 CPU 做这个工作，它就要考虑需要多少个像素来实现，还要想想用什么颜色，但是，如果图形加速卡芯片具有画圈这个函数，CPU 只需要告诉它"给我画个圈"剩下的工作就由加速卡来进行，这样 CPU 就可以执行其他更多的任务，从而可以提高计算机的整体性能。

9.1.1 显卡概述

每一块显卡基本上都是由显卡金手指(接口)、显示芯片、显存、显卡 BIOS、数字模拟转换器(RAMDAC)，以及卡上的电容、电阻、散热风扇或散热片等组成。多功能显卡还配备了视频输出以及输入，如图 9.1 所示(为 AGP 总线的显卡)。

图 9.1 显卡的基本结构

随着技术的发展，目前，显卡都将 RAMDAC 集成到主芯片上了。

显卡金手指即是显卡的总线结构，也就是显卡与主板的接口，它决定着显卡与系统之间数据传输的最大带宽，也就是瞬间所能传输的最大数据量。不同的接口能为显卡带来不同的性能，而且也决定了主板是否能够使用此显卡。只有在主板上有相应接口的情况下，显卡才能使用。

目前，主流显卡是 PCI Express 总线的显卡。稍旧点的显卡有 AGP 结构，更早以前的显卡有 ISA、PCI 这两种总线结构，但目前几乎都已经被淘汰。

ISA 总线和 PCI 总线的显卡如图 9.2 和图 9.3 所示。

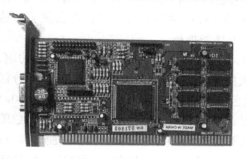

图 9.2　ISA 总线显卡

图 9.3　PCI 总线显卡

PCI Express 总线结构显卡的外观如图 9.4 所示。

图 9.4　PCI Express 总线显卡

PCI Express 可以彻底解决显示卡传输带宽的问题。此外，PCI Express 的出现还催生了显卡领域的一些新技术和特色，主要有 TurboCache 和 HyperMemory 内存技术等。

TurboCache 技术旨在让图形芯片利用高速的 PCI Express 总线的双向特性直接访问系统内存，让其完成以前必须由显存担当的存储任务。这样一来，独立显卡只需要板载很少的显存(用以存储最为关键的前台缓存)，从而可大幅度降低显卡的成本。传统的图像处理流程包括几何处理、顶点处理、纹理应用和光栅处理(ROP)。要实现内存的应用，最显而易见的事情就是建立从 ROP 到系统内存的直接通道，绕过北桥的中转，而这在 AGP 时代是很难实现的。nVIDIA 在 GPU(图形处理器)中配置了独特的 MMU(内存管理单元)，这样可以让 GPU 高效地读写内存和执行其他操作。

而 SLI 的功能也是得益于 PCI Express 总线应用。简单来说，PCI Express 的物理传输层主要由 Lane 以及 Link 组成，Link 由两个或两个以上的 Lane 组成，Lane 由两条单项传输的线路构成，从而实现接收和发送的同时执行。SLI 技术的实现，也是建立于这样的技术层面上。

9.1.2 显存

屏幕上所显示出的每一个像素，都由 4~32 位数据来控制它的颜色和亮度，加速芯片和 CPU 对这些数据进行控制，RAMDAC 读入这些数据并把它们输出到显示器。如果 3D 加速卡有一颗很好的芯片，但是板载显存却无法将处理过的数据即时传送，那么就无法达到满意的显示效果。可见显存是衡量显卡性能的一个性能指标。

显存是用来暂存显示芯片要处理的图形数据，是显卡中用来临时存储显示数据的地方，其位宽与存取速度对显卡的整体性能有着非常大的影响，而且还将直接影响显示的分辨率及色彩位数，其容量越大，所能显示的分辨率及色彩位数就越高。例如，分辨率为 640×480 时，屏幕上就有 307200 个像素点。色深为 8 位时每个像素点就可以表达 256(2^8)种颜色的变化。由于计算机采用二进制位，要存储的信息就需要 2457600(307200×8)个二进制位。这就至少需要 300 KB 显存容量。显存容量通常有 32MB、64MB、128MB、256MB、512MB、1GB 等几种。显示内存越大，显卡图形处理速度就越快，在屏幕上出现的像素就越多，图像就更加清晰。除了显存大小以外，衡量显存性能高低的还有显存频率和显存位宽，因此就涉及显存的类型和品牌。

显存实际上与主机上使用的内存类似，只是显存的选择要更加严格和更加先进。例如，当 PC 上还在使用 DDR2 内存时，DDR3 存储器已经大规模使用到显存上了。

1. 显存的分类

作为显示卡的重要组成部分，显存一直随着显示芯片的发展而逐步改变着。实际上，对于显存的分类 8.1 节在存储器的分类中已经介绍到了。早期的显卡采用的显存类型有 EDORAM、MDRAM、SDRAM、SGRAM、VRAM、WRAM、SDRAM 等，而现在已经广泛采用的是 DDR、DDR2、DDR3 和 DDR SGRAM 等。目前，市场中的主流显存是 DDR2 和 DDR3。而 DDR SGRAM 是显卡厂商特别针对绘图者需求，为了加强图形的存取处理以及绘图控制效率，由同步动态随机存取内存(SDRAM)所改良而得的产品。它能够与中央处理器(CPU)同步工作，可以减少内存的读取次数，增加绘图控制器的效率。但其超频性能差，因此，在普通个人计算机中很少使用。

2. 显存频率和时钟周期

显存频率是指在默认情况下，该显存在显卡上工作时的频率，以 MHz(兆赫兹)为单位。显存频率在一定程度上反映着该显存的速度。显存频率随着显存的类型、性能的不同而不同，SDRAM 显存频率为 133MHz 和 166MHz 等。DDR 显存则能提供较高的显存频率，主要在中低端显卡上使用；DDR2 显存成本高并且性能一般，因此使用量不大。DDR3 显存是目前高端显卡采用最为广泛的显存类型。不同显存能提供的显存频率差异也很大，主要有 400MHz、500MHz、600MHz、650MHz 等，高端产品中还有 800MHz、1200MHz、1600MHz，甚至更高。显存频率与显存时钟周期是相关的，二者呈倒数关系，也就是显存频率=1/显存时钟周期。例如，如果是 SDRAM 显存，其时钟周期为 6ns，那么它的显存频率就为 1/6ns=166 MHz。而对于 DDR SDRAM 或者 DDR2、DDR3，其时钟周期为 6ns，那么它的显存频率就为 1/6ns=166 MHz，但因为 DDR 在时钟上升期和下降期都进行数据传输，其一个周期传输两次数据，相当于 SDRAM 频率的 2 倍。习惯上称呼的 DDR 频率是其等效频率，是在其实际工作频率上乘以 2，就得到了等效频率。因此 6ns 的 DDR 显存，其显存频率为 1/6ns×2=333 MHz。

显卡制造时，厂商设定了显存实际工作频率，而实际工作频率不一定等于显存最大频率。例如，显存最大能工作在 650 MHz，而制造时显卡工作频率被设定为 550 MHz，此时，显存就存在一定的超频空间。这也就是目前厂商惯用的方法，显卡以超频为卖点。此外，用于显卡的显存，虽然和主板用的内存同样叫 DDR、DDR2 甚至 DDR3，但是由于规范参数差异较大，不能通用，因此也可以称显存为 GDDR、GDDR2、GDDR3。

显存时钟周期就是显存时钟脉冲的重复周期，它是作为衡量显存速度的重要指标。显存速度越快，单位时间交换的数据量也就越大，在同等情况下显卡性能将会得到明显提升。显存的时钟周期一般以 ns(纳秒)为单位，工作频率以 MHz 为单位。显存时钟周期与工作频率一一对应，它们之间的关系为：工作频率=1÷时钟周期×1000。显存频率为 166MHz，那么它的时钟周期为 1÷166×1000=6ns。

对 DDR SDRAM 或者 DDR2、DDR3 显存来说，描述其工作频率时用的是等效输出频率。因为在时钟周期的上升沿和下降沿都能传送数据，所以在工作频率和数据位宽度相同的情况下，显存带宽是 SDRAM 的 2 倍。换句话说，在显存时钟周期相同的情况下，DDR SDRAM 显存的等效输出频率是 SDRAM 显存的 2 倍。例如，5ns 的 SDRAM 显存的工作频率为 200MHz，而 5ns 的 DDR SDRAM 或者 DDR2、DDR3 显存的等效工作频率就是 400MHz。常见显存时钟周期有 5ns、4ns、3.8ns、3.6ns、3.3ns、2.8ns、2.0ns 或更低。

3. 显存位宽和显存带宽

显卡的显存是由一块块的显存芯片构成的，显存总位宽同样也是由显存颗粒的位宽组成，显存位宽=显存颗粒位宽×显存颗粒数。显存颗粒上都带有相关厂家的内存编号，可以去网上查找其编号，就能了解其位宽，再乘以显存颗粒数，就能得到显卡的位宽。不过，目前显存的封装形式主要有 TSOP 和 BGA 两种，一般情况下 BGA 封装的显存是 32 位/颗，而 TSOP 封装的颗粒是 16 位/颗。如果显卡采用了 4 颗 BGA 封装的显存，那么它的位宽是 128 位的，而如果是 8 颗 TSOP 封装颗粒，那么位宽也是 128 位的，但如果显卡只采用了 4 颗 TSOP 封装颗粒，那么显存位宽就只有 64 位。不过，这只是一个一般情况下的技巧，不一定符合所有情况，要做到最为准确的判断，还需要仔细查看显存编号。

显存位宽是显存在一个时钟周期内所能传送数据的位数，位数越大，则瞬间所能传输的数据量越大，这是显存的重要参数之一。目前，市场上的显存位宽有 64 位、128 位和 256 位 3 种，人们习惯上所说的 64 位显卡、128 位显卡和 256 位显卡就是指其相应的显存位宽。显存位宽越高，性能越好，价格也就越高，因此，256 位宽的显存更多地应用于高端显卡，而主流显卡基本都采用 128 位显存。

显存带宽是指显示芯片与显存之间的数据传输速率，它以字节/秒为单位。显存带宽与显存位宽的计算公式为：显存带宽=工作频率×显存位宽/8。目前，大多中低端的显卡都能提供 6.4GB/s、8.0GB/s 的显存带宽；而对于高端的显卡，则具有 20GB/s 以上的显存带宽。

在显存频率相当的情况下，显存位宽将决定显存带宽的大小。比如，同样显存频率为 500MHz 的 128 位和 256 位显存，那么它们的显存带宽将分别为：128 位=500MHz×128/8= 8GB/s，而 256 位=500MHz×256/8=16GB/s，是 128 位的 2 倍，可见显存位宽在显存数据中的重要性。要想得到精细(高分辨率)、色彩逼真(32 位真彩)、流畅(高刷新速度)的 3D 画面，就必须要求显卡具有更大的显存带宽。

4. 显存容量

人们谈及一块显卡时，通常会说它是64MB或者128MB的，这里的64MB或者128MB指的就是显卡上显存的容量。现在主流显卡基本上具备128MB或者256MB的容量，少数高端显卡具备了1024MB的容量。不过，有时候显存并非越大越好，对不同架构、不同能力的图形核心来说，显存容量的需求也不一样。数据处理能力强大的图形核心，当用上如抗锯齿和其他改善画质的额外功能时，需要使用较多的显示内存；但对于有些低端的显卡，由于架构的限制，即使增加显存容量也不能使性能大幅度增加，更多的容量只能增加成本。真正需要大容量显存的主要是一些3D渲染软件。如果不需要玩一些要求庞大材质和顶点数据的游戏，很少用到3D渲染软件和一些疯狂的测试软件，那么512MB显存对用户来说只是浪费。

要计算出一块显卡的所有内存容量，必须先知道每颗显存的容量大小(一块显卡上通常有几颗规格一模一样的显存芯片)，然后用得出来的一颗显存的容量去乘以显卡上显存的颗粒数，即显存容量=单颗显存颗粒的容量×显存颗粒数量。

5. 显存封装

显存封装是指显存颗粒所采用的封装技术类型。空气中的杂质和不良气体，乃至水蒸气都会腐蚀芯片上的精密电路，进而造成电学性能下降。封装就是将显存芯片包裹起来，以避免芯片与外界接触，防止外界对芯片的损害。不同的封装技术在制造工序和工艺方面差异很大，封装后对内存芯片自身性能的发挥也起到至关重要的作用。显存封装形式主要有QFP(quad flat package，小型方块平面封装)、TSOP-II(thin small out-line package，薄型小尺寸封装第2代)、MBGA(micro ball grid array package，微型球栅阵列封装)等。早期的SDRAM和DDR显存多使用TSOP-II，而DDR2和DDR3显存几乎都是使用MBGA封装。有的厂商也将DDR2和DDR3显存的封装称为FBGA，这种称呼更偏重于对针脚排列的命名。简单的MBGA封装可以达到更高频率，但其默认频率也更高。

如图9.5所示是几种显存的封装类型。

QFP 封装

TSOP 封装

MBGA 封装

图9.5　几种显存的封装类型

9.1.3　显示芯片

显示芯片也就是常说的GPU。它是显卡的"大脑"，负责了绝大部分的计算工作，在整个显卡中，GPU负责处理由计算机发来的数据，最终将产生的结果显示在显示器上。显卡所支持的各种 3D 特效由 GPU 的性能决定，GPU 也就相当于 CPU 在计算机中的作用，一块显卡采用何种显示芯片便大致决定了该显卡的档次和基本性能，这同时也是 2D 显卡和 3D 显卡区分的依据。2D 显示芯片在处理 3D 图像和特效时主要依赖 CPU 的处理能力，有些游戏开始之前，要我们选择是"软加速"还是 OpenGL 等加速，其中的"软加速"就是指 CPU 来处理。而 3D 显示芯片是将三维图像和特效处理功能集中在显示芯片内，也即所谓"硬件加速"功能。

　　目前设计、制造显示芯片的厂家有 nVIDIA、ATI(虽然 ATI 已经被 AMD 收购，但其显示芯片方面的命名并没有改变)、SIS、VIA、Intel、Matrox 和 Trident 等公司，其中 SIS、VIA、Intel 几乎只做集成在主板上的显卡。集成显卡就是将主板上的内存共享给显卡使用，通过北桥芯片的控制，提供一个特性的数据输出通道给显卡，集成显卡的快慢就取决于这个通道的大小和数据传输的速度。在显示芯片市场中，除了集成显卡之外，就是 nVIDIA 和 ATI 两大品牌，如图 9.6 所示是两款显示芯片的外观。不过，虽然显示芯片决定了显卡的档次和基本性能，但也要配备显存才能完全发挥显卡的性能。

图 9.6　ATI 和 nVIDIA 两款显示芯片的外观

　　显示芯片的主要参数有频率、位宽和制造工艺等。在了解这些参数前，我们可以利用软件来加深理解，这里推荐两款软件，一个是专业级的显卡检测软件——GPU-Z，它与 CPU 检测工具——CPU-Z 出自同一个公司；另一款是全能的检测工具——Everest。使用它们都可以看到显卡的相关信息，在这里可以看到显卡的 GPU 名称、制造工艺、显存类型、显存大小、显存频率、显存带宽、总线接口、总线位宽、GPU 时钟频率、支持的 DirectX 等，通过这些信息即可了解显卡的大概性能，如图 9.7 所示。

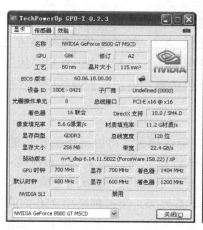

图 9.7　检测显卡

1. 显卡核心频率

显卡的核心频率是指显示核心的工作频率，其工作频率在一定程度上可以反映出显示核心的性能，但显卡的性能是由核心频率、显存、像素管线、像素填充率等多方面的情况所决定的，因此在显示核心不同的情况下，核心频率高并不代表此显卡性能就更强。但在同样级别的芯片中，核心频率高的则性能要强一些，提高核心频率就是显卡超频的方法之一。为了便于理解，表9.1给出一些nVIDIA和ATI的图形芯片产品及基本参数。

表9.1 一些nVIDIA和ATI的图形芯片产品及基本参数

芯片名称	核心名称	制造工艺/μm	渲染数目	核心频率/MHz	核心位宽/b	显存频率/MHz	显存位宽/b	显存带宽/(GB/s)	RAM-DAC/MHz	接口规格	DirectX支持
GeForce4 MX440	NV17	0.15	4	270	256	400	128	6.4	350	AGP 4X	7
FX 5600	NV31	0.13	4	325	256	550	128	8.8	350	AGP 8X	9
FX 5900	NV35	0.13	8	400	256	850	256	27.2	400	AGP 8X	9
GeForce 6500	NV44	0.11	4	400	256	500	64	4.0	400	PCI E X16	9.0C
GeForce 6600	NV43	0.11	4	300	256	550	128	8.8	400	PCI E X16	9.0C
GeForce 6800	NV40/41	0.13	12	325	256	700	256	22.4	400	PCI E X16	9.0C
GeForce 7300GT	G73	0.09	8	350	256	667	128	10.7	400	PCI E X16	9.0C
GeForce 7600GT	G73	0.09	12	560	256	1400	128	22.4	400	PCI E X16	9.0C
GeForce 7800GTX	G70	0.11	24	430	256	1200	256	38.4	400	PCI E X16	9.0C
GeForce 8800GT	G92	0.065	112	600	256	1800	256	57.6	400	PCI E X16	10.0
GeForce 9600GT	G94	0.065	64	650	256	1800	256	57.6	400	PCI EX16*2.0	10.0
Radeon 9000	RV250	0.15	4	250	256	400	128	6.4	400	AGP 4X	8.1
Radeon 9600	RV350	0.13	4	325	256	400	128	6.4	400	AGP 8X	9
Radeon X800	R430	0.11	12	400	256	700	256	22.4	400	PCI E X16	9
Radeon X1300	RV515	0.09	4	450	256	500	128	8.0	400	PCI E X16	9.0C
Radeon X1600 XT	RV530	0.09	12	590	256	1380	128	22.1	400	PCI E X16	9.0C
Radeon X1900XT	R580	0.09	48	625	256	1450	256	46.4	400	PCI E X16	9.0C
RadeonHD2400Pro	RV610	0.065	40	525	64	800	256	6.4	400	PCI E X16	10.0
Radeon HD3650	RV635	0.055	120	725	256	1600	128	16	400	PCI EX16*2.0	10.0

2. 显示芯片位宽

显示芯片位宽就是显示芯片内部总线的带宽，带宽越大，可以提供的计算能力和数据吞吐能力也越快，它是决定显示芯片级别的重要数据之一。目前Matrox公司推出的Parhelia-512显卡是世界上第一颗具有512位宽的显示芯片。而市场主流显示芯片包括NVIDIA公司的GeForce系列和ATI公司的Radeon系列等，全部都采用256位的位宽。这两家公司也将在近期内采用512位宽。不过，只有在其他部件、芯片设计、制造工艺等方面都完全配合的情况下，显示芯片位宽的作用才能得到体现。

3．制造工艺

显示芯片的制造工艺与 CPU 一样，也是用微米来衡量其加工精度的。制造工艺的提高，意味着显示芯片的体积将更小、集成度更高，可以容纳更多的晶体管，性能会更加强大，功耗也会降低。显示芯片在制造工艺方面基本上总是要落后于 CPU 的制造工艺一个时代。例如，CPU 采用 0.13μm 工艺时显示芯片还在采用 0.18μm 工艺和 0.15μm 工艺。

4．集成显卡与常见显卡制造商

由主板北桥芯片集成了显示卡芯片的主板称为整合主板，该被北桥集成的显示卡芯片为集成显卡的核心，该核心和显存组成了集成显卡。也就是说，集成显卡就是将主板上的内存共享给显卡使用，通过北桥芯片的控制，提供了一个特定的数据输出通道给显卡，集成显卡的快慢就取决于这个通道的大小和数据传输的速度。不过，集成显卡又分为独立显存集成显卡、内存划分集成显卡、混合式集成显卡。

(1) 独立显存集成显卡就是在主板上有独立的显存芯片，不需要系统内存，独立运作。

(2) 内存划分集成显卡，即是从主机系统内存当中划分出来一部分内存作为显存以供集成显卡调用(例如系统中是 1GB 的 DDR2 内存，使用集成显卡要分给显卡一部分，假设显卡被设置成 64MB，那么系统内存就是 1024-64=960MB)。

(3) 混合式集成显卡就是既有主板上的独立显存又有从内存中划分的显存同时使用。

目前，大部分低端的显卡几乎都集成了显卡，包括 Intel、VIA、SIS、ATI(AMD)、nVIDIA 等。例如，Intel 的 915G/GL 主板(集成 GMA 900 显卡)、945G/GC/GZ 主板(集成 GMA 950 显卡)、Q/G965 主板(集成 GMA 3000 显卡)、G33/35 主板(集成 GMA 3100 显卡)等。

前面说过，显示芯片的主要生产厂商虽然只有 ATI 和 NVIDIA 两家，但两家都提供显示核心给第三方的厂商。因此，生产显卡的厂家非常多，如华硕(ASUS)、微星(MSI)等。

表 9.2 列出了部分生产显卡的厂商名称。

表 9.2 部分生产显卡的厂商名称

迪兰恒进(PowerColor)	华硕(ASUS)	丽台(WinFast)	蓝宝石(Sapphire)
艾尔莎(Elsa)	硕泰克(Soltek)	双敏(Unika)	七彩虹(Colorful)
太阳花(Taiyanfa)	技嘉(Gigabyte)	盈通(Yeston)	奥美嘉(Aomg)
铭瑄(Maxsun)	昂达(Onda)	磐正(Epox)	金凤凰(Gphoenix)
斯巴达克(Spark)	小影霸(Hasee)	捷波(Jetway)	宇派(Vertex)
微星(MSI)	万丽(Manli)	影驰(Galaxy)	天扬(Grandmars)
翔升(ASL)	映泰(Biostar)	联冠(LK)	迈创(Matrox)

在选购显卡时，用户可以参考一些硬件报价网站，如图 9.8 所示是太平洋电脑网显卡报价的页面。

图 9.8　太平洋电脑网显卡的报价页面

9.1.4　VGA、DVI 和 TV-Out 接口

　　VGA(video graphics array)接口，也叫 D-Sub 接口。显卡所处理的信息最终都要输出到显示器上，VGA 接口是显卡的输出接口，就是电脑与显示器之间的桥梁，它负责向显示器输出相应的图像信号。CRT 显示器因为设计制造上的问题，只能接收模拟信号，这就需要显卡能输入模拟信号，VGA 接口就是显卡上输出模拟信号的接口。液晶显示器则可以直接接收数字信号，但有的低端的液晶显示器也采用 VGA 接口。VGA 接口是一种 D 型接口，上面共有 15 针孔，分成 3 排，每排 5 个，如图 9.9 所示。VGA 接口是显卡上应用最为广泛的接口类型，绝大多数的显卡都带有此种接口。

图 9.9　VGA 接口

　　DVI，全称为 Digital Visual Interface，它是 1999 年由 Silicon Image、Intel、Compaq、IBM、HP、NEC、Fujitsu 等公司共同组成(Digital Display Working Group，数字显示工作组)推出的接口标准)接口是一个数字信号的接口。DVI 传输的是数字信号，数字图像信息不需要经过任何转换，就会直接被传送到显示设备上，因此，减少了数字→模拟→数字烦琐的转换过程，节省了传输时间。而且 DVI 接口无须进行这些转换，避免了信号的损失，使图像的清晰度和细节表现力都得到了大大提高。目前，DVI 就是液晶显示器的专用接口。但为了扩大适用范围，带有 DVI 的 LCD 也通常带有模拟 VGA 接口。

　　DVI 接口分为两种，一种是 DVI-D 接口，只能接收数字信号，接口上只有 3 排 8 列共 24 个针脚，其中右上角的一个针脚为空，不兼容模拟信号。另一种则是 DVI-I 接口，可同时兼容模拟信号和数字信号，但兼容模拟信号并不意味着模拟信号的接口 D-Sub 接口可以连接在 DVI-I 接口上，而是必须通过一个转换接头才能使用，一般采用这种接口的显卡会附带这种转换接头。

　　考虑到兼容性问题，目前，显卡一般会采用 DVD-I 接口，这样可以通过转换接头连接到普通的 VGA 接口。而带有 DVI 接口的显示器一般使用 DVI-D 接口，因为这样的显示器一般也带有 VGA 接口，因此不需要带有模拟信号的 DVI-I 接口。当然也有少数例外，有些显示器只有 DVI-I 接口而没有 VGA 接口。

DVI-D 接口和 DVI-I 接口分别如图 9.10 和图 9.11 所示。

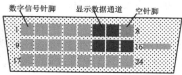

图 9.10　DVI-D 接口

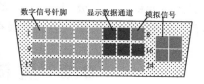

图 9.11　DVI-I 接口

　　TV-Out 是指显卡具备输出信号到电视的相关接口。因为一般家用的显示器尺寸不会超过 19 寸，显示画面相比于电视的尺寸来说小了很多，因而将显示画面输出到电视，这就成了一个不错的选择。目前，输出到电视的接口主要应用的有 3 种。

　　(1) VGA 接口。VGA 接口是绝大多数显卡都具备的接口类型，但这需要电视上具备 VGA 接口才能实现，而带有此接口的电视相对还较少。

　　(2) 复合视频接口，即 AV 输出接口。复合视频接口采用 RCA 接口，RCA 接口是目前电视设备上应用最广泛的接口，几乎每台电视上都提供了此类接口，用于视频输入。

　　(3) S 端子接口。S 端子也就是 Separate(中文意思就是"分离")Video，它是在 AV 接口的基础上将色度信号 C 和亮度信号 Y 进行分离，再分别以不同的通道进行传输，减少影像传输过程中的"分离""合成"的过程，以得到最佳的显示效果。通常显卡上采用的 S 端子有标准的 4 针接口(不带音效输出)和扩展的 7 针接口(带音效输出)。S-Video 虽不是最好的，但考虑到目前的市场状况和综合成本等其他因素，它还是应用最普遍的视频接口。大多都提供输出效果更好的 S 端子接口。

9.1.5　显卡的 BIOS

　　显卡 BIOS 又称 VGA BIOS，主要存放显示芯片与驱动程序之间的控制程序。另外还存放有显卡型号、规格、生产厂家、出厂时间等信息。打开计算机时，通过显示 BIOS 内一段控制程序，将这些信息反馈到屏幕上。

　　通常电脑在加电后首先显示显卡 BIOS 中所保存的相关信息，然后显示主板 BIOS 版本信息以及主板 BIOS 对硬件系统配置进行检测的结果等。由于显示 BIOS 信息的时间很短，所以必须注意观察才能看清显示的内容。目前，许多显卡上的图形处理芯片表面都已被安装的散热片所遮盖，根本无法看到芯片的具体型号，但我们可以通过 VGA BIOS 显示的相关信息中了解有关图形处理芯片的技术规格或型号。开机后显示 BIOS 中的数据被映射到内存里并控制整个显卡的工作。Windows 的启动也依赖于显卡 BIOS 的支持。显卡 BIOS 芯片在大多数显卡上比较容易区分，因为这类芯片上通常都贴有标签，但在个别显卡如 MGA G200 上就看不见，原因是它与图形处理芯片集成在一起了。

早期显示 BIOS 是固化在 ROM 中的，不可以修改，而现在则采用了大容量的 Flash-BIOS，可以通过专用的程序进行改写升级。显卡 BIOS 升级就是通过必要的软件把厂商提供的新 BIOS 文件，写入到显卡的 ROM 中去。显卡 BIOS 存放在存储器(ROM)里，不同厂商选用的 ROM 类型各有不同，并非所有的显卡都支持对 BIOS 的升级。如果显卡使用的是一次性的 PROM(可编程只读存储器)，那么将无法进行升级；如果使用的是 EPROM(可擦写可编程只读存储器)，那么理论上是可以升级的，但必须有专用的设备才能进行，对用户来说没什么意义；如果显卡采用的是 Flash EPROM(闪存)或 EEPROM(电擦写可编程只读存储器)，那么显卡将自由升级，目前绝大多数显卡都采用了此类 ROM，方便用户自行升级。建议初学者不要进行这种操作，因为升级存在危险性。

9.2 显卡的超频与测试

在使用计算机时，显卡的速度快慢，对于系统性能的影响是不言而喻的。因此，对显卡性能优化可以提高显示的画质。优化时，对显卡超频当然是必不可少的。同时，为了检测超频前后的性能，可以使用专门的显卡性能测试软件来测试一番，当看到超频后带来的性能提升，相信也给用户带来了乐趣和心理满足。

9.2.1 显卡超频与优化

显卡主要由显示芯片、显存、显卡 BIOS 等组成，如果要超频就要从这些方面下手。显卡超频一般就是提高显示芯片核心频率和显存频率。显存频率一般和显存的时钟周期有关，越低的时钟周期可达到的频率越高。显卡超频可以使用 PowerStrip 来实现。除此之外，PowerStrip 的功能还有调整桌面尺寸、调整屏幕更新频率、放大/缩小桌面、屏幕位置调整、桌面字型调整、光标放大缩小，以及图形与显卡系统信息、显卡执行性能调整等。利用该软件可以轻松识别显示器、显卡的真假。下面简单介绍一下其超频方法。

(1) 把 PowerStrip 下载后，在安装向导的指引下即可完成程序的安装。安装完成后，会在桌面建立快捷方式，运行 PowerStrip 后，PowerStrip 便会驻留在内存中，并在状态栏中显示其工作图标。

(2) 单击图标，在弹出的菜单中，选择【性能设定】|【设定】命令，如图 9.12 所示。

(3) 打开【性能设定档】对话框，通过向上拉动调整频率的滑块，即可提高显示卡的芯片时钟频率和显存时钟频率的值。在调整时，第一次可以直接调高 10%左右的幅度，稍后再一点一点往上调，如图 9.13 所示，这样就能安全地对显卡进行超频。

(4) 超频之后，如果不想每次开始都重新设置，可以勾选【关闭频率控制】复选框。

(5) 最后单击【应用】按钮即可。

如果对此还不满意的话，那么在 Windows 子目录中寻找 PSTRIP.CFG，然后打开该文件寻找相应显示芯片的设置，这时可将这些数改大一些，然后保存退出。再执行相应测试软件，如果没有死机，3D 画面也没有出现破裂，那么超频就成功了。

此外，还可以对显卡的性能进行优化，方法是进入 BIOS 设置中，把 AGP Fast Write(AGP 快写)功能打开，如图 9.14 所示。它允许直接进行写入操作，而不必经过系统内存，缩短了从处理器到显卡数据传输的时间。但也会带来兼容性问题，比如死机或黑屏等现状，所以在设置前要确认自己的显卡确实支持该项特性。

图 9.12　选择【设定】命令

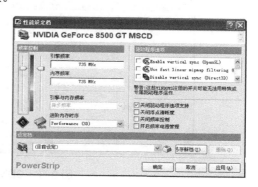

图 9.13　对显卡进行超频

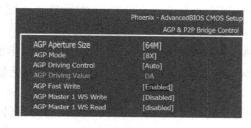

图 9.14　启用快写功能

9.2.2　显卡性能测试

3DMark 系列软件是显卡性能测试的标准软件，它们的测试方法基本相同，不过同一个显卡，使用其他软件测试的分数要比使用 3DMark2001 测试的分数低一些。除了最新的 3DMark Vantage (测试 DirectX 10 的显卡)外，3DMark03、3DMark05、3DMark06 这几款软件的安装和使用方法几乎一样，下面进行简单介绍。

(1) 首先是安装，按照提示进行即可，在安装过程中一般要求输入注册码。若不输入，同样可以正常使用软件，但不能定制测试项目，只能按照软件默认的项目进行测试。

(2) 安装完成后，双击桌面上的快捷方式，运行其程序。这几款软件都是英文版的，下面分别看看 3DMark05、3DMark06 两个程序的主界面，如图 9.15 和图 9.16 所示。

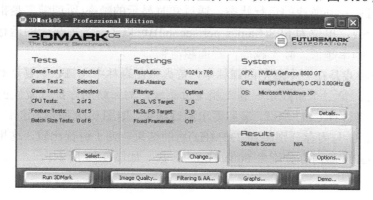

图 9.15　3DMark05 的主界面

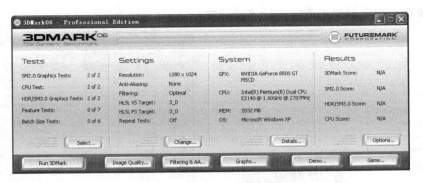

图 9.16　3DMark06 的主界面

(3) 下面以 3DMark06 为例讲解几个主要部分的意义。

① Select 按钮。单击该按钮,打开 Select Tests 对话框,在这里可以对 3DMark06 测试的项目进行选择(见图 9.17)。其测试的项目分为四大类。

- Game Tests。3DMark06 主要是通过几个游戏来了解显卡的性能,这几个游戏场景中包含了 DirectX 9.0 中的很多特效,通过这些游戏场景可直观地看到画面是否流畅。

- CPU Tests。选中这里将对 CPU 进行测试,测试的内容仍是 Game Tests 中的游戏,不同的是,这里将所有显卡的工作都交给了 CPU 来完成。

- Feature Tests。这一项将对显卡的显示特性进行测试,包括"物理填充测试""像素渲染测试""顶点渲染测试"等,这些特效在相关游戏中可得到体现。

- Batch Size Tests。这一项对了解显卡的性能作用不大,可以不进行测试。

② Change 按钮。该按钮是软件的设置选项,在这里可以设置测试时的分辨率、VS (像素渲染)和 PS(顶点渲染)等选项。参数设置越高,对显卡的考验越大。

③ Image Quality 按钮。该按钮的作用是方便在测试中截图,包括连续截图。

(4) 了解这些选项后,就可以进行测试了。选择 Tests 选项组中的 Game Tests 和 CPU Tests(游戏测试和 CPU 测试)选项,然后单击 OK 按钮,返回主界面中,单击界面左下角的 Run 3DMark 按钮,即可开始测试。

(5) 在测试过程中,首先出现的是一场精彩的未来战争,其中动态灯光的效果非常完美。在游戏的下方可以看到游戏的运行状态,通过实时显示的帧率(所谓帧率是指一秒内出现在屏幕上图像的个数,单位为 FPS(frames per second))可以了解当前显卡的运行状态。可以发现场景越复杂,帧率越低,帧率越高,画面越流畅。

(6) 第二个游戏是在一个魔幻的森林中,萤火虫在森林中飞舞,主要是对雾气和萤火虫的光影进行渲染。第三个游戏是一艘飞船飞过海峡,与海峡的守护神发生的战斗。测试完这 3 个游戏后,将进行 CPU 测试,最后得出测试结果,如图 9.18 所示。这个分数是 GeForce 8600 GT 超频(GPU 与内存分别超到 735MHz)后的结果,为了进行比较,这里给出一个没有超频(没超频的 GPU 与内存分别是 600MHz)的分数,如图 9.19 所示。

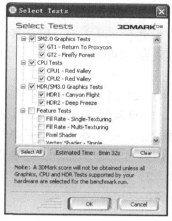
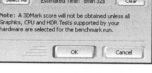

图 9.17　选择测试的项目

图 9.18　超频测试结果

图 9.19　默认测试结果

9.3　显示器概述

显示器是计算机的一种最重要的输出设备，是人们与电脑打交道的主要界面。一台质量好的显示器对人的视力和身心健康都有好处。

9.3.1　显示器的分类

从早期的黑白世界到现在的色彩世界，显示器走过了漫长而艰辛的历程。随着显示器技术的不断发展，显示器的分类也越来越明细。目前，市面上常见的显示器，主要有阴极射线管(CRT)显示器和液晶显示器(LCD)等。与传统 CRT 显示器相比，液晶显示器有着小巧、便携、节能、环保、无辐射、纯平面等优点。不过，液晶显示器也有一些缺点，例如 LCD 显示器从正常视角之外观看时，会出现颜色失真的现象。此外，在一些需要高速反应的画面中(如极品飞车游戏)，液晶显示器往往会留下一些鬼影，就好像慢动作一样，存在一些视觉残留，这就是长期困扰液晶显示器的"拖尾"现象。

如图 9.20 所示是一款 CRT 显示器和一款液晶显示器的外观。

图 9.20　CRT 显示器和液晶显示器的外观

1. CRT 显示器的分类

CRT 显示器是自面市来，外形与使用功能变化最小的计算机外设产品之一。但是其内在品质却一直在飞速发展，按照不同的标准，CRT 显示器可划分为不同的类型。

1) 按大小划分

从 12 英寸黑白显示器到现在 19 英寸(1 英寸等于 25.4 毫米)、21 英寸大屏彩显，CRT 经历了由小到大的过程，现在市场上以 15 英寸、17 英寸为主。1999 年年初，14 英寸显示器已逐步淡出市场，15 英寸已成为主流。进入 1999 年第三季度后，由于各厂商不断降低 17 英寸彩显的价格，使得 17 英寸的市场销量急剧上升，不久 17 英寸的显示器就已经取代了 15 英寸显示器。另外，有不少厂家目前已成功推出 19 英寸、21 英寸大屏幕彩显。但现在这类产品除少量专业人士外，极少有人采用，市场普及率不高。

2) 按调控方式划分

CRT 显示器的调控方式从早期的模拟调节到数字调节，再到 OSD 调节，走过了一条极其漫长的道路。

(1) 模拟调节是在显示器外部设置一排调节按钮，来手动调节亮度、对比度等一些技术参数。由于此调节所能达到的功效有限，不具备视频模式功能。另外，模拟器件较多，出现故障的概率较大，而且可调节的内容少，所以目前已经很少看到。

(2) 数字调节是在显示器内部加入专用微处理器，操作更精确，能够记忆显示模式，而且其使用的多是微触式按钮，寿命长，故障率低，这种调节方式只是一种过渡。

(3) OSD 调节严格来说，应算是数控方式的一种。它能以量化的方式将调节方式直观地反映到屏幕上，很容易掌握。OSD 的出现，使显示器的调节方式上了一个新台阶。现在市场上的主流产品大多采用此调节方式。同样是 OSD 调节，有的产品采用单键飞梭，如美格系列的产品，也有采用静电感应按键来实现调节。

3) 按显像管种类划分

显像管是显示器生产技术变化最大的环节之一，同时也是衡量一款显示器档次高低的重要标准。按照显像管表面平坦度的不同可以分为球面显像管、平面直角显像管、柱面显像管、纯平显像管。

(1) 球面显像管。这是最老的显示器，显像管的断面就是一个球面。早期的 14 英寸彩色显示器基本上都是球面的。采用球面显像管的显示器，在水平和垂直方向都是弯曲的，图像也随着屏幕的形态弯曲。这种显示器有很多弊端：球面的弯曲造成图像严重失真，也使实际的显示面积比较小，弯曲的屏幕还很容易造成反光。

(2) 平面直角显像管(FST)。为了减小球面屏幕特别是屏幕四角的失真和显示器的反光等现象，显像管厂商进行了不少改进，到 1994 年诞生了"平面直角显像管"。所谓"平面直角显像管"，它不是真正意义上的平面，只不过其显像管的曲率相对于球面显像管比较小而已，其屏幕表面接近平面，曲率半径大于 2000mm，且四个角都是直角。平面直角显像管使反光现象及屏幕四角上的失真现象减小了不少，配合屏幕涂层等新技术的采用，显示器的显示质量有了较大提高。

(3) 柱面显像管。柱面显像管采用荫栅式结构，它的表面在水平方向仍然略微凸起，但是在垂直方向上却是笔直的，呈圆柱状，故称为"柱面管"。柱面管由于在垂直方向上平坦，因此比球面管有更小的几何失真，而且能将屏幕上方的光线反射到下方而不是直射入人眼中，因而大大减弱了眩光现象。

(4) 纯平显像管。1998 年开始，LG、三星、索尼、三菱等厂商先后推出了真正的平面显像管产品，即纯平显示器。这种显像管在水平和垂直方向上都是笔直的，整个显示器外表面就像一面镜子，真正达到了物理意义上的纯平。它在屏幕图形和文字的失真、反光等方面都降低到了最低限度。它比普通显示器有更宽的可视角度(理论上可以达到 180°)。一直到现在，CRT 显示器都没有多大的改进，它的技术可能已经发展到了尽头。

2. LCD 显示器的分类

LCD(liquid crystal display)显示器是一种采用了液晶控制透光度技术来实现色彩的显示器，通过该技术，LCD 显示器可以让底板整体发光，所以它做到了真正的完全平面。

液晶显示器的原理是利用液晶的物理特性，通电时导通，排列变得有秩序，使光线容易通过；不通电时排列混乱，阻止光线通过。通过不同单元格的光线就可以在屏幕上显示出不同的颜色。由于 LCD 本身的工作原理，也就决定了液晶显示具有厚度薄、适于大规模集成电路直接驱动、易于实现全彩色显示的特点，目前已经被广泛地应用在便携式电脑、数码摄(录)像机、PDA 移动通信工具等众多领域。

目前，LCD 可以分为无源矩阵显示器中的双扫描无源阵列显示器(DSTN-LCD)和有源矩阵显示器中的薄膜晶体管有源阵列显示器(TFT-LCD)。DSTN(dual scan tortuosity nomograph，双扫描扭曲阵列)是液晶的一种，由这种液晶体所构成的液晶显示器对比度和亮度较差、可视角度小、色彩欠丰富，但是其结构简单、价格低廉，因此仍然存在市场。TFT(thin film transistor，薄膜晶体管)是指液晶显示器上的每一液晶像素点都由集成在其后的薄膜晶体管来驱动。相比 DSTN-LCD，TFT-LCD 具有屏幕反应速度快、对比度和亮度高、可视角度大、色彩丰富等特点。TFT-LCD 是当前桌面型电脑和笔记本电脑的主流显示设备。

9.3.2　显示器的原理、结构和调节方式

1. CRT 显示器内部结构及原理

早期的 CRT 技术只能够显示光线的强弱，显示出来的是黑白画面。对于以前 CRT 用于军事上的雷达显示目标资料的系统来讲，黑白的 CRT 已经足够。但是，要实行电视转播，彩色 CRT 技术就非常必要了。CRT 的彩色原理其实和自然界光线色彩原理一样。我们知道，自然界中所有颜色都是由不同波长的光组合而成的，有红、橙、黄、绿、蓝、靛、紫。如果让太阳光通过三棱镜，可以分色出不同波长的光所产生的光谱。这个"光谱"就是人类视觉范围内所能看到的颜色区间(见图 9.21)。

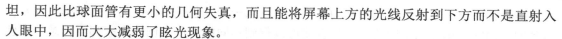

图 9.21　可见光光谱

通过反向推导将色彩产生的原理运用在显示器上，就是采用"加色法"这样的方式来产生人工的颜色光线。用于混合的是 3 种颜色：红、绿、蓝(red、green、blue)这 3 种选定的

颜色被称为三原色。各三原色相互独立，其中任意一种基色是不能由另外两种基色混合而得到的，但它们相互以不同的比例混合就可以得到不同的颜色，例如大家都很熟悉的黄色加蓝色可以合成绿色。这里的问题是，怎么通过一个机电装置把这三原色的光表现出来。而阴极射线管(cathode ray tube)就是这样的一种装置。

CRT 显示器是一种使用阴极射线管的显示器，其结构主要有显像管和显示器控制电路。显像管由电子枪、偏转线圈、荫罩板、荧光粉层和玻璃外壳组成，如图 9.22 所示。从外观看 CRT 结构分为以下 3 个部分。

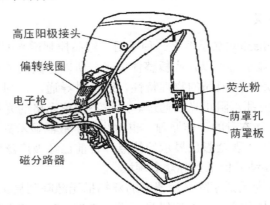

图 9.22　CRT 显示器的构成

(1) 荧光屏部分：其内表面涂有荧光粉构成荧光粉层。

(2) 锥体部分：内、外部都涂有导电的石墨层，外部装有阳极线引出端叫高压帽。

(3) 管颈部分：内部装有电子枪，外部靠近锥体部分装有偏转线圈。电子枪主要功能是产生电子束，是 CRT 的核心。电子枪主要由灯丝(用 H 或 F 表示)、阴极(用 K 表示，彩色显像管有 3 个阴极，分别用 RK、GK、BK 表示)、栅极(用 G1 表示)、加速极(用 G2 表示)、聚焦极和高压阳极(用 GV 表示)，如图 9.23 所示。

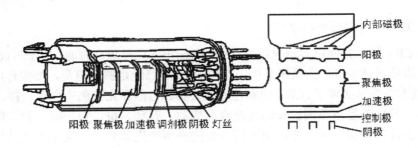

图 9.23　电子枪的结构

● 灯丝作用：加热阴极筒使阴极 K 表面产生 600～800℃高温。

● 阴极 K：受热后表面游离出电子，产生运动电子 G1 控制栅极。它控制发射电子的数量，多则亮；少则屏幕发暗。

● 阳极：建立一个强电场，吸引电子运动并加速电子直线运动。

● 聚焦线圈：当电子束穿过阳极后就会发散，聚焦线圈使电子束重新会聚到一个点上，这个点就在荫罩小孔处。聚焦线圈是螺线圈，通直流电。

当显示器收到计算机(显示卡)传来的视频信号后，通过转换电路转换为特定强度的电压，电子枪根据这些高低不定的电压放射出一定数量的阴极电子，形成电子束。电子束经过聚焦和加速后，在偏转线圈的作用下穿过遮罩上的小孔，打在荧光层上，从而形成一个发光点。彩色显示器则由 3 支电子枪分别发射不同强度的电子束，并打在荧光层上对应的红(R)、绿(G)、蓝(B)色点上，3 点发出的光线叠加后，就成为我们看到的某种颜色的色光。通过电压来调节电子束的功率，就会在屏幕上形成明暗不同的光点，进而形成各种图案和文字。

2. CRT 显示器外部结构及属性调节

显示器背面有两根引出线：一根是三针插头，是显示器的电源线；另一根是显示器的数据线。在安装显示器时，只要将数据线连接到显卡的信号线接口上即可。显示器及其数据线和电源线如图 9.24 所示。

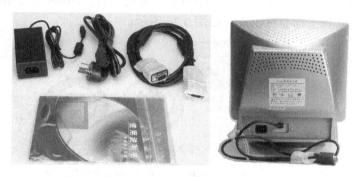

图 9.24　要安装的显示器

目前，CRT 显示器都是使用数字调节方式，其调节界面如图 9.25 所示。

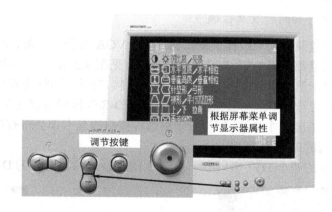

图 9.25　CRT 显示器的调节属性

下面介绍一下显示器可以调节的属性。

(1) 亮度(brightness)和对比度(contrast)：这两项属性的调节简单却频繁，在不同环境光线下，可能经常需要调节。

(2) 水平和垂直位置：进行水平方向和竖直方向的调节，使显示区域接近屏幕中央。

(3) 水平和垂直尺寸：对显示区域水平和竖直方向的长度进行调节，以中央为对称轴向

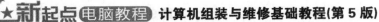

两边伸缩，在平面直角显示器中，可以调节将显示区域扩充到整个屏幕。

(4) 枕形失真 Pincushion：该项调节使可视区域的两条竖边竖成直线，避免形成向内或向外的失真。

(5) 梯形 Trapezoid：当屏幕出现上窄下宽或者上宽下窄的梯形外观时，可调节为上下等宽。

(6) 几何调整 Geometry，包括以下几个方面：①弓形失真；②平行四边形；③旋转；④垂直线性调整。

(7) 消磁。

此外，在选购显示器时，消费者对辐射、节能、环保、画面品质等方面的要求越来越高，产品是否具有某种认证标志成为人们考虑的重要因素之一。权威机构进行对电子产品或电器的安全性、电磁辐射、环保和节能等指标的检测。常见的认证有 UL(安全性)、FCC(电磁干扰)、TCO'95 和 TCO'99(低辐射)、TUV/EMC(电磁兼容)和 Energy Star(能源之星)等。通过的认证通常在其牌上都会标出来，如图 9.26 所示。

图 9.26 显示器的认证标志

3. LCD 显示器的外部结构及属性调节

在液晶显示器的包装中，一般提供变压器一个、VGA 延长线一条、产品说明书等。

高端的液晶显示器都采用 DVI+D-SUB 接口设计(见图 9.27)，以满足用户需求。在产品配件中，有的液晶显示器提供 DVI 线接口为 DVI-I 接口(即可同时兼容模拟和数字信号的 DVI 接口，兼容模拟信号并不意味着模拟信号的接口 D-Sub 接口可以连接在 DVI-I 接口上，而是必须通过一个转换接头才能使用，一般采用这种接口的显卡都会带有相关的转换接头)，而不是一般的 DVI 线的 DVI-D 接口。

在如图 9.28 所示的两个 DVI 接口中，左边为 DVI-D 接口，右边为 DVI-I 接口。

图 9.27 采用 DVI+D-SUB 接口设计的液晶显示器 　　图 9.28 DVI-D 接口和 DVI-I 接口

液晶显示器与 CRT 显示器一样，也有用于操控整体参数的按钮。一般有 Auto 自动调整、亮度、对比度、菜单、工作状态指示灯、电源开关，如图 9.29 所示。

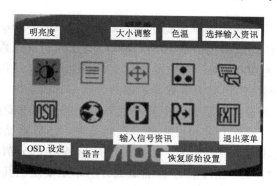

图 9.29　液晶显示器屏幕上对应的调节菜单

而有的液晶显示器会自带微型扬声器,它虽然不能跟市面上的多媒体音箱相提并论,但对于普通的应用还是能够满足需求的。更有的液晶显示器额外附赠了一个耳机接口。

9.3.3　显示器的性能指标

部分显示器性能指标是与显卡有关联的。例如分辨率、色深、刷新频率等,它们关系到显存的大小。当然,以目前流行的显卡来说,显存都已经足够大了,所以一般不影响这些参数的设置。显示器性能指标的部分性能参数是可以在 Windows 系统中进行设置的。

1. CRT 显示器性能指标

下面我们先来看看 CRT 显示器的主要性能指标。

1) 屏幕尺寸与可视面积

显示器的屏幕尺寸是指显像管的可见部分的对角线尺寸,单位为英寸。可视面积就是显示器可以显示图形的最大范围,显示面积都会小于显像管面积的大小。目前,常见的有 15 英寸、17 英寸、19 英寸、20 英寸几种。15 英寸显示器的可视范围在 13.8 英寸左右,17 英寸显示器的可视区域大多为 15～16 英寸,19 英寸显示器可视区域在 18 英寸左右。

2) 显示分辨率

显示分辨率是指显卡能在显示器上描绘点数的最大数量,通常以“横向点数×纵向点数”来表示,如图 9.30 所示。这是图形工作者最注重的性能。目前的显示器一般都能支持 1280×1024、1024×768 等规格的高分辨率。但是,显示器显示什么不是由它本身决定的,而是由显示卡来决定,假如显示卡不支持上述分辨率,再好的显示器也是枉然。

最大分辨率在一定程度上与显存有着直接关系,因为这些像素点的数据最初都要存储于显存内,所以显存容量会影响到最大分辨率。在早期显卡的显存容量只具有 1MB、2MB、4MB 等极小容量时,显存容量确实是最大分辨率的一个瓶颈;但目前主流显卡的显存容量已经达到 128MB、256MB 或 512MB,在这样的情况下,显存容量早已经不再是影响最大分辨率的因素。之所以需要这么大容量的显存,不过就是因为现在的大型 3D 游戏和专业渲染需要临时存储更多的数据罢了。

现在决定最大分辨率的其实是显卡的 RAMDAC 频率。RAMDAC 即“数模转换器”,它的作用是将显存中的数字信号转换为能够用于显示的模拟信号。RAMDAC 的转换速率也以 MHz 为单位,它决定刷新频率的高低(与显示器的“带宽”意义相近),即决定了在足够显存条件下,显卡最高支持的分辨率和刷新率。如果要在 1024×768 的分辨率下达到 85 Hz 的分辨率,则 RAMDAC 的速率至少是 1024×768×85×1.334(折算系数)÷106=90(MHz)。早期显卡的 RAMDAC 一般为 300MHz,很快发展到 350MHz。目前,主流的显卡 RAMDAC 都能达到 400MHz,已能够满足目前大多数显示器的分辨率和刷新率。

另外,显卡能输出的最大显示分辨率并不代表自己的电脑就能达到这么高的分辨率,还必须有足够强大的显示器配套才可以实现,也就是说,还需要显示器的最大分辨率与显卡的最大分辨率相匹配才能实现。例如,要实现 2048×1536 的分辨率,除了显卡要支持之外,还需要显示器的支持。而 CRT 显示器的最大分辨率主要是由其带宽所决定的,而液晶显示器的最大分辨率则主要由其面板所决定。目前主流的显示器,17 英寸的 CRT 的最大分辨率一般只有 1600×1200,17 英寸和 19 英寸的液晶显示器则只有 1280×1024,所以目前在普通电脑系统上最大分辨率的瓶颈不是显卡而是显示器。要实现 2048×1536 甚至 2560×1600 的最大分辨率,只有借助于专业级的大屏幕高档显示器才能实现,例如 DELL 的 30 英寸液晶显示器就能实现 2560×1600 的超高分辨率。

3) 刷新频率

刷新频率是指图像在屏幕上更新的速度,也即屏幕上的图像每秒钟出现的次数,它的单位是赫兹(Hz)。一般人眼不容易察觉 75Hz 以上刷新频率带来的闪烁感,因此最好能将您的显卡刷新频率调到 75Hz 以上,如图 9.31 所示。但并不是所有的显卡都能达到 75Hz 以上的刷新频率,而且与显示器也有关系。一些低端显卡在高分辨率下只能设置为 60Hz。

图 9.30 显示分辨率的设置

图 9.31 刷新频率的设置

4) 色深

色深是指在某一分辨率下,每一个像素点可以有多少种色彩来描述,它的单位是 bit(位)。具体地说,8 位的色深是将所有颜色分为 $256(2^8)$ 种,那么,每一个像素点就可以取这 256 种颜色中的一种来描述。当把所有颜色简单地分成 256 种实在太少了点,因此,人们就定义了一个"增强色"的概念来描述色深,它是指 16 位(2^{16}=65535 色),即通常所说的 64K 色及 16 位以上的色深。在此基础上,还定义了真彩 24 位和 32 位色等。

存储颜色的表现情况如表 9.3 所示。

表 9.3　显卡存储颜色表现情况

色深	1	2	4	8	16	24	32	36
颜色数	$2^1=2$ 种颜色	$2^2=4$ 种颜色	$2^4=16$ 种颜色	$2^8=256$ 种颜色	$2^{16}=65536$ 种颜色	224=1677 万种颜色	1677 万种颜色和 256 级灰度	1677 万种颜色和 4096 级灰度

5) 点距

点距(dot pitch)是指荫罩板上两个最接近的同色荧光点之间的直线距离。点距是显像管最重要的技术参数之一，单位为毫米(mm)。点距越小，显示画面就越清晰、细腻，自然其分辨率和图像质量也越高，显示器的档次也越高。现在大多数显示器的点距仍是 0.28mm，也有一些为 0.26mm、0.25mm。用显示区域的宽和高分别除以点距，即可得到显示器的垂直方向和水平方向最高可以显示的点数。以 17 英寸显示器的点距为例(0.25mm)，它水平方向最多可以显示 1280 个点，垂直方向最多可以显示 1024 个点，超过这个模式，屏幕上的像素会互相干扰，图像就会变得模糊不清。

点距有许多种不同的测量方法，有实际点距、垂直点距和水平点距的差别。垂直点距等于 3 个同色荧光点组成的三角形斜线距离的一半，等同于点距(边长)的一半。而水平点距实际上是这个 3 个同色荧光点组成三角形的高，如图 9.32 所示。

我们知道，等边三角形的高小于边长，因此，水平点距小于实际点距。这也就是一些显示器厂商把水平点距说成实际点距，以提高产品档次的原因了。所以，大家在购买的时候需要清楚厂商资料中指出的是水平点距还是实际点距。

6) 栅距

栅距是指荫栅式显像管平行的光栅之间的距离(见图 9.33)，单位是 mm。一方面，它代表的就是"特丽珑"和"钻石珑"等高档次显示器，采用荫栅式显像管的好处在于其栅距经长时间使用也不会变形，显示器使用多年也不会出现画质下降的情况；而荫罩式正好相反，其网点会产生变形，所以长时间使用就会造成亮度下降、颜色转变的问题。另一方面由于荫栅式可以透过更多的光线，从而可以达到更高的亮度和对比度，令图像色彩更加鲜艳、逼真、自然。

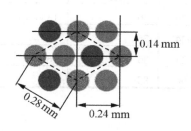

图 9.32　点距、水平点距和垂直点距的关系

荫栅式结构

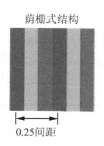

0.25间距

图 9.33　栅距

凭肉眼看同档次的孔状荫罩和荫栅式荫罩显示器，显示效果的区别不算大。但从理论和应用上讲，孔状荫罩显示器显示的图像更精细、准确，适合 CAD/CAM 的应用；荫栅式荫罩显示器的色彩要明亮一些，更适合于艺术专业的应用。

7) 扫描频率

模拟信息由显卡送到显示器，显示器将这一信息转换为特定强度的电压，借助电压将阴性电子通过电子枪发射出来，形成一道电子束，然后，电子束通过协助荧光屏聚焦的遮光罩打在荧光屏上的磷质发光体上，形成一个发亮的图点。电子束由左而右、由上至下不停地做周期性扫描，使得只有很短暂的发光时间的磷质发光体不断地重新亮起，才能使我们感受到持续稳定的画面。这个过程称为屏幕刷新(refresh)。屏幕刷新的速度越慢，图像闪烁和抖动就越厉害，眼睛疲劳就越快。采用 70Hz 以上的刷新频率时才能基本消除闪烁感。显示器所支持的最高刷新频率能够代表显示器的技术水平，但是刷新频率这一指标是和分辨率结合在一起的，如一台显示器在 1024×768 的分辨率下能达到 150Hz，而在 1280×1024 分辨率下只能支持 100Hz 的刷新频率，在新的显示器无闪烁标准下，刷新频率必须达到 85Hz，才能有效地减少显示器对眼睛的伤害。

8) 带宽

带宽是显示器非常重要的一个综合性能参数，能够决定显示器性能的好坏。带宽决定着一台显示器可以传送信号的能力，就是指电路工作的频率范围。显示器工作频率范围在电路设计时就已固定了，它主要由高频放大部分元件的特性所决定。高频处理能力越好，带宽能处理的频率越高，显示器显示控制能力越强，显示效果越好。带宽的计算公式是：带宽(工作频率)=水平像素(行数)×垂直像素(列数)×刷新频率×1.4。

带宽的值越大，显示器性能越好。与行频相比，带宽更具有综合性，也能更直接地反映显示器的性能。它是造成显示器性能差异的一个比较重要的因素。

带宽决定着一台显示器可以处理的信息范围，就是指特定电子装置能处理的频率范围。工作频率范围早在电路设计时就已经被限定下来了，由于高频会产生辐射，因此，高频处理电路的设计更为困难，成本也高得多。而增强高频处理能力可以使图像更清晰。所以，宽的带宽能处理的频率更高，图像也更好。每种分辨率都对应着一个最小可接受的带宽。如果带宽小于该分辨率的可接受数值，显示出来的图像会因损失和失真而模糊不清。

表 9.4 列出了在几种常见分辨率和刷新频率下的可接受带宽。

表 9.4　几种常见分辨率下可接受的带宽

分辨率	刷新频率/Hz	可接受带宽/Hz	分辨率	刷新频率/Hz	可接受带宽/Hz
800×600	85	61	1280×1024	70	138
1024×768	75	88	1280×1024	75	147
1024×768	85	100	1280×1024	85	167
1280×1024	60	118	1600×1200	85	230

2. 液晶显示器的性能参数

就使用范围来说，液晶显示器分为笔记本电脑中的液晶显示器和桌面计算机液晶显示器。Desktop LCD 是 CRT 传统显示器的替代产品，它具有节约能源、环保等特点。目前，LCD 显示器的价格也已经很便宜。选购 LCD 显示器时，虽然 LCD 显示器和传统 CRT 显示器有不少性能指标看上去名称相同或相似，但含义和重要性是有区别的，不要混淆。

(1) 显示尺寸。通常所说的显示器尺寸大多是指显像管的对角线尺寸，而不是屏幕上可显示图像的有效尺寸。传统 CRT 显示器可视范围要小于其显像管所标的尺寸，如 17 英寸显示器的可视范围约为 15.7 英寸。而 LCD 显示器的尺寸与有效显示范围尺寸基本上是一致的。使用效果方面，15 寸的 LCD 显示器其实就已经相当于 17 英寸的普通显示器。

(2) 点距和分辨率。点距一般是指显示屏上相邻两个像素点之间的距离。在屏幕大小一定的前提下，点距越小，则屏幕图像就越清晰、细腻。与普通 CRT 显示器有所不同，只要在尺寸与分辨率都相同的情况下，所有 LCD 显示器的点距都是相同的。例如，分辨率为 1024×768 的 15 英寸 LCD 显示器，其点距都是 0.297mm。因此，点距指标对 LCD 显示器来说就显得不重要了；LCD 显示器和 CRT 显示器都能使用多种显示分辨率。但 LCD 显示器只有在最大分辨率下，才能显现最佳影像。对于高分辨率的屏幕，如果觉得字体太小，那么可以在【显示属性】对话框中，切换到【外观】选项卡，然后在【字体大小】下拉列表框中，选择【大字体】或【特大字体】选项(见图 9.34)，最后单击【确定】按钮即可。

(3) 色彩与可视角。在色彩还原方面，LCD 显示器的表现目前还不能超过普通的 CRT 显示器。不过 LCD 显示器虽然能够直接显示 25.6 万种颜色。甚至有些厂商宣称其 LCD 显示器能够支持 1600 万种颜色，其实那只是使用了 FRC 技术进行模拟产生的效果，其真实效果仍然不及 CRT 显示器。此外，LCD 显示器须从正前方观赏才能够获得最佳效果。如果从其他角度看，画面会变暗、内容会变模糊。

(4) 响应时间。这个指标也是 LCD 显示器所独有的特定指标，是 CRT 显示器所没有的。响应时间愈小愈好，它反映了液晶显示器各像素点对输入信号反应的速度，即 pixel 由暗转亮或由亮转暗的速度。响应时间越小，则使用者在看运动画面时越不会出现拖尾的感觉。一般会将反应速率分为两部分：Rising 和 Falling；而表示时以两者之和为准。

(5) 亮度。亮度的学术单位是 cd/m^2(坎德拉/平方米)，如 $250cd/m^2$ 是表示在 $1m^2$ 的面积里点燃 250 支蜡烛的亮度相等。人的眼睛接受的最佳亮度为 $150cd/m^2$。TFT-LCD 的亮度值一般为 $200\sim350cd/m^2$。虽然技术上可以达到更高亮度，但是这并不代表亮度值越高越好，因为高亮度的显示器可能使用户眼睛受伤。还有一个方法是将显示屏的亮度减小到比较暗的水平，方法是打开驱动设置面板，在【彩色校正】选项中，把其【亮度】设置为小于 90%(见图 9.35)，最后单击【确定】按钮即可。不过，现在在 LCD 亮度的技术研究方面，NEC 已经研发出 $500cd/m^2$ 的彩色 TFT 液晶显示屏模块；松下也开发出称为 AI(adaptive brightness intensifier)的技术，做成专用 IC，可以有效地将亮度提高到 $350\sim400cd/m^2$，已经接近 CRT 显示器的水准了。

图 9.34　选择【大字体】选项

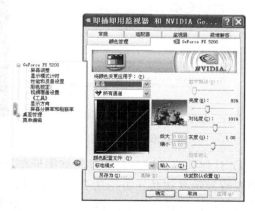

图 9.35　设置显示器亮度

(6) 对比度的定义为最大亮度值(全白)除以最小亮度值(全黑)的比值，对比值越大，则此显示器越好。CRT 显示器的对比值通常高达 500：1，其画质可以与冲洗照片媲美。液晶显示器由冷阴极射线管所构成的背光源很难去做快速的开关动作，因此，背光源始终处于点亮的状态。为了要得到全黑画面，液晶模块必须完全把由背光源而来的光完全阻挡，但在物理特性上，这些元件并不能完全达到这样的要求，总是会有一些漏光发生。制造商也一直致力于漏光现象的改善，对比度越高，能分辨出的色阶数越多。液晶显示器中发热 IC 控制芯片、滤光片以及定向膜等原料都会直接影响到显示器的对比度。对一般用户而言，对比度能达到 350：1 就足够了，但相对 CRT 显示器能够轻易达到 500：1 甚至更高对比度而言，只有较高端的液晶显示器才能达到 500：1 甚至更高对比度。

(7) 最佳分辨率。最佳分辨率即是真实分辨率。因为液晶显示器属于"数字"显示方式，其显示原理是直接把显卡输出的模拟信号处理为带具体"地址"信息的显示信号，任何一个像素的色彩和亮度信息都是与屏幕上的像素点直接对应的，所以，液晶显示器不支持多个显示模式。比如 15 英寸 LCD 默认屏幕大小是 1024×768，这样的显示效果是最佳的。

9.4 显示器测试

在购买显示器时，对显示器测试可以帮助用户比较并及时检测出质量问题。Nokia Monitor Test 是显示系统测试的标准软件，它使用方便，测试功能比较全面，适用类型广，无论是 CRT 还是 LCD 显示器，都可以直观地得知其性能。它主要可以用来测试亮点、暗点、坏点，这也是目前大家最关注的功能。下面简单介绍其操作。

(1) 把文件下载后，双击 NokiaMT.exe 程序图标，即可运行 Nokia Monitor Test，运行后首先要选择语言，如图 9.36 所示。

(2) 单击【确定】按钮，进入 Nokia Monitor Test 的主界面，主界面中共有 15 个选项，这些测试项目都可以适用于 CRT 和 LCD，如图 9.37 所示。

图 9.36 选择语言

图 9.37 Nokia Monitor Test 主界面

① 几何失真测试。有时候几何图形在显示时会发生失真的现象，所以在这项测试中，需要观察显示器边角正方形边长的一致性，正方形和圆形是否规则，有没有偏离。如果出现几何变形，可以利用显示器上的调节按钮来调整。

② 亮度与对比度测试。这两项主要用来测试和设定屏幕的光线输出。显示器的灰度表

现越好，显示画面时层次感和鲜艳度就越好，能表现出的细节就越多。

③ 高电压测试。这项测试主要针对的是 CRT 显示器。通过不停地切换"外黑内白"和"外白内黑"的两个图像来考验显示器，质量好的显示器两幅图形的变化不明显，质量差的却有明显的变化。

④ 色彩测试。色彩用来检测显示器对于三原色和黑色、白色的再现能力。它提供了白、红、绿、蓝、黑的全屏显示。由于对色彩没有明确的规定，所以主要是凭肉眼观测色彩的表现。对于 LCD 显示器，要注意屏幕上是否有坏点(液晶面板上不可修复的物理像素点或屏幕有固定为一种颜色不变的点就是坏点，坏点要么一直发光，要么不显示任何颜色)，有些亮点要在特定纯色的背景下才明显，购买 LCD 显示器应该仔细检测此项。

⑤ 文本清晰度。顾名思义，文本清晰度就是文字显示的清晰程度，这项测试对做文字工作的用户比较有用。好的显示器文字显示锐利，清晰可辨，这跟聚焦、对比度、亮度都有关系。不少显示器存在中间清晰、边角模糊的现象，因此测试时要注意边角文字的效果。

上面介绍的 Nokia Monitor Test 软件，其测试项不包括延迟时间测试(即显示器的响应时间)，这是 LCD 性能重要的一项指标。这里可以用 DisplayX、Monitors Matter CheckScreen 和 Dead Pixel Locator 等，它们都是对液晶显示器测试的软件。

9.5　习　　题

1. 填空题

(1) ＿＿＿＿是显卡的心脏，它决定显卡的档次和大部分性能。

(2) 分辨率是指显卡能在显示器上描绘点数的最大数量，通常以＿＿＿＿＿＿表示。

(3) 刷新频率是指＿＿＿＿＿，也即屏幕上的图像每秒钟出现的次数。

2. 选择题(可多选)

(1) 集成显卡又分为＿＿＿＿＿＿＿＿。

　　A. 内存划分集成显卡　　　　　　B. 独立显存集成显卡

　　C. 混合式集成显卡　　　　　　　D. 无显存集成显卡

(2) GeForce 7800GTX 的显示芯片带宽是＿＿＿＿＿。

　　A. 64b　　　　　　B. 128b　　　　　　C. 256b　　　　　　D. 512b

3. 判断题

(1) 显示分辨率是指显卡能在显示器上描绘点数的最大数量，通常以"横向点数、纵向点数"来表示。　　　　　　　　　　　　　　　　　　　　　　　　　　　　　　(　　)

(2) DVI 接口分为两种，一种是 DVI-D 接口，只能接收数字信号；另一种则是 DVI-I 接口，可同时兼容模拟信号和数字信号。　　　　　　　　　　　　　　　　　　(　　)

(3) 从广义上讲，电视机的荧光屏、手机、快译通等的显示屏都算是显示器的范畴，但一般的显示器是指与计算机主机相连的显示设备。　　　　　　　　　　　　　　(　　)

4. 简答题

(1) 按显像管种类分，CRT 显示器分为哪几类？

(2) 简述 TCO 认证体系的标准。

(3) 显示器的调节属性有哪些？

5. 操作题

(1) 查看一下你正在使用的计算机的显存是多少；最高分辨率是多少；最高刷新频率和正在使用的刷新频率又是多少。

(2) 使用 PowerStrip 对显卡进行小幅超频。

(3) 分别使用 3DMark03、3DMark05 测试计算机显卡的性能。

新起点
电脑教程

第10章

其他设备的选购与检测

教学提示

一台计算机除了前面介绍的主要硬件之外，还有一些不是很重要(价格占整台计算机的比例不大)，但也是计算机必不可少的设备，如机箱、电源、键盘、鼠标、声卡、音箱、网络设备、打印机、扫描仪、数码产品等。

教学目标

通过学习本章，可以了解机箱、电源、键盘、鼠标、声卡、音箱、打印机、扫描仪、网络设备及各种数码产品的性能和作用，同时掌握它们的选购方法与技巧。

10.1 机箱和电源

机箱的作用主要是保护主机中的硬件。电源是计算机中的能量来源，计算机内的所有部件，都需要电源来供电。因此，电源质量的好与坏直接影响了计算机的使用。如果电源质量比较差，输出不稳定，不但经常会导致死机、自动重新启动，还会损坏内部配件。

10.1.1 机箱的类型、结构

机箱的作用主要有 3 个方面：首先，它提供空间给电源、主板、各种扩展板卡、软盘驱动器、光盘驱动器、硬盘驱动器等设备，并通过机箱内部的支撑、支架、各种螺丝或卡子(夹子)等连接件将这些零配件牢牢固定在机箱内部，形成一个集约型的整体。其次，它坚实的外壳保护着板卡、电源及存储设备，能防压、防冲击、防尘，并且它还能发挥防电磁干扰、辐射的功能，起屏蔽电磁辐射的作用。最后，它还提供了许多便于使用的面板开关指示灯等，让操作者更方便地操纵或观察计算机的运行情况。

1. 机箱的类型

从机箱的结构来看，主要有 AT、ATX、NLX、Micro ATX 共 4 种。AT 机箱的全称是 BaBy AT，主要应用于早期 486 以前的计算机中，只能安装 AT 主板。ATX 机箱是目前最常见的机箱，支持现在绝大部分类型的主板，而且还可以安装 AT 主板和 Micro ATX 主板。Micro ATX 机箱是在 ATX 机箱的基础之上建立的，目的是进一步节省机箱空间，因此比 ATX 机箱体积要小一些。另外还有一种 NLX 机箱，由于很少用到，在此就不介绍了。各个类型的机箱只能安装其支持类型的主板，不可混用，而且电源也有所差别，所以在选购时要注意。

2. 结构

从样式来分，一般把机箱分为立式和卧式两种。与立式机箱相比，卧式机箱的缺点也非常明显：扩展性能和通风散热性能都差，这些缺点也导致了在主流市场中卧式机箱逐渐被立式机箱所取代。一般来说，现在只有少数商用机和教学用机才会采用卧式机箱。

立式机箱(有时又被称为塔式)的历史虽然比卧式机箱短得多，但其扩展性能和通风散热性能要比卧式机箱好得多。因此，从奔腾时代开始，立式机箱大受欢迎，以至于现在立式机箱已经在人们心中根深蒂固。立式机箱按照外观大小又可分为全高、3/4 高、半高、Micro ATX 等类型。全高机箱扩充性较强，空间较大，适用于服务器。半高以及 3/4 高机箱扩充性适中，空间较为宽敞，适合于台式机。而 Micro ATX 机箱扩充性较差，空间较小，只适用于为了追求外观的品牌机。

现在市场上出现了一些立卧两用的机箱，可以根据用户的喜好随便摆设，非常实用。

立式机箱正面的前面板提供了多个光驱(或刻录机)位置、1 个软驱位置，它的 POWER 键、RESET 键、HDD- LED、POWER-LED 呈十字形排列。机箱前面板下部提供了前置 USB 接口和音频输入/输出的预留插孔，所以不像其他机箱能直接使用，必须装好前置 USB 和音频的电路板，以及跳线才能使用。打开机箱盖，可以查看机箱的内部，主板安装较方便，机箱底板已经安装好部分铜柱。硬盘、软驱、光驱的安装仍为螺丝固定式，后面板提供多个 PCI 设备接口，此外，还提供安装螺丝或说明书。机箱的结构如图 10.1 所示。

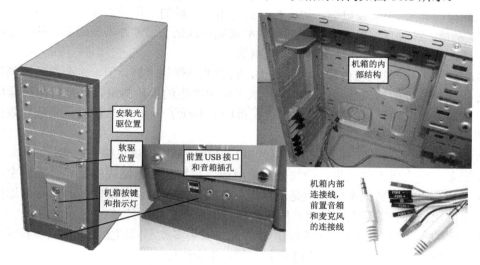

图 10.1　各种机箱

3．材质

高档的机箱会在钢板的表面通过特殊工艺镀上一层锌，锌层越厚就意味着防辐射能力越强。一般市场上常见的机箱基本上是采用镀锌钢板，根据镀锌方式、生产工艺及镀锌量的不同，主要分为热浸镀锌钢板(GI)和电解镀锌钢板(EG)。两种材料由于生产工艺不同，各方面的特性都存在着较大差异。

(1) GI 的镀锌量可以达到每平方米 45g 以上，而 EG 的镀锌量只有 20g 左右，镀锌量将直接影响到钢板的防辐射及抗氧化能力。

(2) 相比 EG，GI 对电磁波尤其是对低频电磁波具有更强的吸附性，同时具有更好的散热性和导电性，可有效抵御高频电磁波。

(3) GI 的镀锌层与钢板间可以形成一层锌铁合金，这样镀锌层便会更为牢固；而 EG 的镀锌层则比较薄，因而 GI 的防腐蚀及防锈蚀特性要远优于 EG。

显而易见，GI 料比 EG 料优越很多，但后者成本较低，工艺简单。出于成本考虑，一些机箱会采用电解镀锌钢板或刷防锈漆的普通钢板，使用这些材料生产的机箱自然是难以拥有优秀的防辐射能力，用户购买时一定要小心选择。如果不懂分辨，可以选择大厂商好品牌的机箱，比如富士康全系列机箱都是采用 GI 材料，并对钢板表面进行了"铬酸盐皮膜处理"和"耐指纹皮膜处理"，从而可以有效地避免油污及指纹可能造成的烤漆脱落和不均匀等问题，质量自然值得信赖。

同时，钢板的厚度也对防辐射能力有一定的影响，钢板越厚，防辐射能力也越强。所以好的机箱通常都是沉甸甸的，这个方面一般可以直观判断。

10.1.2　如何选择机箱

要想挑一个称心如意的机箱，应该从以下几个方面综合考虑。

(1) 外观样式。首先从颜色上应该与显示器、鼠标键盘等统一起来，目前 DIY 市场里主要分为黑白两色系列。然后要考虑使用的方便性，比如机箱的前置面板上有无 USB 接口、麦克风插口，甚至 1394 接口等，如果有，会对用户以后的工作带来非常大的方便。

(2) 品质。经过良好处理的机箱可以精准而完全地闭合，零件不会倾斜，外壳边缘非常圆滑，捧在手上，会有点分量，不会轻飘飘的。

(3) 散热型。一般机箱内部的空间越大，它的散热性能越好，但一定要与外形搭配。面板和背板要有良好的通风性能，能及时释放工作中产生的大量热量，保持机箱内温度不会过高，从而可以保障机器的稳定运行。现在市场上出现了一种 38℃机箱，它能有效控制高主频部件带来的过热现象。

(4) 扩充性。所谓扩充性就是指可以为以后升级计算机提供足够空间支持。比如，当用户需要配备一台内置的刻录机、一块硬盘的时候，就需要机箱能提供足够合理的空间。有些机箱虽然提供了足够的空间，但是没有考虑到安装了扩充设备后的问题，导致这些部件拆装非常麻烦，有些甚至无法使用，所以在挑选的时候，最好能够试一下。

(5) 兼容性。兼容性是指机箱的通用性，能否安装多款不同的主板。它应该具备标准的机箱设计规格，对于大、小主板都能顺利安装，不会错位。

10.1.3　电源的工作原理

计算机属于弱电产品，也就是说部件的工作电压比较低，一般带驱动的设备在 12V 左右(如光驱、硬盘等)，而一些板卡则只有 5V 左右，并且是直流电。众所周知，普通的市电为 220V(有些国家为 110V)交流电，不能直接在计算机部件上使用。因此，计算机和很多家电一样需要一个电源部分，负责将普通市电转换为计算机可以使用的电压，它一般安装在机箱的背部，如图 10.2 所示。

图 10.2　电源

当交流电进入电源后，先经过扼流线圈和电容滤波去除高频杂波和干扰信号，然后经过整流和滤波得到高压直流电。接着通过开关电路把直流电转为高频脉冲直流电，再送高频开关变压器降压。然后滤除高频交流部分，这样最后输出供计算机使用的相对纯净的低压直流电。

计算机电源的"交流→直流"转换过程主要分为以下阶段。

(1) 市电进入电源后，首先经过的是最前级的 EMI 滤波电路部分，EMI 滤波的主要作用是滤除外界电网的高频脉冲对电源的干扰，同时还可减少开关电源本身对外界的电磁干扰。实际上，它是利用电感和电容的特性，使频率为 50Hz 左右的交流电可以顺利通过滤波器，而高于 50Hz 以上的高频干扰杂波将被滤波器滤除。

(2) 第二部分是 PFC 电路，PFC 电路称为功率因数校正电路，功率因数越高，电能利用率就越大。目前，PFC 电路有两种方式，即无源 PFC(被动式 PFC)和有源 PFC(主动式 PFC)。无源 PFC(打开 ATX 电源机壳会发现上盖或下盖有一类似变压器的元件)是通过一个工频电感来补偿交流输入的基波电流与电压的相位差的，强迫电流与电压相位一致，可以降低电源对电网谐波干扰和电网对电源的干扰。采用有源 PFC 的电源输入端通常只有一只高压滤波电容，同时由于有源 PFC 本身可作为辅助电源，因而可省去待机电源，而且采用有源 PFC 的电源输出电压纹波极小。但由于有源 PFC 成本较高，通常只有高级应用场合才能见到。

(3) 第三部分是整流电路，经过 EMI 滤波及 PFC 电路的处理，得到较为平整的正弦波交流电，被送入前级整流电路进行整流，整流工作都由全桥式整流二极管来担任。经过全桥式整流二极管整流后，电压全部变成正相电压。不过，此时得到的电压仍然存在较大的起伏，这就必须使用高压滤波电容进行初步稳压，将波形修正为起伏较小的波形。接下来，经过高压滤波电容初步稳压的电源分为两路，一路送往 5VSB 电压生成电路，另一路则送往 12V、5V、3.3V 电压生成电路。

(4) 这是开关电源的核心部分。此部分是通过 PWM 控制芯片或简单的自激振荡电路通过变压器耦合的方式来精密控制负责功率生成部分的开关电路，再由开关电路通过变压器耦合的方式将功率传递给后级的整流、滤波电路。这部分电路由于电流的数值和变化频率很大，所以关键部件发热量极大，必须使用散热片。通常前端的散热片上固定开关电路的开关管；而后端的散热片上则固定后级整流电路中的整流管。

两块散热片中间则分别是体积较大的负责耦合主开关电路与后级整流电路的开关变压器；体积较小的负责耦合副开关电路与后级整流稳压电路的开关变压器以及负责耦合 PWM 控制芯片与主开关电路的互感线圈。这就是电源中常见的两块散热片以及 3 个变压器。最后，稳压管再将最后的直流电压调整为所需要的各种电压，供给计算机的各个部件。

(5) 电源最后会输出多组不同的直流电压值，采用这样设计的原因就是计算机内部的各个用电器所需要的电压是不同的，一个电压是无法满足需求的。电源提供稳定的 6 个输出电压值是+12V、+5V、+3.3V、-5V、-12V 和+5VSB。一台电源的绝大部分功率都是由+12V、+5V 和+3.3V 这 3 个电压提供的，而-5V、-12V 和+5VSB 这 3 个电压由于并没有接到大功耗的设备上，所以它们的功率一般不超过 20W。

10.1.4　电源的选购

目前，常见的计算机电源功率为 250～400W，最常用的便是 300W 的。在电源内部有一个 110/220V 的选择开关，因为中国市电采用 220V 的标准，所以国内制造或组装的计算机电源绝大部分将 110/220V 开关焊接在 220V 的一端。电源品牌有航嘉牌、百盛牌、长城牌等，选择这些电源比较放心。

评价或选择一个好的电源，主要还应考虑以下几个因素。

1. 电源重量

一个电源无论使用何种线路来设计，依照目前的制作方式，瓦数越大，**重量应该越重**。

尤其是一些通过安全标准的电源,会额外增加一些电路板零组件,以增进安全稳定度,重量自然会有所增加。其次是内部电子零件密度,计算机电源的设计定律会额外增加一些电路板零组件,以增进安全稳定,所以在整个电源体积不变的情况下,塞入更多的东西会让电源中的密度增加。在购买时,可以从散热孔看出电源的整体结构是否紧凑。

2. 电源外壳

打开外包装就可以看到电源的外壳了。如何判断其选材?在电源外壳钢材的选材上,计算机电源的标准厚度有两种:0.8mm 和 0.6mm,它们使用的材质也不相同,用指甲在外壳上刮几下,如果出现刮痕,说明钢材品质较差;如果没有任何痕迹,说明钢材品质不错。

3. 线材和散热孔

电源所使用的线材粗细与它的耐用度有很大关系。较细的线材如果长时间使用,常常会因过热而烧毁。另外,电源外壳上面或多或少都有散热孔,电源在工作的过程中,温度会不断升高,除了通过电源内附的风扇散热外,散热孔也是加大空气对流的重要设施。原则上电源的散热孔面积越大越好。

4. 变压器

电源的关键部位是变压器,简单的判断方法是看变压器的大小。一般变压器的位置是在两片散热片中,根据常理判断,250W 电源的变压器线圈内径不应小于 28mm,300W 的电源不得小于 33mm,用一根直尺在外部测量其长度,就可以知道其用料实不实在。电流经过变压器之后,通过整流输出线圈输出。多半厂商使用代号为 10262 和 130626 两种,250W 电源的整流输出线圈不应低于 10262 的整流输出线圈。300W 电源的整流输出线圈不应低于 130626 的整流输出线圈。在电源中直立电容的旁边,会有一个黑色的桥式整流器,有的则是使用 4 个二极管代替。就稳定性而言,桥式整流器电源的稳定性要好一些。

5. 电源风扇

风扇在电源工作过程中,对于配置的散热起着重要作用。例如技展 350PX 电源,该电源采用双风扇设计,即在进风口加装了一台 8cm 风扇,使空气流动速度加快。而基于双风扇设计,必然会使电源内部受热量加大、噪声增大,该款电源一方面是两个风扇均用高灵敏度温控低音风扇,风扇所带热敏二极管可根据机箱和电源内的不同温度来调节风扇的转速。另一方面是可以加大进风口的进风,使电源入口风扇与出口风扇以不同速度运转,从而保证电源内部自身产生的热空气和由机箱内抽入的热空气都能及时排出。

6. 安全规范

在电源的设计制造中,安全规格是非常重要的一环。为了防止电流过大造成烧毁,电源都设置有保险丝。保险丝的主要工作就是当电流突然过大时,保险丝先行烧毁。只要更换保险丝就能继续使用该电源,所以保险丝的安置方式非常重要。好的电源多采用防火材质的 PCB,在购买电源时,可以透过散热孔仔细找一下这个电源的 PCB 是否使用防火材质。此外,3C 认证是一个重要指标。3C 认证是我国强制性产品认证的简称,它将 CCEE(长城认证)、CCIB(中国进口电子产品安全认证)、EMC(电磁兼容认证)三证合一,从而取代了原来的 CCEE 认证。三者分别从用电的安全、稳定、电磁兼容及电波干扰方面做出了全面的规定标准，整体认证法与国际接轨。

7. 输入技术指标

输入技术指标有输入电源相数、额定输入电压、电压的变化范围、频率、输入电流等。输入电源的额定电压因各国或地区不同而异，我国为 220V。开关电源的电压范围比较宽，一般为 180～260V。交流输入功率为 50Hz 或 60Hz，在频率变化范围影响开关电源的特性时多为 47～63Hz。而电源功率必须满足整机的需要，并且要有一定的功率余量。但是并非电源的功率越大越好，我们可以对计算机各个硬件所需要的功耗按表 10.1 所示进行计算，可见，一般使用 300W 的电源就足够了。

表 10.1　计算机各个硬件功耗(W)

CPU	主板	硬盘	光驱	显卡	声卡	软驱	网卡	风扇	总计
60～90	20～25	15～30	20～25	20～50	5～10	5～10	5～10	5～10	160～265

10.2　鼠标、键盘和手写输入系统

键盘是计算机最基本的输入设备，几乎所有的命令、汉字、各种语言程序、初始数据等都是由键盘输入的。

鼠标(Mouse)是一种移动光标和做选择操作的计算机输入设备。随着操作系统采用图形界面的增多，鼠标在各种应用程序中起着越来越重要的作用。

随着计算机和网络的日益普及，新时代文盲也由基本的文字文盲进化到了计算机文盲。对处于新时代的我们而言，键盘和鼠标成了最有效的输入方式。然而，对一些比较不擅长使用输入法的用户来说，就需要使用手写输入了。

10.2.1　键盘的基本知识

键盘是计算机最基本的输入设备，几乎所有的命令、汉字、各种语言程序、初始数据等都由键盘输入。键盘作为人机交流的一个重要媒介，用户很有必要了解其相关知识。

1. 键盘的分类

计算机键盘发展历史上，出现过 84 键、101 键、102 键、104 键和 107 键的键盘，目前使用的多数是 107 键的键盘。与 104 键的键盘相比，107 键键盘多出了"睡眠""唤醒""开/关机" 3 个电源管理按键，即这 3 个按键是用于快速开关计算机及让计算机快速进入/退出休眠模式的。

此外，还有一种多媒体键盘。这类键盘是在 107 键键盘的基础上额外增加了一些多媒体播放、Internet 访问、E-mail、资源管理器方面的快捷按键，这些按键通常需要安装专门的驱动才能使用，而且这类键盘中大多数能够通过驱动程序附带的调节程序让用户自定义这些快捷按键的功能。比如，设定某快捷按键直接用来打开 Word、Excel 等。

键盘还可以分为 PS-2 接口键盘、USB 接口键盘、无线键盘等。

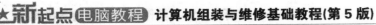

如图 10.3 和图 10.4 所示分别是一款 PS-2 接口和一款 USB 接口的键盘。

图 10.3　PS-2 接口的键盘　　　　　　图 10.4　USB 接口的键盘

此外，如果想实现躺在床上收发电子邮件、网上冲浪的愿望，无线鼠标和无线键盘则是一个好选择。如图 10.5 所示是一款无线的键盘和鼠标套装。

2. 键盘的结构

计算机键盘从结构上看，可以分为键盘外壳、电路板和按键 3 个部分。键盘的外壳和按键在外面就可以看到。如果想查看键盘的内部，拧开键盘背后的 20 颗螺丝，就可以拆开键盘，如图 10.6 所示。对无线键盘来说，电路部分主要是负责键盘的驱动和无线信号的发射和接收。

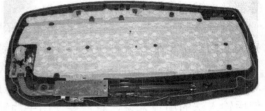

图 10.5　无线的键盘和鼠标套装　　　　　图 10.6　键盘的内部

1) 键盘外壳

键盘外壳主要用来支撑电路板，并给操作者一个方便的工作环境。多数键盘外壳上都有可以调节键盘与操作者角度的装置，通过这个装置，用户可以调整键盘的角度，以方便使用。另外，键盘外壳与工作台的接触面上装有防滑、减震的橡胶垫，键盘外壳上还装有一些指示灯，用来指示某些按键的功能状态。

2) 电路板

电路板是整个计算机键盘的核心，位于键盘的内部，主要担任按键扫描识别、编码和传输接口工作。它将各个键所表示的数字或字母转换成计算机可以识别的信号，是用户和计算机之间主要的沟通者之一。电路板主要由逻辑电路和控制电路组成。逻辑电路排列成矩阵形状，每一个按键都安装在矩阵的一个交叉点上。电路板上的控制电路由按键识别扫描电路、编码电路和接口电路组成。在一些电路板的正面，有由某些集成电路或其他一些电子元件组成的键盘控制电路，反面有焊点和由铜箔形成的导电网络；而另外一些电路板，只有制作好的矩阵网络，没有键盘控制电路，这一部分电路被放到了计算机内部。

3) 按键

按键就是用户接触的键位。初学者在刚刚接触计算机时，都为键盘的这种排列而烦恼，总是找不到键的位置。为什么键盘的字母排列方式并不是按照 26 个字母的顺序排列呢？这是继承了英文打字机的传统，使用 QWERTY 式排列的。受当时的英文打字机的技术所限，打字的速度过快就会造成打字机"卡壳"，设计成这种样子，是为了让人们降低打字速度。后来，大家已经习惯了这种排列的键盘，所以现在的计算机键盘依然采用这种形式。

10.2.2　鼠标的基本知识

鼠标的工作原理：鼠标的内部由纵、横脉冲发生器，按键输入电路和编码，以及控制电路 3 个部分组成。鼠标将本身的移动分解为纵、横两个方向，分别记录移动的速度和距离，并通过对应的脉冲发生器产生脉冲；按键电路通过多个开关的通/断来发出相应的脉冲信号；控制电路将脉冲发生器和按键电路产生的脉冲信号进行混合编码，通过数据端口向计算机发送，并被系统还原成图形化显示所必需的坐标位置和命令状况。

从内部结构和原理来分，鼠标可以分为机械式、光机式和光电式三大类。由于科技的发展，目前光电鼠标占据了大部分市场。

以接口类型来分，鼠标可以分为串行口、PS-2 接口、USB 接口和无线鼠标 4 种。

PS-2 接口鼠标与主板的 PS-2 接口连接，USB 接口鼠标与 USB 接口连接。如图 10.7～图 10.9 所示分别是 PS-2 接口的鼠标、USB 接口的鼠标和光电无线鼠标的外观。

有的鼠标还带有转接口，因为机器中的 USB 接口一般为两个，可能不够用，所以出现这种把 USB 接口转换成的 PS-2 接口，如图 10.10 所示，这样可以把 USB 接口鼠标接到机器的 PS-2 接口上。

图 10.7　PS-2 接口的鼠标　　图 10.8　USB 接口的鼠标　　图 10.9　光电无线鼠标　　图 10.10　鼠标的转接口

除了传统鼠标外，许多公司还推出了一些特种鼠标，如轨迹球鼠标。轨迹球鼠标是用手拨动轨迹球来控制光标的移动，但由于轨迹球鼠标属于专业鼠标行列，价格是普通高档鼠标的几倍。

10.2.3　手写系统简介

从单纯的技术原理上，手写板主要分为初级的电阻压力板、电容板以及目前最新的电磁压感板。目前，手写系统的主要品牌有，汉王笔、紫光笔、文通笔、蒙恬笔、手写之星等。此外，还有键盘和手写笔结合起来的产品。

手写笔的核心技术，在于手写文字的识别率。在这方面，汉王、蒙恬、紫光等做得很不错，对于手写体字以及不太规范的字，识别率较高。

如图 10.11 所示是两款手写设备的外观。

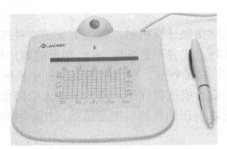

爱国者 3625 手写板 　　　　　　　　　　 汉王大学士手写板

图 10.11　　两款手写设备的硬件

10.2.4　键盘和鼠标的选购与检测

1. 键盘和鼠标的选购

对计算机用户来说,接触最多的是鼠标和键盘这两个设备,尤其是用计算机工作的用户,整天都接触到它们。目前,市面上出售的鼠标、键盘的外形、性能各异,价格也相差很大,从几十元到数百元不等,这为不同层次的用户提供了相当大的选择空间。

目前,键盘的寿命都很长,已不再单以敲击次数来判断好坏,其重点开始强调设计上更加符合人体工程学,更加注重性能和手感。鼠标也一样,其重点开始转到 USB、无线接口和光电,定位准确、灵敏度高的产品始终是用户的钟爱。

选购鼠标、键盘时,可以从品牌、结构、舒适性、价格、耐观、耐用和套装的鼠标、键盘几个方面考虑。除了价格,从外观角度来说,鼠标和键盘套装也拥有自己的优势。因为套装中的鼠标和键盘均由厂商统一设计,因此套装中的鼠标和键盘的颜色线条搭配一般都比较和谐。它们的价格也不是很贵。

2. 键盘测试

PassMark KeyboardTest 是一个小巧的检测键盘的软件,有了它就可以用最快的时间来检验键盘上的键位是否好用,特别是笔记本电脑的用户非常有必要进行测试。

PassMark KeyboardTest 是一个绿色软件,下载后,解压到一个指定文件夹中,然后双击 Keyboardtest.exe 程序图标,即可打开其主界面。测试方法非常简单,只需要按键盘上的按键,程序上相应的键就会以网状标记(如果该键失灵,则不会出现网状标记,不过,Print Screen 键和 Power 键不能测试,因此,这两个键可以用另外的方式测试),如图 10.12 所示。

3. 鼠标测试

Mouse Rate Checker 软件是用来测试鼠标的灵敏度的工具,它是绿色软件。运行该软件后,在主界面中移动鼠标即可观测到鼠标的灵活情况,如图 10.13 所示。不过,软件的测试只是理论上的值,最好的测试还是自己握着鼠标试玩一下游戏或执行其他操作就可以了。

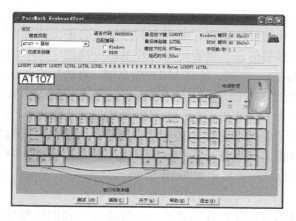
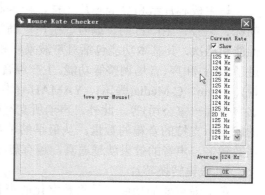

图 10.12　使用 PassMark KeyboardTest 测试键盘　　图 10.13　移动鼠标即可观测到鼠标的灵活情况

10.3　多媒体设备

多媒体设备的范围很广泛，本章所说的多媒体设备涉及计算机有关的多媒体设备，包括声卡、音箱(耳机)、数码相机、摄像机、数字摄像头等。

10.3.1　声卡

声卡的工作原理其实很简单，麦克风和喇叭所用的信号是模拟信号，而计算机所能处理的只能是数字信号，两者不能混用，声卡的作用就是实现两者的转换。在这个过程中采样的位数和采样的频率决定了声音采集的质量。

1. 声卡的构成

声卡主要由处理芯片、数模转换芯片、总线连接端口、输入/输出端口、MIDI 及游戏端口、CD 音频连接器等主要部件组成，如图 10.14 所示。

图 10.14　声卡

1) 处理芯片

与主板芯片组和显卡芯片一样,声卡芯片的好坏也决定着声卡的档次。它的上面标有商标、型号、生产日期、编号、生产厂商等重要信息。声音处理芯片基本上决定了声卡的性能和档次,其基本功能包括对声波采样和回放的控制、处理 MIDI 指令等,有的厂家还加进了混响、和声、音场调整等功能。生产声音处理芯片的厂商主要有 Creative(创新)、Aureal(傲锐)、E-mu、C-Media(骅讯)、YAMAHA(雅马哈)、Advance Logic、Crystal/Cirrus Logic(两个名字是同一家公司)等。此外,声卡所支持的声道数就是由处理芯片决定的。所谓声道数指的就是所支持的音箱的数量。从最早的单声道,到现在最新的环绕立体声,芯片支持的声道数越多,声音的效果就越逼真,越有震撼力。声卡芯片如图 10.15 所示。

2) 数模转换芯片

声卡最重要的功能就是将数字化的声音信号转化为模拟类信号,完成这一功能的部件称为 DAC(digital-analog converter,数字/模拟转换器,简称数模转换器)。数模转换芯片如图 10.16 所示。如果声卡是数字输出的话,那么 DAC 就决定了音质。

图 10.15　声卡芯片

图 10.16　数模转换芯片

3) 总线接口

把声卡插入计算机主板上的那一端称为总线接口,它是声卡与计算机互相交换信息的"桥梁"。声卡发展至今,主要分为板卡式、集成式和外置式 3 种接口类型。板卡式(PCI接口)产品涵盖低、中、高各档次,售价从几十元至上千元不等。集成声卡集成在主板上,具有不占用 PCI 接口、成本更为低廉、兼容性更好等优势,能够满足普通用户的绝大多数音频需求。目前,集成声卡已经占据了声卡市场的大半壁江山。而外置式声卡是由创新公司独家推出的一个新兴事物,它通过 USB 接口与 PC 连接,具有使用方便等优势。这类产品主要应用于特殊环境,如连接笔记本电脑实现更好的音质等。

4) 功率放大芯片

声音处理芯片发出来的数字信号经转换为模拟信号后,还不能直接让喇叭放出声音,它还需要功率放大芯片(简称功放)来实现这一功能。声卡上的功放型号多为 XX2025。由于它在放大声音、音乐等信号的过程中也同时放大了噪音信号,所以,从其输出端(speaker out)输出的噪音较大。

5) 输入/输出端口

声卡要具有录音和放音功能,就必须有一些与放音和录音设备相连接的端口。在声卡与主机箱连接的一侧有 3～4 个插孔,其中,Speaker Out 是连接音箱插孔、Line Out 是数字音频输出口、Line In 是数字音频输入口、Mic In 端口用于连接麦克风(话筒)。可以将自己的歌声录下来实现基本的"卡拉 OK 功能",不同声卡上下顺序不尽相同。而 IDI 及游戏摇杆接口是一个 15 针的 D 型连接器,它可以配接游戏摇杆、模拟方向盘,也可以连接电子乐器

上的 MIDI 接口，实现 MIDI 音乐信号的直接传输。

2. 集成声卡

集成声卡就是将声卡直接焊接在主板上，集成声卡最早主要出现在整合型主板上，它是将一块音效芯片直接做到主板上面。板载声卡一般有软声卡和硬声卡之分。这里的软硬之分，指的是板载声卡是否具有声卡主处理芯片之分，一般软声卡没有主处理芯片，只有一个解码芯片，通过 CPU 的运算来代替声卡主处理芯片的作用。而板载硬声卡带有主处理芯片，因此，音效处理工作就不需要 CPU 参与了。

目前，集成声卡分为 AC'97 和 HD Audio。

(1) AC'97。AC'97 的全称是 Audio CODEC'97，这是一个由英特尔、雅玛哈等多家厂商联合研发并制定的一个音频电路系统标准。现在市场上能看到的声卡大部分的 CODEC 都符合 AC'97 标准。厂商也习惯用符合 CODEC 的标准来衡量声卡。因此，很多主板产品，不管采用何种声卡芯片或声卡类型，都称为 AC'97 声卡。

(2) HD Audio。HD Audio 是 High Definition Audio(高保真音频)的缩写，原称为 Azalia，是 Intel 与杜比(Dolby)公司合力推出的新一代音频规范。目前主要是 Intel 915/925 系列芯片组的 ICH6 系列南桥芯片所采用。HD Audio 的制定是为了取代目前流行的 AC'97 音频规范，与 AC'97 有许多相通之处，某种程度上可以说是 AC'97 的增强版，但并不能向下兼容 AC'97 标准。它在 AC'97 的基础上提供了全新的连接总线，支持更高品质的音频以及更多的功能。与 AC'97 音频解决方案类似，HD Audio 同样是一种软、硬混合的音频规范，集成在 ICH6 芯片中(除去 Codec 部分)。与 AC'97 相比，HD Audio 具有数据传输带宽大、音频回放精度高、支持多声道阵列麦克风音频输入、CPU 的占用率更低等特点。

板载声卡的劣势却正是独立声卡的优势，而独立声卡的劣势又正是板载声卡的优势。从性能上讲集成声卡完全不输给中低端的独立声卡，在性价比上集成声卡又占尽优势。虽然板载软声卡在处理音频数据时会占用部分 CPU 资源，但现在 CPU 主频早已用 GHz 来进行计算，其对系统性能的影响也微乎其微了，几乎可以忽略。

目前，市场上大部分主板产品都集成了声卡芯片，从 2 声道、6 声道一直发展到 8 声道甚至 10 声道，性能是越来越好。集成声卡芯片的生产厂商主要有 Analog Devices(美国模拟器件公司)、Realtek(瑞昱)、C-Media(骅讯)、VIA(威盛)等公司，最常见的就是 Realtek 的产品了。在早期的主板上大多采用 2 声道声卡芯片，目前主流的主板都采用 6 声道芯片(如 ALC655)，高端一些的主板则会采用 8 声道芯片(如 ALC850)。

安装集成声卡驱动程序时，除了使用主板附带光盘中都会带有集成声卡的驱动外，也可以到太平洋计算机网、驱动之家网站下载。下载前最重要的是搞清楚主板的南桥芯片。

3. 声卡的性能指标

下面简单介绍一下声卡的主要技术指标。

(1) 声音采样。声卡的主要作用之一是对声音信息进行录制与回放，在这个过程中采样的位数和采样的频率决定了声音采集的质量。①采样位数可以理解为声卡处理声音的解析度。数值越大，解析度就越高，录制和回放的声音就越真实。声卡的位数指标客观地反映了数字声音信号对输入声音信号描述的准确程度。在计算机上录音的过程就是把模拟声音信号转换成数字信号；反之，在播放时则是把数字信号还原成模拟声音信号输出。位数是指声卡在采集和播放声音文件时所使用数字声音信号的二进制位数。8 位代表 2 的 8 次方，即 256，16 位则代表 2 的 16 次方，即 64K。比如一段相同的音乐信息，16 位声卡能把它分为 64K 个精度单位进行处理，而 8 位声卡则只能处理 256 个精度单位，从而造成了较大的信号损失。②采样频率是指录音设备在一秒钟内对声音信号的采样次数。采样频率决定了模拟声音信号转换为数字声音信号的频谱宽度，即声音频率的保真度。采样频率越高，声音的还原就越真实、越自然。目前的主流声卡，采样频率一般分为 22.05kHz、44.1kHz、48kHz 这 3 个等级，22.05kHz 只能达到 FM 广播的声音品质，44.1kHz 则是通常所说的 CD 音质，48kHz 则更加精确一些。

(2) 数字/模拟转换器。声卡最重要的功能就是将数字化的音乐信号转化为模拟类信号，完成这一功能的部件称为 DAC，DAC 的品质决定了整个声卡的音质输出品质。如果声卡是数字输出的话，那么由 DAC 决定音质。大多数声卡使用了符合 AC'97 的 Codec(数字信号编码解码器，DAC 和 ADC 的结合体)。由于 AC'97 的标准定义了输入/输出的采样频率都是 48kHz 这一个频率，所以如果 Codec 接收到其他采样频率的音频流，便会经过 SRC(sample rate converter，采样频率转换器)，将频率转换到统一的 48kHz。在这个转换过程中，音频流中的数据便会由于转换算法而损失一部分细节，造成音质的损失，所以 AC'97 除了播放 48kHz 的音频流音质还不错以外，播放其他采样频率的音频流都不能得到很好的回放音质。当然，如果在 Codec 以后做修正电路可以提高一些音质，这就因厂商而异了。

(3) 声道数。声道数是指声卡芯片支持输出的音箱数量。声卡所支持的声道数是声卡技术发展的重要标志。声道主要有 3 种：单声道、立体声和环绕立体声。目前，市场上流行的声卡都支持环绕立体声。目前声卡芯片支持的声道有 2 声道、4 声道、6 声道、8 声道等。声道越多，声音的定位效果就越好。

4. 声卡测试

常见的声卡测试软件有狐狗声卡测试仪、RightMark 3DSound、Audio WinBench 99 等，下面进行简单介绍。其中，狐狗声卡测试仪可以检测计算机中的声卡设备，包括产品名称、产品 ID、驱动程序 ID、驱动程序版本、输出声道、支持格式列表、扩展输出功能列表等。狐狗声卡测试仪是一款免费软件，其使用方法很简单，安装该软件后，可以从【开始】菜单中运行它。首先打开其主界面，然后单击【开始测试】按钮即可，结果如图 10.17 所示。

而 RightMark 3DSound 主要用于检测声卡的 3D 音效表现能力，被誉为声卡领域的 3DMark。它主要用于测试声卡对各种音频 API 的支持能力，包括 DircetSound 2D、DircetSound 3D、EAX1、EAX2、EAX3 等 3D 音效技术指标。

RightMark 3DSound 是一款英文版的软件，安装该软件后，会在【开始】菜单中自动创建 RightMark 3DSound 程序组，程序主要包括 RightMark 3DSound CPU Utilization test、RightMark 3DSound Data Analyzer、RightMark 3DSound Positioning Accuracy test 等 3 款测试组件，分别是 CPU 占用率测试、数据分析和 3D 音效主观测试。下面介绍主要的 CPU 占用率测试和 3D 音效主观测试。

(1) CPU 占用率测试。

运行 RightMark 3DSound CPU Utilization test 命令，打开 RightMark3DSound 对话框，如图 10.18 所示，在这里可以查看声卡的各项信息。在测试之前，可在 Test Options 的 Mode

下，选择测试的项目。但在一些集成声卡上，可能有一些项目无法进行测试。设置完成后，单击 Start benchmark 按钮即可开始测试，稍等片刻就会返回一个测试结果，这些测试结果会生成一个 XML 文件，并保存在其安装目录下。

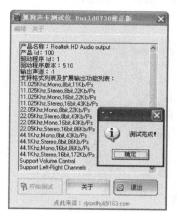

图 10.17　狐狗声卡测试仪测试结果

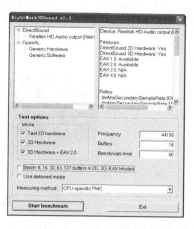

图 10.18　CPU 占用率测试

(2) 3D 音效主观测试。

运行 RightMark 3DSound Positioning Accuracy test 后，会听到一阵鼓乐声，然后看到如图 10.19 所示的窗口，拖曳图左边的黑点可以仔细测试声音位置和细微移动的变化，通过模拟测试可大致判断声卡的 3D 音效是否正常，根据鼓乐声即可感受到音源的方向和音效。

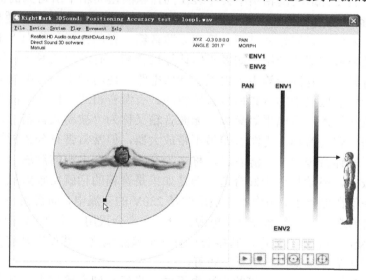

图 10.19　3D 音效主观测试

10.3.2　音箱

音箱(一般是说有源音箱)是将音频信号还原成声音信号的一种装置，包括箱体、喇叭单元、分频器、吸音材料 4 个部分。

1. 音箱的分类

根据不同声道,音箱的结构也有所不同,一般立体声音箱分为主音箱和副音箱,主音箱的背后一般有交流电源线、音箱开关和连接主机机箱上的声卡插孔。

如图10.20所示是音箱的前、后外观。

图 10.20 音箱的外观

根据发声原理及内部结构的不同,音箱可分为倒相式、密闭式、平板式、号角式、迷宫式等几种类型,其中最主要的形式是密闭式和倒相式。密闭式音箱就是在封闭的箱体上装上扬声器,效率比较低。倒相式音箱与它的不同之处就是,在前面或后面板上装有圆形的倒相孔。它是按照赫姆霍兹共振器的原理工作的,优点是灵敏度高、能承受的功率较大和动态范围广。因为扬声器后面的声波还要从倒相孔放出,所以其效率也高于密闭箱。而且同一只扬声器装在合适的倒相箱中会比装在同体积的密闭箱中所得到的低频声压要高出3dB,也就是有益于低频部分的表现,所以这也是倒相箱得以广泛流行的重要原因。

按有无功放来分,音箱分为有源音箱和无源音箱。有源音箱又称为"主动式音箱"。通常是指带有功率放大器的音箱,如多媒体计算机音箱、有源超低音箱,以及一些新型的家庭影院有源音箱等。有源音箱由于内置了功放电路,使用者不必考虑与放大器匹配的问题,同时也便于用较低电平的音频信号直接驱动。有源音箱通常标注了内置放大器的输出功率、输入阻抗和输入信号电平等参数。无源音箱又称为"被动式音箱",即通常采用内部不带功放电路的普通音箱。无源音箱虽不带放大器,但常常带有分频网络和阻抗补偿电路等。一般的多媒体音箱都是有源音箱,称之为有源是指有电源的意思。计算机声卡输出的音频信号比较弱,驱动耳机刚好合适,但是如果是音箱的话就比较勉强了。所以音箱中电路主要的任务就在这里了。国内市电使用的是220V的交流电,而音箱中需要的是低压直流电,所以音箱电路的第一个部分就是电源部分。通常会采用一个220V的变压器,它能将220V的交流电变压为低压交流电,紧接着将有一个整流电路,其作用是将交流电整流为直流电,一般采用4个二极管作全桥整流即可。

根据声道数的不同,其副音箱的个数也不同,当然,副音箱越多,其后面的连接插孔也越多。对于带有低音炮的多声道有源音箱,前一个数字2、4、5代表的是环绕音箱的个数,2是双声道立体声,一般用R代表右声道,L代表左声道;4是4点定位的4声道环绕,一般用FR代表前置右声道,用FL代表前置左声道,用RR代表后置右声道,用RL代表后置左声道;5是在4声道的基础上增加了中置声道,用C表示。而"·1"声道,则是一个专门设计的超低音声道,这一声道可以产生频响范围为20~120Hz的超低音。音箱所支持的声道数是衡量音箱档次的重要指标之一,音箱数量表示各种声道系统。如图10.21所示分别是几种音箱的外观。

2.0 音箱　　　　　　2.1 音箱　　　　　　　6.1 音箱

图 10.21　音箱数量表示的各种声道系统

2. 音箱主要技术指标

下面介绍音箱的性能参数。

1) 频响范围

频响范围的全称叫频率范围与频率响应。前者是指音箱系统的最低有效回放频率与最高有效回放频率之间的范围；后者是指将一个以恒电压输出的音频信号与系统相连接时，音箱产生的声压随频率的变化而发生增大或衰减、相位随频率而发生变化的现象，这种声压和相位与频率的相关联变化关系称为频率响应，单位为分贝(dB)。声压与相位滞后随频率变化的曲线分别叫作"幅频特性"和"相频特性"，合称"频率特性"。这是考察音箱性能优劣的一个重要指标，它与音箱的性能和价位有着直接的关系，其分贝值越小，说明音箱的频响曲线越平坦，失真越小，性能越高。如一音箱频响为 60Hz～18kHz+/-3dB。这两个概念有时并不区分，就叫作频响。从理论上来讲，构成声音的谐波成分是非常复杂的，并非频率范围越宽声音就好听，不过这对于中低档的多媒体音箱来讲还是基本正确的。现在的音箱厂家对系统频响普遍标注范围过大，高频部分差的还不是很多，但在低音端标注的极为不真实，所以敬告用户低频段声音一定要耳听为实，不要轻易相信广告上的数值。

2) 灵敏度

该指标是指在给音箱输入端输入 1W/1kHz 信号时，在距音箱喇叭平面垂直中轴前方 1m 的地方所测得的声压级。灵敏度的单位为分贝(dB)。音箱的灵敏度每差 3dB，输出的声压就相差 1 倍，普通音箱的灵敏度在 85～90dB 范围内，85dB 以下为低灵敏度，90dB 以上为高灵敏度。通常多媒体音箱的灵敏度稍低一些。

3) 功率

该指标就是指感觉上音箱发出的声音能有多大的震撼力。根据国际标准，功率有两种标注方法：额定功率与最大承受功率(瞬间功率或峰值功率 PMPO)。而额定功率是指在额定频率范围内给扬声器一个规定了波形的持续模拟信号，扬声器所能发出的最大不失真功率，而最大承受功率是扬声器不发生任何损坏的最大电功率。商家为了迎合消费者心理，通常将音乐功率标得很大，所以在选购多媒体音箱时要以额定功率为准。音箱的最大承受功率主要由功率放大器的芯片功率决定，此外，还与电源变压器有很大关系。掂一掂主副音箱的重量差就可以大致知道变压器的重量，通常重量差越大，功率越大。但音箱的功率也不是越大越好，适用就是最好的。例如，对于 $20m^2$ 的房间来说，50W 功率足够了。

4) 失真度

音箱的失真度定义与放大器的失真度基本相同，不同的是放大器输入的是电信号，输

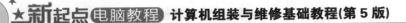

出的还是电信号,而音箱输入的是电信号,输出的则是声波信号。所以音箱的失真度是指电声信号转换的失真。声波的失真允许范围在10%内,一般人耳对5%以内的失真不敏感。大家最好不要购买失真度大于5%的音箱。

5) 信噪比

该指标是指音箱回放的正常声音信号与噪声信号的比值。信噪比低,小信号输入时噪声严重,在整个音域的声音明显变得浑浊不清,不知发的是什么音,严重影响音质。信噪比低于80dB的音箱(包括低于60dB的低音炮)不建议购买。

6) 阻抗

该指标是指输入信号的电压与电流的比值。音箱的输入阻抗一般分为高阻抗和低阻抗两类,一般高于16Ω的是高阻抗,低于8Ω的是低阻抗,市场上音箱的标称阻抗有4Ω、5Ω、6Ω、8Ω、16Ω等几种,推荐值是标准的8Ω,因为在功放与输出功率相同的情况下,低阻抗的音箱可以获得较大的输出功率,但是阻抗太低了又会造成欠阻尼和低音劣化等现象。

7) 音效技术

硬件3D音效技术现在较为常见的有SRS、APX、Q-SOUND和Virtual Dolby等几种,它们虽各自实现的方法不同,但都能使人感觉到明显的三维效果,其中又以第一种最为常见。它们所应用的都是扩展立体声(extended stereo)理论,这是通过电路对声音信号进行附加处理,使听者感到声响方位扩展到了两音箱的外侧,以此进行声响扩展,使人有空间感和立体感,产生更为宽阔的立体声效果。此外,还有两种音效增强技术:有源机电伺服技术和BBE高清晰高原音重放系统技术,对改善音质也有一定的效果。

3. 音箱的选购与测试

音箱市场产品良莠不齐,档次从廉价的到千元以上专业级都有,对一般用户来说,绝大部分装机者都是选择300元以下的多媒体音箱,品牌一般是轻骑兵B1EX、漫步者R331T、山桥DST-3000、兰欣的S880、创新、麦蓝X1/2.1、爵士、鸿喜等。

对于音箱可从以下几个方面来测试和选购。

(1) 产品的外观。音箱作为计算机不可或缺的重要部件,优秀的外观设计和时尚的造型是衡量音箱产品的重要部分。

(2) 产品的用料。包括内部电路的用料以及外部喇叭、线材的用料。

(3) 试听效果。要自己进行试听,自己的听觉听出来才是最重要的。

(4) 软件测试。目前主要的音箱评测软件有David's Audio sweep Generator和Audio100 Audio Tester。

接下来以Audio100 Audio Tester为例,介绍音箱的测试方法。

Audio100 Audio Tester是短歌行网站(www.audio100.com)开发的一款音频信号发生器软件,它提供了35种不同频率的正弦波信号,也提供了3组粉红噪声信号和一组20Hz~20kHz的扫频信号。Audio100 Audio Tester中的波形信号全部从专业音频信号发生器中采样,所产生波形的频率极为准确,失真度极小。Audio100 Audio Tester是一款绿色软件,下载后,解压即可以运行,其程序界面如图10.22所示。测试方法是选择一种波段,单击【播放】按钮,即可测试出音箱的有效频响范围。

图 10.22　Audio100 Audio Tester 程序界面

10.3.3　数码相机

数码相机就是以数字形式存取图像的相机。它和光学相机的原理有很大区别：数码相机输出的图像是数字的，光学相机输出的图像是模拟的；数码相机用电荷耦合器件成像，存储在半导体器件上，光学相机则用卤化银胶片感光成像。利用数码相机可以轻易地把外面的图片或景色，放进计算机里面作永久保存。

数码相机首先可以做到"所见即所拍"，通过液晶显示屏可以准确地进行拍摄。同时，由于储存介质的不同，数码相机节省了大量胶卷费用。

数码相机是输出数字图像的相机。数码相机从外观上看，与普通的傻瓜相机差别不大，都有机身、电池、镜头、光圈、快门、闪光灯等部件。

数码相机的工作原理是以电子存储设备作为摄像记录载体，通过光学镜头在光圈和快门的控制下，实现在电子存储设备上的曝光，完成被摄影像的记录。数码相机记录的影像，不需要进行复杂的暗房工作就可以非常方便地由相机本身的液晶显示屏或由电视机或个人计算机再现被摄影像，也可以通过打印机完成复制输出。与传统摄影技术相比，数码相机大大简化了影像再现加工过程，可以快捷、简便地显示被摄画面。

图 10.23　数码相机的外观

数码相机的操作比普通相机复杂得多，但其所有操作可以在相机的操作面板上完成，面板上有很多按钮，而相机的背面则是镜头，如图 10.23 所示。与普通相机一样，镜头也具有聚集功能，面板上的各个按钮具有不同的功能，需要参看说明书进行操作。

数码相机的选购首先要考虑使用目的。对于相机本身，则首先需要考虑的应该是影像质量和分辨率、总体性能特点、影像存储量，当然还有价格。

大多数数码相机使用的是 USB 接口，且其不必使用电源线，所以连接方法非常简单。首先看一下数码相机的数据线(见图 10.24 左图)，所以只需要把数据线的一端接到计算机的

USB 接口, 而另一端接到数码相机的 USB 接口(见图 10.24 右图)即可。

图 10.24　数码相机及其连接线

10.3.4　数码摄像机

数码摄像机也称为 DV, DV 是 Digital Video 的缩写, 译成中文就是"数字视频"的意思, 它是由索尼(SONY)、松下(PANASONIC)、JVC(胜利)、夏普(SHARP)、东芝(TOSHIBA)和佳能(CANON)等多家著名家电巨擘联合制定的一种数码视频格式。然而, 在绝大多数场合 DV 则是代表数码摄像机。

根据记录介质的不同, 数码摄像机可以分为 Mini DV(采用 Mini DV 带)、Digital 8 DV(采用 D8 带)、超迷你型 DV(采用 SD 或 MMC 等扩展卡存储)、数码摄录放一体机(采用 DVCAM 带)、DVD 摄像机(采用可刻录 DVD 光盘存储)、硬盘摄像机(采用微硬盘存储)和高清摄像机(HDV)。从数码摄像机的存储发展技术来看, DVD 数码摄像机、硬盘式数码摄像机和高清数码摄像机代表了未来的发展方向。而家用 DV 一般采用 Mini DV 带。由于它采用数字信号来录制影像, 图像清晰度都在 500 线以上, 所以 DV 的图像质量在同传统模拟摄像机的竞争中占据了优势。

在数码摄像机上常用的接口有两种, 一种是 IEEE1394 接口, 另一种是 USB 接口(见图 10.25)。这主要是为了方便把存储卡上的内容下载到计算机中。

数码摄像机的接口及其外观如图 10.25 所示。

图 10.25　数码摄像机的接口及其外观

目前, 数码摄像机市场, 品牌主要有松下、索尼、佳能、JVC、夏普、三星等。目前, DVD 数码摄像机的市场占有率大于采用闪存卡、硬盘等作为储存介质的数码摄像机。加上索尼等公司新产品的不断推出，产品价格的进一步下降，仿佛 DVD 数码摄像机取代传统磁带数码摄像机的势头锐不可当。

10.3.5　摄像头

摄像头作为一种视频输入、监控设备由来已久，并广泛运用于视频会议、远程医疗及实时监控。随着互联网的普及，网民越来越多，千奇百怪的摄像头也开始流行起来(如图 10.26 所示是一款钟表外观的摄像头)。摄像头的种类分为模拟摄像头和数字摄像头。

(1) 模拟摄像头要配合视频捕捉卡一起使用，它主要使用 CCD 作为感光器件，并要有视频捕捉卡或外置捕捉卡才能与计算机配合工作。模拟摄像头比数字摄像头功能强大、丰富，但价格偏高。

(2) 数字摄像头使用简单，一般通过计算机并行通信口连接或 USB 连接，是即插即用的，安装简单。尤其适合便携式计算机和不能打开机箱的品牌台式计算机，且价格比较便宜。其主要缺点是分辨率不高，并且由于使用了 CMOS 作为感光器件，这使得普遍在 640×480 像素以上捕捉速度不够快(一般小于 30 帧)。

摄像头与数码相机的连接方法一样，它同样不需要连接电源线，只需要把摄像头的数据线与计算机的 USB 连接即可。

图 10.26　钟表摄像头

10.3.6　投影机

投影机是一种数字化设备，主要用于计算机信息的显示。使用时，常配有大尺寸的屏幕，计算机送出的显示信息通过投影机投影到幕布上。作为计算机设备的延伸，投影机在数字化、小型化、高亮度显示等方面具有鲜明的特点，目前正在被广泛地用于教学(学校的多媒体教室)、广告展示、会议、旅游等很多领域。

如图 10.27 所示是一款投影机的外观。

多媒体教室的功能主要是课堂演示教学，也就是教师利用多媒体系统将教学内容直接投影在大屏幕上，并对教学内容进行讲解。运用这种方法可以提高学生的学习兴趣，增强学生观察、理解和分析问题的能力，从而提高教学质量和效率。

图 10.27　投影机的外观

多媒体教室由多媒体计算机、液晶投影机、数字视频展示台、中央控制系统、投影屏幕、音响设备等多种现代教学设备组成，如图 10.28 所示。

(1) 多媒体液晶投影机是整个多媒体教室中最重要的也是最昂贵的设备，它连接着计算机系统、所有视频输出系统及数字视频展示台，把视频、数字信号输出显现在大屏幕上。

(2) 数字视频展示台。是一种可以进行实物、照片、图书资料的投影的设备。

(3) 多媒体计算机。是演示系统的核心，教学软件都要由它运行。

(4) 中央控制系统。中央控制系统把整个多媒体演示教室的设备操作集成在一个平台上，所有设备的操作均可在这个平台上完成。

(5) 投影屏幕。用于和投影机配套使用。

图 10.28　多媒体教室

10.4　网　络　设　备

　　网络设备包括连接因特网和局域网相关的设备。因特网连接有关的设备最基本的是调制解调器。不过，目前最常用的是使用拨号 Modem 上网、宽带 ADSL 上网和无线 WiFi 接入上网。其中拨号 Modem 上网和宽带 ADSL 上网使用的硬件主要是 ADSL Modem。而网卡(含有线和无线的)则是局域网中最基本的部件，可以说是必备的。它起着向网络发送数据、控制数据、接收并转换数据的功能。而且大部分 ADSL 上网也需要一块网卡。

　　计算机已经进入了信息化阶段，人们通过计算机取得各种各样大量信息，这大大推动了互联网的发展，同时也带动了网络设备的发展。对普通用户来说，主要通过 3 种方式上网：一是电话线；二是网线；三是无线 WiFi。下面分别进行介绍。

10.4.1　Modem、ADSL 和 WiFi

1. Modem

　　调制解调器(Modem)的主要功能是数字信号和模拟信号的互相转换，是计算机通过电话线、拨号上网的主要设备。Modem 有外置式和内置式两种，它们没有什么本质的区别。内置式 Modem 使用 PCI 插槽，其价格比外置的 Modem 便宜些。

　　联机速率是衡量 Modem 性能的最基本指标，目前主要有 56Kb/s 的 Modem。注意调制解调器速度中的 b 是指 bit(位)，而非 Byte(字节)，1Byte=8bit，也就是说 56K Modem 的传输速度相当于 7KB/s。不过，56Kb/s 只是 Modem 在理论上能够达到的标称值，它的实际下载传输率最好状况下也只能达到 50Kb/s 左右的传输率，而上传传输率只有 33.6Kb/s。

　　按硬件安装方式分，Modem 分为内置式 Modem、外置式 Modem、PCMCIA Modem (笔记本专用)3 种。

　　(1) 外置式 Modem。外置式 Modem 通常有串口和 USB 接口之分，串口 Modem 多为 25 针的 RS232 接口，用来和计算机的 RS232 口(串口)相连，标有 Line 的接口接电话线，标有 Phone 的接电话机，如图 10.29 所示。USB 接口 Modem 只需要将其接在主机的 USB 接口就可以，支持即插即用。

(2) 内置式 Modem。内置式 Modem 和普通的计算机插卡一样，也称为传真卡(FAX 卡)。内置 Modem 通常有两个接口：一个标明 Line 的字样，用来接电话线；另一个标明 Phone 的字样，用来接电话机。高档的内置 Modem 还有 SPK 口和 MIC 口，如图 10.30 所示。

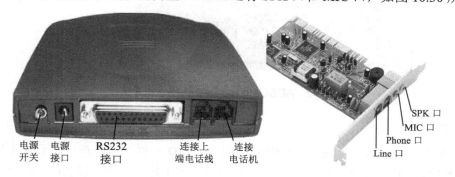

| 电源
开关 | 电源
接口 | RS232
接口 | 连接上
端电话线 | 连接
电话机 |

SPK 口
MIC 口
Phone 口
Line 口

图 10.29　外置式 Modem　　　　图 10.30　内置式 Modem

(3) PCMCIA Modem。PCMCIA Modem 是笔记本电脑专用产品，功能与普通 Modem 相同，如图 10.31 所示。

图 10.31　PCMCIA　Modem

按芯片功能分，则可以分为硬 Modem、软 Modem、半软 Modem、AMR 几种。①硬 Modem 指的就是把指令控制的处理器及负责 Modem 底层算法的数据泵这两部分都做在了卡上，这样做的好处是 Modem 不需要占用系统资源，缺点是成本高。②软 Modem 就是指把处理器和数据泵都省掉了，通过软件控制交给 CPU 来完成，这样做的好处是减少了 Modem 电路板上的电子元件，从而大大降低了成本。③半软 Modem。之所以称它为"半软"，是因为这种 Modem 没有处理器却具备数据泵，底层算法仍然由 Modem 来完成，而指令控制就交给 CPU 了，是一种折中的解决办法。④AMR。现在出的主板有的主板带有一个 AMR 接口，这个接口可以用来接 AMR 软 Modem 及软声卡。这种 AMR 软 Modem 价格也更低。

2. ADSL

ADSL Modem 的选购和普通 Modem 有所不同，它们不能互换使用。ADSL Modem 的接口方式主要有以太网、USB 和 PCI 这 3 种。目前，大多数用户选择以太网接口的 ADSL Modem，因为它更适用于企业和办公室的局域网，它可以带多台机器进行上网；同时，大部分以太网接口的 ADSL Modem 具有桥接和路由的功能，这样就可以省掉一个路由器。此外，由于 ADSL 使用的信道与普通 Modem 不同，利用电话介质但不占用电话线，因此需要一个分离器。ADSL 与分离器之间的接口如图 10.32 所示。

USB、PCI 接口的 ADSL Modem 适用于家庭用户，性价比高、小巧、方便、实用，目前国外用户比较多，而国内还比较少见。

申请 ADSL 业务时，用户需要拿身份证到当地电信局办理，如果已经安装普通电话，就可以直接安装 ADSL，并且不用改变电话号码，也不会影响电话的正常使用。

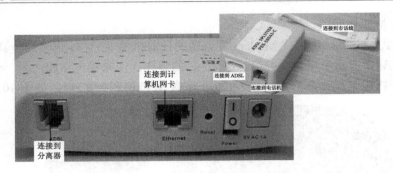

图 10.32　ADSL Modem 和分离器之间的接口

3. WiFi

目前的内置无线网卡和 mSATA/NGFF 接口的 SSD 一样，当前新一代无线网卡大都采用了 Half Mini-PCIE 标准。Mini PCI 接口是在笔记本上最常见的内置接口，本质上是 PCI 接口的缩小版，网卡种类十分丰富。主要优点是网卡内置于笔记本电脑内部，使用方便安全，不至于在需要使用时找不到。缺点是需要笔记本电脑预留天线，否则自己布线十分麻烦，这是目前最流行的无线解决方案。

Mini PCI-Express 接口是 Mini PCI 的替代接口，主要出现在支持 EXPRESS 总线的笔记本电脑上(支持双核 CPU)，与 Mini PCI 接口有类似的优缺点，但绝大部分带 Mini PCI-Express 接口的笔记本电脑都预留了天线，一般带 Mini PCI-Express 接口的笔记本电脑就没有 Mini PCI 接口，所以选购时要十分注意。

10.4.2　网卡

1. 网卡概述

网卡(network interface card，NIC，也叫网络适配器)是局域网中最基本的部件之一，无论是双绞线连接、同轴电缆连接还是光纤连接，都必须借助于网卡才能实现与计算机进行通信。网卡的主要工作原理是整理计算机上发到网线上的数据，并将数据分解为适当大小的数据包之后向网络上发送。对网卡而言，每块网卡都有一个唯一的网络节点地址，它是网卡生产厂家在生产时写入 ROM(只读存储芯片)中的，把它叫作 MAC 地址(物理地址)，且保证其绝对不会重复。

2. 网卡分类

日常使用的网卡都是以太网网卡。

1) 按传输速率划分

可以分为 10Mb/s 网卡、10/100Mb/s 自适应网卡，以及千兆(1000Mb/s)网卡和光纤以太网卡(10Gb/s)。目前常用的是 10Mb/s/100Mb/s 1000Mb/s)自适应网卡，若应用于服务器领域，就要选择千兆(1000Mb/s)网卡或光纤以太网卡了。

2) 按总线接口类型划分

按网卡的总线接口类型来分，一般可分为 ISA 接口网卡、PCI 接口网卡以及在服务器上使用的 PCI-X 总线接口类型的网卡，笔记本电脑所使用的网卡是 PCMCIA 接口类型的，目前常见的有 PCMCIA 总线网卡和 USB 总线接口网卡。

3) 按网络接口划分

除了可以按网卡的总线接口类型划分外，还可以按网卡的网络接口类型来对其进行划分。网卡最终是要与网络进行连接，所以必须有一个接口使网线通过它与其他计算机网络设备连接起来。不同的网络接口适用于不同的网络类型，目前，常见的接口主要有以太网的 RJ-45 接口、细同轴电缆的 BNC 接口和粗同轴电缆的 AUI 接口、FDDI 接口、ATM 接口等。而且有的网卡为了适用于更广泛的应用环境，提供了两种或多种类型的接口，如有的网卡会同时提供 RJ-45、BNC 接口或 AUI 接口。

4) 按应用领域划分

根据网卡所应用的计算机类型来分，可以将网卡分为应用于工作站的网卡和应用于服务器的网卡。前面所介绍的基本上都是工作站网卡，但是在大型网络中，服务器通常采用专门的网卡。它相对于工作站所用的普通网卡来说在带宽(通常在 100Mb/s 以上，主流的服务器网卡都为 64 位千兆网卡)、接口数量、稳定性、纠错等方面都有比较明显的提高。还有的服务器网卡支持冗余备份、热拔插等服务器专用功能。

如图 10.33 所示是几种网卡的外观。

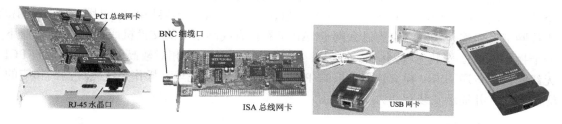

图 10.33　RJ-45 接口网卡、BNC 细缆口网卡、USB 接口网卡和笔记本专用网卡

3. 集成网卡和无线网卡

集成网卡就是把网卡的芯片整合到主板上面，而芯片的运算部分交给 CPU 或者主板的南桥芯片处理，网卡接口也放置在主板接口中。集成网卡的优点是降低成本，避免外置网卡与其他设备的冲突，从而提高稳定性与兼容性。

主板集成网卡的接口及两款集成网卡芯片如图 10.34 所示。

图 10.34　主板中的网卡接口和集成的网卡芯片

常见的集成网卡主要有以下几种。

(1) Realtek 8201BL 是一种最常见的主板集成网络芯片，其速度为 10Mb/s 或 100Mb/s 自适应网卡。

(2) VT6105(VIA 芯片的主板)也是 10Mb/s 或 100Mb/s 自适应网卡芯片。它分为 VT6105M 和 VT6105LOM 两种，二者的区别在于后者支持网络远程唤醒功能。

(3) SiS900 网卡主要集成到 SIS 的南桥芯片(如 SiS963)中。

(4) 集成千兆网卡。2004 年，Intel 和 Broadcom 等都推出了相应的千兆网卡芯片，其处理能力突破 600Mb/s 的速度，并且使用该类网卡时，CPU 的占用率也比以前有了大幅度下降。但除非采用主板集成的方法，否则千兆网卡无法达到理想的速度。目前，生产千兆网卡芯片的厂商主要有 Intel、Alten、BROADCOM 和 3Com 这几家。

(5) DUAL 网卡(双网卡)技术。DUAL NET 技术是 NVIDIA nForce2 MCP-T 中提供的双网卡功能。它同时内置两个(3Com 和 NVIDIA 10Mb/s 或 100Mb/s BaseT)可并行工作的以太网卡接口。这种网卡适合使用宽带并且连接局域网的计算机。

(6) 目前，有少数主板采用无线网卡这种技术。例如映泰 975P 主板。该主板使用一颗 RTL8180L 芯片作为无线网卡的主控芯片，同时主板提供一个专用的 BIOSTAR AirLink 无线射频模组，此模组上拥有一颗飞利浦的射频调制芯片以及天线装置，将它插在主板最左边的 CNR 接口前面的一段专用接口上即可使用无线网络功能，其最高速率为 11Mb/s。

除了集成在主板上的无线网卡，还有插卡式的无线网卡，它实际上分为两个产品，一个是无线网卡(见图 10.35 左图)，另一个为 AP(access point，无线路由器)(见图 10.35 右图)。无线网卡可看作有线网络中的以太网卡，AP 可看作有线网络中的交换机或路由器(其功能下一节接着介绍)。安装无线网络的方法是：将 AP 放到房内一个相对较高的位置，然后将 PCI 无线网卡与普通网卡一样安装到主板的 PCI 插槽中，连接完毕，操作系统将检测到相应的无线网卡，并提示安装驱动。

图 10.35　无线网卡和无线路由器

10.4.3　集线器(HUB)、交换机和路由器

一般的小型家庭或办公网络，如果同时有几台机器相连接的话，还需要有一个路由器、交换机或集线器，通过它们就可以进行网络连接，把各台计算机连接起来。现在 HUB 已经基本停产了，而交换机和路由器的价格也非常便宜，没有必要再购买 HUB。

下面先来了解一下集线器、交换机和路由器三者的区别。

(1) 集线器也叫 HUB，它工作在物理层(最底层)，没有相匹配的软件系统，是纯硬件设备。集线器主要用来连接计算机等网络终端。集线器为共享式带宽，连接在集线器上的任何一个设备发送数据时，其他所有设备必须等待，就好像多个人要过一座独木桥一样，当一个人在过桥时，其他人必须等待。集线器(HUB)的外观如图 10.36 所示。

图 10.36　集线器(HUB)的外观

(2) 交换机(switch)工作在数据链路层(第二层)。交换机也用于连接计算机等网络终端设备。不过，交换机比集线器更加先进，允许连接在交换机上的设备并行通信，好比高速公路上的多辆汽车并行行驶一般。交换机的外观如图 10.37 所示。

(3) 路由器(router)工作在网络层(第三层)。所有的路由器都有自己的操作系统，并且需要人员调试，否则不能工作。路由器没有那么多接口，主要用来进行网络与网络的连接。路由器有三大主要功能，第一是网络互联功能，路由器支持各种局域网和广域网接口，主要用于互联局域网和广域网，实现不同网络之间的通信；第二是数据处理功能，提供包括分组过滤、分组转发、优先级、复用、加密、压缩、防火墙等功能；第三是网络管理功能，路由器提供包括配置管理、性能管理、容错管理、流量控制等功能。自 2000 年开始，不仅家用计算机和商用计算机普及，而且 ADSL、VDSL 等各种宽带接入方式也很快普及，这时为实现多用户共享一个宽带上网，就迫切需要一种支持多种宽带接入的设备，它就是宽带路由器。它可允许多用户或局域网共用同一账号连接到 Internet。

路由器的外观如图 10.38 所示。

图 10.37　交换机的外观

图 10.38　路由器的外观

简单地说，集线器只是一种用于连接网络终端的纯硬件设备，不能打破冲突域和广播域。交换机拥有软件系统，用于连接网络终端，能够打破冲突域，但是不能分割广播域。路由器拥有软件系统，既可以打破冲突域，也可以分割广播域，是连接大型网络的必要设备。

10.4.4　网线的分类和制作

要想将计算机上的网卡连接成局域网，网线是必不可少的。常见的网线类型主要有双绞线、同轴电缆、光缆 3 种，但一般用的是双绞线。

(1) 双绞线。双绞线是由许多对线组成的数据传输线，它的特点就是价格便宜，所以被广泛应用。例如常见的电话线等就是双绞线，它是用来和 RJ-45 水晶头相连的，它又有 STP 和 UTP 两种，常用的是 UTP。STP 的双绞线内有一层金属隔离膜，在数据传输时可以减少电磁干扰，所以它的稳定性较高。而 UTP 内没有这层金属膜，所以它的稳定性较差，但它的优势是价格便宜。双绞线的接头称为 RJ-45 接头(也称水晶头)，它和电话线的 RJ-11(电话线)插头有类似之处。不过电话线是 2 对线接头，双绞线则是 4 对 8 芯，但其中的 8 芯中只有 4 芯起作用，分别用于传送数据和接收数据，而其接头上共有 8 个引脚。

(2) 同轴电缆。同轴电缆，是由一层层的绝缘线包裹着中央铜导体的电缆线，它的抗干扰能力好，传输数据稳定，价格也便宜，也被广泛使用，如闭路电视线等。

(3) 光缆。光缆是目前最先进的网线了，但是它的价格较贵，在家用场合很少使用。它的特点就是抗电磁干扰性极好，保密性强，速度快，传输容量大等。

买回来的网线不能直接使用，需要制作网线接头，这个操作也可以在买网线时，让商家帮忙制作好，如果用户自己有条件，也可以自己来制作。以制作双绞线为例，在制作之前，需要准备的工具有剥线器、剪刀、压线器、测试仪等。其具体操作方法如下。

(1) 先确定需要的网线长度，然后拿出剪刀剪下适当长度的网线。

(2) 将网线套入剥线器中，大约 2cm，接着把剥线器转两圈，剥掉外皮。如果要使用护套，则要先将 RJ-45 护套穿过双绞线。

(3) 网线内部有 4 对双绞线，将每一对线分开排齐，并且调整 8 条铜线的顺序为橙白-橙-绿白-蓝-蓝白-绿-棕白-棕(直通线)，如图 10.39 所示。接着剥掉铜线的皮层，露出铜线，其长度大约 15cm。

> **提示**
>
> 网线的制作分为两种，一种是直通线(在路由器、交换机等网络设备与计算机或网络设备与网络设备之间的连接)；另一种是交叉线(在两台计算机的网卡对网卡之间的连接)，交叉线的做法是，网线的两端一端按直通线方法制作，另一端按绿白-绿-橙白-蓝-蓝白-橙-棕白-棕的方法制作。

(4) 调整好铜线的顺序后，将 RJ-45 接头朝下，并且将铜线插入 RJ-45 接头中，让金属片穿过双绞线的塑料皮，从而和双绞线的 8 条铜芯接触牢靠，如图 10.40 所示。

图 10.39　调整 8 条铜线的顺序

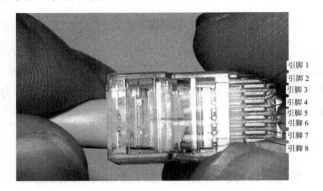

引脚 1
引脚 2
引脚 3
引脚 4
引脚 5
引脚 6
引脚 7
引脚 8

图 10.40　将铜线插入 RJ-45 接头中

(5) 将插好的 RJ-45 接头小心地放入压线器压槽中，用力夹紧(见图 10.41)，听到"喀"

一声响后，松开压线器，然后拿出接头。再将接头套好护套，就做好了。

(6) 最后用同样的方法，制作网线的另一个接头。为了确保网线可以正常使用，一般需要利用测线器进行测试。方法是将网线两端接头分别插入两个测线器的两个 RJ-45 插槽中，然后按下测线器的电源按钮，如果灯号由 1～8 很规律地闪烁(见图 10.42)，表示这一条网络双绞线传输情形正常。如果灯号没有规律闪烁，就表示这条网线的传输有问题，可能是铜线断裂或是接触不良。如果是这样的话，就只有重新压制了。

图 10.41 用压线器压制网线接头

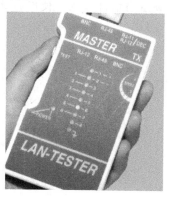

图 10.42 用测试仪测试网线

10.5 习 题

1. 填空题

(1) 主板上集成的声卡标准主要有两种，它们是_____和_____。

(2) 数码摄像机的接口主要有两种，一种是_____，另一种是_____。

2. 选择题(可多选)

(1) 下面不属于网卡接口类型的是_____。
   A. USB 接口   B. RJ-45 接口   C. RJ-11 接口   D. BNC 细缆口

(2) 将文章、画图、工作报表等输出到纸张上的设备是_____。
   A. 扫描仪   B. 数码相机   C. 打印机   D. 摄像头

(3) 以接口类型来分，鼠标可以分为_____。
   A. 串行口   B. 无线鼠标   C. USB 接口   D. PS/2 接口

3. 判断题

(1) 如果要把扫描仪扫出来的图像识别为字符，需要使用 OCR 软件。   (   )

(2) 数码摄像机俗称 DV(digital video，数字视频)。   (   )

(3) ADSL Modem 的接口方式主要有以太网、USB 和 AGP 这 3 种。   (   )

4. 简答题

(1) 按接口类型来分，网卡可分为哪几种插口类型？

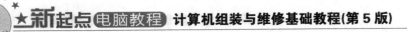
(2) 交换机和集线器有什么区别?

(3) 如果要把扫描仪扫出来的图像识别为字符,需要使用什么软件?

(4) 什么是多功能一体机?

5. 操作题

(1) 试说出当前计算机中的声卡中的各个插孔的作用,并查看声卡型号。

(2) 查看当前计算机所使用的键盘、鼠标接口类型。

新起点 电脑教程

第11章

宽带上网与共享及网络安全

教学提示

　　随着个人电脑的普及以及 Internet 的迅猛发展，越来越多的人走入 Internet 的世界。可以说 Internet 是全世界最大的图书馆，它为人们提供了巨大的并且还在不断增长的信息资源和服务工具宝库，人们可以利用 Internet 提供的各种工具去获取 Internet 提供的巨大信息资源，如自然、社会、政治、历史、科技、教育、卫生、娱乐、金融、商业、天气预报等。因此，网络是一个非常好的学习工具。目前，个人计算机连接 Internet 网最常用的方法就是 ADSL 上网。但使用 Modem 或 ADSL 拨号上网以后，如果你的家庭或办公室中的其他计算机也想通过该计算机进行上网，可以通过设置家庭网络，以达到共享上网的目的。

教学目标

　　连接到网络，就要注意网络安全。为了有效降低病毒的危害性，提高对病毒的防治能力，用户既要了解连接 Internet 网和共享上网的基本知识，又要掌握一定的网络安全知识，并能对计算机的病毒、木马程序进行预防、检测和清除。

11.1 连接因特网和检测网络

目前，接入 Internet 的方式有多种，如 PSTN、ISDN、DDN、LAN、ADSL、VDSL、Cable-Modem 等，其中较常见的是 PSTN(published switched telephone network，公用电话交换网)、ISDN(integrated service digital network，综合业务数字网，俗称一线通)、ADSL(asymmetrical digital subscriber line，非对称数字用户环路，是目前最普遍的接入方式)、Cable-Modem(线缆调制解调器)等。下面以最普遍的接入方式 ADSL 为例进行介绍。

11.1.1 ADSL 的申请和安装

ADSL 上网方式有两种：一种是专线上网，可以具有静态 IP，只要计算机开机进入系统后就可以上网，不再需要拨号，可一直在线；另一种是虚拟拨号，所谓虚拟拨号是指用 ADSL 接入 Internet 时同样需要输入用户名与密码，以完成授权、认证、分配 IP 地址和计费等一系列 PPP(point-to-point protocol)接入过程。家庭用户一般是使用虚拟拨号上网。

在使用 ADSL 连入因特网之前，用户需要拿身份证到当地的电话局申请 ADSL 业务。同时应安装有电话，那么用户就可以在现有的电话线路上直接安装使用。一般来说，申请业务后，电话局会提供 ADSL 相关的硬件和软件(费用由用户出)，硬件主要是 ADSL 终端设备、分流器和连接的数据线等。电话局的工作人员会负责整个过程的安装。

在电话局端方面，将用户原有的电话线连接到 ADSL 局端设备即可；用户端只要将电话线连上滤波器，滤波器与 ADSL Modem 之间用一条两芯电话线连上，ADSL Modem 与计算机的网卡之间用一条交叉网线连通即可完成硬件安装。分离器(也叫滤波器)用来将电话线路中的高频数字信号和低频语音信号分离。这样，打电话和上网互不影响。

不过，因为目前个人用户使用的 ADSL Modem 多数是以太网接口，因此，安装 ADSL 硬件(或多台计算机共享上网)时，一般需要在计算机中安装一块网卡，这样 ADSL 硬件才能与计算机连接。目前，大部分主板都集成了网卡，所以只需要安装其驱动程序就可以了。如果使用 Windows XP 操作系统，系统一般会自动检测并安装其驱动程序。如果系统没有分辨出网卡的型号，可以使用 Everest 查出网卡型号，然后到太平洋计算机网下载中心(或驱动之家)找到该网卡的驱动程序并进行安装即可。

11.1.2 建立 ADSL 拨号连接

在拨号上网之前，要先建立 ADSL 的拨号连接。建立 ADSL 拨号连接有两种情况，一种是可以直接使用系统中的新建连接向导，但这种方法需要在 Windows XP 系统中才可以，对于 Windows 2000 等操作系统都无法实现。因此，如果用户使用的是 Windows 98/2000 操作系统，就需要使用第三方拨号软件来建立拨号连接。

1. 使用 Windows XP 系统自带的拨号连接

下面先介绍在 Windows XP 系统中，建立拨号连接的方法。

(1) 在【控制面板】窗口中，双击【网络连接】图标，打开【网络连接】窗口，如图 11.1

所示。

图 11.1　【网络连接】窗口

(2) 在【网络任务】选区中，单击【创建一个新的连接】链接，打开【欢迎使用新建连接向导】界面，如图 11.2 所示。

(3) 单击【下一步】按钮，打开【网络连接类型】界面，然后选中【连接到 Internet】单选按钮，如图 11.3 所示。

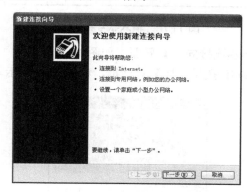

图 11.2　【欢迎使用新建连接向导】界面

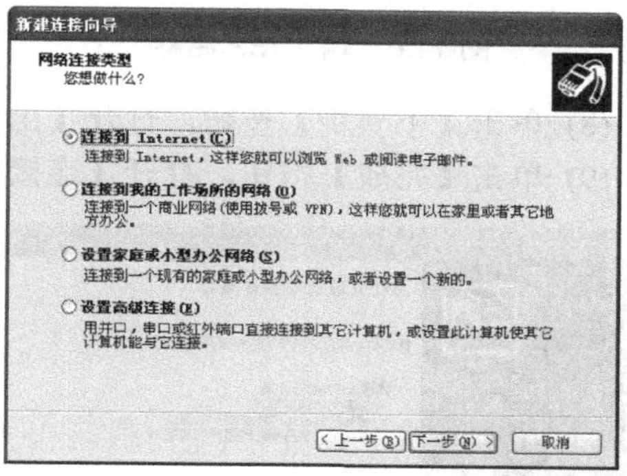

图 11.3　选中【连接到 Internet】单选按钮

(4) 单击【下一步】按钮，打开【准备好】界面，并选中【手动设置我的连接】单选按钮，如图 11.4 所示。

(5) 单击【下一步】按钮，打开【Internet 连接】界面，并选中【用要求用户名和密码的宽带连接来连接】单选按钮，如图 11.5 所示。

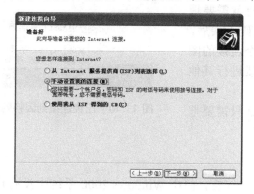

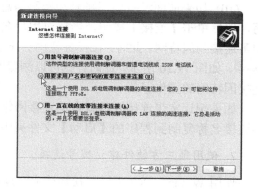

图 11.4　【准备好】界面

图 11.5　【Internet 连接】界面

(6) 单击【下一步】按钮，打开【连接名】界面，然后在【ISP 名称】文本框中，输入

"铁通 ADSL 拨号连接",然后单击【下一步】按钮,如图 11.6 所示。

(7) 打开【Internet 账户信息】界面,然后在【用户名】、【密码】和【确认密码】文本框中,输入服务商提供的账号和密码,如图 11.7 所示。不过这些信息可以暂时不填。

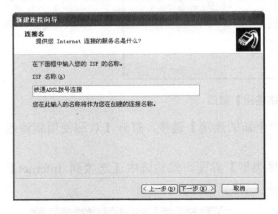 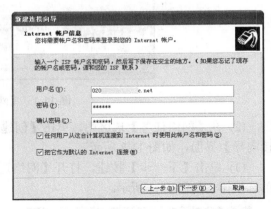

图 11.6　输入 ISP 名称　　　　　　　　图 11.7　输入账号和密码

(8) 单击【下一步】按钮,打开【正在完成新建连接向导】界面,如图 11.8 所示。

(9) 单击【完成】按钮,打开【连接 铁通 ADSL 拨号连接】对话框,如图 11.9 所示。

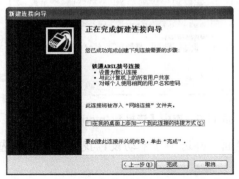 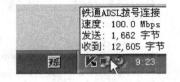

图 11.8　【正在完成新建连接向导】界面　　图 11.9　【连接 铁通 ADSL 拨号连接】对话框

(10) 如果前面没有填写账号和密码信息,此时就需要填写,然后单击【连接】按钮,当核对用户名和密码无误后,即可连接到因特网。此时,在任务栏中会出现一个连接的图标,如图 11.10 所示。此时,就可以浏览网页或进行其他连接因特网的操作了。

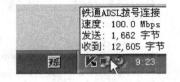

图 11.10　已经连接到因特网

如果想让宽带连接开机就自动连接网络,那么只需要把该连接名称复制到程序的【启动】文件夹中即可。

2. 使用第三方软件建立拨号连接

使用 Windows XP 可以轻松地建立 ADSL 拨号连接,但在 Windows 2000 系统中没有自带建立拨号的软件,因此需要使用到第三方拨号软件来建立拨号连接。常见的 ADSL 拨号软件有 EnterNet300、WinPoET、rasPPPoE、ADSL 宽带拨号王等。

下面以 ADSL 宽带拨号王为例，介绍建立 ADSL 拨号连接的方法。

（1）从网上找到并下载【ADSL 宽带拨号王】安装程序，然后双击安装程序图标，启动 ADSL 宽带拨号王安装向导，如图 11.11 所示。

（2）单击【下一步】按钮，打开【许可协议】界面，然后选中【我接受许可协议中的条款】单选按钮，单击【下一步】按钮，按照向导提示进行安装，复制文件完成后，打开【InstallShield Wizard 完成】界面，如图 11.12 所示。

图 11.11　启动安装向导

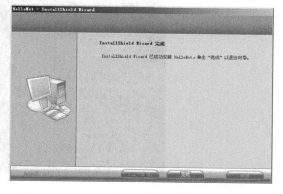

图 11.12　【InstallShield Wizard 完成】界面

（3）单击【完成】按钮，然后选择【开始】|【程序】|【ADSL 拨号王】|【ADSL 拨号王】命令，即可启动【ADSL 拨号王】主界面，如图 11.13 所示。

（4）选择【网络】|【连接】命令，打开【连接】对话框，在【用户名】下拉列表框和【密码】文本框中输入 ISP 提供商提供的用户名和密码，如图 11.14 所示。

（5）单击【确定】按钮，即可连接到 Internet，此时会在任务栏中出现一个连接图标，当鼠标指针指向该图标时，即可看到连接信息，如图 11.15 所示。

图 11.13　【ADSL 拨号王】主界面

图 11.14　【连接】对话框

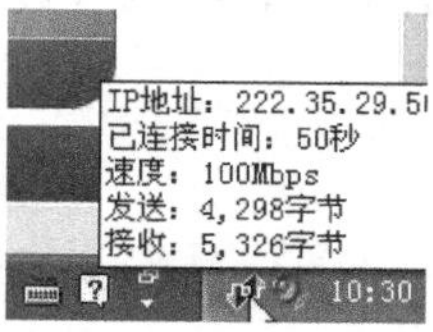

图 11.15　连接信息

11.1.3　测试网络是否正常

网卡和路由器上都有一些小灯，当网络通信正常时灯会亮，因此利用目测就可以知道网卡或路由器是否有问题。此外，可以利用一些网络命令来缩小检测的范围，快速测定网络究竟在哪里出错。例如，可以用 ipconfig 命令查看 IP 地址。ipconfig /all 命令可以显示所有有关本机 IP 设置的信息。如果计算机不能连上网络，则可以使用 ipconfig /renew 命令来重新获取一个 IP。

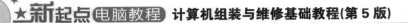

(1) 选择【开始】|【运行】命令，打开【运行】窗口，输入 cmd，然后单击【确定】按钮。

(2) 在提示符下输入 ipconfig/all，按 Enter 键，即可看到各个连接的 IP 地址、默认网关、DNS 服务器地址、MAC 地址等信息，如图 11.16 所示。

图 11.16　查看各个连接的 IP 地址、默认网关、DNS 服务器地址等信息

如果要修复连接，可以使用 ipconfig/release 释放 IP 地址，再使用 ipconfig/renew 更新。此外，在 Windows XP 中，可右击本地连接的图标，在弹出的快捷菜单中选择【修复】命令即可修复连接。

而使用 ping IP 地址(例如：ping 192.168.0.1)可以测试计算机能否和特定 IP 地址的计算机或网络设备通信。首先，可以 ping 自己计算机的 IP 地址，以确定自己计算机的网络连接有无问题；接着，可以 ping 网络上的某些 IP 地址，以确定网络的问题是否出在外部网络中，如果出现表明网络不通的信息，需要按顺序检查网线、网关、网络设置等。

(1) 打开 Command 窗口后，在提示符下输入 ping 222.35.30.57(本机 IP 地址)。

(2) 按 Enter 键，即开始检查本机的网络是否通畅，如果屏幕上出现如图 11.17 所示的信息，表明网卡设置没有错误。

图 11.17　测试本地网络是否有误

(3) 如果网卡设置没有错误，就应该测试外部网络是否通畅。也是采用相同的命令，通常应该测试连接的服务器名(如 www.baidu.com)是否通畅。在 DOS 提示符下输入 ping www.baidu.com，然后按 Enter 键，结果如图 11.18 所示，表明网络已经通畅。

图 11.18　测试网络是否通畅

不加任何参数的 ping 命令将会显示 4 次测试的结果。反应时间超过 400ms 则为过慢；如果返回的是 Request timed out 信息，表示该站点在此时间内没有反应，这可能由于该服务器被设置为"对 ping 不做反应"，或者由于该站点确实非常慢(这种情况占多数)。如果 4 次显示的都是 Request timed out 信息，则可断定根本无法连接到这个站点，这时，就该考虑所处的上网时间段是不是在高峰期，或者这个网站是否在 ISP 的服务范围之内；否则就是 ISP 的问题。

除了 ping 命令外，测试网络的命令还有下面两个。

(1) tracert IP 地址(例如：tracert 192.168.0.100)可以记录从用户计算机到另外一台计算机或网络设备之间所通过的全部路由。如果从路由中看到了开始失去响应的路由 IP，就能够初步确定出现问题的网络位置。

(2) netstat 命令向我们提供了系统中使用的所有 TCP/IP 端口信息，这个命令在确定是否有木马入侵系统时非常有用。

如果组合使用 ipconfig、ping、tracert、netstat 这 4 个命令，可以快速地确定产生网络问题的原因。

11.2　多机共享上网

使用 Modem 或 ADSL 拨号上网以后，如果你的家庭或办公室中的其他计算机也想通过该计算机进行上网，就需要设置共享上网，这就是局域网的设置问题。

在 Windows XP 或 Windows 7 系统中，要将多台计算机连接到网络上，一般要在每一台计算机上安装网卡和连接网线，并使用路由器(或交换机)把各台计算机连接起来。普通 Modem 速度慢，其共享意义不大。下面以 ADSL 上网方式为例，介绍多机共享上网的方法。

共享上网的方法分为通过操作系统(或相关软件)设置共享和通过路由器(硬件)设置共享。假设只有两台计算机，那么用网卡即可实现共享上网，即是在主机上安装两个网卡，一个网卡供 ADSL 使用，另一个网卡与另一台计算机互联，其连接示意图如图 11.19 所示。

如果使用宽带路由器(或交换机)连接两台计算机，那么有两种情况，如图 11.20 和图 11.21 所示。

图 11.19　使用网卡连接两台计算机

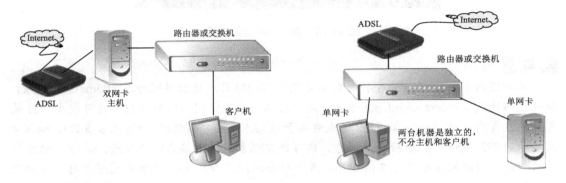

图 11.20　有主机的两台计算机连接　　　　　　图 11.21　没主机的两台计算机连接

如果使用宽带路由器(或交换机)连接多台(一般是 3～20 台，太多的话，需要增加交换机，这里以 3 台为例)计算机，也有两种情况，连接示意图分别如图 11.22 和图 11.23 所示。

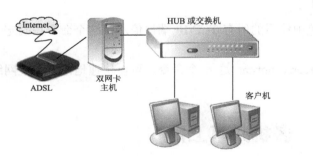

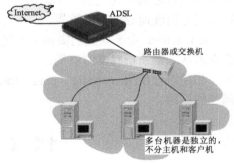

图 11.22　有主机的多台计算机连接　　　　　　图 11.23　没主机的多台计算机连接

提 示

通常情况下，计算机与计算机之间的连接是使用直通线，ADSL Modem 与宽带路由器之间的连接应当使用直通线。而计算机与路由器的连接应当使用交叉线(连接至 Uplink 端口除外)。但也有一些支持智能端口的产品(如 D-Link、TP-Link 等)，这些产品可以全部使用直通线。此外，采用宽带路由器实现 Internet 连接共享时，ADSL Modem 必须采用以太网接口，并连接至 WAN 端口。USB 接口的 ADSL Modem 无法与宽带路由器连接。

当使用如图 11.19、图 11.20 和图 11.22 所示的方式连接时，需要使用系统设置共享(由 Windows 系统建立的拨号连接进行拨号)；当使用图 11.21 和图 11.23 方式连接时，只能通过路由器(由路由器进行拨号连接)设置共享，下面分别进行介绍。

11.2.1　通过软件设置共享

通过软件设置共享首先是连接方式不一样，Windows XP 及后续版本操作系统具有多台计算机共享上网的功能，但对 Windows 9x/2000 等操作系统来说，无法使用 Windows XP 的网络安装向导来设置 ADSL 共享，因此需要一套代理服务器软件来设置共享。常用的此类软件有 SyGate、WinGate、WinRoute 等。下面以通过 Windows XP 系统设置共享为例，其操作主要分为两步。在设置之前，首先按照上面的方法进行正确连接。

1. 设置 Internet 共享

安装好上网使用的设备(如 Modem、ADSL 等)并建立了拨号连接之后，如果需要共享上网，则要启用此连接的 Internet 连接共享，具体操作如下。

(1) 在【控制面板】窗口中，双击【网络连接】图标，打开【网络连接】对话框。

(2) 双击接入因特网的连接名称，然后在弹出的快捷菜单中，选择【属性】命令。

(3) 打开相应的对话框，切换到【高级】选项卡。

(4) 在【Internet 连接共享】选项组中，勾选【允许其他网络用户通过此计算机的 Internet 连接来连接】复选框(见图 11.24)。

(5) 最后单击【确定】按钮即可。

图 11.24　设置 Internet 连接共享

2. 运行网络安装向导

使用 Windows XP 中的网络安装向导，可以让用户轻松地设置网络共享，实现共享上网。下面介绍在主机上运行网络安装向导的方法。

(1) 打开【网络连接】对话框，单击【设置家庭或小型办公网络】链接，打开【欢迎使用网络安装向导】界面，如图 11.25 所示。

(2) 单击【下一步】按钮，打开【继续之前】界面，如图 11.26 所示。

图 11.25　启动网络安装向导

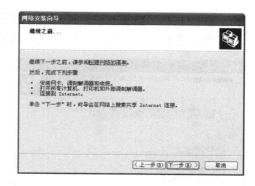

图 11.26　【继续之前】界面

(3) 单击【下一步】按钮，打开【选择连接方法】界面，选中【这台计算机直接连接到 Internet。我的网络上的其他计算机通过这台计算机连接到 Internet】单选按钮(假设用当前的

计算机连接到因特网),如图 11.27 所示。

(4) 单击【下一步】按钮,打开【选择 Internet 连接】界面,在【连接】列表框中,选择连接到 Internet 的名称(如果安装有多个网卡,要根据情况选择),如图 11.28 所示。

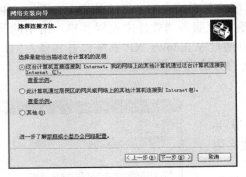

图 11.27　【选择连接方法】界面　　　　图 11.28　【选择 Internet 连接】界面

(5) 单击【下一步】按钮,打开【给这台计算机提供描述和名称】界面,在【计算机描述】文本框和【计算机名】文本框中,分别输入这台计算机的说明和名称,如图 11.29 所示。

(6) 单击【下一步】按钮,打开【命名您的网络】界面,在【工作组名】文本框中,输入工作组的名称,如图 11.30 所示。

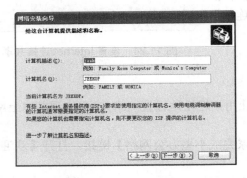
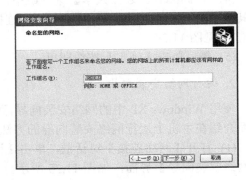

图 11.29　输入计算机说明和名称　　　　图 11.30　输入工作组名称

(7) 单击【下一步】按钮,打开【文件和打印机共享】界面,如图 11.31 所示。

(8) 单击【下一步】按钮,打开【准备应用网络设置】界面,如图 11.32 所示。

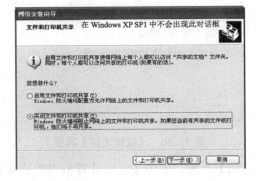
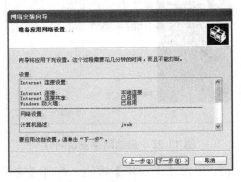

图 11.31　【文件和打印机共享】界面　　　　图 11.32　【准备应用网络设置】界面

(9) 单击【下一步】按钮，开始应用网络设置，接着打开【快完成了】界面，选中【完成该向导，我不需要在其他计算机上运行该向导】单选按钮，如图 11.33 所示。

(10) 单击【下一步】按钮，打开【正在完成网络安装向导】界面，如图 11.34 所示。

(11) 单击【完成】按钮，重新启动计算机即可。如果还无法共享上网，应在网络中的其他计算机中，也运行网络安装向导。

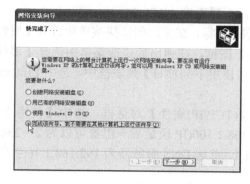

图 11.33　【快完成了】界面

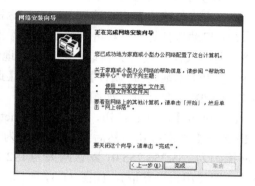

图 11.34　【正在完成网络安装向导】界面

11.2.2　通过路由器设置共享

要想通过硬件设置共享，有两个方法：一是购买一个宽带路由器；二是直接开启 ADSL Modem 的路由功能，因为目前大部分 ADSL Modem 都具有路由功能。这两种方法的开启操作类似。如果直接开启 ADSL Modem 的路由功能，这种方法也适用于两台(只有一台计算机也可以开启该功能，即让其自动拨号)计算机的网络，它可以不需要 Hub(集线器)或交换机，只需其中一台计算机安装两个网卡。当然，有一个 Hub 或交换机也可以，只是在连接时按照需要连接即可。假设有一个旧的 Hub 或交换机，这样就不需要购买宽带路由器了。

常见的 ADSL Modem 品牌有全向 QL1680、中兴 831、华为 MT800、惟凡 KM300 和阿尔卡特 511 等。在开启路由功能之前，应该先查看 ADSL Modem 说明书是否具有路由功能，如果没有此功能，可通过刷新 ADSL Modem 的 BIOS 来实现。但该操作有危险，因此最好购买一个宽带路由器。

目前，绝大多数宽带路由器都属于傻瓜化产品，用户只要略微懂一些计算机知识，简单地看一下说明书，就能完成网络连接实现 Internet 共享。宽带路由器一般分为 4 口、8 口两种。接口越多，价格越贵。一般选择 4 口的就够用了(见图 11.35)。

图 11.35　宽带路由器的外观

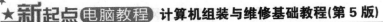

如果单位的计算机较多(多于 8 台),则可以多买一个交换机,因为宽带路由器的 LAN 端口既可以直接连接至计算机,也可以连接至集线设备(集线器或交换机)。如果计算机数量较少,那么可以直接将它们连接至 LAN 端口。如果计算机数量较多,就可以将 LAN 端口与集线设备连接在一起,从而为更多计算机提供 Internet 连接共享。

下面以 TP-Link 宽带路由器为例,介绍通过路由器设置共享的具体方法。

(1) 将宽带路由器直接连到某一台计算机上,不要连接 ADSL Modem。

(2) 启动该计算机,右击桌面上的【网上邻居】图标,在弹出的快捷菜单中选择【属性】命令,打开【网络连接】窗口,右击【本地连接】图标,在弹出的快捷菜单中选择【属性】命令,打开【本地连接 属性】对话框。在【此连接使用下列项目】列表框中,选中【Internet 协议(TCP/IP)】复选框,如图 11.36 所示。

(3) 单击【属性】按钮,打开【Internet 协议(TCP/IP)属性】对话框。选中【使用下面的 IP 地址】单选按钮,然后指定 IP 地址为 192.168.1.100(IP 段最后一组数可以为 2~254),子网掩码为 255.255.255.0,默认网关为 192.168.1.1。首选 DNS 服务器为 192.168.1.1(也可以不填,即使用自动获取),如图 11.37 所示。

图 11.36 【本地连接 属性】对话框

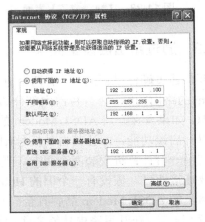

图 11.37 指定 IP 地址网关

(4) 单击【确定】按钮,再单击【关闭】按钮,退出【本地连接 属性】对话框,然后打开 Internet Explorer 或其他浏览器,在地址栏中输入 http://192.168.1.1,按 Enter 键,打开【连接到 192.168.1.1】对话框,在【用户名】下拉列表框和【密码】文本框中,输入 admin(根据说明书的说明输入,不同的路由器对应的默认地址、用户名和密码不一样)和密码,如图 11.38 所示。

(5) 单击【确定】按钮,进入 TP-Link 路由器配置界面,如图 11.39 所示。

(6) 在窗口的左边,单击【设置向导】链接,切换到如图 11.40 所示的界面。

(7) 单击【下一步】按钮,然后选择上网的类型,一般是选中【ADSL 虚拟拨号(PPPoE)】单选按钮,如图 11.41 所示。

(8) 单击【下一步】按钮,然后输入 ADSL 的上网账号和上网口令,如图 11.42 所示。

(9) 单击【下一步】按钮,打开【自动完成】对话框(这个对话框与浏览器有关,与宽带路由器没有关系),如图 11.43 所示。

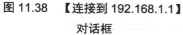

图 11.38　【连接到 192.168.1.1】
对话框

图 11.39　TP-Link 路由器配置界面

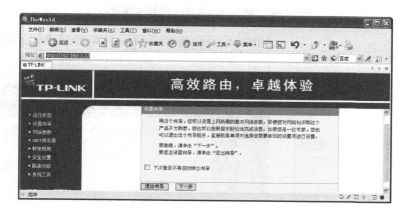

图 11.40　【设置向导】界面

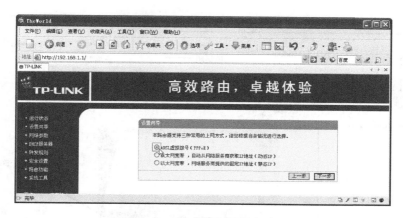

图 11.41　选择上网的类型

(10) 单击【是】按钮，完成上网配置向导，如图 11.44 所示。

(11) 单击【完成】按钮，然后将 ADSL Modem、宽带路由器和计算机连接成独立客户机模式，具体连接方法如图 11.45 所示。此后，只要接通电源，宽带路由器就会自动拨号上网。我们可以把宽带路由器看成一台能自动连接 Internet 的计算机(需要与 ADSL Modem 连接),其他计算机与它连接到一起,就能连接 Internet 了。

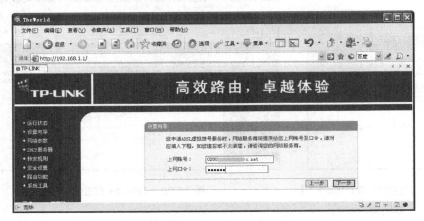

图 11.42　输入 ADSL 的上网账号和密码

图 11.43　【自动完成】对话框

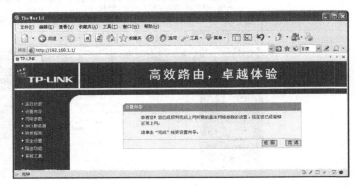

图 11.44　完成上网配置向导

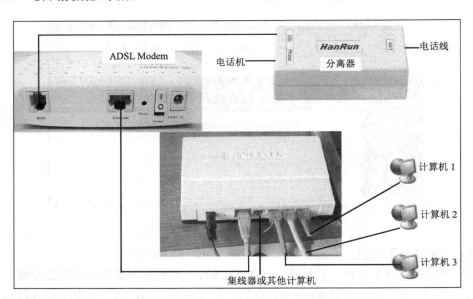

图 11.45　ADSL Modem、宽带路由器和计算机的连接

11.2.3　通过无线 WiFi 共享上网

利用无线网卡和 WiFi 共享精灵把无线 WiFi 共享给其他计算机以便接入局域网上网。其中 WiFi 共享精灵是一款完美解决 Windows 系统的无线热点设置，实现笔记本(或配无线网卡的台式机)共享上网的虚拟 AP 软件，让没有无线路由的用户，一键轻松将笔记本电脑变为 WiFi 热点，畅快体验 WiFi 上网，如图 11.46 所示。

图 11.46　无线 WiFi 共享精灵上网

网络对现代人来说已经是必不可少的存在，3G/4G 移动网络虽然速度快、使用方便，但是流量资费较贵，信号在一些局部或偏远地区也不稳定。而如今人们身边通过使用 WiFi 的设备越来越多，当遇上只有有线网络或者没有无线路由器的情况时，仅需要一台笔记本电脑，就可以通过 WiFi 共享精灵把网络分享给其他设备实现无线上网。

11.2.4　共享局域网的其他资源

组建局域网的目的是共享计算机资源，包括共享文件、共享打印机、共享拨号连接等。前面介绍了共享拨号连接的方法。在运行了网络安装向导之后，再做一些相关设置即可实现共享访问磁盘、共享打印机等。例如，要共享 E 驱动器，可以右击该驱动器，在弹出的快捷菜单中选择【共享和安全】命令，打开【本地磁盘(E:)属性】对话框，单击【如果您知道风险，但还要共享驱动器的根目录，请单击此处】链接(如果是 Windows XP SP1，此链接名称为【共享驱动器】)，展开【网络共享和安全】选项组后，选中【在网络上共享这个文件夹】复选框，单击【确定】按钮即可。

如果此时还无法访问共享的磁盘，那么可以启用来宾账户(guest)试试。

而共享打印机实际上就是安装网络打印机，只需要设置该打印机为共享(设置共享后，在网络中的其他计算机就可以检测到该打印机的存在)，并在其他计算机中安装网络打印机(与安装本地打印机类似，其区别是在【本地或网络打印机】界面中，选中【网络打印机或连接到其他计算机的打印机】单选按钮，如图 11.47 所示)即可实现。

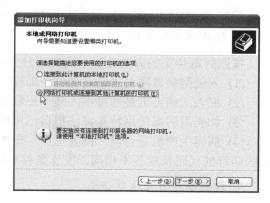

图 11.47　选中【网络打印机或连接到其他计算机的打印机】单选按钮

11.3 网 络 安 全

病毒从出现之日起就给计算机行业带来了巨大损伤。随着计算机硬件和软件技术的不断发展和网络技术的更新，病毒在感染性、流行性、欺骗性、危害性、潜伏性和顽固性等几个方面也越来越强。一般来说，病毒主要利用操作系统和应用程序的漏洞来侵入计算机。例如，"尼姆达"病毒就是利用 Internet Explorer 浏览器的漏洞，使得感染了"尼姆达"病毒的邮件在不用手工打开附件的情况下就能激活，而此前即便是很多防病毒专家也一直认为，带有病毒附件的邮件，只要不去打开附件，病毒不会有危害。又如，"红色代码"则利用了微软 IIS 服务器软件的漏洞来传播。

俗话说，"病从口入"，那么计算机病毒也是通过载体才能传播的，对于计算机病毒，原则上是采取"主动预防为主，被动处理结合"的策略。除了安装防病毒软件外，给系统打上补丁也很重要。

11.3.1 计算机病毒的分类和症状

迄今为止，计算机病毒已有近 9 万种了，这么多的病毒，可以分为不同的类型。按照科学的、系统的、严密的方法，计算机病毒可分类如下。

1. 按照病毒存在的载体分类

按照病毒存在的载体分类，病毒一般可以分为 4 种类型。

(1) 引导区病毒。此类病毒存放在硬盘主引导区和引导区。由于病毒在宿主的操作系统启动前就加载到内存中，因此这类病毒将长期存在。

(2) 文件型病毒。此类病毒是目前流行的主要形式，其中根据操作系统不同，又分很多类，如 DOS 类病毒、Windows 类病毒、Linux 类病毒等。

(3) 网络蠕虫病毒。以网络为载体，不过，纯粹网络蠕虫病毒比较少见。

(4) 混合类病毒。该类病毒没有完全清晰的划分，很多病毒为了达到广泛传播的目的，通常采用更多的方式，有的可以感染引导区、DOS 程序、Windows 程序；而 Winux 病毒则可以感染 Windows，也可以感染 Linux；大部分网络蠕虫病毒也是文件型病毒。

2. 按照病毒传染的方法分类

按照病毒传染的方法分类，病毒可分为 4 种类型。

(1) 入侵型病毒顾名思义是通过外部媒介侵入宿主机器的。

(2) 嵌入式病毒则是通过嵌入某一正常的程序中，然后通过某一触发机制发作。

(3) 加壳型病毒使用特殊算法把自己压缩到正常文件上，用户解压时即执行病毒程序。

(4) 病毒生产机是可以"批量生产"出大量具有同一特征的"同族"病毒的特殊程序，这些病毒的代码长度各不相同，发作条件和现象不同，但其主体构造和原理基本相同。

3. 按照病毒自身特征分类

根据病毒自身存在的编码特征分类，可以将计算机病毒分为两种类型。

(1) 伴随型病毒并不改变文件本身，它们根据算法产生 EXE 文件的伴随文件。

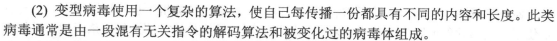

(2) 变型病毒使用一个复杂的算法，使自己每传播一份都具有不同的内容和长度。此类病毒通常是由一段混有无关指令的解码算法和被变化过的病毒体组成。

计算机病毒发作时，通常出现计算机运行缓慢、消耗大量的内存以及磁盘空间、破坏硬盘以及计算机数据和狂发垃圾邮件，造成网络堵塞或瘫痪等。当出现以上这些"症状"时，首先要考虑计算机应该是中毒了，此时应尽早发现和清除病毒。此外，局域网是最容易传播病毒的地方。因为局域网是由多台计算机组成的工作组，其网内信息的传输速率比较高，同样也给病毒传播提供了有效的通道。如果其中一台计算机感染病毒，任何与该计算机进行数据传递的计算机都必会感染病毒。而多数用户对病毒的安全意识不强，因此最容易被病毒感染。感染后网内计算机再交叉感染，就很难杀干净。

11.3.2　网络病毒的新特点

随着互联网的快速发展和宽带的普及，网络病毒逐渐成为主流，多数网络病毒是集黑客、木马、病毒、蠕虫、病毒下载器特征于一体，它们通过邮件、网页、系统漏洞等多种途径入侵。这些病毒主要有以下几个特点。

(1) 传播网络化。目前，通过网络应用(如电子邮件、文件下载、网页浏览)进行传播已经成为计算机病毒传播的主要方式。例如，前两年几个传播很广的病毒如"爱虫""红色代码""尼姆达"无一例外都选择了网络作为主要传播途径。

(2) 技术高明。与传统的病毒不同的是，许多新病毒是利用当前最新的编程语言与编程技术实现的，易于修改以产生新的变种，从而逃避反病毒软件的搜索。另外，新病毒利用Java、ActiveX、VBScript 等技术，可以潜伏在 HTML 页面里，在上网浏览时触发。例如，kakworm 病毒就是利用 ActiveX 控件中存在的缺陷进行传播的。这个病毒让以往不打开带毒邮件附件而直接删除的防病毒方法完全失效。

(3) 诱惑性。现在的计算机病毒充分利用人们的好奇心理。例如，"库尔尼科娃"病毒的流行是利用了"网坛美女"库尔尼科娃的魅力。邮件附件中携带一个可执行文件，用户执行这个文件，病毒就被激活了。

(4) 传播多样性。例如"尼姆达"病毒，可利用的传播途径包括文件、电子邮件、Web服务器、网络共享等。

(5) 形式多样性。通过对病毒分析显示，虽然新病毒不断产生，但较早的病毒发作仍很普遍，并向卡通图片、QQ 等方面发展。此外，新病毒更善于伪装，许多病毒会伪装成常用程序，或者将病毒代码写入文件内部，而文件长度不发生变化，从而麻痹计算机用户。主页病毒的附件并非一个 HTML 文档，而是一个恶意的 VB 脚本程序，一旦执行后，就会向用户地址簿中的所有电子邮件地址发送带毒的电子邮件副本。

(6) 危害多样化。传统的病毒主要攻击单机，而"红色代码"和"尼姆达"都会造成网络拥堵甚至瘫痪，直接危害到了网络系统；另一个危害是，病毒在"受害者"身上开了后门，导致用户资料泄密，造成网络虚拟财产损失(网络游戏账号和密码以及游戏装备等)。

11.3.3　常见的预防病毒的方法

连接到网络，就要注意网络安全。为了有效降低病毒的危害性，提高对病毒的防治能力，需要用户掌握一定的网络安全知识。

检查病毒与消除病毒目前通常有两种手段，一种是在计算机中加一块还原卡，另一种是使用防病毒软件或防火墙监视。对付计算机病毒，最简单的方法是使用杀毒软件进行查杀，但在没有杀毒软件的情况下，通用的做法是查看可疑进程、注册表启动项、服务、开放端口等，然后根据情况采取相应的措施。

1. 硬盘保护卡

硬盘保护卡也称硬盘还原卡，一般在教育、科研、设计、网吧等单位使用较多。它可以让计算机硬盘在大多数情况下，恢复到最初的样子。换句话说，不管是病毒、误改、误删，还是故意破坏硬盘的内容等，重新启动计算机后，都可以轻易地还原到设置保护之前的状态。还原卡的主体是一种硬件芯片，插在主板上与硬盘的 MBR(主引导扇区)协同工作。

2. 防病毒软件

对一般用户来说，较多使用防病毒软件。目前，国内流行的查杀病毒软件主要有瑞星杀毒软件、江民 KV 系列、金山防病毒软件等，而国外流行的有 Kaspersky Anti-Virus、F-Secure Anti-Virus、ESET、趋势科技、McAfee VirusScan、PC-cillin 和 Norton AntiVirus、小红伞、熊猫卫士等。

3. 木马专杀工具

木马程序比较隐蔽，不容易查出，与一般的病毒不同，它不会自我繁殖，也并不"刻意"地去感染其他文件，它将自身伪装并吸引用户下载执行，向被控制的计算机提供打开中毒计算机的门户，使控制者可以任意毁坏、窃取中毒计算机上的文件，甚至远程操控中毒的计算机。如果你的计算机不连接到网络，那么即使发现感染上了木马病毒，也不必害怕，因为即使木马运行了，也不一定会对你的机器造成危害。

对于一般病毒使用上面的杀毒软件几乎都可以查杀，但对于一些木马病毒和那些处于合法软件和病毒之间的灰色软件，就需要使用一些木马专杀工具和专业清除这些灰色软件的工具来删除。常见的木马专杀软件有木马克星、木马清道夫、木马杀客和 AVG Anti-Spyware 等，而灰色软件专杀工具则有卡卡上网安全助手、Windows 清理助手(Arswp)、360 安全卫士等。实际上，往往木马与流氓软件混合，有的甚至集黑客工具、蠕虫病毒、木马后门程序于一体。

4. 防火墙软件

杀毒软件只能查杀病毒和监视读入内存的病毒，它并不能监视连接到因特网的计算机是否受到网络上其他计算机的攻击，因此需要一种专门监视网络的工具来监测、限制网络中传输的数据流，这种工具就是防火墙。防火墙有硬件防火墙和软件防火墙两种，一般所说的都是软件防火墙，硬件防火墙具有更高的安全性。

简单地说，网络防火墙就是一种用来加强网络之间访问控制、防止外部网络用户以非法手段通过外部网络进入内部网络、访问内部网络资源、保护内部网络操作环境的特殊网络互联设备。它对两个或多个网络之间传输的数据包如链接方式按照一定的安全策略来实施检查，以决定网络之间的通信是否被允许，并监视网络运行状态。

常见的网络防火墙有诺顿防火墙、金山网镖、瑞星防火墙、ZoneLabs 防火墙、费尔个人防火墙、天网防火墙、江民黑客防火墙、蓝盾防火墙等，Windows XP 也自带有防火墙。当然，大部分杀毒软件本身也具有防火墙的功能，不过其安全性没有专业的防火墙好。

11.3.4 防火墙软件的使用

装了杀毒软件是否还要加装防火墙？其实 Windows XP SP2 自带的防火墙也够用了。如果需要很高安全的话，建议选择 ZoneAlarm、Outpost、Look'n'stop 等实力较强的防火墙。否则使用杀毒软件的防火墙就可以了，例如卡巴斯基杀毒软件本身也有监视网络的功能。而国内比较专业的天网防火墙可以算是一款入门级别的防火墙，和世界顶级防火墙相比，虽然有不小的差距，但其最大特点是容易上手，根本不需要设置什么东西，安装后就能用，普通用户如果怕设置麻烦，用天网防火墙也算方便。

下面以天网防火墙为例，介绍防火墙的使用。

(1) 天网防火墙个人版是一款共享软件。安装该程序后，会在系统的任务栏中出现一个"天网防火墙"的实时监控图标，表示正在监视着网络。

(2) 当打开某个应用程序时，或计算机遭到访问，就会弹出"天网防火墙警告信息"对话框，并询问用户是否允许该操作访问本地计算机或因特网。此外，如果某个程序存在安全隐患，也会给出相应的警告信息。第一次启动某个应用程序时，需要用户对系统经常要访问网络的程序有个大致了解，先根据其路径找到该程序，然后查看程序的属性。此时，要特别注意程序的版本信息，有时无法做出正确的判断，可以先允许程序访问网络，然后在网络状态中监视该程序，根据程序路径、监听特点和是否在发送数据等，来判断该程序是否合法。如果判断该程序非常可疑，可以单击【结束进程】链接，再打开可疑进程所在的位置，进一步查看信息，或使用其他杀毒软件检测，或把它提交给杀毒软件公司分析。

(3) 单击"系统区域"中的 ▓ 图标，打开程序主界面，界面中各部分说明如图 11.48 所示。单击【系统设置】按钮 ◎，打开【系统设置】对话框，可以把安全规则全部恢复为默认设置等。天网个人版防火墙的默认安全级别分为高、中、低和自定义 4 个等级。在默认情况下的安全级别为中级，如果设置为高级，则除了已经被认可的程序打开的端口，系统会屏蔽掉向外部开放的所有端口。

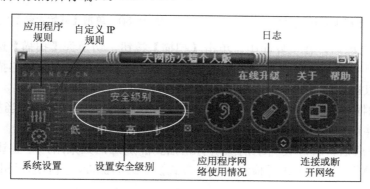

图 11.48 天网防火墙的界面

11.3.5 防病毒软件的使用

用防病毒软件的扫描法判断计算机中是否含有病毒是最好的选择。对于某些隐蔽的病毒，单单使用一个杀毒软件不一定能查杀出来，因此可以使用两款或多款杀毒软件进行交叉查杀，这样就算再厉害的病毒也无法藏身了。

1. 卡巴斯基的安装和使用

Kaspersky Anti-Virus 是卡巴斯基实验室推出的一款功能强大的实时病毒监测和防护系统，它集成了多个病毒监测引擎，如果其中一个发生遗漏，就会有另一个去监测，它能控制所有病毒进入端口。

下面以 Kaspersky Anti-Virus 2009 为例，简单介绍一下其使用方法。

(1) 安装了 Kaspersky Anti-Virus 2009 后，它会随着 Windows 系统启动于系统任务栏上，启动后会在系统任务栏中出现■图标，此时系统处于保护状态，如果发现病毒，就会弹出一个【发现威胁】对话框，提示用户进行相应的处理。

(2) 右击■图标，就会弹出一个快捷菜单，如图 11.49 所示。选择 Kaspersky Anti-Virus 命令，打开 Kaspersky Anti-Virus 2009 的主界面。

(3) 在进行病毒查杀之前，一般要更新病毒库，可以单击【更新】按钮，再单击【开始更新】按钮(见图 11.50)，开始更新病毒库。

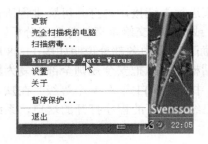

图 11.49　卡巴斯基快捷菜单　　　　　图 11.50　单击【开始更新】按钮

(4) 更新病毒库后，在主界面中，单击【扫描】按钮，切换到【扫描】选项卡，有两种默认扫描方式，分别是【完全扫描】和【快速扫描】，这里选择【完全扫描】选项，此时其下边出现可以选择的详细项目，如图 11.51 所示。

(5) 选择扫描的项目后，单击【开始扫描】按钮，即开始扫描病毒。当扫描到病毒后，会弹出一个事件通知的提示对话框，如图 11.52 所示。

(6) 扫描完成后，程序会自动清除所有扫描到的病毒，如果用户不想让程序自动执行清除病毒这个操作，可以单击【检测后处理方式】右边的链接，然后选择相应的命令即可，如图 11.53 所示。

(7) 如果想查看扫描的结果，可以单击【最后启动】右边的链接，即可打开报告窗口，如图 11.54 所示，最后单击【关闭】按钮即可。

2. 江民杀毒软件 KV2009

KV2009 是江民研发中心开发的一款杀毒软件，其杀毒和查毒技术能力处于国内领先水平，监控能力强，系统资源占用少，还可防范木马病毒和部分未知病毒。

图 11.51　选择扫描项目

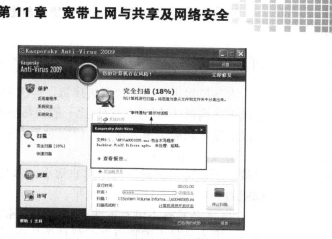

图 11.52　正在扫描病毒

图 11.53　清除病毒

图 11.54　删除病毒完成

　　安装了 KV2009 后，双击任务栏中的█图标，打开【江民杀毒软件 KV2009】主界面，如图 11.55 所示。在使用前，一般要升级其病毒库，这样才能查杀最新的病毒。

　　除了自动监视系统外，也可以随时启动杀毒功能，方法是先选择【扫描目标】选项，分别有【简洁】、【文件夹】两种，例如，在【简洁】选项卡中，单击【硬盘】图标，即开始扫描计算机中的所有分区，查杀过程中，发现病毒就会列出来，并进行清除，扫描结束后，会打开【扫描完成】提示对话框，如图 11.56 所示。

图 11.55　【江民杀毒软件 KV2009】主界面

图 11.56　使用 KV2009 查杀病毒

11.3.6 防木马工具的使用

木马虽然也是一种计算机病毒，但因为木马具有更新快、不可确定性、隐蔽性等特点，所以木马病毒(包括恶意软件)比一般病毒更难查杀。现在的防病毒软件厂商都试图用防病毒的成熟技术来减少脱壳木马，但它对于木马的查杀效果远远不如普通病毒，主要原因如下。

① 因为木马传播是手工投放，它可以改程序，今天投放完了明天可以把程序改一改再投放，所以特征码对木马作用非常小。木马的更新速度非常快，而防病毒厂商对木马的防御能力一直徘徊在比较低的水平。

② 木马具有不可判定性。蠕虫利用网络进行复制和传播的程序，很容易对它进行技术界定，而木马最大的特点之一就是伪装成正常程序，在技术上很难正常判定。

③ 木马是一种脚本病毒，主要用于盗窃账号和密码，如QQ、游戏账号、银行卡等。一般木马有两个程序：一个是控制端；另一个是被控制端。木马的设计者为了防止木马被发现，而采用多种手段隐藏木马，这样，即使是发现感染了木马，由于不能确定木马的正确位置，也无法清除。

目前，大部分杀毒软件也可以查杀木马程序，但其查杀效果并没有专业查杀木马程序的工具好，所以还是需要专业的木马查杀工具来清除木马病毒。其中，AVG Anti-Spyware是查杀木马相当强的一款软件。下面简单介绍一下该软件的用法。

(1) 安装该软件后，双击桌面上相应的快捷图标，即可启动该软件。单击【更新】按钮，再单击【开始更新】链接升级到最新病毒库。

(2) 切换到【扫描】选项卡，单击【快速系统扫描】链接，即开始查杀系统中的木马病毒，如图11.57所示。

(3) 扫描完成后，可以根据情况对所扫描出来的木马进行操作，如果确认是木马程序，可以在【设置所有元素为】右边，单击当前操作的链接，在弹出的菜单中选择【删除】命令，如图11.58所示。

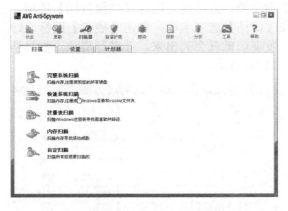

图11.57　单击【快速系统扫描】链接

图11.58　选择【删除】命令

(4) 单击【应用所有操作】按钮即可。

11.3.7　恶意软件的防治

1. 恶意网页的症状及危害

恶意网页的目的一般是强制用户访问它的网站，或让用户的计算机染上病毒或木马，以获取用户资料，可见它们也与病毒一样有危害。恶意网页大多是成人网站或别有用心的个人网站。这些网站除了修改 IE 浏览器之外，还会恶意弹出广告、在系统中开后门等，给用户带来种种危害。例如，修改 Internet Explorer 浏览器，并锁定和修改 Internet Explorer 浏览器的标题，效果如图 11.59 所示。

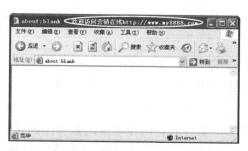

图 11.59　被恶意网页修改 Internet Explorer 浏览器的效果

2. 流氓软件的定义

流氓软件一般是后台自动下载、强制安装、安装后无法卸载或无法彻底卸载、浏览器劫持、干扰其他软件运行、弹出广告、记录用户行为、远程监控、特洛伊木马、恶意共享、程序自动升级等其中的一些行为。流氓软件虽然不自我复制，也不能定义它是病毒，但如果对它们置之不理，后果也许比病毒还严重。

因为恶意网页和灰色软件不是病毒，所以一般的杀毒软件不能对其查杀，因此需要使用其他方法预防、修复或查杀它们。

3. 恶意软件的清理

因为恶意软件(或恶意网页)可能并不是病毒，所以有的杀毒软件对其无法检测或查杀。因此，需要使用其他方法预防、修复或查杀它们。防治恶意网页和灰色软件的方法有多种，但主要可以分为两大类。

一是使用系统注册表修复。在没有其他软件可用的情况下，使用系统自带的注册表，可以修复大部分被恶意网页修改过的 Internet Explorer 浏览器项。

二是使用第三方专业软件修复。目前，防治恶意网页和灰色软件的软件有很多，下面列举其中一些：360 安全卫士、卡卡上网安全助手、Windows 清理助手、恶意软件清理助手、Upiea、超级兔子和 KV 杀毒系列软件的 IE 修复工具。

360 安全卫士是一款防治恶意软件比较有效的软件，下面简单介绍一下它的用法。

(1) 安装该软件后，双击其桌面上的快捷方式，即可启动 360 安全卫士程序界面，单击【常用】按钮，打开对应的界面，其中主要有【清理恶评插件】、【管理应用软件】、【修复系统漏洞】、【清理使用痕迹】等选项卡，如图 11.60 所示。

(2) 单击【高级】按钮，在对应的界面中可以进行【修复 IE】、查看【启动项状态】、查看【系统进程状态】等操作，如图 11.61 所示。

图 11.60　360 安全卫士的常用功能　　　　　图 11.61　360 安全卫士的"高级"功能

(3) 一般来说，系统中被强制安装了一些广告程序或 Internet Explorer 浏览器被恶意软件劫持了，那么前者可在【常用】界面的【清理恶评插件】选项卡中进行扫描及清理，后者则在【高级】界面的【修复 IE】选项卡中，单击【立即修复】按钮来实现。这些操作很简单，只需要根据其中文意思进行操作即可。

除了 360 安全卫士之外，清理恶意软件较有效的工具还有卡卡上网安全助手和 Windows 清理助手等。其中，卡卡上网安全助手是瑞星公司开发的一款网络安全软件。其功能包括智能拦截广告、系统一键修复、IE 外观修复、IE 反劫持、解除非法限制、启动项管理、插件免疫、插件管理、进程管理、系统清理、IE 地址清理、痕迹清理、网络钓鱼网站过滤、病毒网站过滤、浏览器劫持网站过滤等。

因为恶意软件的开发是有针对性的，它能避开一些软件(如 360 安全卫士)对它的查杀，所以强烈建议将 Windows 清理助手与 360 安全卫士配合使用。当在 360 安全卫士无法使用或对某些恶意软件无法清理(笔者就经常会碰到 360 安全卫士被某款中文上网恶评软件破坏后而无法使用)的情况下，使用 Windows 清理助手则是不错的选择。Windows 清理助手清理效果如图 11.62 所示。

图 11.62　使用 Windows 清理助手清理木马和插件

11.3.8　硬盘还原卡的安装和使用

还原卡的主体是一种硬件芯片，插在主板上与硬盘的 MBR(主引导扇区)协同工作。当用户向硬盘写入数据时，其实还是写入硬盘中，可是没有真正修改硬盘中的 FAT。由于保护卡接管 INT13，当发现写操作时，便将原先数据目的地址重新指向先前的连续空磁盘空间，并将先前备份的第二份 FAT 中的被修改的相关数据指向这片空间。当读取数据时，和写操作相反，当某程序访问某文件时，保护卡先在第二份备份的 FAT 中查找相关文件，如果是启动后修改过的，便在重新定向的空间中读取；否则，在第一份的 FAT 中查找并读取相关文件。删除和写入数据相同，将文件的 FAT 记录从第二份备份的 FAT 中删除掉。

下面以 PCI 总线还原卡为例，介绍其使用方法。

(1) 现在市面上硬盘还原卡大多是 PCI 总线，采用了即插即用技术，不必重新进行硬盘分区。图 11.63 所示为还原卡的外观。

(2) 安装时把卡插入主板的 PCI 扩展槽中，如图 11.64 所示。

图 11.63　还原卡的外观

图 11.64　安装还原卡

(3) 安装还原卡后，启动计算机，安装还原卡驱动时可参见说明书进行安装。有的还原卡是即插即用的，可能不需要安装驱动就能使用。

(4) 安装好驱动后，接着就可以设置硬盘的保护状态了，但在设置之前，应确保计算机当前硬件和软件已经处于最佳工作状态，建议检查一下计算机病毒，确保安装还原卡前系统无病毒。另外，还要对硬盘数据进行碎片整理。同时，建议关闭或卸载杀毒软件的实时防毒功能、各种基于 Windows 的系统防护/恢复软件的功能。

(5) 重启计算机，在出现开机画面后，按 F10 键或 Home(Ctrl+Home)键，进入还原卡管理界面。但在进入界面前，需要输入初始密码(参看使用说明书)，如图 11.65 所示。

(6) 按 Enter 键，进入还原卡的管理界面，如图 11.66 所示。

(7) 单击【设定 硬盘 保护】按钮，按 Enter 键，即可进行硬盘的保护设定，例如当前只设定保护 C 盘，如图 11.67 所示。在保护状态下，对 C 盘的任何操作都无效。

(8) 除了设定保护磁盘之外，还可以设定系统参数，包括【硬盘数据恢复方式】、【自动复原数据时间】、【还原卡加载时显示】等参数(见图 11.68)，这里就不做介绍了。

图 11.65　输入还原卡的初始密码

图 11.66　还原卡的管理界面

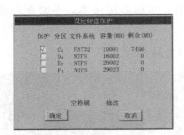

图 11.67　设定保护的磁盘

图 11.68　设定系统参数

11.3.9　影子系统的安装和使用

影子系统(power shadow)就是构建现有操作系统的虚拟影像，即影子模式，它和真实的系统完全一样，用户可随时选择启用或者退出这个虚拟影像。用户进入影子模式(shadow mode)后，所有操作都是虚拟的，不会对真正的系统产生影响，如系统中受到病毒、木马程序、流氓软件侵害或用户删改系统文件等，在退出 Shadow 模式后恢复到原来的样子，不留任何痕迹。从"系统虚拟化"技术原理的角度来说，影子系统功能 = 免疫所有已知与未知病毒 + Windows 系统优化，实际上具有还原卡的作用。

影子系统使用方法如下。

(1) 在网上找到 PowerShadow 安装程序，下载后运行其安装程序，如图 11.69 所示。

(2) 按照向导提示进行安装，安装完成后会要求重新启动计算机，如图 11.70 所示。

图 11.69　启动影子系统安装向导

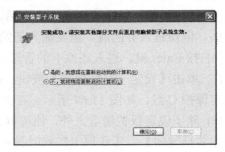

图 11.70　影子系统安装完成

(3) 重新启动后，会看到多了两个启动菜单，如图 11.71 所示。这里可以选择保护不同的分区。例如，单一影子模式就是只保护 C 盘，完全影子模式则保护整个硬盘所有的驱动器。

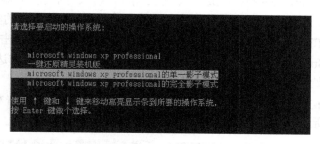

图 11.71　安装影子系统后的系统启动菜单

(4) 选择一种保护模式后，启动 Windows XP，系统处于保护状态，如图 11.72 所示。此时，可以在系统中删除文件(例如删改了 C 盘的系统文件，包括文档数据、程序文件、Windows 下的 dll 文件、system32 下的系统文件)或安装风险软件(例如安装搜狗直通车、CNNIC 中文上网工具条等恶意软件)，以及打开病毒文件(例如打开了含有大量病毒样本的病毒包)。当重新启动回正常模式时，系统都会恢复到正常状态，丝毫不受损害。

图 11.72　系统处于保护状态

11.4　上机指导

计算机病毒的发展日益猖獗，也正因为"矛(病毒)"越来越锋利，所以"盾(防病毒软件)"的防护能力也越来越强大。因此，新一代的网络杀毒软件一般不再是单一的查杀病毒的功能，已经趋向全能化，也就是具有杀毒、查毒、防火墙、防恶意软件、防木马、防关键部位(注册表)的写入等功能。尽管杀毒软件具有全能化，但因为目前的病毒技术比较高明，使用单一的杀毒软件很难彻底查杀，因此就需要使用多个杀毒软件进行交叉扫描。

11.4.1　使用 ESET 查杀病毒

下面以 ESET Smart Security(集成了 NOD32 杀毒软件、网络防火墙和 SPAM(垃圾邮件防护于一身的版本，还有一种 EAV 不带防火墙)为例，介绍查杀病毒的实际操作。

(1) 安装了 ESET Smart Security 后，软件会随系统启动而启动，双击系统任务栏中的图标，启动 ESET Smart Security，然后单击【更新】选项，再单击其右边的【更新病毒特征数据库】链接，开始更新病毒库，如图 11.73 所示。

(2) 更新病毒库完成后，单击界面左边的【扫描】选项，然后单击右边的【定制扫描】链接，如图 11.74 所示。

图 11.73　更新病毒库　　　　　　　　图 11.74　选择需要扫描的目标范围

(3) 打开【定制扫描】对话框，然后指定要扫描的驱动器，如图 11.75 所示。

(4) 单击【扫描】按钮，开始扫描指定的驱动器或文件夹，扫描过程中，病毒会自动清除。如果出现无法清除的情况，则会打开【发现威胁 警报】对话框，此时，一般是单击【删除】按钮删除该文件，如图 11.76 所示。

图 11.75　指定要扫描的驱动器　　　　　图 11.76　【发现威胁 警报】对话框

(5) 在扫描过程中，如果想查看扫描详细信息，可以在扫描界面中，单击【在新窗口显示扫描日志】链接，打开【手动扫描】对话框，即可查看扫描的进度，如图 11.77 所示。

(6) 扫描结束后，在【手动扫描】对话框中，单击【确定】按钮，返回主界面中，其结果如图 11.78 所示。对于无法清除的病毒，可以使用其他杀毒软件进行查杀，或在系统中找到该文件，直接删除它，如果提示无法删除，那么可以切换到安全模式中进行删除。

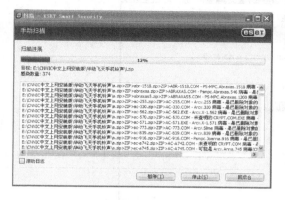

图 11.77　在新窗口显示扫描日志

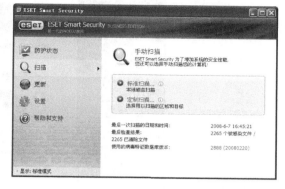

图 11.78　扫描完成

11.4.2　使用"超级兔子 IE 专家"清除恶意网页和插件

超级兔子魔法设置是一款优秀的系统设置工具，它具有对 Windows 进行优化、修复被恶意网页修改的 IE 浏览器、对注册表垃圾进行清除、对硬盘上的垃圾文件进行清除等重要功能。并且其优化的操作非常简单，非常适合普通用户使用。

(1) 安装"超级兔子"后，双击桌面上的【超级兔子魔法设置】图标，可以启动其主界面，界面中有【清除垃圾，卸载软件】、【保护 IE、清除 IE 广告】等图标，如图 11.79 所示。

图 11.79　"超级兔子"主界面

(2) 单击界面中的【修复 IE、检测木马】图标，打开【超级兔子 IE 修复专家】对话框的【快速检测系统】界面，此时程序会检测到已经安装在系统中的恶意软件，如图 11.80 所示。

(3) 单击【下一步】按钮，开始清理并修复 Internet Explorer 浏览器，不过因为某些恶

意软件无法清除，所以会出现要使用超级兔子清理王才能卸载的提示，如图 11.81 所示。

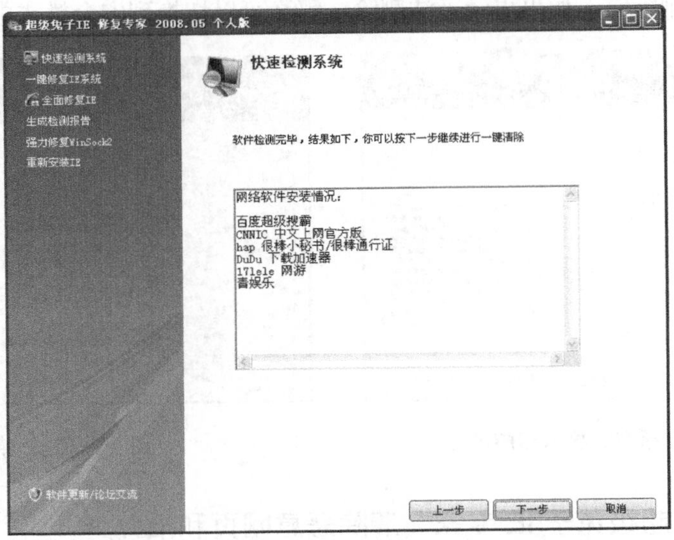

图 11.80　【快速检测系统】界面

(4) 单击【是】按钮，切换到【专业卸载】界面，此时用红色标记出需要卸载的软件名称，可以选中它们，如图 11.82 所示。

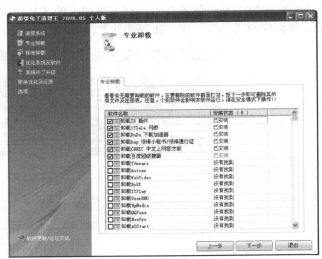

图 11.81　要使用超级兔子清理王
　　　　　 才能卸载的提示

图 11.82　用红色标记出需要卸载的软件名称

(5) 单击【下一步】按钮，开始卸载。不过，多数的恶意软件除了捆绑广告外，还捆绑木马。所以当无法清除它们时，会出现需要切换到安全模式下进行卸载的提示，如图 11.83 所示。最后按照提示，切换到安全模式下卸载即可。

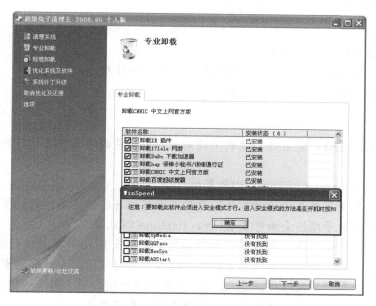

图 11.83　需要切换到安全模式下进行卸载的提示

11.5　习　　题

1. 填空题

(1) 检测网络时，用_____命令可以查看所有有关本机 IP 设置的信息。

(2) _____主要用来防止外界对本机的恶意进攻，比如可以封堵木马等，它通过监测、限制、更改跨越防火墙的数据流，尽可能地对外部屏蔽网络内部的信息、结构和运行状况，以实现网络的安全保护。

2. 选择题(可多选)

(1) 计算机病毒感染对象包括_____文档文件和网络等。

    A. 内存　　　　　　B. 引导区　　　　　　C. 不可执行文件　　　　　D. 可执行文件

(2) 目前，个人计算机最常用的接入 Internet 的方式是(单选)_____。

    A. PSTN　　　　　　B. ISDN　　　　　　C. ADSL　　　　　　D. Cable-Modem

(3) 按照病毒传染的方法划分，计算机病毒可以分为_____。

    A. 病毒生产机　　B. 入侵型病毒　　C. 加壳型病毒　　　　D. 嵌入式病毒

3. 判断题

(1) ADSL 上网方式有两种：一种是专线上网；另一种是虚拟拨号。　　　　　　（　　）

(2) 在 Windows 2000 系统中没有自带建立拨号的软件，因此需要使用到第三方拨号软件来建立宽带拨号连接。　　　　　　　　　　　　　　　　　　　　　　　　　（　　）

(3) 要想通过 ADSL 硬件设置共享，有两个方法，一是购买一个宽带路由器；二是直接开启 ADSL Modem 的路由功能。　　　　　　　　　　　　　　　　　　　　　　（　　）

4. 简答题

(1) 网络病毒有哪些新特点?

(2) 简要说明防火墙与杀毒软件的区别以及它们的作用。

(3) 常见的预防病毒的方法有哪些?

5. 操作题

(1) 使用 Kaspersky 或 ESET(注意不能同时安装这两种杀毒软件,否则系统会死机)进行全面杀毒。

(2) 使用 AVG Anti-Spyware 扫描计算机。

(3) 使用木马克星查杀你的计算机,看其是否有木马程序危害你的计算机。

(4) 使用超级兔子魔法全面修复 Internet Explorer 浏览器。

(5) 安装 360 安全卫士,然后使用它扫描恶意软件或 IE 插件,并进行清理。如果遇到无法清理的恶意软件,请使用其他恶意软件清理程序进行清除,或使用其专杀工具清除。

(6) 安装一个影子系统(power shadow),然后在保护模式下,删除一些系统文件和下载一些灰色软件甚至用病毒破坏系统,再重启计算机,看其效果。

第12章

新起点 电脑教程

系统优化、保养与维修

教学提示

无论是已运行多时的操作系统还是初安装的系统，进行一番优化操作之后，无疑会加快系统的运行速度，让系统达到更佳的运行效果。此外，在使用计算机的过程中，要养成良好的使用习惯，这样不但可以延长计算机的使用寿命，还可以在使用计算机过程中有一个良好的工作环境，从而提高工作效率。而作为电脑组装和维修的专业人员，要了解电脑维护的重要性和维护常识，更要掌握常见死机情况和一般电脑故障的处理。

教学目标

通过学习本章，读者可以掌握优化计算机系统的方法，还可以了解系统维护的基本常识，掌握处理死机、常见软硬件故障排除和硬盘坏道修复等技术，从而使用户逐渐成为计算机维修的技术人员。

12.1 计算机系统优化

计算机系统优化分为硬件优化与软件优化。硬件优化一般是给硬件超频、调节显示亮度、尽量少安装无用的硬件等。而软件优化又分为使用 Windows XP 自带的优化程序(如垃圾文件清理和磁盘碎片整理等)和其他优化软件(如 Windows 优化大师)进行优化。

12.1.1 超频提升系统性能

计算机的超频就是通过人为的方式提高 CPU、内存或显卡等硬件的工作频率,让它们在高于其额定的频率状态下工作,相当于以低价格买到高性能的硬件。例如,将一颗 Pentium E 2140(主频 1.60GHz)的 CPU 工作频率提高到 3.20GHz(相当于 Core 2 Quad Q6800,不过超频除了要求 CPU 有更好的品质外,主板和内存也很关键),系统仍然可以稳定运行,就说明超频成功了。常见的可以超频的硬件有 CPU、内存和显卡 3 种。

1. CPU 超频

CPU 的主频、外频和倍频的关系是:主频=外频×倍频。因此,提升 CPU 的主频可以通过改变 CPU 的倍频或者外频来实现。目前,大部分 CPU 都使用了特殊的方法来阻止修改倍频(部分 AMD 的 CPU 可以修改倍频,但修改倍频对 CPU 性能的提升不如外频好),因此,只能通过提高外频的方式来超频。外频的速度通常与前端总线、内存的速度紧密关联。因此,当提升了 CPU 外频之后,CPU、系统总线和内存的速度也就同时提升了。

CPU 超频主要有两种方式:一是硬件设置;二是软件设置。其中硬件设置比较常用,它又分为跳线设置和 BIOS 设置两种。

(1) 跳线设置超频。

早期的主板多数采用了跳线或 DIP 开关设定的方式来进行超频。在关掉电源的状态下,按照主板使用说明书进行跳线即可。这种方法目前已经很少见。

(2) BIOS 设置超频。

目前主流的主板一般可在 CPU 参数设定的项目中,进行 CPU 的倍频、外频的设定。如果遇到超频后计算机无法正常启动的状况,只要参考主板说明书,重新恢复默认的 BIOS 设置即可,所以在 BIOS 中超频比较安全。就目前的主板和 CPU 来说,所有的 CPU 或多或少都能进行超频,并且一般硬件都有保修期限,所以超频一般不会导致硬件报废。超频后,最好使用测试软件(如 SiSoftware Sandra 等)进行测试,如运行稳定,无故障出现,即算超频成功,否则就要降低一档次来超频。

(3) 用软件实现超频。

软件超频的特点是设定的频率在关机或重新启动计算机后会复原,所以其风险较小。最常见的超频软件有 SoftFSB、SpeedFan、ClockGen 等,它们的原理都大同小异,都是通过控制时钟发生器的频率来达到超频的目的。不过,软件超频其实不太实用,因为软件更新永远没有硬件更新快,对于大多数的主板不能识别出来,所以新硬件一般无法实现超频。

2. 内存和显卡的超频

(1) 内存超频。

从理论上讲，内存超频并不需要特别的操作，因为内存的工作频率与 CPU 的外频是密不可分的，只要 CPU 的外频提高了，FSB 与内存的频率也相对提高，但为了增加超频成功率，也允许对内存的频率进行调整，也就是调整内存与 FSB 的比例，如图 12.1 所示。

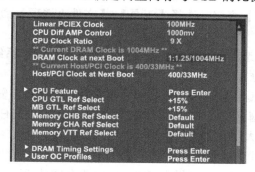

图 12.1　设置内存频率

此外，更改内存的 CL、tRCD、tRP 等性能参数，也可达到超频目的，在进行设置之前，首先用 CPU-Z 查看当前内存的默认参数，如图 12.2 左图所示。然后进入 BIOS 的 Advanced Chipset Features 界面中进行设置，设置前，先把 DRAM Timing Selectable 的值改为 Manual，就可以改变 CL、tRCD、tRP 等参数了，一般来说，参数值越小越好，如图 12.2 右图所示。

还有，组建双通道内存可以提升 5%～10%的性能。

(2) 显卡超频。

显卡超频一般就是提高显示芯片核心频率和显存频率。显存频率一般和显存的时钟周期有关，越低的时钟周期可达到的频率越高。显卡超频可以使用 PowerStrip 来实现。

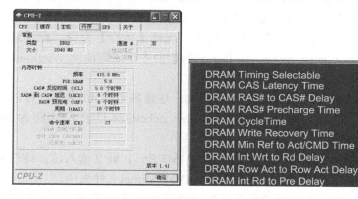

图 12.2　更改内存的 CL、tRCD、tRP 等性能参数

12.1.2　优化 Windows 系统

为了让系统更快地运行，需要对系统进行合理优化。Windows 系统(本章以 Windows XP 为例介绍)自带有一些优化程序，如垃圾文件清理和磁盘碎片整理等。

1. 为操作系统瘦身

为操作系统瘦身适合于 Windows 2000/XP 系统，以 Windows XP 为主。如果硬盘不是很大，或在分区时系统盘分得不够理想，在各种软硬件安装完成之后，发觉 C 盘空间已经不多了，可以使用下面的方法进行瘦身。

在进行释放空间之前，先想办法查看系统文件和隐藏文件，其具体操作如下。

(1) 打开【我的电脑】窗口，选择【工具】|【文件夹选项】命令，打开【文件夹选项】对话框。

(2) 切换到【查看】选项卡，取消选中【隐藏受保护的操作系统文件(推荐)】复选框(此时会打开【警告】对话框)。

(3) 单击【是】按钮返回，再选中【显示系统文件夹的内容】复选框，然后单击【确定】按钮，返回到【我的电脑】窗口中，就可以查看隐藏在系统中的任何文件和文件夹了。

1) 删除系统中无多大用途的文件

以下文件夹中的文件可以删除。

● C:\Documents and Settings\用户名\Cookies\所有文件(保留 index 文件)。

● C:\Documents and Settings\用户名\Local Settings\Temp\所有文件(临时文件)。

● C:\Documents and Settings\用户名\Local Settings\Temporary Internet Files\所有文件(页面文件)。

● C:\Documents and Settings\用户名\Local Settings\History\所有文件(历史记录文件)。

● C:\Documents and Settings\用户名\Recent\所有文件(最近浏览文件的快捷方式)。

● C:\WINDOWS\Temp\所有文件(临时文件)。

● C:\WINDOWS\ServicePackFiles(升级 SP1 或 SP2 后的备份文件)。

● C:\WINDOWS\SoftwareDistribution\Download 下的所有文件。

● 如果对系统进行过升级，那么可以删除 C:\WINDOWS\ 目录下，以 $(例如 $NtUninstallQ311889$)开头的隐藏文件。

● 系统备份文件，方法是单击【开始】按钮，选择【运行】命令，在【运行】对话框中，输入 sfc.exe /purgecache，按 Enter 键(该命令是立即清除 Windows 目录中的高速缓存，以释放出其所占据的空间)。

● \WINDOWS\system32\dllcache 下的.dll 文件，这是备用的.dll 文件，可以删除。

● 备份的驱动程序，文件位于\WINDOWS\driver cache\i386 目录下，名称为 driver.cab，直接将它删除就可以了。

● 不用的输入法，如 IMJP8_1 日文输入法、IMKR6_1 韩文输入法，这些输入法如果不用，可以将其删除。输入法位于\WINDOWS\ime\文件夹中。

● 预读文件，Windows XP 的预读设置虽然可以提高系统速度，但是使用一段时间后，预读文件夹里的文件数量会变得相当庞大，导致系统搜索花费的时间变长，而且有些应用程序会产生死链接文件，更加重了系统搜索的负担，所以，应该定期删除这些预读文件。预读文件存放在 WINDOWS 的 Prefetch 文件夹中，该文件夹下的所有文件均可删除。

2) 编写批处理自动清理系统垃圾

目前，网上流行一种编写批处理自动清理系统垃圾的方法，其操作是：在记事本中编写以下的批处理文件并保存下来。

```
@echo off
echo 正在清除系统垃圾文件，请稍等……
del /f /s /q %systemdrive%\*.tmp
del /f /s /q %systemdrive%\*._mp
del /f /s /q %systemdrive%\*.log
del /f /s /q %systemdrive%\*.gid
del /f /s /q %systemdrive%\*.chk
del /f /s /q %systemdrive%\*.old
del /f /s /q %systemdrive%\recycled\*.*
del /f /s /q %windir%\*.bak
del /f /s /q %windir%\prefetch\*.*
rd /s /q %windir%\temp & md %windir%\temp
del /f /q %userprofile%\COOKIES s\*.*
del /f /q %userprofile%\recent\*.*
del /f /s /q "%userprofile%\Local Settings\Temporary Internet Files\*.*"
del /f /s /q "%userprofile%\Local Settings\Temp\*.*"
del /f /s /q "%userprofile%\recent\*.*"
sfc /purgecache'清理系统盘无用文件
defrag %systemdrive% -b'优化预读信息
echo 清除系统垃圾完成！
echo. & exit
```

然后把文件另存为.bat 文件即可，也可以直接把文件的后缀名改为.bat。需要清理系统中的垃圾时，只需要双击该批处理文件，即可自动清理系统中的垃圾文件，非常方便。

3) 关闭休眠功能

关闭休眠功能可以节省 500MB 以上的硬盘空间，其操作方法如下。

(1) 单击【开始】按钮，选择【控制面板】命令，打开【控制面板】窗口。

(2) 切换到经典视图，双击【显示】图标，打开【显示 属性】对话框，切换到【屏幕保护程序】选项卡，如图 12.3 所示。

(3) 单击【电源】按钮，打开【电源选项 属性】对话框。

(4) 切换到【休眠】选项卡，取消选中【启用休眠】复选框，如图 12.4 所示。

(5) 最后，连续单击【确定】按钮。

图 12.3　【屏幕保护程序】选项卡

图 12.4　取消选中【启用休眠】复选框

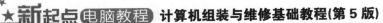

4) 改变虚拟内存的位置

在系统分区中，最大的可移动文件就是虚拟内存，它通常是系统物理内存的 1.5 倍。以 Windows 2000/XP 为例，改变虚拟内存位置的方法如下。

(1) 右击桌面上【我的电脑】图标，在弹出的快捷菜单中选择【属性】命令，打开【系统属性】对话框。

(2) 切换到【高级】选项卡，单击【性能】选项组中的【设置】按钮，打开【性能选项】对话框。

(3) 切换到【高级】选项卡，单击【更改】按钮，打开【虚拟内存】对话框，如图 12.5 所示。

(4) 当前设置的虚拟内存在 C 盘，选中【无分页文件】单选按钮，单击【设置】按钮。

(5) 选择 "D:" 选项，然后选中【自定义大小】单选按钮，在【初始大小】文本框和【最大值】文本框中分别输入 500 和 1500(数值可根据需要输入)，如图 12.6 所示。

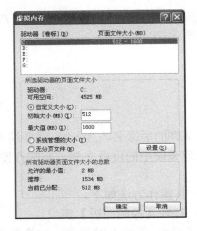
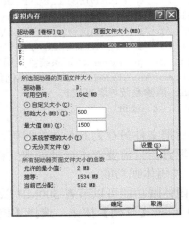

图 12.5 【虚拟内存】对话框　　　　图 12.6 设置初始大小和最大值

(6) 单击【设置】按钮，此时分页文件就被设置到了 D 盘。

(7) 单击【确定】按钮，然后连续单击【确定】按钮，并重新启动计算机即可。

注意

系统允许多个分区同时存在虚拟内存，因此，改变虚拟内存位置后，一定要选择虚拟内存原来所在的分区，再选中【无分页文件】单选按钮，最后单击【设置】按钮。改变系统虚拟内存后，需要重新启动计算机才能生效。此外，除了 Windows 虚拟内存可以改变保存位置外，IE 缓存文件、我的文档、电子邮件等这些由应用程序产生的文件，也可以移动其保存位置。

2. 为 Windows 系统提速

使用 Windows XP SP2 系统时，总是发现任务栏中显示一个红色的盾牌。这是因为微软加入了 "安全中心" 控制台，它主要是检测系统中病毒防护、防火墙、自动更新的状态。如果不想出现这样的提示，可以单击该盾牌图标，打开【Windows 安全中心】窗口，单击【病毒防护】右边的【建议】按钮，打开【建议】对话框，选中【我已经安装了防病毒程序并将自己监视其状态】复选框，再单击【确定】按钮即可。

　　Windows XP 比以前的 Windows 系统具有更多华丽的界面，这华丽的界面却牺牲了不少的系统性能，为了让 Windows XP 运行得更快更稳定，可以对 Windows XP 进行优化。

　　1) 使用经典菜单

　　Windows XP 使用了独特的【开始】菜单，但许多用户习惯了经典的【开始】菜单，可以使用下面的方法，切换为经典【开始】菜单。

　　(1) 右击任务栏空白处，在弹出的快捷菜单中，选择【属性】命令，打开【任务栏和「开始」菜单属性】对话框。

　　(2) 切换到【「开始」菜单】选项卡，选中【经典「开始」菜单】单选按钮，如图 12.7 所示，最后单击【确定】按钮即可。

　　2) 禁用系统还原

　　Windows XP 的系统还原是一个很少用的功能，并且该功能会消耗一些系统资源，因此可以关闭这项功能。其具体操作方法如下。

　　(1) 右击【我的电脑】图标，在弹出的快捷菜单中选择【属性】命令，打开【系统属性】对话框。

　　(2) 切换到【系统还原】选项卡，选中【在所有驱动器上关闭系统还原】复选框，如图 12.8 所示。

　　(3) 最后，单击【应用】按钮即可。

　　3) 禁用错误汇报和禁止发送管理警报

　　禁用错误汇报、禁止发送管理警报的操作方法如下。

　　(1) 在【系统属性】对话框中，切换到【高级】选项卡。

图 12.7　【「开始」菜单】选项卡

图 12.8　禁用系统还原

　　(2) 单击【错误报告】按钮，打开【错误汇报】对话框，选中【禁用错误汇报】单选按钮，如图 12.9 所示。

　　(3) 单击【确定】按钮，返回到【高级】选项卡，单击【启动和故障恢复】选项组中的【设置】按钮。打开【启动和故障恢复】对话框，在【系统失败】选项组中，取消选中【发送管理警报】等复选框，如图 12.10 所示。

　　(4) 最后连续单击【确定】按钮。

图 12.9 【错误汇报】对话框

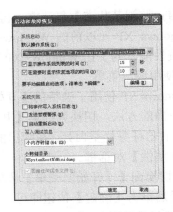

图 12.10 【启动和故障恢复】对话框

4) 取消相应的显示效果

不论哪种系统，取消华而不实的界面都是追求性能的用户的首选，建议 Windows XP 的用户选择最佳性能，这样效果明显。下面介绍一些取消华丽显示效果的操作。

(1) 打开【系统属性】对话框，切换到【高级】选项卡。

(2) 单击【性能】选项组右边的【设置】按钮，打开【性能选项】对话框。

(3) 选中【调整为最佳性能】单选按钮，或根据需要手动选择想要的视觉效果，如图 12.11 所示。

(4) 最后，连续单击【确定】按钮即可。

5) 禁止 Windows Messenger 开机时启动

Windows Messenger 是 Windows XP 自带的一款即时通信工具，但是该工具需要下载新版本才能使用，因此可以禁止它每次开机时启动。

(1) 双击任务栏中的 Windows Messenger 图标，打开 Windows Messenger 主窗口，选择【工具】|【选项】命令。

(2) 打开【选项】对话框，并切换到【首选项】选项卡，取消选中【在 Windows 启动时运行 Windows Messenger】复选框，如图 12.12 所示。

(3) 最后，单击【确定】按钮即可。

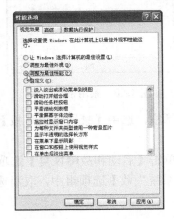

图 12.11 【性能选项】对话框

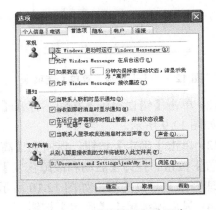

图 12.12 【首选项】选项卡

6) 减少启动项目

Windows 98/2000/XP 有一个"系统使用配置使用程序"，利用该程序可以有选择地禁止某些项目的启动，或者全部关闭。因为关闭所有项目后，输入法会在下次自动打开，小喇叭可以在【控制面板】中打开，防火墙也是一样的。这样会减少系统进入桌面的等待时间，而且很多进入桌面缓慢甚至死机的原因就是这里出的问题。

下面还是以禁止 Windows Messenger 启动为例，介绍系统配置实用程序的用法。

(1) 单击【开始】按钮，选择【运行】命令。

(2) 打开【运行】对话框，在【打开】文本框中，输入 msconfig 命令。

(3) 单击【确定】按钮，打开【系统配置实用程序】对话框，切换到【启动】选项卡。

(4) 在【启动项目】列表框中，取消选中 msmsgs 复选框，如图 12.13 所示。

(5) 单击【确定】按钮，打开【系统配置】对话框，如图 12.14 所示。

(6) 单击【重新启动】按钮，重启计算机即可。

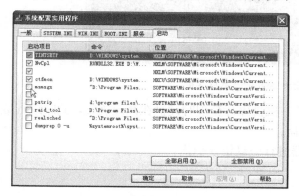

图 12.13　【系统配置实用程序】对话框

图 12.14　【系统配置】对话框

3. 磁盘碎片整理

Windows 操作系统在使用一段时间之后，会比以前的运行速度慢，其实这极可能是由于系统运行过程中产生的垃圾文件和磁盘碎片太多造成的。针对这些垃圾文件，各个版本的 Windows 均向用户提供了专门的磁盘清理和磁盘碎片整理工具(启动方法是：【开始】→【程序】→【附件】→【系统工具】→【磁盘碎片整理程序】)，适当用它们清理磁盘，可以有效地提高系统的执行效率，并节约磁盘空间。

除了 Windows XP 自带的磁盘碎片整理程序外，磁盘碎片整理程序还有 DiskKeeper、VOptXP、O&O Defrag Professional、Perfect Disk、UltimateDefrag 等。这里推荐 Perfect Disk 或 UltimateDefrag。其中 UltimateDefrag 是目前速度最快的磁盘碎片整理程序之一，其使用也很简单，先单击【分析】按钮，进行磁盘分析，分析得出结论后，单击【开始】按钮即可进行磁盘整理。其程序界面如图 12.15 所示。

不过，在进行磁盘碎片整理之前，需要注意以下一些事项。

(1) 不宜频繁整理。建议一个月左右整理一次。

(2) 最好在安全模式下进行碎片整理。在安全模式环境下运行磁盘碎片整理程序，整理过程将不受任何干扰。启动 Windows 时，按 F8 键，可选择进入安全模式。

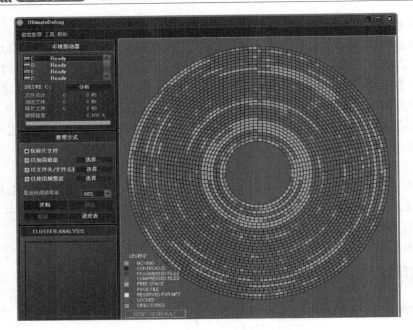

图 12.15　UltimateDefrag 程序界面

(3) 整理期间不要进行数据读、写操作。磁盘碎片整理时硬盘在高速旋转，此时进行数据的读、写很可能导致死机，甚至损坏硬盘。

(4) 在整理磁盘碎片前应该先对驱动器进行磁盘错误扫描。

12.1.3　其他优化工具

除了系统自带的优化工具外，还有很多第三方优化系统的软件。这类软件中，比较常用的有 Windows 优化大师、超级兔子魔法设置、360 安全卫士、全能助手 2008 等。其实，这些软件除了具有普通的系统优化功能外，一般还具有系统设置、垃圾清理、数据备份、系统修复、上网痕迹清理、IE 修复、插件免疫、管理工具与系统维护、文件操作与文件处理、系统信息与硬件信息等其中的几项功能。

下面以 Windows 优化大师为例简单介绍一下。

Windows 优化大师是一款优化操作系统的软件，它能够为系统提供全面、有效而简便的优化、维护和清理手段，让系统始终保持在最佳状态。Windows 优化大师的功能包括查看系统硬件信息、磁盘缓存优化、菜单速度优化、文件系统优化、网络优化、系统安全优化、注册表清理、文件清理、Windows 个性化设置等。

Windows 优化大师是一款共享软件，用户可以从一些软件站点中找到并下载它。安装了 Windows 优化大师后，在其安装目录中双击 Womcc.exe 图标，即可启动 Windows 优化大师(这里以 7.92 标准版为例)。软件总共分为 4 组功能，分别为【系统检测】、【系统优化】、【系统清理】和【系统维护】。如图 12.16 所示为【系统检测】中的【系统信息总览】界面。

进行优化时，需要切换到相应的选项卡，例如切换到【系统优化】中的【磁盘缓存优化】界面，拖动【输入/输出缓存大小】下面的滑块，到达系统推荐的值处，可根据内存大小调节，再拖动【内存性能配置】下面的滑块，调节为【内存性能配置(平衡)】值。最后单击【优化】按钮，并重新启动计算机。

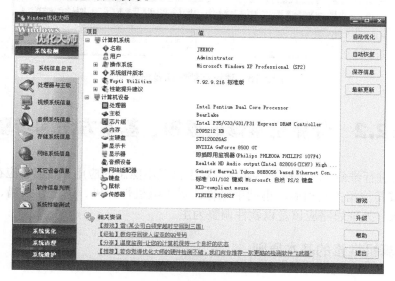

图 12.16　【系统信息总览】界面

下面介绍使用优化大师清除注册表中无用的内容的方法。

(1) 在【Windows 优化大师】主界面中，单击【系统清理】选项，并切换到【注册信息清理】界面。

(2) 单击【扫描】按钮，开始扫描注册表中无用的信息，扫描完成后，会在界面的下方显示扫描的结果，如图 12.17 所示。

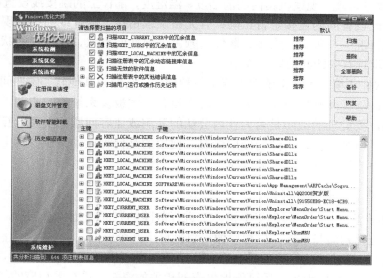

图 12.17　扫描注册表的结果

(3) 单击【全部删除】按钮(注册用户可用，否则只能手动选择要清除的项)，程序建议在删除扫描到的注册表信息前，最好备份注册表，如图 12.18 所示。

(4) 单击【是】按钮，再单击【确定】按钮即可。

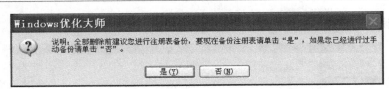

图 12.18　建议在删除前备份注册表

12.2　计算机维修的原则、基本方法和步骤

对计算机进行维修，应遵循一些步骤，对于自己不熟悉的应用或设备，应在认真阅读用户使用手册或其他相关文档后，再动手操作。对于随机性死机、随机性报错、随机性出现的不稳定现象，处理思路应该是以软件调整为主。

12.2.1　计算机维修的基本原则

1. 观察

有些计算机故障，往往是由于机器内灰尘较多引起的，这就要求在维修过程中，注意观察故障机内、外部是否有较多的灰尘，如果是，应该先进行除尘，再做后续的判断维修。

(1) 观察周围环境。观察电源环境、其他高功率电器、电磁场状况、机器的布局、网络硬件环境、温湿度、环境的洁净程度；安放计算机的台面是否稳固；周边设备是否存在变形、变色、异味等异常现象。

(2) 观察硬件环境。观察机箱内的清洁度、温湿度，部件上的跳接线设置、颜色、形状、气味等，部件或设备间的连接是否正确；有无错误或错接、缺针或断针等现象；观察计算机内部的环境情况——灰尘、连接、器件的颜色、部件的形状、指示灯的状态等；观察一切可能与机器运行有关的其他硬件设施。

(3) 观察软件环境。包括系统中加载了何种软件，它们与其他软、硬件间是否有冲突或不匹配的地方；除标配软件及设置外，要观察设备、主板及系统等的驱动，补丁是否已安装，是否合适，要处理的故障是否为业内公认的漏洞或兼容问题；观察计算机的软、硬件配置——安装了何种硬件，资源的使用情况，使用的是何种操作系统，其上又安装了何种应用软件，硬件的设置驱动程序版本等。

2. 先想后做

从简单的事情做起，有利于集中精力，进行故障的判断与定位。注意，必须通过认真的观察，才可进行判断与维修。先想后做，包括以下几个方面。

(1) 先想好怎样做，从何处入手，再实际动手。也可以说是先分析判断，再进行维修。

(2) 对于所观察到的现象，尽可能地先查阅相关的资料，看有无相应的技术要求、使用特点等，然后根据查阅到的资料，结合下面谈到的内容，再着手维修。

(3) 在分析判断的过程中，根据已有的知识经验来进行判断，对于自己不太了解或根本不了解的，要向有经验的用户或技术人员咨询，以寻求帮助。

3. 先软后硬

在大多数的计算机维修判断中，必须"先软后硬"。即从整个维修判断的过程看，总是先判断是否为软件故障，先检查软件问题，判断软件环境是否正常。如果故障不能消除，再从硬件方面着手检查。在调整软件时，可以考虑以下的内容。

(1) 设置 BIOS 为出厂状态(注意 BIOS 开关位置)。

(2) 查杀病毒。

(3) 调整电源管理。

(4) 必要时做磁盘整理，包括磁盘碎片整理、无用文件的清理及介质检查。

(5) 确认有无用户自装的软硬件，如果有，确认其性能的完好性及兼容性。

(6) 与无故障的机器比较、对比。这种对比方法是：在一台配置与故障机相同的无故障机器上，逐个插入故障机中的部件，查看无故障机的变化。当插入某部件后，无故障机出现了与故障机类似的现象，则表明该部件有故障。在进行对比时，应进行彻底对比，以防漏掉由两种部件引起同一故障的情况。

4. 分清主次

在维修过程中要分清主次，即"抓主要矛盾"。在复现故障现象时，有时可能会看到一台故障机不止有一个故障现象,而是有两个或两个以上的故障现象(如启动过程中无显示，但机器也在启动，同时启动完后有死机的现象等)。此时，应该先维修主要的故障，再维修次要故障，有时主要故障排除了，次要故障现象也消失了。

12.2.2   计算机维修的基本方法

1. 观察法

观察法是维修判断过程中的第一要点，贯穿于整个维修过程中，通过观察可能就会发现故障的原因。观察时不仅要认真，而且要全面。要观察的内容包括以下几点。

(1) 观察周围的环境。

(2) 观察硬件环境，包括插头、插座、插槽等。

(3) 观察软件环境。

(4) 观察用户操作的习惯及过程。

2. 最小系统法

最小系统法是指从维修判断的角度能使计算机开机或运行的最基本的硬件和软件环境，最小系统有两种形式。

(1) 硬件最小系统。由电源、主板和 CPU 组成。在这个系统中，没有任何信号线的连接，只有电源到主板的电源连接。在判断过程中通过声音来确定这一核心组成部分是否可以正常工作。

(2) 软件最小系统。由电源、主板、CPU、内存、显卡/显示器、键盘和硬盘组成。这个最小系统主要用来判断系统是否可以完成正常的启动与运行。

对于软件最小环境，有以下几点要说明。

(1) 保留着原先的软件环境，在分析判断时，根据需要进行隔离，如卸载、屏蔽等。保留原有的软件环境，主要是用来分析判断软件方面的问题。

(2) 只留有一个基本的操作系统(可能要卸载掉所有的应用程序，或是重新安装一个干净的操作系统)，然后根据分析判断的需要，加载需要的应用。使用一个干净的操作系统环境，可以方便判断是否为系统问题、软件冲突或软硬件间的冲突问题。

(3) 在软件最小系统下，可根据需要添加或更改适当的硬件。例如在判断启动故障时，由于硬盘不能启动，可在软件最小系统下用光驱替换硬盘来检查。又如在判断音、视频方面的故障时，需要在最小系统中安装声卡。在判断网络问题时，应在最小系统中安装网卡。

(4) 先判断在最基本的软、硬件环境中，系统是否正常工作。如果不能正常工作，即可判定最基本的软、硬件部件有故障，从而应先隔离故障。

(5) 最小系统法与逐步添加法结合，能快速定位软件的故障，提高维修效率。

3. 逐步添加/去除法

逐步添加法，即以最小系统为基础，每次只向系统中添加一个部件、设备或软件，来检查故障现象是否消失或发生变化，以此来判断并定位故障部位。

(1) 逐步去除法，正好与逐步添加法的操作相反。

(2) 逐步添加/去除法一般要与替换法配合，才能准确地定位故障部位。

4. 隔离法

隔离法是将可能妨碍故障判断的硬件或软件屏蔽起来。对软件来说，屏蔽即是停止其运行，或者是卸载。对硬件来说，屏蔽是在设备管理器中禁用、卸载其驱动，或将硬件拆除。

5. 替换法

替换法是用好的部件去代替可能出现故障的部件，以判断故障现象是否消失的一种维修方法。好的部件可以是同型号的，也可以是不同型号的。替换的顺序一般如下。

(1) 根据故障的现象考虑需要进行替换的部件或设备。

(2) 按先简单后复杂的顺序进行替换。例如先替换内存、CPU，后替换主板，又如要判断打印故障时，先考虑打印驱动是否有问题，再考虑电缆是否有故障，最后考虑打印机或并口是否有故障等。

(3) 最先考察怀疑与故障的部件相连接的连接线、信号线等，然后替换有可能出现故障的部件，再替换供电部件，最后替换与之相关的其他部件。

(4) 从部件的故障率高低来考虑最先替换的部件，先替换故障率高的部件。

6. 比较法

比较法与替换法类似，即用好的部件与可能出现故障的部件进行外观、配置、运行现象等方面的比较，也可在两台计算机间进行比较，以判断故障计算机在环境设置和硬件配置方面的不同，从而找出故障部位。

7. 软件调试法

软件调试的方法和建议如下。

(1) 操作系统方面。主要的调整内容是操作系统的启动文件、系统配置参数、组件文件、病毒等。例如，对 Windows 9x 系统，可用 SYS 命令来修复系统文件，但在修复之前应确定分区参数是正确的。对 Windows 2000/XP 系统来说，有两种修复启动文件的方法，一种是使用 fixboot 命令，修复主引导记录；另一种是使用 fixmbr 命令修复。此外，还可以通过添加删除程序、重新安装、从.cab 文件中提取、从好的机器上复制覆盖等方法来修复.dll、.vxd 等组件文件。

(2) 使用 Msconfig(系统配置实用程序)有选择地加载启动项目，可以查找问题所在。虽然在 Windows 2000 中没有这个命令，但可以把 Windows 7/8 或者 Windows XP 系统中的 Msconfig 文件复制到 Windows 2000 的 system32 目录下使用。

(3) 设备驱动安装与配置方面。主要调整设备驱动程序是否与设备匹配、版本是否合适、相应的设备在驱动程序的作用下能否正常响应。例如，在更新驱动时，如直接升级有问题，就应先卸载原驱动程序再进行更新。

(4) 磁盘状况方面。检查磁盘上的分区是否能被访问、介质是否被损坏、保存的文件是否完整等。

(5) 应用软件方面。如应用软件是否与操作系统或其他应用软件存在兼容性问题，使用和配置是否与说明手册中所述的相符，应用软件的相关程序、数据等是否完整。

(6) BIOS 设置方面。在必要时应先恢复到最优状态。建议在维修时先把 BIOS 恢复到最优状态(一般是出厂时的状态)，然后根据应用的需要，逐步设置到合适值。此外，也要考虑升级 BIOS。

(7) 重装系统。在硬件配置正确，并得到用户许可时，可通过重建系统来判断操作系统类的软件故障。在用户同意的情况下，建议使用自带的硬盘，进行重建系统的操作。在这种情况下，最好重建系统，然后逐步复原到用户原硬盘的状态，以便判断故障点。重建系统须以恢复安装为主，然后再完全重新安装。

12.2.3　计算机维修的基本步骤

进行计算机维修时，可以通过比较法、替换法进行故障判断，如果操作可能影响到存储的数据，则要在做好备份或保护措施后，才可继续进行。

下面是一些维修的基本步骤，仅供参考。

(1) 了解情况。即在服务前，与用户沟通，了解故障发生前后的情况，进行初步的判断。了解用户的故障与技术标准是否有冲突。如果能了解到故障发生前后的详细情况，将提高现场维修效率及判断的准确性。向用户了解情况，应借助前面所学的分析判断方法，与用户交流，这样不仅能初步判断故障部位，也对准备相应的维修备件有帮助。

(2) 复现故障。即在与用户充分沟通的情况下，确认用户所报修故障现象是否存在，并对所见现象进行初步的判断，确定是否还存在其他故障。

(3) 判断维修。对所见的故障现象进行判断、定位，找出故障产生的原因，并进行修复。

(4) 检验结果。维修后必须进行检验，确认所复现或发现的故障现象被解决，且用户的计算机不存在其他可见的故障。按照"维修检验确认单"所列内容，进行整机验机，尽可能消除用户未发现的故障。

12.3　计算机一般故障处理

　　在计算机给人们带来方便的同时，也给我们带来了不少烦恼。比如计算机死机、重启、黑屏等这些普通的故障，就经常困扰着不少用户。当计算机出了故障，不少用户只有将计算机送去电脑城维修，这样不但浪费时间和力气，还得支付那高额的维修费用。实际上，很多普通的故障，用户往往自己就能搞定，也不需要任何专业工具。

　　在处理故障时，需要判断是软件故障还是硬件故障。

12.3.1　常见软件故障及处理方法

　　软件发生故障的原因有几个，如丢失文件、文件版本不匹配、内存冲突、内存耗尽等，也许只因为运行了一个特定的软件，也许很严重，类似于一个系统级故障。为了避免这种错误的出现，下面给出一些常见软件故障及处理方法。

1. 开机显示文件丢失

　　用户每次启动计算机和运行程序的时候，都会牵扯上百个文件，绝大多数文件是一些虚拟驱动程序(VXD)和应用程序非常依赖的动态链接库(DLL)。VXD 允许多个应用程序同时访问同一个硬件并保证不会引起冲突，DLL 则是一些独立于程序、单独以文件形式保存的可执行子程序，它们只有在需要的时候才会调入内存，可以更有效地使用内存。当这两类文件被删除或者损坏了，依赖于它们的设备和文件就不能正常工作。

　　造成类似这种启动错误信息的绝大多数原因是没有正确使用卸载软件。一般卸载程序，应该使用程序自带的【卸载】菜单，一般在【开始】菜单的【程序】文件夹中该文件的选项里会有，或者使用【控制面板】的【添加/卸载】选项。如果你直接删除了这个文件夹，在下次启动后就可能会出现上面的错误提示。要找回这个丢失的启动文件，可以在启动计算机时，观察屏幕的提示，一般丢失的文件会显示一个"不能找到某个设备文件"的信息和该文件的文件名、位置。此时，使用安全模式或其他方法启动计算机，然后重新安装这个软件即可。此外，对文件夹和文件重新命名也会出现问题。

　　对于一些顽固程序，可以使用特殊的卸载方法，举例如下。

　　(1) 将腾讯 QQ 安装目录下的 unins000.exe 文件复制到要卸载文件的安装目录，再执行该程序，可卸载那些反安装程序丢失或者损坏的程序文件。

　　(2) 使用 Winamp 安装目录下的 UninstWp.exe 程序，复制并粘贴到顽固程序所在的文件夹中，再运行该程序，可以把大部分顽固程序卸载得干干净净。

　　(3) 运用 WinRAR 卸载顽固程序，方法是在打开的【压缩文件名和参数】对话框中，选中【压缩后删除源文件】复选框(见图 12.19)，单击【确定】按钮压缩，完成后 WinRAR 会自动删除顽固软件文件夹，最后再将刚生成的压缩包删除即可。

图 12.19　选中【压缩后删除
　　　　　源文件】复选框

2. 文件版本不匹配

在安装新软件和 Windows 升级的时候，备份到系统中的大多是 DLL 文件，而 DLL 不能与现存软件"合作"是产生大多数非法操作的主要原因。例如，可以有多个文件使用同一个 Whatnot.dll，而不幸的是，同一个 DLL 文件的不同版本可能分别支持不同的软件，很多软件都坚持安装适合它自己的 Whatnot.dll 版本来代替以前的。如果你运行了一个需要原来版本的 DLL 程序，就会出现"非法操作"的提示。不过，绝大多数卸载软件也可以用来监视安装，这些监视记录可以保证在以后卸载时更加准确。另外，你也可以知道哪些文件被修改了，如果提供备份功能，可以保存旧版本的文件和安装过程中被置换的文件。

3. 非法操作

非法操作一般是由软件造成的。每当有非法操作信息出现时，一般是由于有两个软件同时使用了内存的同一个区域，但是即使知道原因也无法避免这一类错误。用户可以通过错误信息列出的程序和文件来研究错误起因，因为错误信息并不直接指出实际原因，如果给出的是"未知"信息，可能数据文件已经损坏，看看有没有备份或是否有文件修补工具。

4. 蓝屏

要确定出现蓝屏的原因需要仔细检查错误信息。很多蓝屏发生在安装了新软件以后，是新软件和现行的 Windows 设置发生冲突直接引起的。不幸的是，即使一个特定的软件被破坏，蓝屏也不能确定引起问题的文件是什么。很多蓝屏可以用改变 Windows 设置来解决，大多数情况下需要下载安装一个更新的驱动程序，一些蓝屏与版本有关，应该确定你使用的 Windows 版本。

5. 资源耗尽

一般在使用 Windows 系统时，打开大型程序或同时打开了很多窗口都容易发生因为虚拟内存不足而使系统资源耗尽的情况。因此，需要正确设置虚拟内存，以促使系统稳定。具体方法是：打开【控制面板】窗口，双击【系统】图标，打开【系统属性】对话框，切换到【高级】选项卡，单击【性能】选项组中的【设置】按钮，然后单击【更改】按钮，打开【虚拟内存】对话框，先在【驱动器[卷标]】列表框中选择虚拟内存所在分区，再选中【自定义大小】单选按钮，同时在【初始大小】和【最大值】文本框中输入物理内存的 1.5 倍以上的数值，如图 12.20 所示。

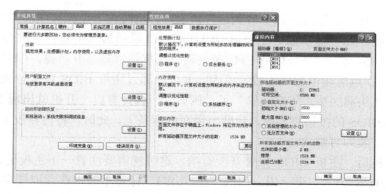

图 12.20　自定义虚拟内存的大小

12.3.2 硬件故障

计算机出现问题,往往是不能正常开机,即初装的机器无法启动显示器,可以根据 BIOS 的不同自检铃声来判断硬件的问题,这样就可以查找出原因。

1. 硬件故障类型

常见硬件故障的类型有以下几种。

(1) 机械故障。例如打印机的打印头部分、软盘驱动器和硬盘驱动器的机械部分等。

(2) 电路故障。例如主机板、软驱和硬驱等电路芯片损坏,驱动能力下降,电阻开路和电容断路等。

(3) 接触不良。主要是扩展槽与接口卡的接触部分,信号电缆插头与插座的接触部分,这类故障很多。

(4) 介质故障。主要是软盘、硬盘的磁道有划痕,光盘上有油污等。软盘使用一段时间后应当更换,要使用系统维护工具软件经常对硬盘进行维护。

2. 硬件故障产生的原因

计算机中任何一个部件出了故障,都会影响计算机的正常运行。硬件故障产生的原因主要来自 CPU、存储器和输入/输出系统,以及外部设备等硬件设备的接触不良、静电损坏、操作不当和机械部分磨损等。硬件故障产生的具体原因很复杂,归纳起来大致有以下几点。

(1) 灰尘太多。计算机由于长期使用,在电路板上、软驱内、CPU 及电源的风扇内会积满灰尘,阻止元器件散热,局部温度太高,烧坏元器件。

(2) 温度过高。在炎热夏季,计算机长期开机使用,如果环境温度超过 30℃,机内的温度则会达到 50℃以上,这样的高温很容易损坏机器。

(3) 计算机的大部分芯片都使用 CMOS 电路,周围环境静电太高,容易损坏芯片。

(4) 操作不当。使用者带电移动机器内部的连接电缆或带电插拔机内的插件板,这样很容易烧坏机器。

如果计算机加电后,屏幕无任何显示,电源指示灯也不亮,检查这类故障的流程应逐步进行。用户在排除故障时,要根据列出的软、硬件故障原因,逐步找出故障来进行处理。

3. 开机无响应

经常使用计算机的朋友应该会碰到这种情况,开机时按下电源按钮后,计算机无响应,显示器黑屏不亮。除去显示器、主机电源没插好以及显示器与主板信号接口处脱落外,这个故障还分两种情况,一是开机后 CPU 风扇转但黑屏;二是按开机键,CPU 风扇不转。

开机后 CPU 风扇转但黑屏的故障原因一般可以通过主板 BIOS 报警音来区分,找到原因后,就可以"头痛医头,脚痛医脚"了。例如,一台计算机一开机就出现不断的长声响,那么可以根据 BIOS 的报警声判断,问题出现在内存条上。此时,将内存拔下,用橡皮擦干净金手指重新安装即可解决。

还有时开机后,主板 BIOS 报警音没响,这时就需要注意一下主板硬盘指示灯(主机上显眼处红色的那个),如果一闪一闪的(间隔不定),像是不断地在读取硬盘数据,正常启动的样子,那就将检查的重点放在显示器上。如果确定是显示器的问题,就只能送维修站了。普通用户不要自行打开显示器后盖进行维修，因为里面有高压电。

如果主板硬盘指示灯长亮，或是长暗的话，就要将检查的重点放在主机上。可以试着将内存、显卡、硬盘等配件逐一插拔来确认故障源。如果全部试过后，计算机故障依然没有解决，就只能送维修站了。估计是 CPU 或主板物理损坏的故障。如果按开机键 CPU 风扇不转，这种故障是很难处理的，只能根据维修经验进行检验或送维修站了。

4. 经常重启

计算机在正常使用情况下无故重启，同样是常见故障之一。不过，偶尔一两次的重启并不一定是计算机出了故障。造成重启的最常见硬件故障有 CPU 风扇转速过低或 CPU 过热等。

一般来说，CPU 风扇转速过低或过热只能造成计算机死机，但目前大部分主板均有 CPU 风扇转速过低和 CPU 过热保护功能(各个主板厂商的叫法不同)。如果计算机开启了这项功能，CPU 风扇一旦出现问题，计算机就会不断重启。解决方法是，在 BIOS 的 PC Health Status 界面中，选择 Smart FAN Configurations 选项，如图 12.21 所示。

按 Enter 键，打开 Smart FAN Configurations 界面，再按 Enter 键，打开 CPUFAN Speed Smart Mode 对话框，选择 Disabled 选项(如图 12.22 所示，表示关闭该保护功能)，保存后退出。而另一个方法是更换一个更好的 CPU 散热器。

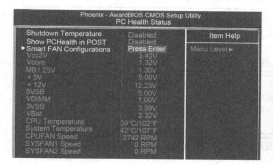
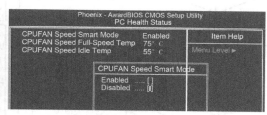

图 12.21　选择 Smart FAN Configurations 选项　　图 12.22　关闭 CPU 风扇转速过低或 CPU 过热保护功能

此外，计算机在长时间使用后，部分质量较差的主板电容会爆裂，或者 CPU 风扇的固定支架断裂，CPU 风扇处于翘起状态。这种情况下通电以后，CPU 的温度迅速上升到烫手的程度。最好是重新更换支架或送专业维修站更换电容或更换主板。这种故障明显是因为 CPU 长时间工作发热后，没有很好地散热造成的重新启动。

5. 经常死机

死机是计算机的常见故障之一，造成死机的硬件故障主要有以下几个原因。

(1) 系统硬件过热所致。显示器、电源和 CPU 在工作中发热量非常大(其中最大的可能是 CPU 风扇脱落，导致 CPU 过热所致)，因此要保持良好的通风。

(2) 灰尘。机器内灰尘过多也会引起死机故障。

(3) 硬件超频。超频提高了 CPU 或内存的工作频率，可能造成其性能不稳定。

(4) 内存条故障。主要由内存条松动、虚焊或内存芯片本身质量所致。

(5) 硬盘故障。主要是硬盘老化或由于使用不当造成坏道、坏扇区。

(6) 设置不当，由于 CMOS 设置不当的故障现象很普遍，如硬盘参数设置、模式设置、内存参数设置不当，从而导致计算机无法启动。

12.4　计算机故障分类排除

一旦计算机出现一些不正常的现象时，可能就要寻求计算机维修工程师的帮助了，但有一些问题是可以由自己来解决的，或者说，有一些问题是需要您向计算机维修工程师提供的。为了便于理解，下面把各种计算机故障进行分类(见图 12.23)。

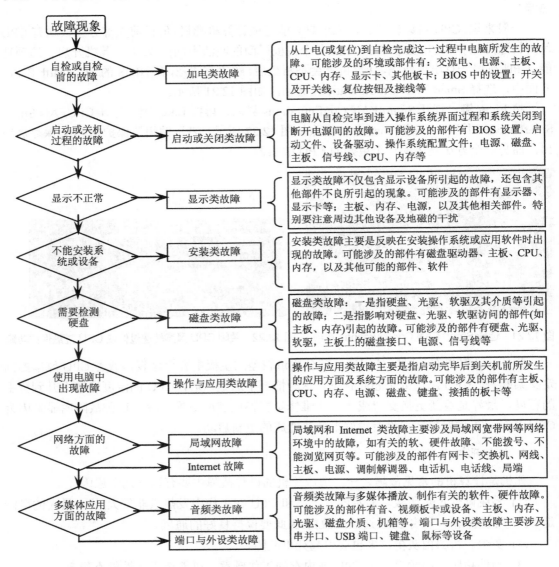

图 12.23　计算机故障分类

12.4.1 加电类故障

加电类故障在所有故障中是最复杂、最难排除的,下面给出其故障类型排除流程方案。其他类故障排除方法以此类推。加电类故障分为不可加电和可加电两类。加电类故障常见的有:主机不能加电、机箱金属部分带电、开机无显示、开机报警、自检报错或死机、自检过程中所显示的配置与实际不符、反复重启、不能进入 BIOS、CMOS 掉电、时钟不准、自动(定时)开机等。因此,在进行检测之前,最好优先检查机器的电源环境。加电类故障是指从通电(或复位)到自检完成这一段过程中计算机所发生的故障。

1. 故障现象及涉及部件

故障现象表现如下。

(1) 主机不通电(如电源风扇不转或转一下即停等)、有时不能加电、开机掉闸等。

(2) 开机无显示、开机报警。

(3) 自检报错或死机、自检过程中所显示的配置与实际不符等。

(4) 反复重启。

(5) 不能进入 BIOS、刷新 BIOS 后死机或报错;CMOS 掉电、系统时钟不准。

(6) 机器噪声大、自动(定时)开机、电源设备问题等其他故障。

可能涉及的环境或部件有:交流电;电源、主板、CPU、内存、显卡、其他板卡;BIOS 中的设置;开关及开关线、复位按钮及接线等。

2. 判断故障

对于专业的维修人员,判断时需要使用到一些专业的设备,如 POST 卡、万用表、试电笔等。此外,在判断过程中,如果涉及其他类故障,可转入相应故障的判断过程。

加电类故障判断流程如图 12.24 所示。

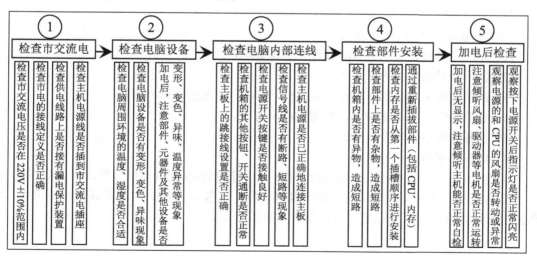

图 12.24 加电类故障判断流程

应用举例

症状 1：有一台机器，最近经常无故重启，最先以为是系统问题，但重装了多次后，还是故障依旧。机器配置 CPU 为 AMD Barton 核心的 XP2500+，主板为磐正 EP-8RDA3I Pro。

解决方法：最初估计是夏天天气热，由于 CPU 散热不良而导致经常重启，经观察，只要开机半小时以后，不管是否运行大型软件，都会重新启动。CPU 温度从 30℃ 很快就升到 60℃ 以上。打开机箱观察，风扇是九州风神 AE-2388+，CPU 风扇没有问题，散热系统没有问题。那么估计是与 CPU 接触的主板或连接不良造成的，把 CPU 拆下来，发现 CPU 表面涂有较多的散热硅脂，于是把硅脂抹掉，只留下 CPU 核心的那部分，重新安装 CPU。完成后开机进入系统，不再无数重启，问题得到解决。

症状 2：新组装的一台计算机，安装 Windows XP 操作系统，使用一段时间后发现在玩某个大型游戏的时候总死机，如果进入操作系统后在不玩游戏的情况下，也时常会在打开某个程序或文件时出现死机现象，但后者是无规律的。

分析：因为是新装的机器，估计没有感染病毒，可能是操作系统或硬件的问题，先进入系统查看启动项是否程序太多，结果没发现多余的程序项目；查看 CPU 使用情况，也正常。但每次运行那个游戏，刚运行三四分钟就死机了。强行重启后计算机自检未见异常，随后进入了 Windows 系统界面，启动尚未完成，便接连打开了多个程序，当打开到 5 个程序时又出现了死机。这时估计问题可能出现在内存或显存上，于是更换内存条后问题得到解决。

12.4.2　显示类故障

显示类故障不仅包含由于显示设备或部件所引起的故障，还包含由于其他部件不良所引起的在显示方面不正常的现象。应进行全面观察和判断。

1. 故障现象和涉及的部件

显示类故障表现有以下几种。

(1) 开机无显示、显示器有时或经常不能加电。

(2) 显示器异味或有声音。

(3) 在某种应用或配置下花屏、发暗(甚至黑屏)、重影、死机等。

(4) 显示偏色、抖动或滚动、发虚、花屏等。

(5) 屏幕参数不能设置或修改。

(6) 休眠唤醒后显示异常。

(7) 亮度或对比度不可调节或可调范围小、屏幕大小或位置不可调节或可调范围较小。

可能涉及的部件有：显示器、显卡及其设置、主板、内存、电源及其他相关部件。特别要注意计算机周边其他设备及地磁对计算机的干扰。

2. 判断故障

维修前应首先检查显卡驱动程序。要么安装最新的驱动程序，要么使用显卡附带的光盘进行驱动，因为此类现象有可能是驱动不兼容引起的。

显示类故障判断流程如图 12.25 所示。

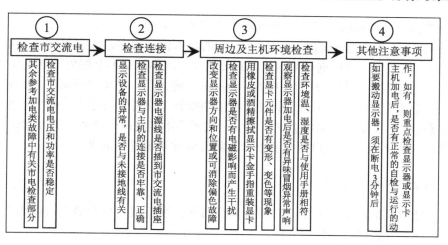

图 12.25　显示类故障判断流程

下面列出显卡的一些常见故障与排除方法。

1) 开机无显示

分析：此类故障一般是因为显卡与主板接触不良或主板插槽有问题造成的。对于一些集成显卡的主板，如果显存共用主内存，则需要注意内存条的位置，一般在第一个内存条插槽上应插有内存条。由于显卡原因造成开机无显示的故障，开机后会发出一长两短报警声。

2) 显示器黑屏，无法显示图文

分析：显卡"金手指"的好坏，是很容易被忽略的一个问题。一般来说，质量好的产品应该能看到金手指，并有很好的牢固性，能够经得住反复插拔，从而可保证显卡与插槽接触良好。相反，一些劣质产品的金手指特别薄，非常容易在空气中被氧化，严重的甚至会有金手指脱落的现象，这样的显卡是无法正常工作的。取下显卡，用橡皮擦一下"金手指"，再看问题能否解决，如不能，那么只有更换显卡了。

3) 计算机开机自检时出现了字母混乱

分析：症状一般如 CPU 显示成了 APU 等多处错误，而且无法进入系统。估计由于显卡的原因导致显示器花屏，可能是因为显存损坏的缘故，在排除显存的问题后，根据经验应考虑是否是 AGP 插槽的问题。这有可能是因为 AGP 插槽的质量不太好，在插拔后把里面的针脚损伤了，再加上显卡 PCB 比较薄，再次插上后金手指没有与插槽内部的针脚全部连接。如果 AGP 插槽损坏比较严重，应更换一个新的 AGP 插槽。

4) 开机自检时，屏幕一闪，出现一个黄色的亮块后就黑屏了

分析：多数低档显卡会出现这样的问题，属于正常现象。更换高档次的显卡即可解决。

5) 重装系统后，显示器的刷新频率只有"默认的适配器"和"优化"两个选项

分析：这是一个多数人在装机时都容易犯的错误，只安装了显卡驱动程序而没有安装显示器的驱动程序。由于在安装中让 Windows 自动识别显示器，而 Windows 有时并不能正确识别所有显示器的型号，也无法安装最适合的驱动程序，从而导致了上述现象。在这种情况下，安装相应的显示器驱动程序，就可以调整刷新频率了。如果不是上述问题，应检查显卡的驱动程序是否安装正确。

6) 设置新分辨率和颜色后，一个屏幕变成了 4 个屏幕

分析： 这是一个显卡驱动程序的故障。新的显卡驱动程序，大多有一个预览过程。即先显示修改后的效果，然后询问是否保留新的修改。这样就基本上避免了上述现象的发生。

解决方法： 开机时按 F8 键，然后选择 Save Mode，进入后，右击"桌面"，在弹出的快捷菜单中选择【属性】命令，在出现的对话框中切换到【设置】选项卡，把分辨率修改低一些。单击【确定】按钮后，系统会提示在安全模式下不能修改分辨率，将以默认的 640 像素×480 像素分辨率取代。重启后显示正常，就可以重新设置分辨率了。

12.4.3 外部存储器故障

外部存储器包括硬盘、光驱、软驱及其介质等，而主板、内存等也可以因对硬盘、光驱、软驱访问而引起这些部件的故障。

1. 涉及的部件及故障现象

可能涉及的部件有硬盘、光驱、软驱及其设置，主板上的磁盘接口、电源、信号线。而故障现象比较复杂，下面分开介绍。

硬盘驱动器部分的故障表现如下。

(1) 不能分区或格式化、硬盘容量不正确、硬盘有坏道、数据损失等。

(2) BIOS 不能正确地识别硬盘、硬盘指示灯常亮或不亮。

(3) 逻辑驱动器盘符丢失或被更改、访问硬盘时报错。

光盘驱动器的故障表现如下。

(1) 光驱噪声较大、光驱划盘、光驱托盘不能弹出或关闭、光驱读盘能力差等。

(2) 光驱盘符丢失或被更改、系统检测不到光驱等。

(3) 访问光驱时死机或报错等。

(4) 光盘介质造成光驱不能正常工作。

2. 故障判断

磁盘类故障不难维修，一般大部分故障是由病毒引起的，因此在维修前，需要准备有效的杀毒软件、磁盘检测软件、数据线等。

不同的外部存储器，其故障判断不一样。硬盘故障判断流程如图 12.26 所示。

光盘驱动器故障判断流程如图 12.27 所示。

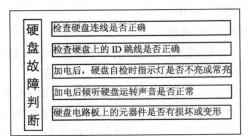

硬盘故障判断	检查硬盘连线是否正确
	检查硬盘上的 ID 跳线是否正确
	加电后，硬盘自检时指示灯是否不亮或常亮
	加电后倾听硬盘运转声音是否正常
	硬盘电路板上的元器件是否有损坏或变形

光盘驱动器故障判断	检查光驱数据线和电源线是否接错、松脱或接反
	检查光驱上的 ID 跳线是否正确
	检查光驱连接线是否有破损或硬折痕，更换数据线
	检查光驱电源插座的接针是否有虚焊或脱焊现象
	加电后，光驱自检时指示灯是否不亮或常亮
	检查光盘质量和光驱的运转声音是否正常

图 12.26 硬盘故障判断流程   图 12.27 光盘驱动器故障判断流程

3．应用举例

症状：在 BIOS 里突然无法识别硬盘，或即使能识别，在操作系统中也无法找到硬盘。

解决方法 1：先确定硬盘是不是被病毒破坏了分区表和引导区，或者是中了硬盘逻辑锁。用引导盘启动后，运行杀毒软件查杀病毒。如果以前备份了分区表和引导区数据，可用原先备份时候的工具软件导入强行恢复硬盘分区表试试。

解决方法 2：打开机箱，检查连线，清理机箱内的灰尘，连线松了新接上的硬盘也不被接受，一个常见的原因就是硬盘上的主从跳线，如果一条 IDE 硬盘线上接两个硬盘设备，就要分清楚主从关系。而灰尘太多也可能导致硬盘启动故障，且在硬盘加电时留意听，看硬盘盘片是否运转正常，以及转动有没有异响。如果在出现不规则的"当当"或"嘎嘎"声后，伴随死机的，或是根本不运转的，可确信是物理故障，如果是这样，这个硬盘基本是报废了，即使进行格式化了，也不大可能恢复。

症状：光驱工作时硬盘灯始终闪烁。

分析：这是一种假象，实际上并非如此。硬盘灯闪烁是因为光驱与硬盘同接在一个 IDE 接口上，光盘工作时也控制了硬盘灯的结果。可将光驱单元单独接在一个 IDE 接口上。

症状：光驱在读数据时，有时读不出，并且读盘的时间变长。

分析：光驱读不出盘的硬件故障主要集中在激光头组件上，且可分为两种情况：一种是使用太久造成激光管老化；另一种是光电管表面太脏或激光管透镜太脏及位移变形。所以在对激光管功率进行调整时，还需要对光电管和激光管透镜进行清洗。

光电管及聚焦透镜的清洗方法是：拔掉连接激光头组件的一组扁平电缆，记住方向，拆开激光头组件。这时能看到护套罩着激光头聚焦透镜，去掉护套后会发现聚焦透镜由 4 根细铜丝连接到聚焦、寻迹线圈上，光电管组件安装在透镜正下方的小孔中。用细铁丝包上棉花蘸少量蒸馏水擦拭(不可用酒精擦拭光电管和聚焦透镜表面)，并看看透镜是否水平悬空正对激光管，否则须适当调整。至此，清洗工作完毕。

调整激光头功率的方法是：在激光头组件的侧面有一个像十字螺钉的小电位器，用色笔记下其初始位置，一般先顺时针旋转 5°～10°，装机试机不行再逆时针旋转 5°～10°，直到能顺利读盘为止。注意切不可旋转太多，以免功率太大而烧毁光电管。

症状：在 Windows XP 系统中，用全新索尼刻录机打开空白光盘时，提示函数不正确。

分析：这是因为安装了简化版的 Windows XP 系统(例如深度论坛制作的 3 个简化版的 Windows XP)，或安装了 Nero 刻录软件后，系统自带的 CD 刻录功能被屏蔽了所导致。解决方法是：选择【开始】|【运行】命令，输入 services.msc，单击【确定】按钮，打开【服务】窗口，双击 IMAPI CD-Burning COM Service 服务，把【启动类型】更改为【自动】(见图 12.28)，然后重新启动计算机即可。

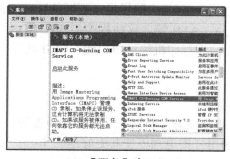

(a)【服务】窗口　　　　　(b) 把【启动类型】更改为【自动】

图 12.28　启用 IMAPI CD-Burning COM Service 服务

此外,在【运行】对话框中,运行以下的命令,会打开相应的工具,如表 12.1 所示。

表 12.1　可在【运行】对话框中运行的工具

命　令	作　用	命　令	作　用
compmgmt.msc	计算机管理	rsop.msc	管理策略查看
devmgmt.msc	设备管理器	secpol.msc	本地安全设置
diskmgmt.msc	磁盘管理工具	services.msc	服务管理
dfrg.msc	磁盘碎片整理	winver	检查 Windows 版本
eventvwr.msc	事件查看器	dxdiag	检查 DirectX 信息
fsmgmt.msc	共享文件夹管理	msconfig.exe	系统配置实用程序
gpedit.msc	组策略管理工具	cmd.exe	CMD 命令提示符
lusrmgr.msc	本地用户、组管理	chkdsk.exe	磁盘检查
perfmon.msc	计算机性能监视器	lusrmgr.msc	本地账户管理
cleanmgr	垃圾整理	drwtsn32	华生医生
taskmgr	任务管理器	winchat	局域网聊天
iexpress	木马捆绑工具	nslookup	网络管理的工具
regedit.exe	注册表		

12.4.4　端口与外设故障

端口与外设故障主要涉及串并口、USB 端口、键盘、鼠标等设备的故障。

1. 故障现象和涉及的部件

端口与外设类故障现象表现如下。

(1) 键盘工作不正常、功能键不起作用。

(2) 鼠标工作不正常。

(3) 不能打印或在某种操作系统下不能打印。

(4) 外部设备工作不正常。

(5) 串口通信错误(如传输数据报错、丢数据、串口设备识别不到等)。

(6) 使用 USB 设备不正常(如 USB 硬盘带不动、不能连接多个 USB 设备等)。

可能涉及的部件有主板、电源、连接电缆、BIOS 中的设置。判断故障前,需要准备相应端口的短路环测试工具,以及测试程序 QA、AMI 等,这些程序要求在 DOS 下运行。此外,应准备相应端口使用的电缆线,如并口线、打印机线、串口线、USB 线等。

2. 判断故障流程

判断故障流程如下。

(1) 检查设备数据电缆接口是否与主机连接良好、针脚是否弯曲、短接等。

(2) 对于一些品牌的 USB 硬盘,需要使用外接电源以使其更好地工作。

(3) 连接端口及相关控制电路是否有变形、变色现象。

(4) 连接用的电缆是否与所要连接的设备匹配(如两台机器通过串口相连)。

(5) 查看外接设备的电源适配器是否与设备匹配。

(6) 检查外接设备是否可以加电(包括自带电源和从主机信号端口取电)。

(7) 检测其在纯 DOS 下是否可以正常工作。如不能工作，应先检查线缆或更换外设。

(8) 如果外接设备有自检等功能，可先检验其是否完好；或将设备接至其他机器检测。

12.4.5 局域网和 Internet 故障

局域网和 Internet 故障是指涉及局域网和宽带网等网络环境中的故障。例如，不能拨号、不能浏览网页等。不过这种情况一般是中病毒或木马的原因居多。

1. 故障现象和涉及的部件

局域网和 Internet 类故障如下。

(1) 网卡不工作、指示灯状态不正确。

(2) 网络连不通或只有几台机器不能上网、能 ping 通但不能联网、网络传输速度慢。

(3) 数据传输错误、网络应用出错或死机等。

(4) 网络工作正常，但在某一应用下不能使用网络。

(5) 只能看见本台计算机或个别计算机。

(6) 网络时通时不通。

(7) 不能拨号、无拨号音、拨号有杂音、上网掉线。

(8) 上网速度慢、个别网页不能浏览。

(9) 上网时死机、蓝屏报错等。

(10) 能收邮件但不能发邮件。

(11) 网络设备安装异常。

2. 故障现象和涉及的部件

可能涉及的部件有网卡、交换机(包括 Hub、路由器等)、网线、调制解调器、电话机、电话线、局端、主板、硬盘、电源等。

局域网类故障判断流程如图 12.29 所示。

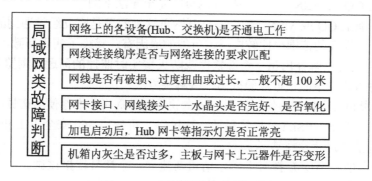

图 12.29 局域网类故障判断流程

Internet 类故障判断流程如图 12.30 所示。

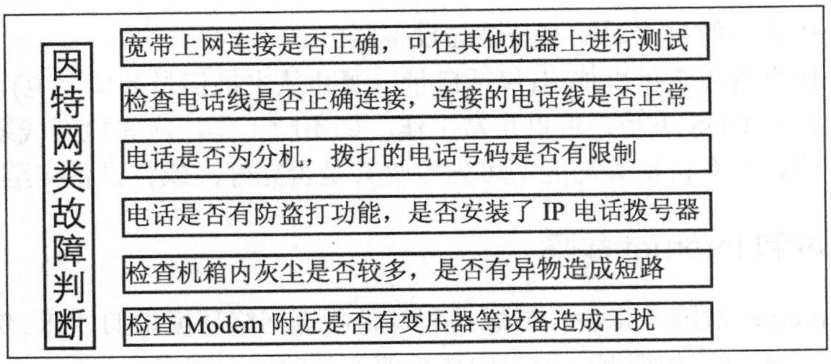

	宽带上网连接是否正确,可在其他机器上进行测试
因特网类故障判断	检查电话线是否正确连接,连接的电话线是否正常
	电话是否为分机,拨打的电话号码是否有限制
	电话是否有防盗打功能,是否安装了 IP 电话拨号器
	检查机箱内灰尘是否较多,是否有异物造成短路
	检查 Modem 附近是否有变压器等设备造成干扰

图 12.30　Internet 类故障判断流程

3. 应用举例

症状：在"网上邻居"中能看到其他计算机,但不能访问。

解决方法：下面列出几种解决方法。

(1) 运行网络安装向导。

(2) 启用 guest 来宾账户。

(3) 打开或选择【控制面板】→【管理工具】→【本地安全策略】→【本地策略】→【用户权利指派】选项,在【从网络访问此计算机】列表中加入 guest 账户,而在【拒绝从网络访问这台计算机】列表中删除 guest 账户。

(4) 禁止【使用简单文件共享】功能,方法是:打开或选择【我的电脑】→【工具】→【文件夹选项】→【查看】选项,取消选中【使用简单文件共享(推荐)】复选框。

(5) 要访问的计算机最少设置一个共享的磁盘或文件夹。

(6) 检查本地连接是否被禁用,如果已禁用,可右击【本地连接】图标,在打开的快捷菜单中选择【启用】命令。

(7) 关闭网络防火墙。

(8) 先卸载网卡驱动,换一个 PCI 插槽,重启后再重装其驱动。

(9) 检查网卡、网线、集线器、路由器等,在检查之前,重启一下这些网络设备。

症状：能上 QQ 或 MSN,但无法打开网页或完全无法上网。

解决方法：能上 QQ 或 MSN,但无法打开网页这种问题是网友经常遇到的问题。这种情况原因比较复杂,涉及的范围也比较广泛,可能的原因有:感染了病毒所致、与设置代理服务器有关、DNS 服务器解释出错、杀毒软件或防火墙实时监控的问题、浏览器本身的问题、ADSL 本身的问题等。下面根据经验列出一些解决方法。

(1) 查杀病毒和恶意软件。使用较强的查毒软件查杀病毒,推荐使用诺顿、麦咖啡、卡巴斯基、大蜘蛛、小红伞、ESET、趋势科技、江民等。再使用 360 安全卫士和 Windows 清理助手、流氓软件清理助手交叉查杀。

(2) 如果使用的是 ADSL 拨号上网,请重新建立一个拨号连接试试。

(3) 更换浏览器试试。目前多数用户使用的是 Microsoft 的 Internet Explorer 浏览器,这个浏览器是很不安全的,可以更换为 Firefox、TheWorld、GreenBrowser 等试试。

(4) 关闭杀毒软件的实时监控。有时的确跟实时监控有关,因为现在杀毒软件的实时监控都添加了对网页内容的监控。关闭实时监控后,只能访问知名度较高的大型网站。

(5) 网络协议和网卡驱动也可能导致无法上网的情况，原因可能是网络协议(特别是 TCP/IP 协议)或网卡驱动损坏导致，可尝试重新安装网卡驱动和 TCP/IP 网络协议。重装 TCP/IP 协议时，需要注意，首先要删除 TCP/IP 协议，然后重启计算机，再添加 TCP/IP，添加后再一次重启计算机，如果只重启一次，可能无法解决故障。

(6) hosts 文件被修改，也会导致浏览的不正常，解决方法当然是清空 hosts 文件里的内容。方法是，在 C:\WINDOWS\system32\drivers\etc 目录下(适合 Windows 2000 / XP / 2003 系统)，用记事本打开 hosts 文件，只保留 127.0.0.1 localhost，其他全部删除。

(7) 关闭 ADSL Modem 和路由器等的电源，等一会儿再开，或重新设置路由器。

(8) 如果是使用局域网上网，请重新运行网络安装向导，或手动更改 IP、网关、DNS 服务器，如图 12.31 所示。例如，如果原来已经指定了 IP 地址，那么指定其为"自动获取 IP 地址"，一会儿再改回来，这样反复试几次。此外，DNS 服务器也很重要，DNS 担负着将网站地址变换为 IP 地址的重任。如果 DNS 解析过程中出现了故障，那么网站将无法访问。检测 DNS 服务器是否有问题的方法是，在命令提示符窗口，随便 ping 一下某个网站，如 nslookup www.google.com，即可看到相应的信息，如图 12.32 所示。如果返回的信息是 Default Server:UnKnown，那么可以肯定是 DNS 服务器设置出了问题。

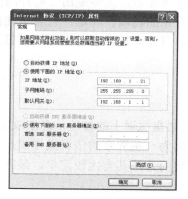
图 12.31　更改 IP、网关、DNS 服务器

图 12.32　nslookup www.google.com 返回的信息

如果要更改自己所在地的 DNS 服务器(具体值可询问当地网络服务商)，可在当前命令行下执行命令：server 202.198.122.108，即可重设 DNS 服务器。如果更改 DNS 服务器后，还是无法浏览网页，那么那就不是本地设置的问题，而是网络服务商的问题了。

此外，还可以用命令 ping 检查判断。主要 ping 以下地址：一是 ping 本机循环地址 (127.0.0.1)。如果显示 Reply from 127.0.0.1: bytes=?? time=?ms TTL=???，则表示 TCP/IP 协议运行正常；若显示 Request timed out(超时)，则必须重装该协议。二是 ping 本机 IP 地址。使用 ipconfig 命令查看本机 IP 地址，若通则表明网络适配器工作正常，否则可能是网卡、Modem 有问题。三是 ping 同网段计算机地址。若不通表明本段网络有问题。若网络中有网关、路由器，则要分别 ping 其与本网段和其他网段相连端口的 IP 地址，以确定其是否有故障。四是 ping 主、备用 DNS 服务器和 Web 服务器地址，若不通则与网管或 ISP 联系解决。若上述地址都能 ping 通，则可确定是操作系统和浏览器的故障。如果其间间断出现超时错误(需要考虑服务器可能设置为禁止 ping 的情况)，表明网络不稳定，易丢包。例如，局域网中有广播风暴就可能产生时断时续，这一般是网络连接、配置错误，或用户过多造成的。

(9) 检查硬件问题。一是检查网卡和 ADSL Modem 是否工作正常或是否因过热而出现工作不稳定的情况，可通过 Modem 或网卡指示灯来确认。二是检查是否为网络接口故障，板卡、线路、RJ-11 及 RJ-45 线接头因多次插拔、灰尘太多、老化可能导致虚接、松动，可关机断电后取下用橡皮擦或酒精棉擦拭、重新插拔，或者换个插槽、接口试试，或者重新连接线路并用绝缘胶带隔离加固或更换。三是检查外线是否通畅。如果通过电话上网则检查电话线路是否正常，可将 Modem 上的电话进线接到电话机上听有无拨号音，或直接拨号测试。从 ISP 到 ADSL 滤波器这段连接中任何设备的加入都将危害到数据的正常传输，所以在滤波器之前不要并接电话、电话防盗打器等设备。若用老式 Modem 上网，电话机不能开启防盗打功能。检查 ADSL Modem 分频器是否连接正确，即电话进线接分频器 Line 口，电话或传真机接 Phone 口，宽带调制解调器电话线接 ADSL 口。四是检查电压是否稳定，环境温度是否过高(过低)以及网络线路是否繁忙。

12.5 硬盘的修复

硬盘坏道分为逻辑坏道和物理坏道两种。逻辑坏道为软坏道，大多是由于软件的操作和使用不当造成的，可以用软件进行修复。物理坏道为真正的物理性坏道，它表明硬盘的表面磁道上产生了物理损伤，大都无法用软件进行修复，只能通过改变硬盘分区或扇区的使用情况来解决。

12.5.1 使用 ScanDisk 工具修复逻辑坏道

逻辑坏道是日常使用中最常见的硬盘故障，实际上是磁盘磁道上的校验信息(ECC)跟磁道的数据和伺服信息对不上号。出现这一故障，通常是因为一些程序的错误操作或是该处扇区的磁介质开始出现不稳定的先兆。消除这些逻辑坏道的方法其实比较简单，最常用的方法就是用系统的 ScanDisk 进行磁盘扫描。

ScanDisk 磁盘扫描程序是解决硬盘逻辑坏道最常用的工具(不能修复硬盘的物理坏道)。进行磁盘扫描后，如果发现错误后，就可以进行修复，方法是在 Windows XP 系统环境下进行，不过在进行扫描之前，最好选中【自动修复文件系统错误】复选框，如图 12.33 所示。

此外，Norton Disk Doctor(诺顿磁盘医生)是一种磁盘诊断程序。通过不同类型的检测，可以诊断出磁盘问题，如磁盘分区表错误或磁介质物理表面损坏等，然后对磁盘进行修复。Norton Disk Doctor 既是一个独立的应用程序，也附属于 Norton Utilities 程序组，如果安装了 Norton Utilities 程序组后，就可以使用 Norton Disk Doctor 了。如果没有安装 Norton Utilities 程序组，也可以到网上找到 Norton Disk Doctor 的独立程序，各种版本的界面基本相同。启动 Norton Disk Doctor 后，首先选择要扫描的驱动器，默认是选中了硬盘的所有驱动器，如图 12.34 所示。如果在进行检查前选中【修复错误】复选框，那么 Norton Disk Doctor 会自动对坏道进行修复。

不过要注意的是，修改扇区完成后，要对硬盘进行重新格式化才有效，因为只有格式化后才会把硬盘区表的信息写入 1 扇区。如果是硬盘物理坏道，那么千万记住不要试图用一些修复逻辑坏道的工具来修复，因为用各种工具反复扫描，就是对硬盘的物理坏区强制进行多次读写，必然会使坏道变多，进而扩散，正确的方法是把已有坏道的地方隔离开。

图 12.33　选中【自动修复文件
系统错误】复选框

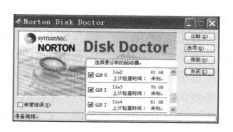

图 12.34　Norton Disk Doctor

12.5.2　"效率源"硬盘修复工具

专业级的硬盘修复工具软件一般是来自俄罗斯和乌克兰，如 PC-3000、MHDD、HDD、HRT 等，国内比较有名的就是"效率源"了。下面简单介绍一下"效率源"的使用。

（1）启动"效率源"后，进入其主界面，其中主要有【硬盘全面检测】、【硬盘高级检测】、【硬盘坏道列表】和【坏道智能修复】这几个主要菜单，如图 12.35 所示。

（2）选择【硬盘全面检测】选项，然后按 Enter 键，开始检测坏道，如图 12.36 所示。

图 12.35　"效率源"程序主界面

图 12.36　检测硬盘上的坏道

（3）检测完成后，返回主界面中，然后选择【硬盘坏道列表】选项并按 Enter 键，可以查看坏道，选择【坏道智能修复】选项，按 Enter 键，可以打开【修复功能】对话框，然后就可以选择【手动修复】或【自动修复】进行修复了，如图 12.37 所示。

对于物理坏道，可以用 PartitionMagic 将这些坏

图 12.37　【修复功能】对话框

道单独分为一个区并隐藏起来。其操作方法是：启动 PartitionMagic，选择【操作】|【检查错误】命令，对磁盘进行直接扫描，标记下损坏的簇。然后把坏簇分成一个独立的分区。再选择【操作】|【高级】|【隐藏分区】命令，打开【隐藏分区】对话框。接着单击【确定】按钮返回，再单击【应用】按钮即可。

12.5.3　0 磁道损坏的修复

0 磁道损坏属于硬盘坏道之一，只不过由于它的位置太重要，因而一旦遭到破坏，就会

产生严重后果。因为，0 磁道处于硬盘上一个非常重要的位置，硬盘的主引导记录区(MBR)就在这个位置上。MBR 位于硬盘的 0 磁道 0 柱面 1 扇区，其中存放着硬盘主引导程序和硬盘分区表。在总共 512 字节的硬盘主引导记录扇区中，446 字节属于硬盘主引导程序，64 字节属于硬盘分区表(DPT)，两个字节(55 AA)属于分区结束标志。由此可见，0 磁道一旦受损，将使硬盘的主引导程序和分区表信息遭到严重破坏，从而导致硬盘无法自举。

对于硬盘 0 扇区损坏的情况，看起来比较棘手，因为使用一些工具软件修复损坏的 0 磁道后，一般重启计算机后又不行了，原因是 0 扇区损坏后，所有的信息在 0 扇区无法存储，所以做任何操作都无济于事。但也不是无药可救，只要把报废的 0 扇区屏蔽，而用 1 扇区取而代之就行了，完成这项工作的理想软件是 Pctools、PC-3000、DM 万用版等。

以 DM 为例，启动 DM 后，界面中有 4 个选项：简单安装、高级安装、帮助、退出。选择高级安装后，为了保险，选择 FAT16 文件格式，它提示大磁盘需要分区，按其默认分区，开始校验系统区，提示有缺陷，按 Enter 键继续执行。显示 0 面 0 道错误，紧接着 0 面 1 道检验正确，建立新 FAT，随后又不断显示某面某道某扇区校验错误？原来它是将好的 1 道代替 0 道从而挽救了整个硬盘(修复过程非常慢，需要耐心等候)。

修复重启计算机后，一定要在 BIOS 里面重新侦测一次硬盘，再分区和格式化，因为只有对硬盘进行格式化后才会把分区表的信息写入 1 扇区(现在作为 0 扇区了)。

那么，可以用 PC3000 将 0 扇区屏蔽掉，用 1 扇区来代替。启动 PC3000 后，将 0 柱、0 磁道、1 扇区，改为 1 柱、0 磁道、1 扇区，这样就可以改动分区表了，再通过计算 MBR 有什么错误，改过之后 C 盘打不开，其他 D、E 等盘都能正常使用。但是，重建分区表功能不能做到百分之百的修复分区表，除非以前曾经备份过分区表，通过还原以前备份的分区表来修复分区表损坏。由此可见，平时备份一份分区表很有必要。

12.5.4　硬盘低级格式化

如果前面的方法均无法修复硬盘的坏道，那么只好对硬盘进行低级格式化了。所谓低级格式化，指的是将空白的磁盘划分出柱面和磁道，然后再将磁道划分为若干个扇区，每个扇区又划分出标识部分 ID、间隔区 GAP 和数据区 DATA 等。

低级格式化是一种损耗性操作，对硬盘的寿命有一定的负面影响，所以，如无必要，尽量不要低级格式化硬盘。常用的低格工具有 DM、LFormat 等，这些软件均可在华军软件园网站上找到。下面以 DM 万用版为例，介绍低级格式化硬盘的具体操作。

(1) 按照前面在介绍硬盘分区时介绍的方法，启动 DM 万用版，然后选择【(A)dvanced 高级选项】选项，如图 12.38 所示。

(2) 按 Enter 键，在打开的【高级选项】界面中，选择【(M)aintenance 维护选项】选项，如图 12.39 所示。

图 12.38　选择【(A)dvanced 高级选项】选项　　　图 12.39　选择【(M)aintenance 维护选项】选项

(3) 按 Enter 键，打开【硬盘维护选项】界面，选择【实用工具】选项，如图 12.40 所示。

(4) 按 Enter 键，打开【选择一个硬盘】界面，如图 12.41 所示。如果当前系统安装有多块硬盘的话，则需要进行选择。

图 12.40　选择【实用工具】选项

图 12.41　【选择一个硬盘】界面

(5) 按 Enter 键，即可开始格式化，格式化过程会根据硬盘的大小来决定需要的时间，一般在半小时到几个小时之间。

12.5.5　硬盘数据的恢复

当用硬盘分区工具划分旧硬盘时，分区工具只是重新改写了硬盘的主引导扇区(0 面 0 道 1 扇区)中的内容(即只删除了硬盘分区表信息，而硬盘中的任何分区的数据均没有改变)，因此，如果用户对硬盘进行了误操作(例如，误删除、误格式化、误分区或病毒破坏)，可以想办法恢复分区表数据即可恢复原来的分区(即数据)。一块硬盘可能不值多少钱，但是硬盘上存着用户的重要数据，因此，就需要对数据进行恢复。国内有不少专门从事数据恢复业务的专业公司。不过发生文件被误删除、分区丢失、病毒破坏等情况，通过一些数据恢复软件自己就能够解决。但如果是硬盘硬件方面的问题(例如 CMOS 不认硬盘、硬盘有异响、硬盘数据读取困难、硬盘有时能够读取数据有时不能读取数据等类似的不稳定故障)，需要对硬盘进行芯片级的维修，及对硬盘开腔维修或更换盘片之类需要特殊环境和特殊工具级别的维修，因此，不在这里讨论的范围内。下面简单介绍一下数据恢复的常用方法。

(1) 了解数据丢失的类型，是误删除，误格式化，误分区，意外丢失，还是硬盘突然丢失或无法读写等故障发生后，还做过哪些操作。把故障类型和原因搞清楚了，可能会减少我们在数据恢复过程中一些不必要的麻烦。

(2) 加电试盘。如果硬盘无明显的电路损坏，把硬盘加电试机，在 CMOS 中是否能够找到硬盘。

(3) 根据故障类型选用合适的数据恢复工具。如果能够找到硬盘，就按软件方面使用 EasyRecovery 或 FinalData 软件进行数据恢复(这里是重点)。如果找不到硬盘，就按硬件的方法进行处理，但这不是一般用户能做到的。

下面以 Final Data 为例，简单介绍一下。

(1) Final Data 的安装很简单，在此，不再介绍。运行软件后，首先选择要恢复的数据文件所在的逻辑驱动器，如图 12.42 所示。如果恢复整个硬盘的数据，可切换到【物理驱动器】选项卡。

(2) 单击【确定】按钮，Final Data 会自动地扫描和分析哪些是正常的目录和文件，哪些是已被删除的文件，然后选择要搜索的簇范围，如图 12.43 所示。

(3) 扫描和分析完成后，Final Data 会接着扫描目标驱动器的各簇，以确定每个文件的实际物理位置，如图 12.44 所示。

图 12.42　选择要恢复的驱动器

图 12.43　选择要搜索的簇范围

(4) Final Data 在完成所有的检查后会将目标任务驱动器的所有文件分类后以表格形式详细列出来，包括正常的目录、已删除的目录、删除的文件等三大类。在表格右边的详细列表中列明了所有的文件资料，包括文件的名称、大小、目前状态(是否破损)和创建时间，最关键的是文件所在的物理簇位置。

(5) 右击要恢复的文件，在弹出的快捷菜单中，选择【恢复】命令(见图 12.45)，再指定恢复到的文件夹，即可将已被删除的文件重新移至新的驱动盘。注意，Final Data 恢复的已被删除文件不能移至原目标驱动盘。

图 12.44　正在扫描驱动器的各簇

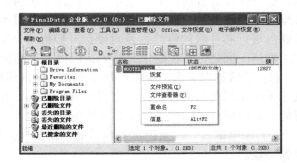

图 12.45　选择【恢复】命令

12.6　笔记本电脑的简单维修

笔记本电脑(note book)又称笔记型计算机、手提计算机或膝上型计算机，它是一种小型、可携带的个人计算机，是个人计算机的微缩与延伸，也是现代社会对计算机的一种需求。

12.6.1　笔记本电脑的组成

笔记本电脑与台式个人计算机一样，也是由硬件与软件组成。由于笔记本电脑升级难，所以在选择笔记本时要多注意笔记本电脑的扩展接口。笔记本电脑常见的接口主要有红外线接口、蓝牙接口、Modem 接口、以太网卡接口、PCMCIA 接口、Express Card 扩展接口、

USB 接口、TV-OUT 接口、VGA 接口、IEEE1394
接口、串口、并口、PS/2 接口、读卡器接口和音频
接口等。它们分布在笔记本电脑的 4 个侧面，但不同
品牌笔记本电脑的接口布局并不一样。笔记本电脑的
外部(看得见的部分)主要由以下几个部分组成，如图
12.46 所示。

图 12.46　笔记本电脑的外观

(1) 外壳。外壳除了美观外，相对于台式计算机
更起到对内部器件的保护作用。较为流行的外壳材料
有工程塑料、镁铝合金、碳纤维复合材料(碳纤维复
合塑料)。一般硬件供应商所标示的外壳材料是指笔
记本电脑的上表面材料。

(2) 液晶屏(LCD)。笔记本电脑从诞生之初就开
始使用液晶屏作为其标准输出设备，分别有 STN 和
TFT(薄膜电晶体液晶显示器)等。目前几乎都采用 TFT 的。

(3) 键盘。笔记本电脑键盘都是安装在单张金属薄板之上，键盘之上就是娇嫩的液晶屏，
而机身又不能太厚，否则会影响移动性。在如此局促的环境下，要考虑键盘的敲击感和舒
适性，因此工艺要求相当高。笔记本电脑的屏幕和键盘都是与主机密不可分的整体。

(4) 定位设备(pointing device)。笔记本电脑一般会在机身上搭载一套定位设备(相当于
台式计算机的鼠标)，早期使用轨迹球作为定位设备，现在较为流行的是触控板。

(5) 充电电池。与手机充电池类似，笔记本电脑用的充电电池分为镍镉、镍氢、锂离子
3 种。现在笔记本电脑上所用的锂电池大多为"智能型锂电(smart battery)"，锂离子电池的
缺点是价格高和充放电次数少。保护充电电池的方法：一是在没有必要的情况下尽量使用
交流电源工作；二是电池用完后再充，不要在电池还没有用完时就又插上交流电源。

12.6.2　笔记本电脑常用配件的选购和安装

笔记本电脑一般比当前流行的配置落后一些，如果想对笔记本电脑进行硬件升级或增
加一些功能，按照个人用途以及笔记本电脑的具体情况，通常需要升级的硬件是 CPU(普通
用户一般无法更换笔记本电脑的 CPU)、内存、硬盘、电池、适配器、无线网卡、无线上网
卡和光驱等。下面简单介绍一下。

1. 笔记本电脑的 CPU

CPU 是个人计算机的核心设备，笔记本电脑也不例外。笔记本电脑的 CPU 与台式计算
机的 CPU 是不同的，它除了追求性能，也追求低热量和低耗电，笔记本电脑专用的 CPU 英
文称 Mobile CPU(移动 CPU)。它的制造工艺往往比同时代的台式机 CPU 更加先进，因为
Mobile CPU 中会集成台式机 CPU 中不具备的电源管理技术，会先采用更高的微米精度。笔
记本电脑的 CPU 主要也分为 Intel 系列和 AMD 系列两种。

(1) Intel 系列的笔记本电脑的 CPU 主要有 Pentium Ⅳ-M、Mobile Pentium Ⅳ、Pentium
M、Celeron-M、迅驰低电压系列和 Intel 酷睿系列(以 Core 2 Duo T×××命名，例如 Core 2
Duo T7400)等。市场上的主流笔记本电脑基本上都采用了迅驰的 CPU，常见的迅驰 CPU 归

纳起来主要分为迅驰一代 Banias、迅驰二代、迅驰三代(Yonah)和迅驰四代 Merom。目前，Intel 系列 CPU 的笔记本电脑几乎都支持迅驰技术。

(2) AMD 系列的笔记本电脑的 CPU 也比较丰富，有 Athlon XP-M、AMD Athlon XP-M、Mobile Athlon 64 位处理器等。

2. 笔记本电脑的内存

升级笔记本电脑最常选的配件就是内存，笔记本电脑的内存分类和台式机是一样的，也有 DDR 和 SD 的分类，只是外观不一样，笔记本的内存会短一些。一般的较旧笔记本电脑标配的内存是 256MB，这种情况一般添上一条 256MB(或 512MB)内存，就比较合适了。

购买配件回来后，就可以对硬件进行安装了。在安装升级之前，如果笔记本电脑还在保修期内，要认真考虑好。首先将笔记本电脑倒置，将相应部分的挡板取下来。小心替换下需要的配件，再安装上新的配件，并恢复到初始状态。笔记本电脑的内存如图 12.47 所示。

图 12.47 笔记本电脑的内存

要注意的是内存的兼容性问题，老型号的笔记本电脑使用较新的内存条时可能会发生系统不稳定、蓝屏等问题。这就需要在购买内存时，带着笔记本电脑，可以现场测试、烤机，尽量避免不必要的麻烦。

3. 笔记本电脑的硬盘

笔记本电脑的功能类似于台式机，一般使用的 14 寸以上的笔记本电脑均采用了 2.5 英寸、厚度为 9.5mm 的硬盘规格。如果所用笔记本电脑是超轻、超薄系列的，那么它能支持的硬盘尺寸基本上为 1.8 英寸，这类硬盘在市面上比较少，并且其价格要贵一些。

笔记本电脑硬盘除了具有台式机的硬盘技术外，还特别增加了防震功能，以预防移动中或者突发性的震动所导致工作中的硬盘损坏过快的现象。而笔记本电脑硬盘的主要性能指标与一般硬盘相同，但在速度方面稍慢。目前笔记本电脑硬盘主流转速为 5400 转，并且笔记本电脑硬盘的容量不如个人台式计算机硬盘发展得快。在选购笔记本电脑硬盘时，除了关心其容量、转速及价格外，还需要了解所用笔记本电脑所支持的硬盘规格。例如，首先要清楚所用笔记本电脑所支持硬盘接口类型。此外，硬盘的缓存也很重要，对目前大多数用户来说，选择 2MB 缓存的 5400 转笔记本电脑硬盘就足够了，而有条件的用户不妨考虑 8MB 缓存的产品。

笔记本电脑硬盘用户自己就可以轻易更换，同样是将笔记本电脑倒置，取下相应部分的挡板(见图 12.48)，取下该配件，安装上新的配件即可(参考台式机配件的安装)。

图 12.48　笔记本电脑硬盘

4. 笔记本电脑的光驱

笔记本电脑的光驱(见图 12.49)是一个非常娇贵的部件，加上使用频率高，寿命的确很有限。因此，很多商家对光驱部件的保修时间要远短于其他部件。其实，影响光驱寿命的主要是激光头。光驱采用了非常精密的光学部件，而光学部件最怕的是灰尘污染。灰尘来自光盘的装入、退出的整个过程，光盘是否清洁对光驱的寿命也直接相关。所以，光盘在装入光驱前应进行必要的清洁，对不使用的光盘要妥善保管，以防灰尘污染。为了避免灰尘的污染，笔记本电脑光驱在不用的时候应该取出盘片、合上托盘，而且注意不要使用太过劣质的光盘。

图 12.49　笔记本电脑的光驱

目前，笔记本电脑的光驱一般都配备 DVD 刻录机了，早期的笔记本电脑的光驱一般是 8×DVD-ROM、8×4×24CDRW 或康宝，速度较台式机光驱低，损耗也因此较小，一个使用频繁的笔记本电脑光驱用上一两年是没有问题的。对于早期的笔记本，用户可以随时更新一个新的刻录机来代替。此外，选购外置的光驱也是不错的选择，外置驱动器的类型相当多，范围涵盖了从 DVD 刻录机到普通软驱等一系列产品，而且目前笔记本电脑的硬盘容量相对台式机来说并不大。因此，那些笔记本电脑本身没有配备刻录机的用户，添置一款外置 DVD 刻录机是相当值得考虑的。

5. 笔记本电脑的无线网络

随着无线接入点的增多以及通过手机上网的普及，无线网卡和无线上网卡也逐渐被越来越多的用户所重视。大部分笔记本电脑都随机配置有无线网卡，以方便用户在有无线接入点(例如公司或家庭具有无线路由器，并已经通过 ADSL 连接到因特网的地方)的地方可以随时上网冲浪。但早期的笔记本电脑没有无线网卡的配置，除了使用有线网卡外，如果需要上网也可以使用无线上网卡来实现(相当于手机上网)。

无线网卡与无线上网卡是两个概念，无线网卡主要应用在无线局域网内用于局域网连接，要有无线路由或无线 AP 这样的接入设备才可以使用；而无线上网卡就像无线化了的调制解调器(Modem)，它可以在手机信号可以覆盖的任何地方接入 Internet。

目前的笔记本电脑都带有无线网卡,但并非装了无线网卡的计算机就可以随时随地地无线上网。因为无线网卡的作用、功能跟普通计算机网卡一样,是用来连接到局域网的,它只是一个信号收发的设备。只有在找到上互联网的出口时才能实现与互联网的连接,无线网卡只能局限在已布有无线局域网的范围内。如果想用笔记本电脑自带的无线网卡无线上网,需要开通上网服务(如 ADSL),再买个无线发射的设备、无线路由或无线 AP,笔记本电脑在无线信号覆盖范围内就可以无线上网了。一般而言,一台家用无线路由器覆盖整个家庭是没问题的。另外,在一些公共场所,如飞机场、星级酒店等有无线网络覆盖的地方也都可以上网。无线网卡根据接口不同,主要有 PCMCIA 无线网卡、PCI 无线网卡、MiniPCI 无线网卡、USB 无线网卡、CF/SD 无线网卡等几种。从速度上看,无线网卡现在主流的速率为 54MB 和 108MB,该性能和环境有很大的关系。

无线上网卡的作用、功能相当于有线的调制解调器,它可以用于无线电话信号覆盖的任何地方。无线上网卡主要有 GPRS 和 CDMA 无线上网卡两种。

GPRS 上网卡也叫 GPRS 调制解调器。笔记本电脑用户只要购买一个 GPRS 上网卡,就无须用手机与笔记本电脑连接来实现上网了。安装时,先把 SIM 卡按正确方向插入 GPRS 适配器中,再将 GPRS 适配器插入笔记本电脑的 PCMCIA 网卡专用接口。密码卡则是记录 SIM 的信息的,在使用之前需要进行激活,按照说明拨打 1861 热线,根据语音提示输入 SIM 卡号和密码,很顺利地就可以开通。其连接速率一般相当于调制解调器。目前,多数的 GPRS 上网卡还可以让用户在上网的同时用它来接拨电话,只需要安装其附带的相关软件就可以当手机用了。拨号是在笔记本电脑里用软件来拨号,而听讲则要靠耳麦。CDMA(code division multiple access, 码分多址)无线上网卡是针对中国联通的 CDMA 网络推出来的上网连接设备。CDMA 允许所有的使用者同时使用全部频带,并且把其他使用者发出的信号视为无用的信号,完全不必考虑到信号碰撞的问题。

无线网卡与无线上网卡的外观如图 12.50 所示。

图 12.50　无线网卡与无线上网卡的外观

12.6.3　笔记本电脑的维修级别和原则

笔记本电脑出故障一般是大故障(小故障或软件故障可由用户自己解决),不能由用户自己来处理,需要专业的笔记本电脑维修工程师来检修。而维修工程师不仅要对笔记本电脑的硬件、软件及笔记本电脑的结构有较全面的了解,而且还要掌握一定的维修理论与维修方法。在计算机维修中，根据维修对象的不同，可分为以下 3 个级别。

(1) 一级维修。也叫板级维修。其维修对象是计算机中某一设备或某一部件，如主板、电源、显示器等，而且还包括计算机软件的设置。

(2) 二级维修。是一种对元器件的维修。它是通过一些必要的手段(如测试仪器)来定位部件或设备中有故障的元件、器件，从而达到排除故障的目的。

(3) 三级维修。也叫线路维修，顾名思义，就是针对电路板上的故障进行维修。

从这 3 个级别的维修内容来看，高一级的维修必然要包含低一级的维修，且一级维修是所有级别维修的基础。需要进行三级维修的计算机故障很少，最多的是二级维修和一级维修。但在计算机行业中，由于计算机部件的成本不断降低，再加上一级维修的成本也很低，因此一级维修的地位变得越来越重要。现在的计算机维修中，主要采用的是一级维修。一级维修的工作虽然简单，但却需要维修人员有较丰富、较广泛的知识和经验，其中包括对操作系统、应用软件的认识和理解，对计算机系统的认识和理解，甚至应该对构成计算机部件的各元器件有一定的认识。

一般来说，笔记本电脑功能测试、维修(一级)工具包括防静电工具、测试硬件工具、笔记本电脑专业拆装工具、测试软件工具、清洁工具等，如图 12.51 所示。

(a) 尖嘴钳

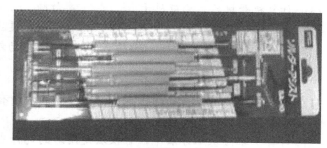
(b) 专用拆卸工具

图 12.51　笔记本电脑维修专用工具

在笔记本电脑的维修工作中，由于笔记本电脑产品具有高集成性和部件的精密性，所以判断故障的方法和手段直接影响问题的解决和维修效率。采用恰当的思路和方法，能更有效、快速地解决问题。笔记本电脑维修主要遵守"八先八后"的原则。

(1) 先调查，后熟悉。

(2) 先机外，后机内。

(3) 先机械，后电气。

(4) 先软件，后硬件。

(5) 先清洁，后检修。

(6) 先电源，后机器。

(7) 先通病，后特殊。

(8) 先外围，后内部。

12.7 习　题

1. 填空题

(1) 计算机常见故障分为＿＿＿＿＿＿＿＿＿、＿＿＿＿＿＿＿＿＿。

(2) 最小系统是指从维修判断的角度能使计算机开机或运行的最基本的硬件和软件环境。最小系统有两种形式，即＿＿＿＿＿＿＿＿＿和＿＿＿＿＿＿＿＿。

(3) 无线上网卡主要有＿＿＿＿＿＿＿＿＿＿＿＿和＿＿＿＿＿＿＿＿＿＿＿＿两种。

2. 选择题(可多选)

(1) 常见硬件故障的类型有＿＿＿＿＿＿＿。

　　A. 机械故障　　　　B. 电路故障　　　　C. 接触不良　　　　D. 介质故障

(2) 硬件故障产生的原因主要有＿＿＿＿＿＿。

　　A. 灰尘太多　　　　B. 温度过高　　　　C. 静电损坏　　　　D. 操作不当

(3) 计算机开机后无响应属于＿＿＿＿＿＿类故障。

　　A. 显示类故障　　　　　　　　　　　B. 加电类故障

　　C. 外部存储器故障　　　　　　　　　D. 端口与外设故障

3. 判断题

(1) 低级格式化是一种损耗性操作，对硬盘的寿命有一定的负面影响，所以，如无必要，尽量不要低级格式化硬盘。　　　　　　　　　　　　　　　　　　　　　　　　　　　(　　)

(2) 计算机维修基本方法中，替换法是用好的部件去代替可能有故障的部件，以判断故障现象是否消失的一种维修方法。　　　　　　　　　　　　　　　　　　　　　　　　(　　)

(3) 目前，Intel 系列 CPU 的笔记本电脑几乎都支持迅驰技术。　　　　　　　(　　)

4. 简答题

(1) 计算机维修的基本方法是什么？

(2) 加电类故障可能涉及的部件有哪些？

(3) 试说出 5 种无法上网的解决方法。

(4) 笔记本电脑的无线网卡和无线上网卡有什么区别？

5. 操作题

(1) 打开计算机主机的机箱，用吸尘器吸去机箱内的灰尘。

(2) 把机箱内每个硬件拆下来，进行除尘操作，然后再重新安装上。

(3) 拆散计算机键盘，然后清洗键名和清理键盘板上的污物。

(4) 用棉花与低浓度的酒精对显示器进行擦拭清洗。

(5) 使用 Norton Disk Doctor(诺顿磁盘医生)对磁盘进行检查。

(6) 在硬盘中删除一些文件，然后尝试使用 FinalData 进行恢复，主要是看其效果。

参 考 文 献

[1] 曹建国. 计算机组装与维护[M]. 北京：中国科学技术大学出版社，2014.

[2] 江兆银. 计算机组装与维护[M]. 北京：清华大学出版社，2013.

[3] 龙马工作室. 电脑组装与维护实战从入门到精通[M]. 北京：人民邮电出版社，2013.

[4] 王先国，等. 计算机组装与维修基础教程[M]. 4 版. 北京：清华大学出版社，2009.

[5] 孟兆宏，等. 电脑组装与维修教程[M]. 北京：电子工业出版社，2008.